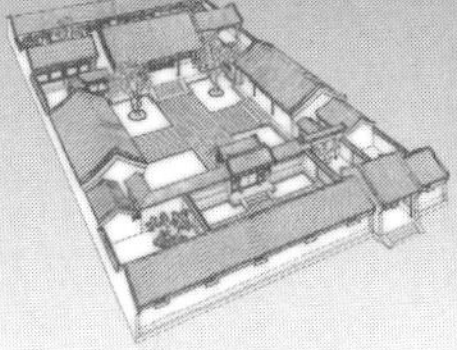

中国の歴史都市

これからの景観保存と町並みの再生へ

大西國太郎＋朱自煊 編
井上直美 監訳

中国の歴史都市　目次

造本設計施工――海野幸裕
作図制作――栄元正博

口絵写真
p.5　平遙
p.6-7　福州　撮影＝阮儀三
p.8　韓城県党家村

まえがき

中国でまず感じたことは、その国土の広さとともに、スケールの大きさであった。海のような大河・長江、延々と築かれた万里の長城、壮大な北京の故宮や西安の城壁、西安郊外の地下に眠る秦の始皇帝陵、これを守る兵馬俑の軍団等々、想像をはるかに超えたスケールであった。人口の規模も大きく、ヨーロッパの大国に近い人口を持つ省が多くあり、四川省に至っては、日本の人口に近い。

そして、南船北馬という言葉で表されているように、砂漠的な気候に近い北と、モンスーン地帯の南では、すべてが異なる。人間の風貌も言葉も、感性も違っている。北の壮大な構築物に対して、南の庭園や民家は繊細さを持っている。また、気候に応じて各地の伝統的な民家の様式も大きく違う。漢族、満州族のほかに多くの少数民族が住み、これらの風俗や生活習慣が、さまざまな特色を持つ集落や民家を生み出している。五千年の長い歴史のなかで、多彩な文化が広大な国土に根づき、その遺産が現在に引き継がれている。

しかし、近年の経済改革・開放政策のもとで、開発の波が中国全土に押し寄せてきた。歴史都市においても例外ではなく、都市の個性が大きく損なわれ、景観の画一化が進んでいる。なかでも、中国諸都市の個性を支えてきた伝統的な民家群やその特色ある景観は、無残なかたちで次々に破壊されている。これは、中国に限ったことではなく、日本も含めたアジア全体に当てはまる状況である。

日本は、近代化の過程で、経済の成長を急ぐあまり、多くのものを失った。そして、中国やアジアの諸国も同じ道を追いつつある。程度の差こそあれ、アジアの諸都市は、近代化と引き換えに、それぞれの都市の文化を象徴する歴史的な遺産や景観を大きく損ない、都市の個性を失いつつある。

しかし一方で、人間社会はようやく地球環境に限りがあることを知り、新たな文明を切り開こうとしている。将来の社会は、限りある「物質」を超えて、精神性や、美的な価値が大切にされていくであろう。都市においても、異なったさまざまな文化を目に見えるかたちで表現できる都市景観の分野が、かなり重要な位置づけを与えられていくに違いない。

現在の中国での関心事は、国家レベルでは、いかにして経済を成長させ、近代国家を築き上げるかにあり、また市民レベルでは、家計収入の増加と低劣な状況下にある住宅事情の改善にある。こうした風潮のもとで都市開発が急速に進展し、この開発が文化遺産や歴史的景観の破壊を構造的に押し進めている。

こうした状況のなかで歴史都市を保護するため、都市計画行政の保存担当者や大学の研究者達は悪戦苦闘している。本書の共編をしていただいた北京・清華大学の朱自煊教授や、中国側執筆陣の主力メンバーである上海・同済大学の阮儀三教授、中国建設部（建設省）の王景慧元城市規劃司副司長（元都市計画局副局長）は、その最前線で奮闘されている。

本書は西安・黄山両市での日中共同研究を中心に据えているが、中国の歴史都市が置かれた状況を、できるだけ多くの資料から考察していただきたいとの願いから、新中国発足から今日に至る中国全土の都市建設の動向や、近年の保全対策を紹介し、併せて首都・北京市を初めとする多くの歴史都市や集落の事例を掲載している。本書から何らかの示唆を得ていただければ、執筆者一同望外の喜びとするところである。

最後に、本書の出版や四次にわたる日中共同研究に助成をいただいたトヨタ財団に感謝の意を表したい。共同研究の意図をご理解いただき、継続的な支援をいただたことを執筆者一同感謝している。また、研究に際しては、西安・黄山両市の関係当局や、調査対象地区の住民の方々にさまざまなかたちで支援と協力をいただいた。こうした関係機関や、共同研究にご参画いただいた方々のお名前を巻末に掲げている。また、翻訳に当たっては、井上直美さんを始めとする訳者の方々に、多大な負担をかけている。記して感謝したい。鹿島出版会の森田伸子さんには、大幅な遅延にもかかわらず、惜しみない励ましをいただき感謝している。

二〇〇〇年九月

大西國太郎

序論

中国の歴史都市はいま

1――新中国の都市建設
――解放から改革・開放まで

一九四九年一〇月一日、中華人民共和国が誕生し、新中国による都市建設が始まってから今日までに半世紀のときが経過した。この五〇年余りの間には極めて顕著な成果も上げたが、また幾つかの曲折もあった。新中国の都市建設の過程はおおよそ以下の四つの時期に分けることができる。

1 国民経済回復の時期（一九四九〜一九五二年）

一九四九年から一九五二年は国民経済が回復していく時期であった。当面の主要な課題は、生産を回復させ、物価を安定させ、人々の生活を改善することであった。都市建設もまた居住条件を改善し、都市環境を整備し、公共施設を増やすことに重点がおかれていた。この時期には、全国で一〇〇〇万平方メートルの労働者向け住宅が建設された。また新しく市制をしいた都市も、この三年間で大幅に増加した。解放前、全国の市制施行都市は五八にすぎなかったが、一九五二年末までには一六〇都市に増加し、それにともない都市居住人口も七一六三万人に増え、全国総人口の一二・五パーセントを占めるようになった。

2 第一次五カ年計画[*1]の時期（一九五三〜一九五七年）

一九五三年に始まる第一次五カ年計画の時期は、新中国が工業建設の近代化を推進し始めた時期であった。計画の中心となったのはソ連の援助による一五六の大型工業建設プロジェクトであり、都市建設も新段階を迎えた。

一九五三年から国務院[*2]の指導者が関連部門の委員とエンジニアを自ら率い、ソ連の専門家と共に中ソ合同用地選定チームを編成した。彼らは鄭州、洛陽、西安、蘭州などの都市に赴いて現地調査を行い、工場用地を選定した。その後、一九五三年末から一九五四年初めにかけて、国家計画委員会[*3]は相次いで大同、包頭、武漢、重慶、成都等の都市に赴き、中ソ合同で用地選定を行い、都合八つの都市を重点建設都市に定めた。

当時のソ連の専門家は工業建設は必ず都市計画に基づいて行わねばならないと強調していたので、この時期は盲目的な都市建設に陥ることはなかった。また工業建設は必ず居住地区の建設とセットで行い、工業地区と居住地区の両者がバランスよく発展していかねばならないとされた。そこで一九五四年から西安、洛陽、太原、蘭州、包頭などの重点都市において都市のマスタープランの策定が開始された。同時に、着工が近づいている建設予定地区に対し詳細計画を策定する仕事が進められ、その計画を次々と上部機関へ報告させ、上部機関によって認可するようにした。これは新しい中国における最初の都市計画の成果であり、当時の工業および都市建設を強力に指導したものであった。第一次五カ年計画の期間においては、都市計画思想および計画手法はすべてソ連の影響を受けており、ソ連モデルに基づいて行われていた（図1・2）。

上述の重点建設都市以外の多くの省都においても、工業、交通運輸、文化教育、住宅建設を含む多くの建設プロジェクトを抱えていた。そこで、これら従来からある大都市・中都市は、市域を拡大したり新開地を建設したりすると同時に、旧市街地も十分に利用するという条件の下に適切な調整と改造を行っていった。

一九五三年以来、中央から地方にいたるすべての都市が、都市建設に邁進していたのである。一九五六年には国務院に直属する城市建設部[*4]が設立された。このほかにも、城

市規劃院[*5]、建築設計院[*6]、市政設計院[*7]が設立され始め、設計・施工の能力も向上していった。大学の中にも都市計画の専攻学科が設立され始めた。

3 「大躍進」[*8]から文化大革命[*9]の時期（一九五八～一九七六年）

一九五八年の「大躍進」から一九六六年に始まる文化大革命の期間は、中国の社会主義革命と建設が深刻な挫折を経験した時期であり、都市建設も甚大な影響を被った。この時期は、以下の四つの段階に区分できる。

「大躍進」と国民経済調整段階

一九五八年五月、第八回党大会第二回会議において社会主義建設の基本路線が提起され、会議の後たちまち「大躍進」と人民公社運動が巻き起こり、社会の現状から乖離した政策や、うわべだけを繕う風潮が氾濫し、国民経済や都市建設は重大な損害を被った。

例えば、全人民が工業を振興し、鉄鋼の生産を増大させようという号令の下、各市、県、町内のいたるところで工業を興したため、都市の機能配置が乱れ、緑地、文化財や史跡が占拠破壊された。都市の人口もにわかに増え、一九五七から一九六〇年の三年間で全国の都市人口は三一二四万人増加し、住宅、交通、公共施設の造成が激しく行われ

た。

また都市計画の規模が拡大し、多くの耕地がつぶされた。そして急激な工業の発展と都市建設の停滞という矛盾が拡大し、住民の生活の質が低下した。一九六一年には全国の一人当たりの平均居住面積が三・一平方メートルにまで下がり、建国以来の最低水準となった。

一九五八年、青島における都市計画作業部会の席上では、「都市計画を普及し、展開せよ」というスローガンのもとに、人民公社の原則と共産主義の理想に基づいて都市計画を行うよう提起され、ソ連式の都市計画モデルから離脱し始めた。北京市では「分散集団式」と名付けられた都市計画がつくられた（図3）。

一九六〇年に始まる自然災害およびその対策の失敗により、中国は三年にわたる経済困難に陥った。一九六一年一月、中国共産党中央[10]は「建て直し、安定させ、充実させ、向上させる」という方針を打ち出して「大躍進」政策の誤りを正したが、これは都市建設にも重大な影響をもたらした。

まず、都市人口を減少させるために、一九六三年に全国の労働者人口を一八八七万人減らし、その結果都市部の人口を六〇〇〇万人削減した。これと同時に市制を施行する都市の数も縮小し、一九六四年までに一六九市に減少させた。

しかし「大躍進」政策の糾問に猛進するあまり、またしてももう一方の極端な方向に走る結果になってしまった。都市計画を否定し、都市に建設を集中させてしまったのである。これ以後、再び都市建設は急速に第二の段階に突入していった。文化大革命の始まりである。

文化大革命の段階（一九六六～一九七六年）

この一〇年におよぶ動乱によって中国の人々は一大災難を被り、都市建設も同様に極めつけの破壊に見舞われた。

例えば全国の各都市で都市計画の施行が停止され、無計画な破壊と建設が一般的な風潮になり、各都市に深刻で多大な損失をもたらした。また、都市計画とそれを管理する機関が撤廃され、職員たちも解任されたり下放[11]されたりしたので、計画能力面で大きな損失を被った。都市の公園緑地は不法に占拠、破壊され、文化財や史跡も勝手に占拠されたり、工場は「進山入洞」、つまり山岳地帯の洞窟へ移すことにされたのである。特に南西部三大ベルトの建設は「山、散、洞（山に入り、分散させ、洞窟に入る）」の三原則にしたがって進められ、以後の事業に限りない後患を残した。

文化大革命の後期には、一九七一年の下半期から周恩来

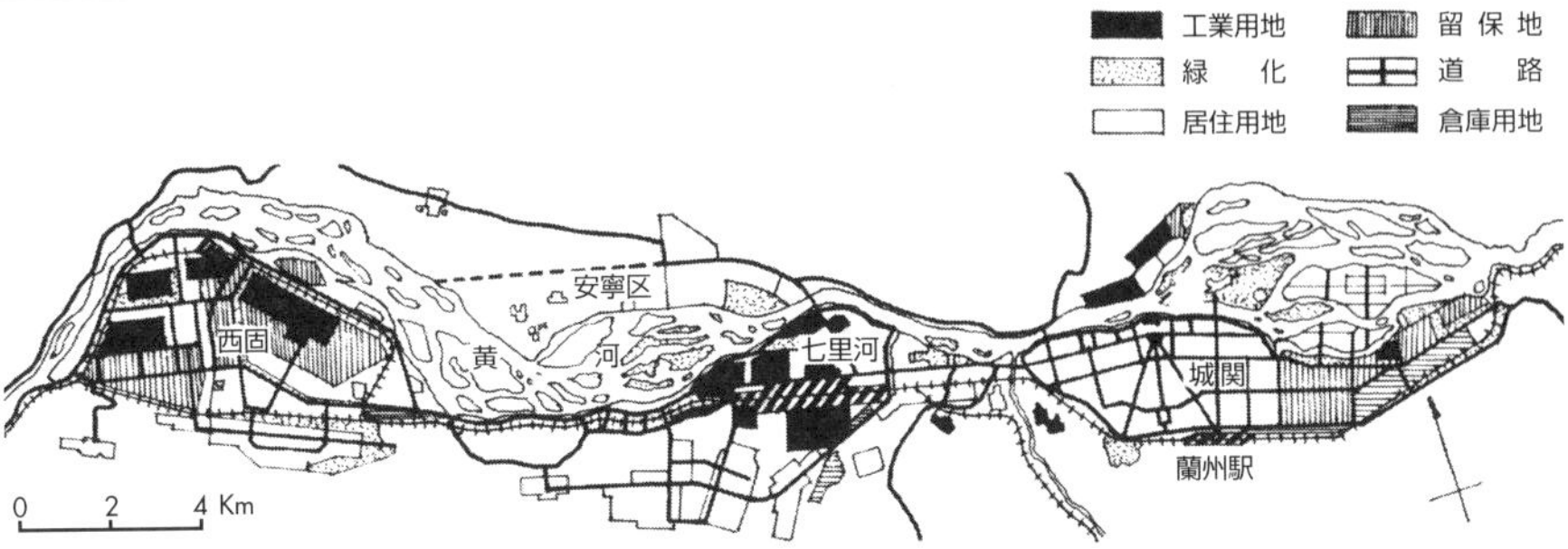

図1　蘭州市第1次5カ年計画期都市計画図

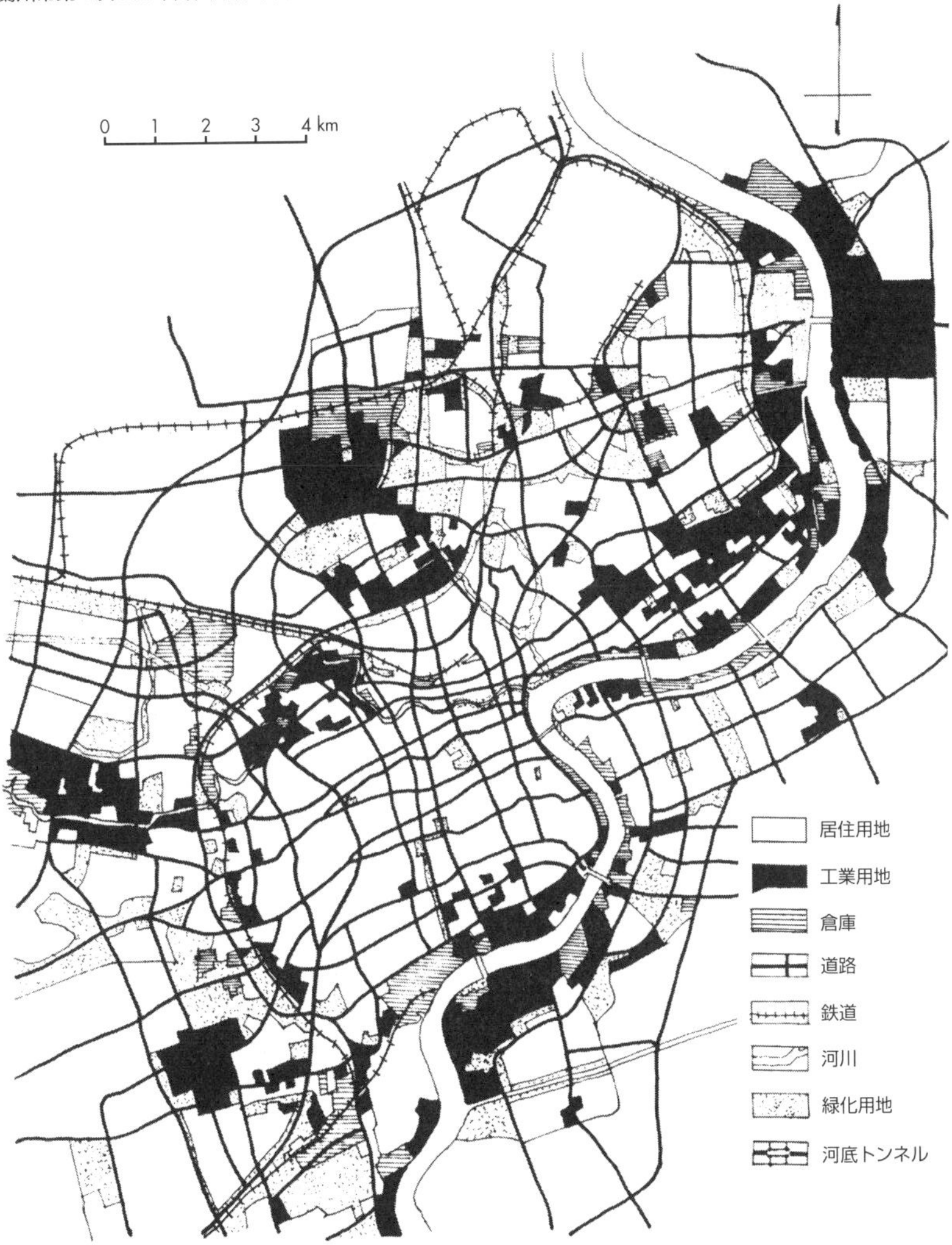

図2　上海市都市総合計画図

総理が、そして一九七五年からは鄧小平副総理が中心となり、政府の日常的な業務を遂行するようになった期間であるが、この時期には、各方面の事業に対して建て直しがはかられ、都市建設も幾分好転の兆しを見せた。都市計画事業は部分的に促進され、関係機関も部分的に回復をみた。

4 改革開放の時期（一九七七〜一九九八年）

一九七六年一〇月、「四人組」[12]が逮捕され、文化大革命が終結した。さらに、一九七八年一二月の中共中央一一期三中全会において、社会主義現代化建設へ政策の重点を移すという党の戦略方針が決定されてからは、中国の社会経済は改革・開放という新しい段階に入った。それにともなって都市建設も未曾有の繁栄を見せた。この改革開放の二〇数年は二つの段階に分けられる。すなわち、改革開放の初めの一〇年つまり八〇年代と、後半の八年つまり九〇年代である。

八〇年代——改革開放の初めの一〇年（一九八〇〜一九九〇年）

一九八〇年四月、中共中央書記処[13]は北京の都市建設事業に対する有名な四項目の方針を発表した。この方針は首都北京の発展に対してだけではなく、全国の他の都市にとっても重要な意味を持っていた。その方針の内容とは、都市

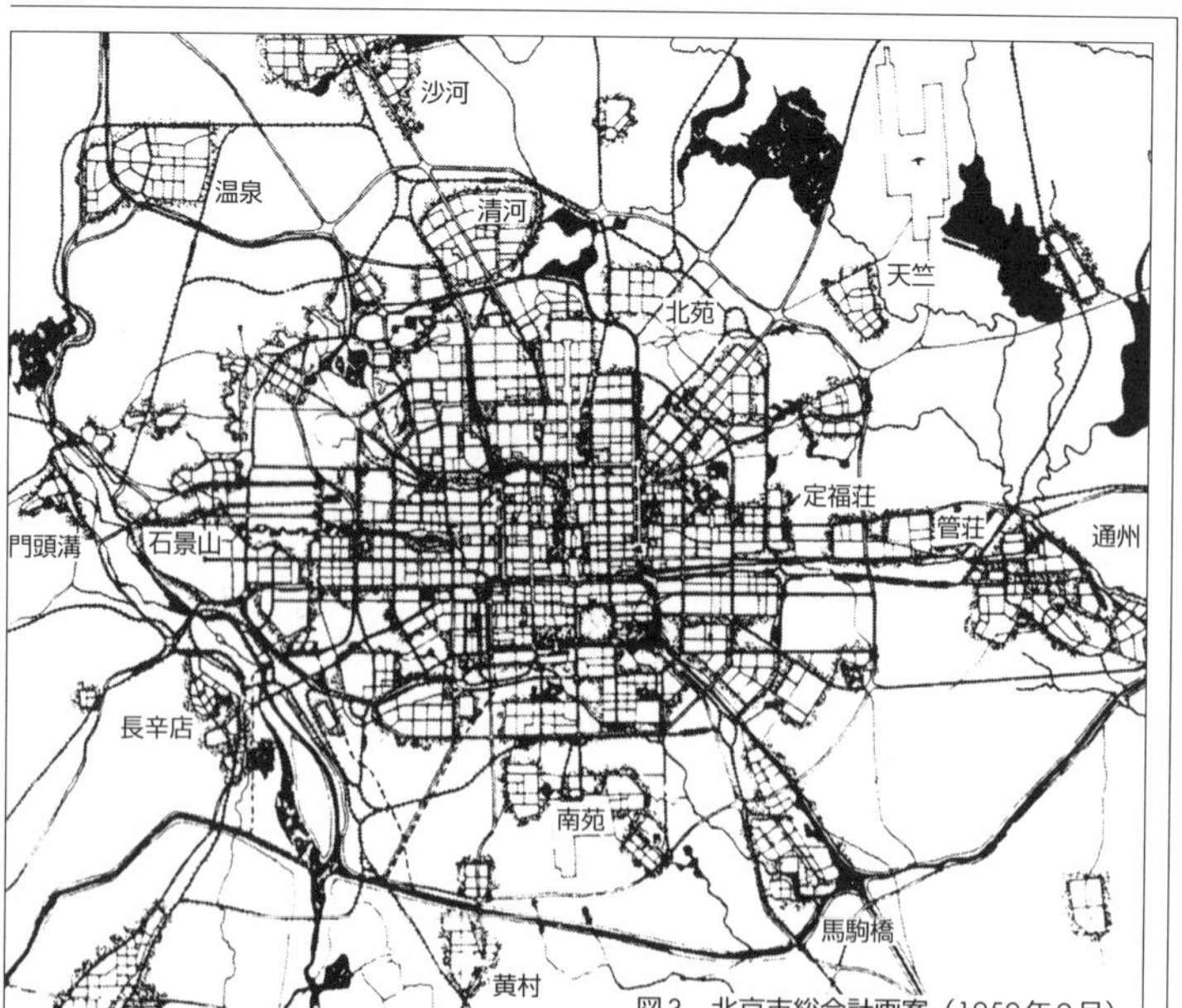

図3　北京市総合計画案（1959年9月）

建設は経済だけでなく、社会、文化、環境などの各方面をより重視しなければならないというものであった。一九八〇年一〇月、国家建設委員会[14]は北京で全国城市規劃工作

会議（都市計画作業部会）を招集し、都市計画事業の重要性を重ねて表明した。一九八六年にいたって、全国の市制施行都市の九六パーセント、県、鎮[*15]の八五パーセントでマスタープランの策定が終了した。一部の都市ではさらに一歩踏み込んだ詳細計画や個別計画もつくられた。さらに一九八二年と一九八六年に、国務院は相次いで全国歴史文化名城六二都市を指定した[*16]。これによって中国の歴史文化名城の保護を大きく推進することとなった。

八〇年代は全国で住宅や公共施設の建設が大幅に増加した。一九八五年末の時点で全国の都市における一人当たりの平均居住面積は六・三六平方メートルになり、一九六一年の二倍以上になった。都市の上下水道、道路、交通機関、ガスなどの公共施設も一段と整備された。全国の都市数も増加し、一九八六年までには全国の市制施行都市は三五三都市に、そのうち人口百万人以上の都市は一五都市から二三都市に増加した。また八〇年代には、以下のような新しい状況も出現した。

表1　国務院指定都市リスト

都市名	認可年月日	都市名	認可年月日
唐山市①	1977. 5.14	西安市	1983.11.8
蘭州市	1979.10.29	鞍山市	1983.12.26
フフホト市	1979.10.29	青島市	1984.1.5
長沙市	1981.5.29	昆明市	1984.1.10
瀋陽市	1981.6.13	鄭州市	1984.1.11
武漢市	1982.6.5	成都市	1984.1.11
合肥市	1982.6.5	福州市	1984.9.18
南寧市	1982.6.5	広州市	1984.9.18
西寧市	1983.4.9	長春市	1985.5.4
ラサ市	1983.4.13	大連市	1985.5.4
杭州市	1983.5.16	南昌市	1985.6.22
太原市	1983.5.19	ウルムチ市	1985.10.16
重慶市	1983.6.6	桂林市	1985.10.23
済南市	1983.6.10	蘇州市	1986.6.13
石家荘市	1983.6.10	天津市	1986.8.4
北京市②	1983.7.14	上海市	1986.10.13
撫順市	1983.10.24	貴陽市	1986.11.10
銀川市	1983.10.24	寧波市	1986.11.10
南京市	1983.11.8	ハルビン市	1986.12.20

注：①② 唐山市と北京市のマスタープランは中共中央及び国務院の両方からの認可を受けている。

表2　1986年全国29省・市・自治区下の鎮の数及およ人口統計表

地区	県管轄行政鎮			
	鎮の数	総人口	非農業人口	農業人口
全国総計	8463	20143.4	5947.7	454.3
北京市	14	57.8	41.6	0.0
天津市	13	33.4	14.9	0.0
河北省	471	967.1	173.1	13.1
山西省	447	858.6	170.1	0.007
内蒙古自治区	220	412.6	206.6	1.2
遼寧省	322	830.0	253.2	1.7
吉林省	247	730.3	324.6	11.5
黒龍江省	288	880.9	403.3	5.3
上海市	33	69.8	53.5	0.2
江蘇省	271	942.1	310.2	15.6
浙江省	473	885.4	267.7	47.4
安徽省	373	754.2	259.3	61.2
福建省	192	765.6	178.9	1.2
江西省	182	439.1	227.7	10.1
山東省	597	2380.5	280.5	1.4
河南省	204	767.1	246.7	0.9
湖北省	438	728.4	309.1	139.0
湖南省	492	831.1	275.5	10.1
広東省	781	2523.0	584.1	73.6
広西チワン族自治区	244	958.8	173.4	2.7
四川省	639	1250.3	499.7	55.9
貴州省	316	408.0	126.8	0.2
雲南省	515	452.2	137.8	0.5
チベット自治区	8	7.3	5.7	0.0
陝西省	347	650.9	185.7	0.4
甘粛省	147	277.6	79.8	0.2
青海省	35	72.5	38.6	0.01
寧夏回族自治区	35	53.1	21.7	0.04
新彊ウィグル族自治区	119	155.7	98.4	0.7

単位：万人

①小都市の成長

郷鎮企業[17]が爆発的に増え、多くの小都市が急激に成長した。とりわけ長江デルタの江蘇省南部一帯と珠江デルタでは、都市と農村がつながり、連続する一体化した都市構造が形成された。

②沿海開放都市の急速な発展

対外開放はまず沿海の一部の都市で実行に移され、国はこれらの都市に多くの優遇政策を施して外資を誘致した。具体的には、まず一九七九年五月、国務院の批准を経て、深圳の蛇口を対外開放区のモデルケースとし、さらに一九七九年七月に広東、福建両省の沿海に開放区を拡大し、深圳、珠海、汕頭、廈門の四都市に経済特区を設置、一九八四年八月にはさらに大連、秦皇島など一四の港湾都市を開放した。これらの対外開放政策によって、中国の輸出型企業と沿海部の都市が急速に発展した。

③都市住宅の制度改革と住宅建設の飛躍的増大

中国の住宅政策は、一貫して福祉型の住宅配給制度を行なってきた。低賃金、低家賃と行政機関による配給制度の実施により、住宅の配給は常に都市の人口増加に追いつかず、住宅数の不足と不平等が生じ、住宅配給制度は国にとっても重い負担になっていた。一九八二年国務院は常州、鄭州、四平、沙市の四つの都市を住宅制度改革のモデル都市と定め、政府や企業が住宅価格の三分の二の補助金をつけて住宅を売り出した。一九八四年末までには、二七の省、市、自治区[18]の一二〇余りの都市と二四〇余りの県、鎮が住宅制度改革のモデル都市に指定され、全国の住宅建設を飛躍的に推し進めた。一方住宅設計や地区計画においても大幅な改革が進み、以前の単調な設計を克服し、多様化の方向に向かい、各都市が多くのモデル住宅団地を建設し始め、住宅の市場管理における新しい一歩を踏み出した。

④都市の総合的開発と不動産業の発展

一九八〇年の全国城市規劃工作会議（都市計画作業部会）において、正式に都市の総合開発が提案された。これにより、都市の新造成地区および旧市街地の再開発地区に対する、調査測量、計画、設計に始まり、土地の収用、取り壊し、立ち退き、線引、整地、インフラの建設まで、すべての過程にわたる総合的な準備と管理を、都市開発会社が行うことになった。一方、都市部の土地を有償で使用させる試みも始まった。これらの政策により、都市の不動産業が始動し発展が促進された。

⑤都市建設資金に関する制度改革

計画経済の時代には、都市の建設基金は都市営繕費と商工業の利潤の中から引き出していたが、一九八四年以降は「利改税」と呼ばれる税制改革が実施された。これは、国営企業の利潤をすべて国家に納めるのではなく、一定の税率にしたがって税金を納めさせるものである。この結果、都市建設税が新設され、市制施行都市では国営企業の純利益の七パーセント、県・鎮では五パーセントが徴収されることになった。都市建設はこれによって一つの安定した資金の供給源を確保したのである。

このほかに都市の道路、橋梁、給水、排水施設などのインフラ施設も無償使用から有償による使用へ変えられた。また、土地の使用も有償となり、土地使用料が徴収されるようになった。これらすべての措置によって、都市建設の資金に固定的な収入源が増えることとなった。

⑥都市計画の管理強化と法整備

八〇年代には都市計画の管理が重視されるようになり、都市計画と国の政策との結びつきが一層強まった。一方では、各行政レベルの都市計画管理機構の強化と健全化がはかられた。

八〇年代にはさらに都市計画に関する法整備も進められた。一九八四年一月、国務院は正式に「城市規劃管理条例(都市計画管理条例)」を公布した。さらに一九八九年一二月には、全国人民代表大会常務委員会[19]が「中華人民共和国城市規劃法(都市計画法)」を採択し、同法が公布された。これは都市計画および建設に関する中国で最初の法律である。このほか、都市住宅、公共建設、公園緑化、環境衛生、都市用水など各方面すべてについて一連の法律や条例が制定され、公布された。

総じて八〇年代は改革開放という基本方針に基づいた指導のもとに都市建設事業の近代化の基礎を固めたといえるが、同時にいくつかの問題も生み出した。例えば環境汚染、水不足、交通渋滞などのほか、地域間の発展に不均衡が生じたことも問題となった。東部沿海地区、長江デルタ、珠江デルタが迅速に発展したのに比べ、内陸部、特に中西部地区や西南地区は相対的に発展が遅れている(図4)。

九〇年代——改革開放の後半八年(一九九一～一九九八年)

九〇年代から中国における社会・経済の改革は新しい時代に入った。特に、一九九二年初頭に鄧小平が広東省を訪れ、改革開放の強化を促すいわゆる南巡講話[20]を発表し、また中国共産党第一四回党大会で社会主義市場経済体制の建設が提案されてからは、全国の改革開放事業は一段と発展し、都市建設もそれを反映して一段と飛躍をとげた。これらの影響は、以下の諸点に見られる。

①二一世紀を見据えた都市のマスタープラン

九〇年代初め、二一世紀に向かう新しい局面を迎え、全国各地の大都市が一斉に新しい都市計画の策定作業を開始した。

二一世紀を目前にして、非常に多くの大都市が都市のおかれている位置と性格を重視し始めた。例えば首都北京は、八〇年代のマスタープランの中では、その都市の性格を全国の政治・文化の中心であり、対外的な窓口であるとしていた。しかし、九〇年代の新しいマスタープランの中には、さらに二つの性格、すなわち世界的に著名な古都であるということと、現代的な国際都市であるということを盛り込んだのである。一方、上海では政府による浦東新区開発という重要政策が決定されており、都市の性格をアジアの金融センターであり全国の経済センターおよび国際貿易港である国際的大都市としている（図5・6）。しかしながら、大都市の中には、盲目的に「国際的都市」という称号を指向するところがあるのも事実である。

一九九二年ブラジルで開かれた地球環境サミットは、「保護と発展」をメインテーマに据えており、会議では「アジェンダ21」が採択された。中国政府もこれを承認し、持続可能な発展の道を歩むことが求められるようになった。このため、都市の発展目標においても、良好な生態環境と自然景観の保護や、優れた歴史文化遺産の保護が強調されるようになり、都市のマスタープランに影響を与える主導的な理念となっているのである。

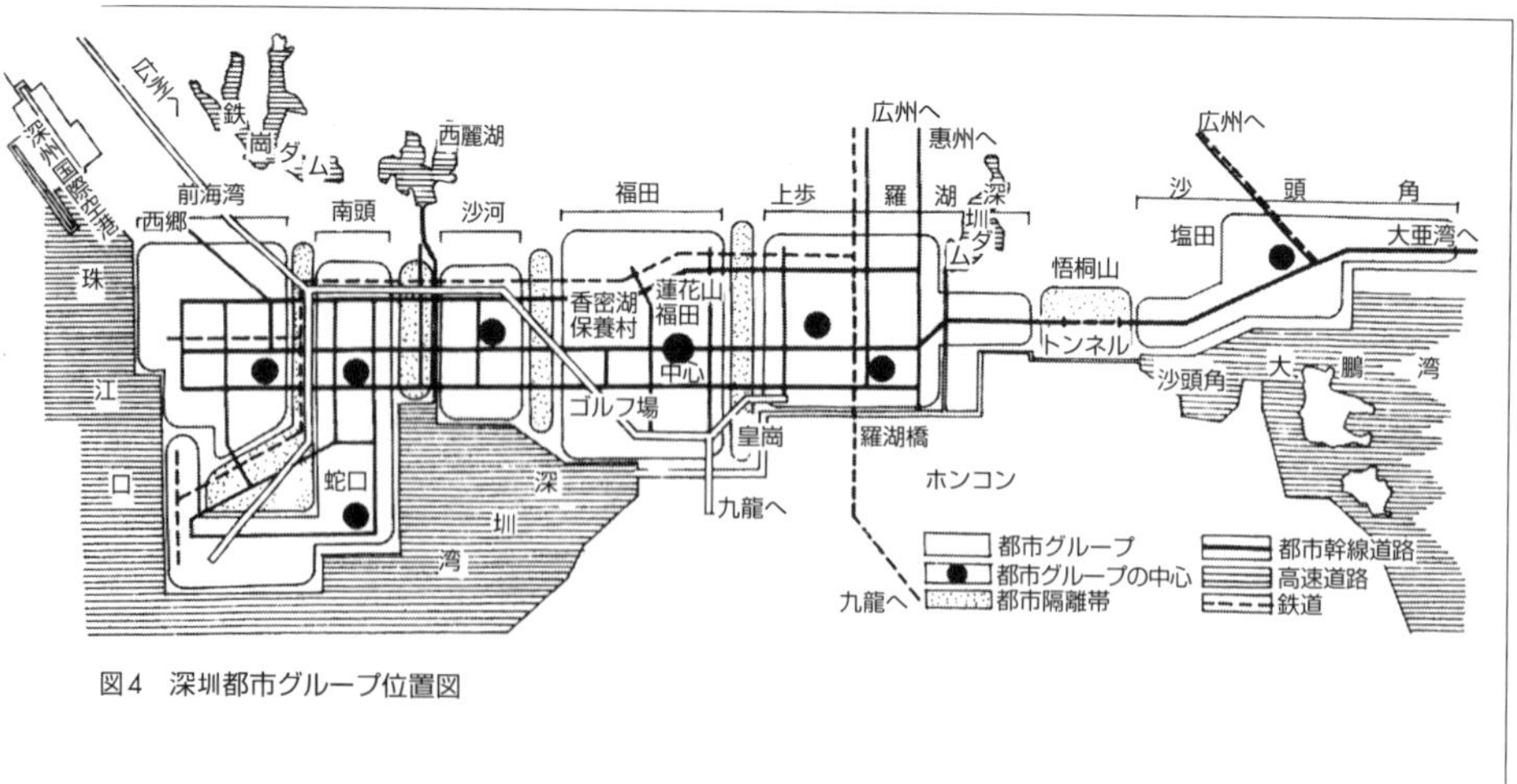

図4　深圳都市グループ位置図

土地使用が有償化され、地価に格差が生じると、都市の中心地区が往々にしてディベロッパーたちの熱い視線を集めることになった。彼らは先を争って中心地区の開発を進め、大規模な商業ビル、ホテル、オフィスビルを建てた。こうした現象は、経済体制の転換過程においては避けて通れないことである。しかし、一部のディベロッパーは高額な利潤を追求し、行きすぎた開発を進め、環境を悪化させ、

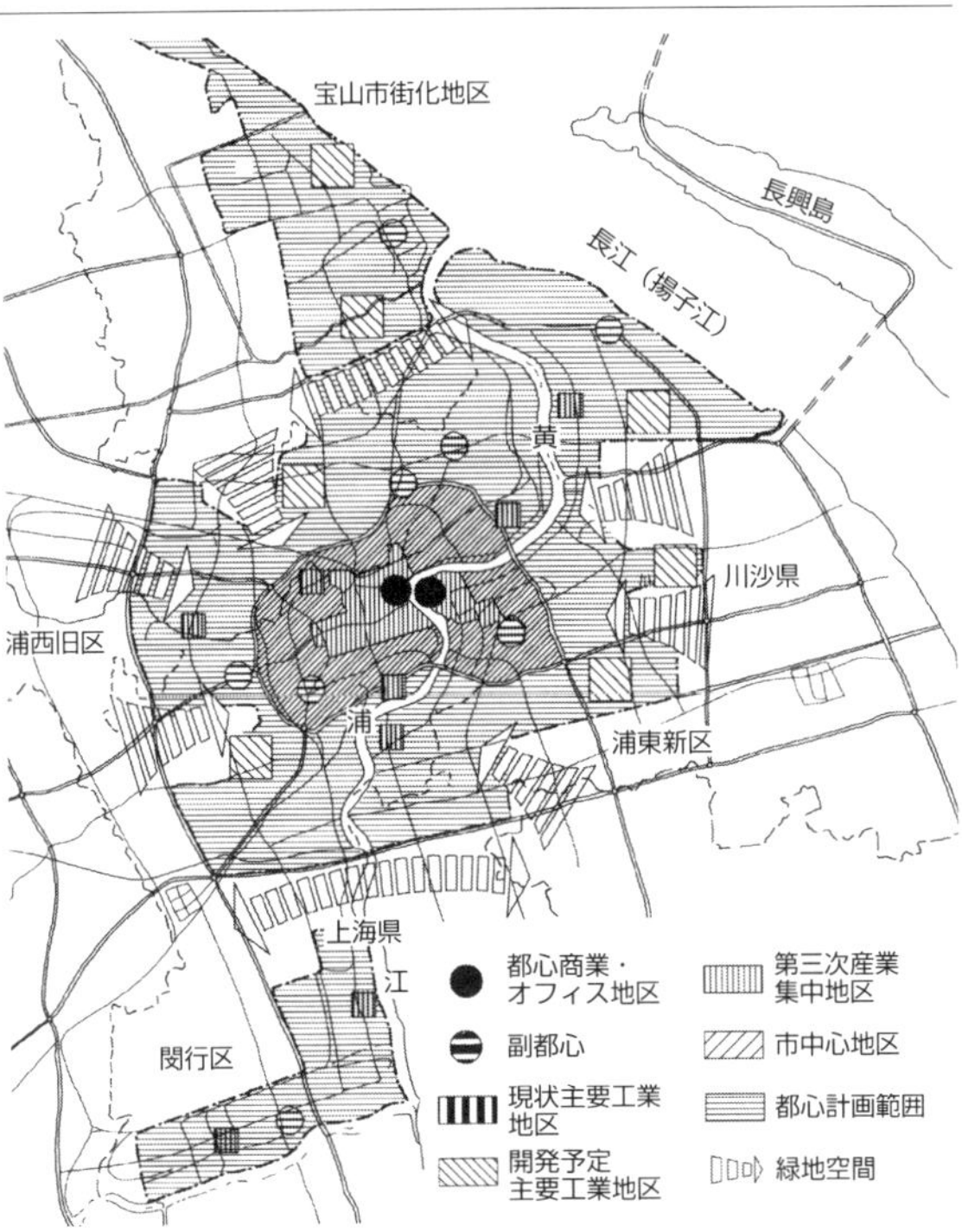

図5　上海都心総合計画配置図

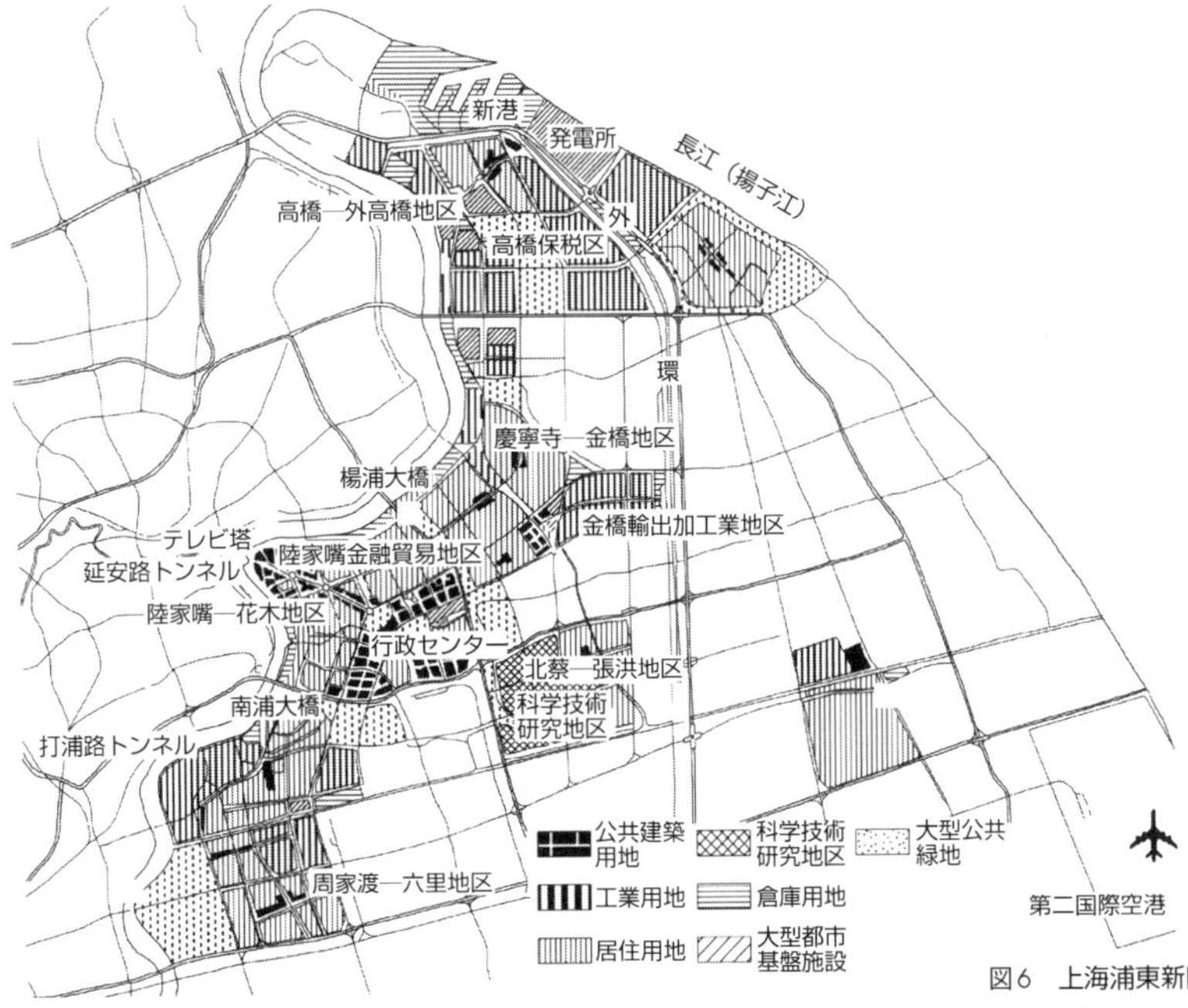

図6　上海浦東新区総合計画図

歴史的伝統的な景観を破壊し、緑地を侵食し、交通渋滞を引き起こすなど、取り返しのつかない損失をもたらしている。このような事態は反面教師としなければならない。

二一世紀に向けて、中国の都市化はなお一層加速度的に進行するであろう。都市化が進んだ地域では、すでに都市がスプロールして発展し、新しい都市構造が現れている。そこで、新しい都市のマスタープランでは、区域に対する分析を重視し、区域の中における市街地と村落の配置関係や、都市部と村落部がバランスよく発展する構造を研究している。

新しいマスタープランの策定と同時に、都市の迅速な発展に適応するために、多くの都市では規制型の詳細計画を策定した。開発を目前に控えている地区に対しては、その用地の範囲、性質、建物の高さ、容積率、交通の出入口、駐車スペースなどの七、八項目の指標に対し明確な規定を定めた。こういったことは、過度の開発を抑制し都市の健全な発展を促進するという重要な意味を持っているのである。

②旧市街地の再開発と歴史文化名城保護の厳しい局面

九〇年代に入り、旧市街地の再開発が日増しに重要視されるようになっている。例えば北京市は二つの方針転換を行った。一つは都市建設の重点を市街地から郊外へ移すことである。もう一つは市街地の拡大から旧市街地の全面的な整備、再開発という戦略への転換である。後者の方針転換は、旧市街地に目を向け、産業構造を調整し、土地の用途を調整し、都市のインフラの整備を推し進め、危険老朽家屋地区の再開発を行うというものである。こういったことも、大都市の再開発では必ず経なければならないが、中国では政府の資金不足により、再開発事業はしばしば民間ディベロッパーに頼って進められた。そして、ディベロッパーは商業利益を重視し、資金の回収率を追求するため、しばしば旧市街地や歴史文化名城の中心地区で大規模な取り壊しや建設を行い、古都の景観を破壊してしまった。このような破壊の光景は北京、杭州、蘇州、南京、西安などの主要な歴史文化名城でも珍しくなくなっており、旧市街地にとって大きな脅威となっている。北京の歴史文化名城保護計画においても、明確な建築高さ制限を設けたものの、規定の高さを超える建物が次から次へと建てられているといった状況なのである。

③都市の土地開発と不動産業の発展

九〇年代前半期、沿海の諸都市から不動産の開発ブームが湧き起こった。一九九二年、不動産開発に対する投資額の増加速度は一一七パーセントに達し、一九九一年に比べて投資額が二倍になった。一九九三年は九二年のさらに倍になり、投資額の伸び幅は一二四・九パーセントに達した。

九三年の前半期、つまりマクロ的な経済調整が行われる以前の段階では、すでに一四三・五パーセントに達していたのである[*21]。このような急激な不動産開発投資は経済全体の発展に対しても一定のプラスの役割を果たしたが、同時に統制不可能な重大事態をも生み出した。第一には開発規模が統制不能になったことであり、第二には膨大な遊休地を生み出したことである。ここ一、二年内に新しく造成された開発区の面積はおよそ一・五万平方キロメートルあり、全国で六〇〇余りある市制施行都市の市街地総面積に相当するが、広大な土地を遊ばせて、開発費の無駄を生んでいる。第三には投資の均衡が失われたことである。多くのディベロッパーは値段が高く、高級で、投資回収率の高いプロジェクトに熱中するだけで、多くの住民が求める一般的な住宅の建設には無関心であった。また、大量に造成した開発区も売れていかないという状態になった。第四には市場における商慣習の秩序が乱れ、土地の転売などの投機的な行為が見られるようになったことである。

一九九三年、中国政府は集中的に経済のマクロ調整を強めたため、不動産投資熱が鎮静化し始め、投機的な不動産売買現象も抑制された。都市計画によって、より強力に不動産業の活動を調節・抑制することは、非常に重要なことである。一九九四年の全人大常務委員会で建設部[*22]が立案した「城市房地産管理法（都市不動産管理法）」が議会を通過した。国家主席により公布され一九九五年一月一日に発効した同法は、国の基本法の一つであり、「城市規劃法（都市計画法）」や「土地管理法」とともに、中国の不動産業の健全な発展に対して有効な調節、抑制の役割を果たしている。

④都市の形態的デザイン

九〇年代に入り、多くの都市の指導者らが自分たちの都市像に注意を向け始め、二一世紀に向けての都市像を作り出していこうという問題提起をし始めた。建設部城市規劃司（建設部都市計画局）や中国城市規劃学会（中国都市計画学会）も、都市の形態的デザインについての問題提起をして、一定の関心を集める役割を果たした。さらに学校や計画設計部門などの学術界においても、都市のデザイン理論に関する研究や実際の都市設計案の創作が盛んに行われ始めた。例えば、上海市陸家嘴のビジネスセンター地区の都市設計は、国際設計コンペ案を基礎として総合的に作成されたもので、現在すでに実施に移されている。また北京の三環路の都市設計も着手され、その他の都市の重要地区に至っては一層多くの実施例がある。都市の具体像をデザインするということは、都市計画や建設のレベルを高め、都市環境の質を改善するための有効な手段なのである。

⑤都市計画と管理手法の更新

九〇年代、都市計画設計と管理の手法は幾度も新しくされてきたが、なかでも衛星によるリモートセンシング技術の利用や、マイクロコンピューターを利用して情報の処理や保存をしたり、計画案の研究をしたりすることは、現在どの都市でも非常に一般的になっている。

総じて言えば、九〇年代に中国の都市計画は質的な飛躍を遂げ、わが国の国民経済の急激な発展に即応するものとなり、また国際社会と軌を一にした発展の趨勢を見せた。他にも、中国式の都市化を探求する上でも喜ばしい足取りを踏み出した。これまでの成果は非常に大きいが、抱える問題も少なくない。わが国自身の努力を待たなければならないと同時に、諸外国の経験をも手本としていかねばならない。

（朱自煊／相原佳之訳）

写真1　北京中心部鳥瞰

写真2　上海浦東陸家嘴

写真3　上海陸家嘴金融センター

2——「歴史文化名城」の指定と対策

中国は五〇〇〇年の歴史を持つ国であり、独自の文化が今日まで続き、多くの地域が絶え間なく伝統を継承してきた。都市とは文化の集積を具現したものであり、歴史都市とはその豊かな歴史の淵源が文化の発展の道筋を表すものであって、人類にとっての貴重な財産なのである。一九九七年一二月、中国の平遥と麗江の二つの歴史都市が「世界文化遺産リスト」に加えられた。これは中国における歴史都市保存の事業が世界と連携していることを示すものである。我々は世界各国と協調して全人類の文化遺産を保護する責任を負っていきたいと願うとともに、中国にまだまだ多くある歴史都市を世界遺産リストに加えていくことを希望している。

1 歴史都市保護の歩み

多くのヨーロッパ諸国と同様に、中国の文化遺産の保全事業は単体の文物（日本の文化財に相当）保護から始まって、その後文物を含む周辺環境にまで広げ、さらに歴史都市全体に拡張された。一九三〇年代には当時の政府が「文物保護法」[*1]を公布し、この頃さらに伝統的建築の保護を研究する民間学術団体「中国営造学社」[*2]も設立されて、体系的な建築史研究が行われ、中国の文化財建築保存の基礎が確立された。一九四九年、新中国の成立前夜には、解放軍のある部隊が清華大学の梁思成教授[*3]に全国の重要建築文物をリストアップした「全国重要建築文物簡目」の作成・編集を依頼し、それを全軍に発行し、戦争中においてはこれらの文物の保護に注意するよう求めた。一九五〇年の建国当初、社会のさまざまな方面において復興が始まろうとしている時期に、政府は文物保存のための専門機関を設置し、関連法令を発布した。一九六一年国務院は、日本の国の重要文化財に相当する最初の「全国重点文物保護単位」を指定し、それ以後続けて三回の指定[*4]を行い、全部で七五〇カ所になった。このほかにもさらに省レベルの文物が約六〇〇〇カ所、市レベルのものが九万カ所以上ある。

一九五〇年代初め、中国の研究者の間ではすでに歴史都市保護の問題に注意が払われていた。清華大学の梁思成教授はかつて、北京の歴史都市としての価値は多くの芸術的な古建築だけにあるのではない、より重要なのは各建築相互の関係、つまりそれらがつくる古都全体の空間秩序にあるのであり、それらの広大で美しい全体の景観にあるのである、と著作の中で述べている[*5]。

梁思成教授は北京の旧城保存を主張し、西郊外にニュータウンを建設する計画案[*6]を作ったが、さまざまな原因か

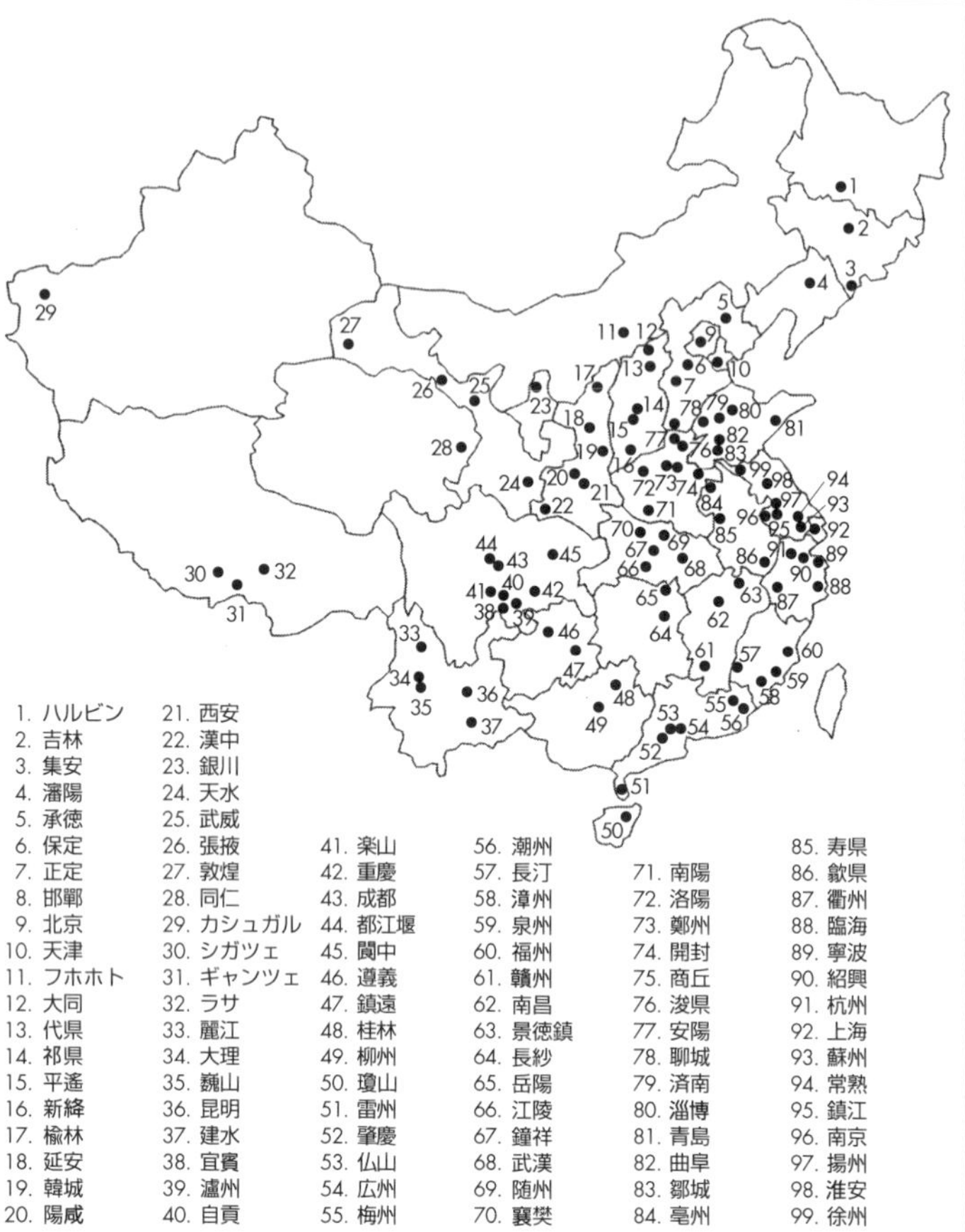

図1　歴史的文化名城の指定都市

ら実現には至らなかった。しかし、当時歴史都市の文物や史跡、遺跡の保存はすでに都市計画の重要な原則となっていた。例えば洛陽では、新しい工業地区計画の場所選定においては隋唐の都城遺跡を避けることが意図されていたし、西安も都市拡張の方向を計画するとき漢代の長安城遺跡の保護に注意していたのである。

一九八〇年代になって文物保護の事業は大きく進展し、事業を進めるにあたって次のような認識に至った。すなわち、文物である建築がもしその歴史的環境から引き離されたら、今日の人々は歴史的な作用を十分よく理解する手段を失い、その建築の設計意図や芸術的影響力を理解できなくなってしまい、その結果その建築の文化史における価値も失墜してしまう。大量の文物が集中する歴史都市においては、もし高度で総合的な保護措置を取らなければ、これらの文物が有効な保護を得られないだけでなく、古都の空間秩序や伝統的な全体景観の保存にいたっては言うまでもない、という理解である。八〇年代当時は大規模で急速な経済成長に直面しており、文物建築と歴史的環境がまさに開発の脅威にさらされていた。そこで国務院は時をおかず対策を講じ、特に価値の高い歴史都市を「歴史文化名城」として指定したのであった。

歴史文化名城指定の条件には三つの評価基準がある。

①都市が十分に豊富な文物を有し、かつ高い価値を有していること、

②古都の現状が今もなお伝統的空間構成、景観を保ち、完全に保存された伝統的町並みを有していること、

③これらの文物や歴史的町並みの保存がその都市の性格、都市の空間構造および建設方針にとって重要な影響を与えるものであること、

の三点である。

国務院は一九八二年、一九八六年および一九九四年の三回に分けて九九都市の国の歴史文化名城を指定し、さらに各省が八〇余りの省の歴史文化名城を指定した（図1）。

2　歴史文化名城のタイプ

中国は国土が広大で多民族からなる国であり、歴史文化名城のタイプも非常にたくさんあるが、大きく以下の六種類に分けられる。

①古都

中国の歴史上の七大首都[7]は、都市計画が当時の最高レベルを反映している。例えば北京は元の建都に始まり、明代に拡張され、明・清両時代の宮殿が完全良好な形で現存しており、現在世界文化遺産となっている。

②歴史上の諸侯や地方政権のあった都城
例えば曲阜（山東省）は紀元前六世紀の魯の国の都城であり、また孔子の故郷でもあって、孔府、孔廟、孔林*8が現存しており、世界文化遺産となっている。
③伝統産業で栄えた都市
例えば「瓷都」（陶磁器の都）と呼ばれる景徳鎮（江西省）と、塩業で有名な自貢（四川省）は、その伝統産業が古来から国内外に名を馳せており、現在も衰えることなく続いている。これらの都市の文化財は、一つの完全な産業発展史を編むための要素となっている。
④近代の記念的意味を持つ都市
これらの都市は近代の多くの革命事件が発生した場所であり、たくさんの革命記念文物だけでなく、西洋の建築様式を持つ歴史的町並みもある。例えば上海、天津、青島等がそうである。
⑤民族的・地方的特色を持つ小都市
これらの都市は地理的に辺鄙で経済的には比較的遅れていたため、伝統的な空間構成や景観が完全に保存されている。例えば平遙と麗江はかつての都城がすでに世界文化遺産となっている。
⑥自然景観都市
これは優美な自然景観を持っていることから、古来より観光景勝地とされており、多くの景勝地点が感動的な逸話を持っており、自然景観と文学的景観が美しく相まった景観を形成している。例えば杭州、桂林などである。

歴史文化名城における都市の発展や建設は、もっぱらこれらの特色を保存し、決して歴史都市を時代の安易な趨勢に埋没させないようにしなければならない。

3　歴史文化名城保護施策の特色

中国の文化遺産保護の施策には三つの段階があり、段階により保護のための責任範囲と対象は異なり、措置の内容も異なってくる。三つの段階は「点」から「面」に至る一つの完全な体系を持っており、あらゆるタイプの文化遺産すべてが効果的で、それにふさわしい保護を受けられ、かつまた都市建設との矛盾ができる限り減らされている。
施策の第一段階は文物の保護であり、その歴史的・科学的・芸術的価値に基づき、行政レベルごとの「文物保護単位」（重要文化財に相当）を指定する。保護の原則は文物の原状を変更しないということである。これらの文物に対しては、一般に修理をしてから公開展示を行い、保護に支障がないという前提の下に適切な利用を行っていく。法律の規定は保護の範囲と建築規制ゾーンを策定し、新しく建てる建物の高さ・外観の色・デザインなどに対して規制を加えたり、新しい建設を禁止しなければならない。その目的は可能な限り歴史的環境を保存することである。文物の形態が妨害を受けたり、埋没してしまってはならない。

第二段階は歴史的町並みの保護である。典型的な伝統的景観を持った建築群・街区・村落などに対し、それらの価値に基づいて「歴史文化保護区」を定め、都市計画を通じて保護管理規定や重要保存地区の全体像、保存建築の外観、改造更新が許されている建物の室内計画を策定する。インフラの改善に努め、居住環境を改善し、生活レベルを向上させ、生活機能とコミュニティの伝統を維持し、社会生活が発展するよう事業を継続していく。

第三段階は歴史文化名城の保護である。歴史文化名城という概念は中国独特のものであり、次のような特徴を持っている。

①歴史文化名城とは、都市の全部を保護するものではない。歴史都市の保護範囲・内容・要求は都市計画を通して決定する。ある都市に対して歴史文化名城の称号を与えることは、その都市に栄誉を与えることを意味し、さらに重要な点はその地方政府の保護責任がはっきりと規定されたということである。

②保存内容においては、文物建築と歴史的町並みを保存するだけでなく、古都の都市計画と景観の特色を保護し続けなければならない。中国は古代より完成された都市計画理念を持っており、多くの都市が計画に基づいて建設されてきた。古都によっては計画に基づいて一気に建設された都市ではないが、都市空間の構造や街路配置が歴史の各時代を反映するという特徴を持ち、歴史文化の情報を包摂しているので、やはりこういう都市も保護に値するのである。この他、歴史文化名城においては、有形のもの、実体のあるものを保護するだけでなく、無形の文化、伝統文化をも保護しなければならない。例えば歴史的民俗的芸術・芸能等は、都市文化に内包されるものとして考えて発掘し、伝統ある精神的遺産を後世に伝えていかねばならない。

③保護方法においては、保護範囲などの具体的な措置を策定する以外に、さらに重要なのは総合的・全体的施策を採らねばならないということである。これらの施策には次の事項が含まれている。適切な都市開発施策を決定し、都市の経済と古都保存とを協調的に発展させる。適切な用途計画を策定し、ニュータウンを創設し、古都への影響を緩和する。高さ制限地区を指定し、古都の空間秩序を保護する。適切な都市計画を行い、新しい建築と旧来の建築の形態をうまく協調させる。これ以外にも、地域産業との調整、交

通問題の緩和、汚染の処理など、こういった問題はすべて都市全体の視点から見るべきものであり、根本的な保護措置を実施していくために文物の外部環境を創造していく。歴史文化名城は特別に歴史文化名城保護計画を作成して都市全体計画に組み込む必要があり、上級政府に申告して審査許可を得なければならない[*9]。

④保護に関する原則。都市は現に生きている有機体であり、多くの人間がその中で活動している。都市の経済も発展しなければならないし、施設も改善されねばならないし、生活レベルも向上されなければならず、現代化の実現もなされるべきで、歴史文化名城を博物館としてとどめておくことは不可能である。だからこそ保護と開発の関係をうまく解決しなければならないのであり、都市の文化遺産に保護を与えつつ、都市の経済・社会の発展を促進させ、住民の生活環境を改善し続けていかねばならないのである。

4 成果と問題点

一九八二年に第一期の歴史文化名城が指定されてからすでに十数年が過ぎたが、この期間はまさに中国にとって改革開放と経済の高度成長期にあたる。歴史文化名城は保護が強調されると同時に、その優れた歴史文化が都市の社会経済に巨大な発展をもたらした。経済の絶え間ない発展は、都市のあらゆる建設を推し進めた。北京を例にとってみると、一九九〇年から一九九五年の五年間に国民総生産（GNP）は一・八倍に増加し、蘇州の場合は二倍に増加した。これをもとに公共施設の建設を増やし、都市の環境を整備し、都市計画に基づいて都市全体に及ぶ保護と再開発のプロジェクトを実施し、住民の生活を改善し、都市の雰囲気も大幅に改善したのである。

この期間には歴史文化名城の保護事業も長足の進歩を遂げた。保護措置は次の四つの方面から行われた。

その第一は、各都市がみな国務院の要請に基づいて特別に歴史文化名城保護計画を作成し、全体の都市計画に繰り入れて審査許可を受け、保護事業に遵守すべき規定を設けたことである。保護計画の主な内容は以下の通りである。

①都市の歴史文化遺産の特徴と価値を分析し、保護の原則と重要箇所を明確にする。

②歴史文化名城保護の全体的・総合的保護措置を確定する。例えば旧城の機能の調整・人口の拡散・汚染の処理・空間構造の保護・交通問題の解決を行う。

③文物や史跡の保護範囲と建築規制区域を確定し、保護措置の内容および段階整備の方法を具体化する。

④重要歴史文化遺産に対する展示・利用の詳細計画案を策定する。

第二に、名城保護の法制が整えられ、大部分の都市が保護条例や方法を策定した。国家の「歴史文化名城保護条例」も目下策定中である。

第三には、国は文物の保護と歴史地区保護との特別補助金をそれぞれ分けて設立し、対象別に分けて重点文物保護単位の保護整備、および歴史文化名城内における中心的な歴史的町並みの保護計画・修理・整備に拠出する*10。歴史文化名城内におけるインフラの整備・環境改善などはその都市の人民政府が投資を行う。このほか多くの市民や若干の企業からも多額の献金や賛助活動があり、「わが中華を愛せ、わが長城を直せ」というスローガンを掲げた献金活動が大変良い成果をあげ、こういう方法で人を動員した事例が各都市に見られる。

第四は、この期間にはまた多くの専門研究機関や学術交流が創設され、多くの国と共同研究活動を展開したということである。世界遺産センターは特別に中国のために保護の専門家を養成し、中国の保護活動の水準を高めた。専門家たちの呼びかけと政府による推進によって、保護に対する都市の指導者と多くの市民の意識は明らかに高まり、都市の文化的特徴と歴史的な特色は住民の関心を引くところとなった。最近、北京とハルビンが相次いで、長い間付近の文物環境を破壊していた二カ所の建築を取り壊した。こ

写真１　蘇州十全街

写真２　合肥環城公園

写真３　深圳駅

写真４　瀋陽南河緑地水系

のことは「現代化のための環境破壊」から「痛みに堪えての取り壊し」へ、という歴史的環境への考え方の大きな進歩を示している。

しかしながら、中国の歴史都市保護の活動にはまだまだ多くの困難があるということもはっきり認識して、厳しい戦いに立ち向かっていかねばならない。中国はまさに都市化が急激に進んでいる時期にあり、都市では刻々と大量の建設が行われている。経済の発展は一番大切なことであるが、保護活動は最も被害を受けやすく、保護と発展の関係に的確に対処していく必要がある。旧城の改修や不動産開発においては、経済の利益追求に牽引されて、高い容積率や密度が追求される。旧城内のあるブロックが完全に更地にされ、全く別の高層ビルが建てられると、歴史的町並みの保存事業が極めて困難になる。「保護すべき歴史的町並みが二度と見られなくなる歴史文化名城」、などということにもなりかねない。中国の歴史都市は、ヨーロッパの場合と違い、インフラの更新がいまだ行われていない。保護すべき地区の多くで住宅が老朽化し、長年修理されていないため、住環境も早急な改善を必要としており、市民の強力な要望もあり、市長も圧力を感じているのである。多くの都市においては、資金不足が一番の現実的な問題となっている。また一部の地方では、古代風建築や昔風町並みを

建設して「伝統景観の保存」とし、本当の歴史建築を壊して「贋物」を建設しているが、このような誤った認識も歴史的環境を破壊している要因の一つなのである。

こういったことが私たちの直面している問題であり、もちろんこれは発展途上における問題なのであるが、私たちは自らに課せられた歴史的な使命を深く認識し、堅い信念を持ち困難な仕事を行うことによって、中国の歴史都市を文化遺産が保存され歴史の記憶が守られたものにしなければならない。また都市の発展が維持され現代化が実現されるものにしなければならないのである。（王景慧／井上直美訳）

1章

首都北京

——景観対策のさきがけ

1―北京の変貌

―金・元時代から今日まで

北京は中華人民共和国の首都であり、また世界的に有名な古都でもある。華北平原の北端に位置し、西に太行山脈を控え、北には燕山山脈、東南には沖積平原がひろがり、渤海湾に面している。北京は建城されてからすでに三〇〇〇年余りの歴史を持ち、封建国家の帝都としてもすでに八〇〇年余りの歴史を持つ。その歴史を以下簡単にたどってみる。

1 一九四九年以前

北京建城の歴史は、三〇〇〇年余り前の薊城にまでさかのぼることができる。薊城とは、西周の初期に分封された諸侯の都である。また、春秋戦国時代には燕の国に属していた。秦の時代には広陽郡となり、漢・唐以降は幽州に属したが、いつの時代においても中国西北部の軍事拠点であり、交通の要衝であった。遼の時代になって、北京地方は契丹族の統治下におかれ、幽州は遼の副都となり、南京と命名された。西暦一一二二年、金軍が南京を攻略し、一一五九年、金の皇帝亮がここに都を移し中都と名付けた。この時から北京は封建社会後期の帝都となったのである。しかし、当時まだ金は中国全土の半分しか支配をしておらず、南方で臨安（今の杭州）に都する南宋政権と対峙していた。金の中都は現在の北京旧城の南西、宣武区の範囲にあたる。一二一五年（元太祖一〇年）チンギス・ハーンが中都を攻略し陥落したときには、宮殿や城郭は重大な破壊を被った。ただ東北郊外の離宮（現在の北海と中海）だけ完全に残った。元が金を破った後三三年経って、チンギス・ハーンの孫であるクビライが北京に遷都した時、残っていた離宮を中心にして都城が建設された。これがすなわち元の大都である。

元の大都は一二六七年に着工され、『周礼・考工記』の王城モデル[*1]にしたがって建造された。その威容は広大で、整然とした計画がなされ、当時、世界最大の都市であった（図1）。大都の城郭はほぼ正方形平面をしており、宮城[*2]は城内の中央少し南寄りに置かれた。太廟[*3]は宮城の東側に、社稷壇[*4]は宮城の西側に位置し、『考工記』の「左側に祖廟、右側に社稷壇を祀る。前面は朝、後面には市を置く」[*5]という規則にかなっていた。大都城内は南北方向の中軸線を基準に配置されている。その中軸線は金時代の離宮（大寧宮）、そして後方にある池、積水潭（俗称は海子）の東岸を通る。そして海子の西岸いっぱいを含むように西側城壁の線が決定され、中軸線から西側城壁線までの距離と東側城壁線までの距離を同じになるようにして、対称的になるように東側城壁の位置が決められた。北側の城壁には『考工記』の「一側面につき三つの門を設ける」[*6]という規則にしたがって、三つの城門が設けられたが、北側の城壁だけは風水の関係から二つの門しか設けられなかった。各城門から城内に向かって幹線道路が伸び、縦横に三本ずつの幹線道路が走り、これらの幹線道路が城壁を巡る道路とつながっているというのも、『考工記』の「九本の縦道と九本の横道が走る」[*7]という道路配置の規則に符合するものであった。まことにマルコ・ポーロの『東方見聞録』の中で「城内すべての土地は碁盤の目のように計画されており、その美しいことは言葉に表せないほどである」とある情景そのままである。

大都城内の水源は高梁河の水系から引かれていた。都水監の郭守敬[*8]により水利事業が行われ、大都の北方、現在の昌平県白浮泉から水を引き、その水を西に折り南に転じ

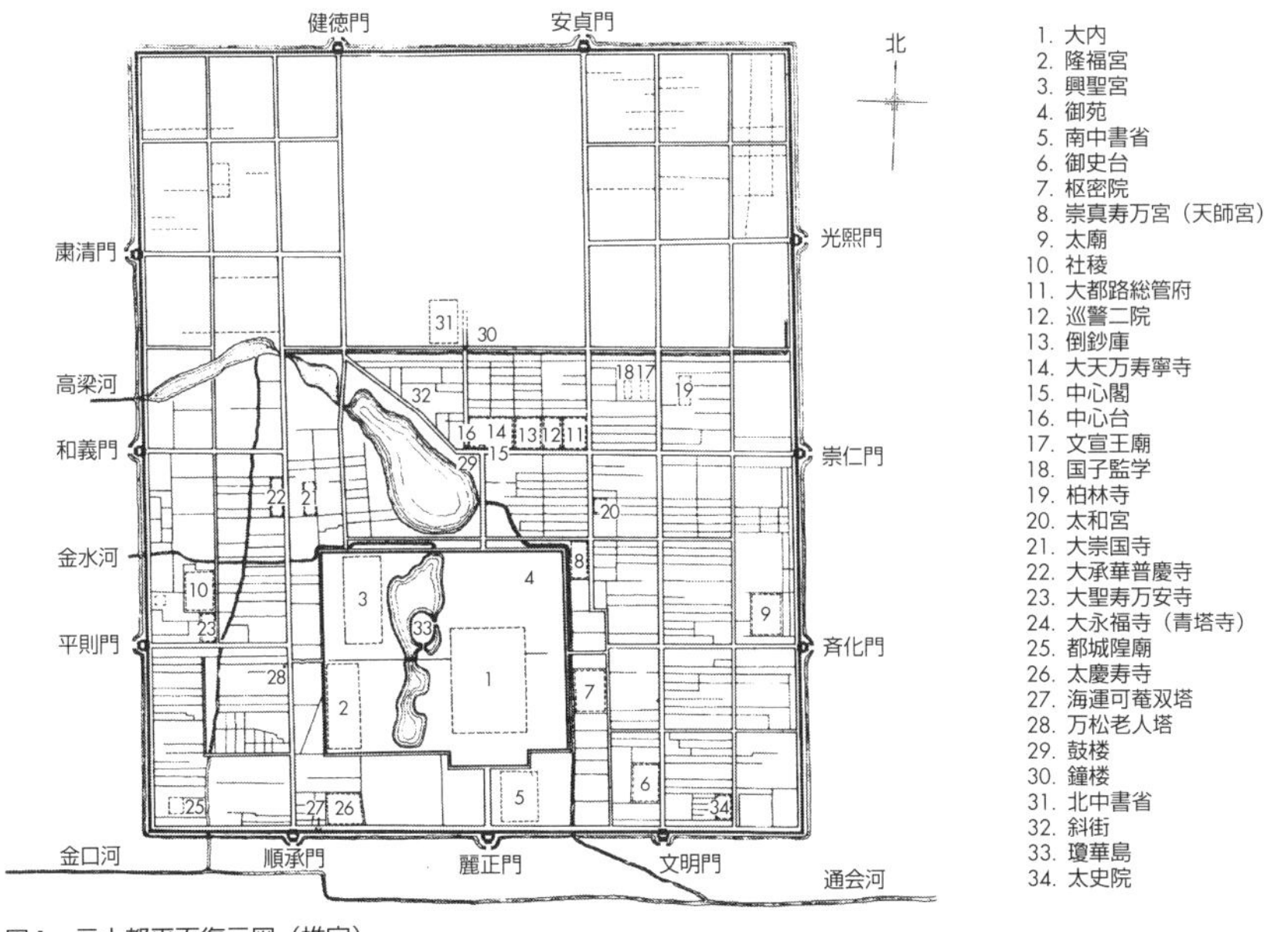

図1　元大都平面復元図（推定）

て積水潭に流入させたので、積水潭の水量は増加した。さらにこの水を宮城の東側に通して文明門のところから宮城外へ出し、東の通州に至って京杭大運河[*9]に通じ、江南からの運搬船が直接大都の中心部まで通れるようにした。一時は「船が水面を隠す」と形容されるほどに積水潭の東北岸の埠頭一帯が非常に繁栄して、大都の商業の中心に発展した。これもまさに『考工記』にある「前面には朝があり、後面には市がある」という規則に則っている。

大都の都市計画と建設は当時において珍しいものであっただけでなく、明代の北京の都市計画と建設の基礎にもなっている。

一三六八年、朱元璋が元朝を滅ぼして明を建国し、南京に都を定めた。洪武三年（一三七〇年）、明の大将徐達が再び北京を建設したとき、大都城内北側の利用されていない土地を放棄し、北側の城壁の位置を南に五里（二五〇〇メートル）移動して、新しく北側の城壁をつくった。のち、朱元璋の四番目の息子、燕王朱棣が変を起こして帝位を簒奪し、年号を永楽と定めて、北京に遷都した。

明の北京は元の大都の都城を基礎にしていたが、以下のようないくつかの大きな改変も行った。

①前述のように明代初期に北側の城壁を南に五里移動したが、また永楽一七年（一四一九年）に、南側城壁を南へ二里（一〇〇〇メートル）移動した。このときは主に中央行政の役所となる建物を建設し、「前朝」[*10]をさらに広くした。明の中期、嘉靖三二年（一五五三年）、さらに外城[*11]を増築し、北京城特有の「凸」形平面の城郭が形成された。

②宮城内を改築し、皇城[*12]を増築し、太廟と社稷壇を皇城内に移し、宮城の南側の左右両側（東西）に置いた。これによって「左側に祖廟を祀り、右側に社稷壇を祀る」という『考工記』に準じた配置がよりはっきりとわかるようになった。さらに、元時代の太液池（すなわち後の北海と中海）の南側に南海を開削した。宮城の周囲には護城河と呼ばれる堀を開削し、そのときに掘り出した土を用いて、宮城北側の元時代の主要な宮殿であった延春閣があったところに人工の山をつくり、宮城の後ろの障壁とした。これが煤山（今日の景山）である。こうして、明代の北京の皇城、宮城、内城、外城という四重の城壁を持つ構造ができあがったのである。

③城の南側に伸びる中軸線の両側に天地壇と先農壇[*13]という二つの重要な儀礼用施設が建築された。一方、北側の中軸線沿いには鐘楼、鼓楼[*14]が造られ、これによって長さが一五里（七五〇〇メートル）に達する南北中軸線ができあがった。

④内城は、南側の城壁には三つの城門が設けられているが、

東、西、北の三面にはそれぞれ二つずつ城門が設けられ、内城の九門制度[*15]が形成された。外城には全部で七つの城門が設けられた。これらの城門にはすべて甕城と箭楼[*16]が設けられており、雄壮で厳密な都市の防衛システムが形成された。

⑤城内には前三海と呼ばれる皇室の園林と、後三海（什刹前海、後海、西海）と呼ばれる庶民が憩う園林を有しており、明代北京城の中心に優美な都市空間を形成していた。このうちの後三海というのは元代の積水潭が長い間に変化したものである。

⑥明の北京城内の街路体系は、おおよそ元の大都の街路体系を踏襲しており、整った画一的な道路構造と、平坦で広々とした都市空間という特色を保っていた。

明代の北京城の都市構造は、封建国家の皇帝が最高の地位にあるという理想を充分に体現するものとなっていた。その配置は、皇室による政治（前朝）、その生活（後寝）、憩い（御苑）および礼制（坊廟）、それらの防衛などといった、多方面にわたる要求を満たすものであったし、空間のデザインにおいても皇帝の威厳と神秘性を際立たせるものであった。「壮麗でなければ威厳を示せない」といわれるゆえんであった。明代の北京の空間配置は整然とした秩序を持ち、空間全体が与える効果は非常に強烈であり、世界の有

名な古都と比べても恥じるところがない。

明から清に王朝が交替する際には、北京はほとんど破壊を被らなかった。清朝が山海関を越えて東北から北京に入ったときにも、「宮廷と村は以前のままにする」という原則を示して、基本的に明時代の北京の遺産を引き継いだので、大きな変動はなかった（図2）。

清朝の北京に対する貢献のうち最も重要なものは、北京の西郊外に大規模な園林を建造したことである。北京西郊の海淀から西山にかけての一帯は山並みが幾重にも重なり、湧き水も豊かで、金代以来多くの園林が建設されていた。清時代にはこのような地に有名な三山・五園からなる皇室の園林が造られた。すなわち香山静宜園、玉泉山静明園、万寿山清漪園（後に頤和園と改称）、および暢春園と円明園である。このほかにも多くの王侯や大臣、皇族たちがこの一帯に多くの園林を設けた。これらはみな北京の重要な歴史文化遺産となっている。

一八六〇年、イギリスとフランスの連合軍が北京を陥落させ、ほとんどの園林を破壊した。さらに一九〇〇年には八カ国連合軍が二度目の破壊を行った。中でも暢春園と円明園に対する破壊が最もひどく、暢春園は今ではすっかりなくなってしまったし、円明園も遺跡公園として残っているだけである。また、清漪園は慈禧太后[*17]が巨額を投じて

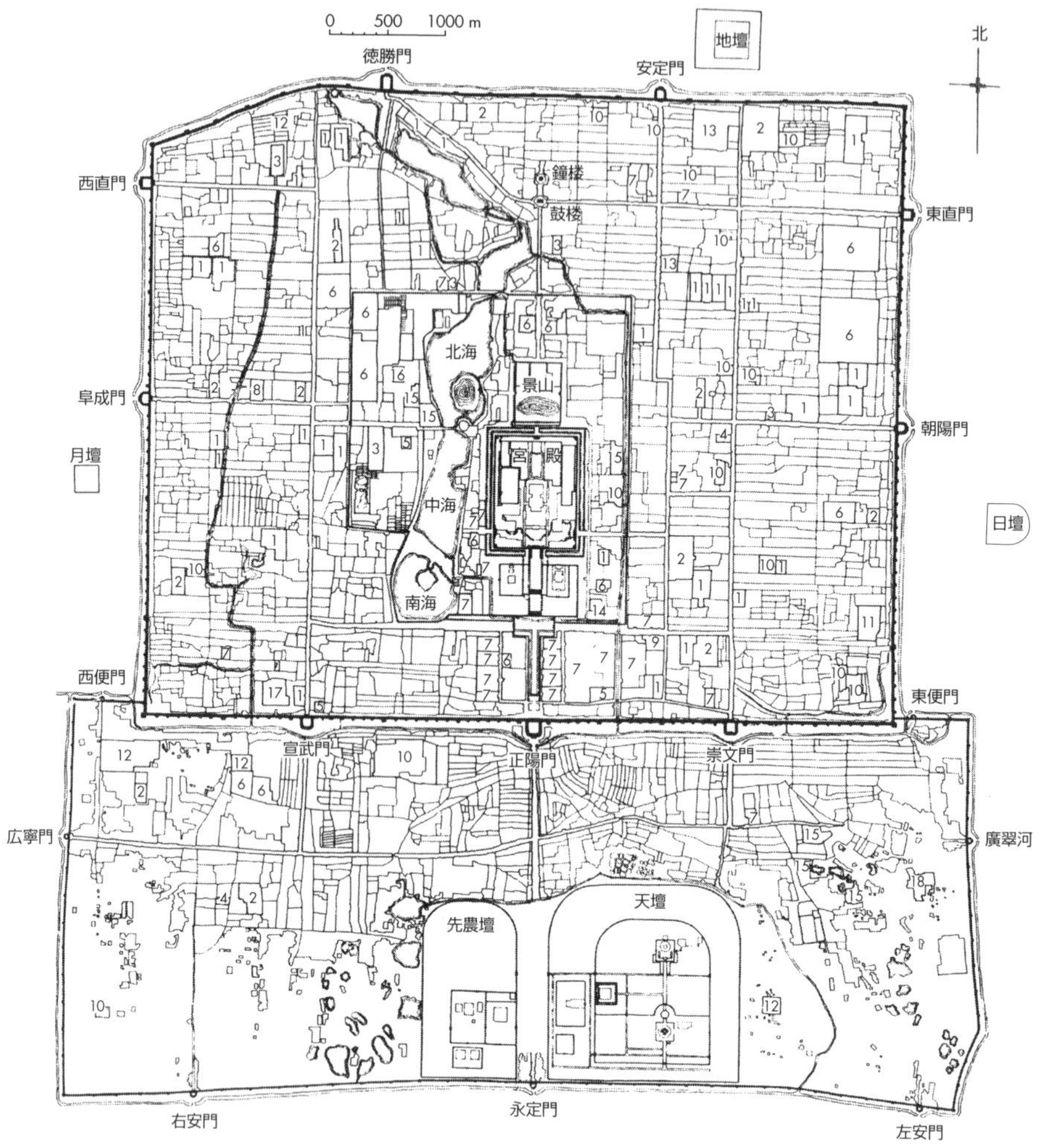

1. 親王府
2. 仏寺
3. 道観
4. イスラム寺院
5. キリスト教会
6. 倉庫
7. 衙署
8. 歴代帝王廟
9. 満州堂子
10. 官手工業局及び作坊
11. 貢院
12. 八旗菅房
13. 孔子廟、学校
14. 皇史宬（文書庫）
15. 馬圏
16. 牛圏
17. 馴象所
18. 義地、養育堂

図2　清代北京城平面図（乾隆時期）

修復工事を行い、頤和園として再建された。静宜園と静明園も一部に修復が施されている。

一九一一年の辛亥革命によって、帝制が廃止され、中華民国が成立したが、北京の都市建設にもいくつかの変化が現れていた。一つ目の変化は清末に始まったものであるが、北京において近代的な都市建設が開始されたことである。北寧線、京漢線、津浦線の各鉄道が建設され、前門の両側を起点として東站と西站の二つの鉄道駅が建設された。城内に上水道、電灯などの近代的な都市基盤施設が整備され始め、道路は舗装され、近代的な交通手段も設けられた。二つ目は都市計画の中でいくつかの新しい用途地区が出現したことである。例えば東交民巷の大使館地区、前門大柵一帯の商業および歓楽地区、城南部の香廠一帯の新市街地区などである。三つ目は新しい用途の建築が見られるようになったことである。例えば、学校、病院、教会堂、鉄道駅、洋風住宅、中洋折衷様式の商店などである。四つ目は城内の一部に改造が加えられたことである。例えば長安街が東西に貫通し、北海から景山前街が貫通したことで、城内の東西間の交通問題が解決した。前門地区の改造や、西郊の市街地開発などが行われた。

一九二八年、国民党政府[18]が南京に遷都したため、北京は北平と改称された。政治の中心が南京に移り、北京は文

化的な古都にすぎなくなったため、北京の都市人口は減少し、都市の建設も基本的には一九四九年の新中国成立まで停滞することとなった。

2　一九四九年以後の変化

一九四九年一〇月一日、中華人民共和国の成立が宣言され、北京を首都とすることが定められ、古都北京の新しい時代が始まった。一九四九年から一九五二年までは、国民経済が復興していく時期であり、北京の都市景観上の変化はほとんど見られなかった。この時期の都市建設においては、主に環境の整備と住民生活の改善が行われた。例えば、龍須溝の貧民街が一掃され、これが市民の賞賛を受けたりした。

一九五〇年から始まる首都都市計画は順調に進行し、都市計画委員会が設置された。当時副主任であった梁思成教授[19]と陳占祥氏がある建議を行った。いわゆる「梁思成・陳占祥による中央人民政府の位置に関する建議」である[20]。その核心は旧市街を保護し、中央の行政機関を旧城と新市街地との間に配置する、というものであった（図3）。彼らが建議に至ったもっぱらの理由は、旧城内の空間構造は完全に整っており、極めて高い歴史的文化的・芸術的価値を持っていて、その中に巨大な新しい行政センターを入れ込

むのが難しいからであった。しかし、当時これとは別に、中国とソ連の専門家も計画案を出していた。その案とは旧城内は百万の人口を有する大都市であり、元々芸術的に高い価値を持っているから、旧市街を利用して再開発を進めるほうがより経済的であり、ソ連の都市建設の経験もこれを証明している、というものである。当時の中央政府と市の幹部は、後者の意見を支持したのである。一九五〇年代から開始された総合計画は、したがって、旧市街を中心とするという前提のもとに作成された。政府がこの方針を採用した最も大きな理由は、経済的な要因であった。なぜなら当時の行政機関のほとんどが古い建物を援用していたからである。また政府側の認識不足という要因もあった。梁・陳方案中にある旧城の完全性を保護するという重要な意義に対する認識が不足していたのであった。このことは以後の都市発展の中で日増しに明らかになってゆく。

一九五〇年代半ば、ソ連の専門家による指導のもとで、一九五六年に北京市の最初の総合計画案が完成した(図4)。そこでは、北京は中国の政治的中心であり文化教育の中心であるのみならず、現代的工業の基地であり科学技術の中心である、と強調された。それゆえ、東と南西、南の郊外にはいずれも大規模な工業地区が、北西郊外には文教地区が、西郊外には行政地区が配置された。計画案は旧城を中心とし、環状道路と放射状道路を組み合わせた道路網を採用したほか、郊外と他都市への交通運輸や河川網などについても、総合的な計画を行った。

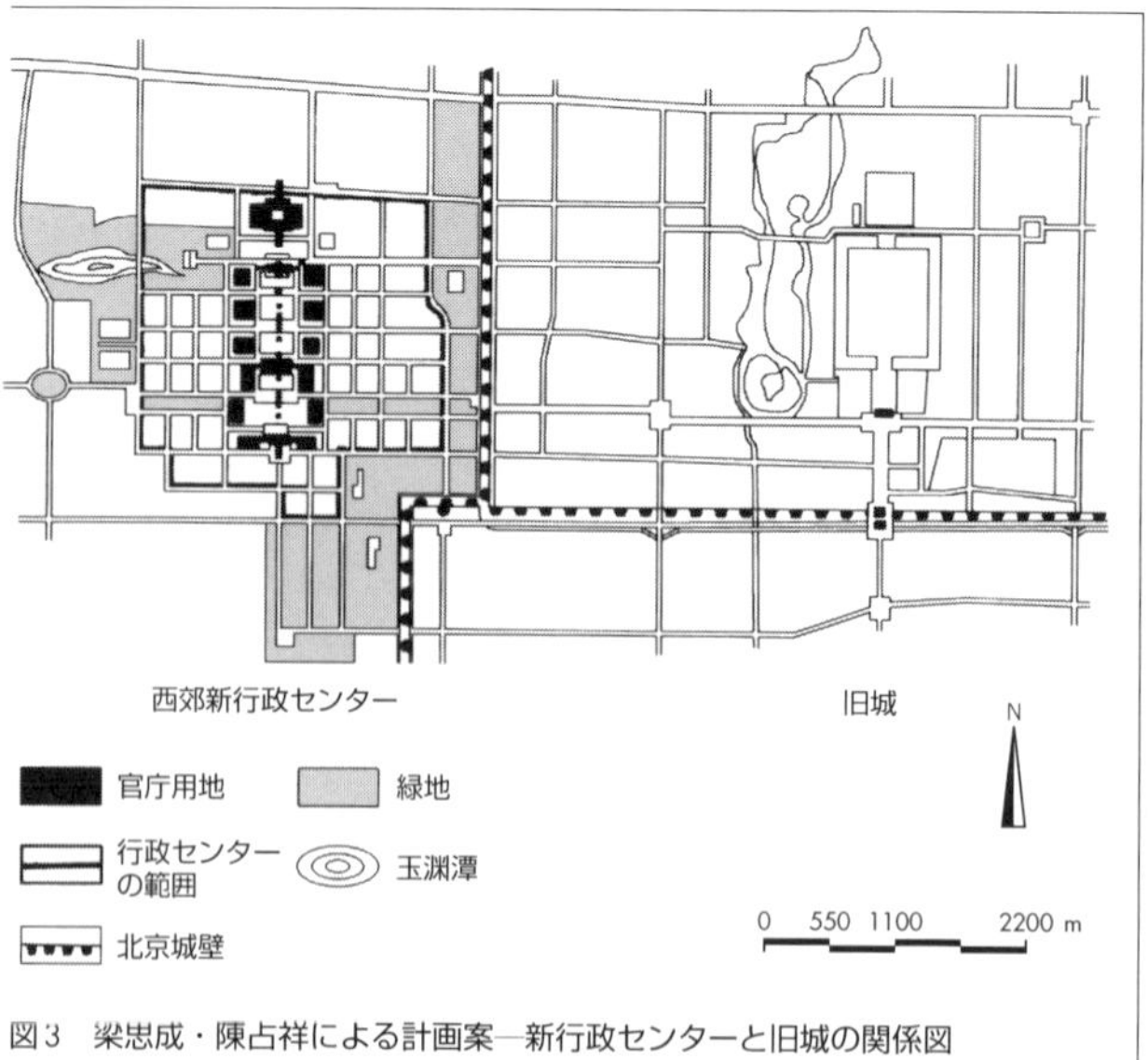

図3 梁思成・陳占祥による計画案—新行政センターと旧城の関係図

一九五八年から始まる大躍進政策と人民公社化の運動の中で、北京市の総合計画は大幅な変更が加えられた(図5)。その第一は市街地を拡大したことであり、一万六八〇〇平

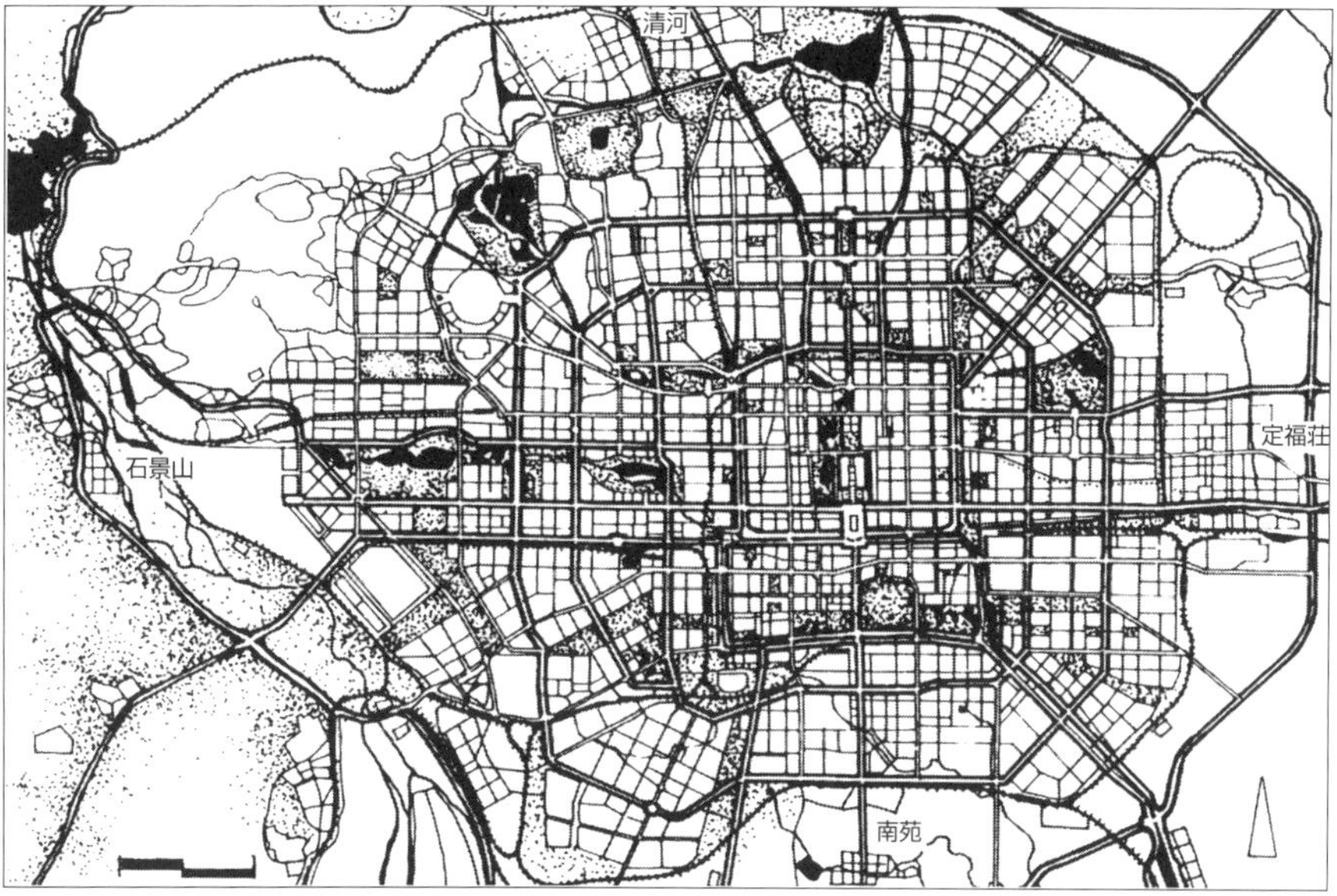

図4　北京市総合計画案—広範囲計画（1956年）

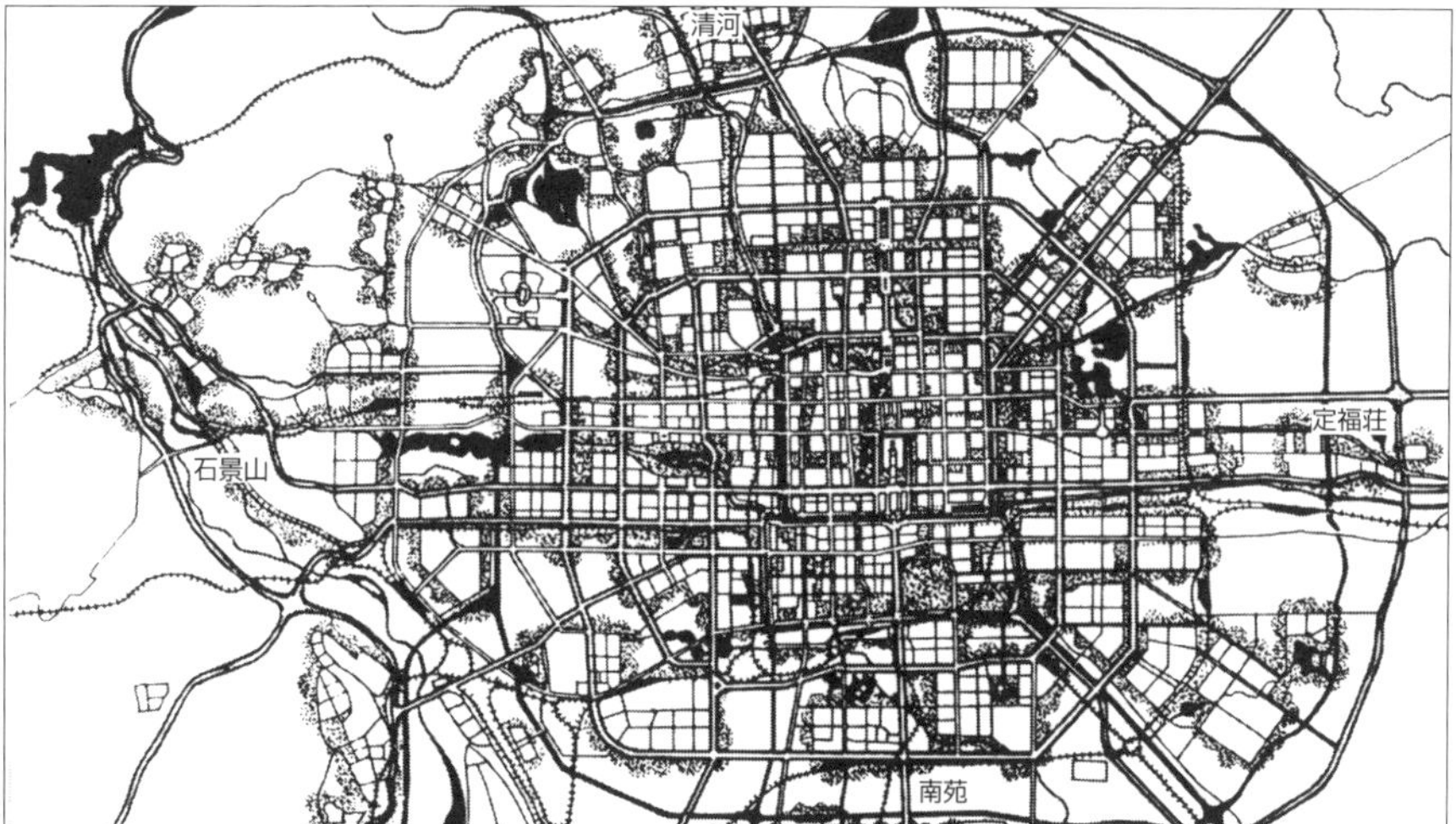

図5　北京市総合計画案（1958年9月）

方キロメートルにまで広げられた。そして都市部と農村部を一体化させる方向で計画の調整が行われた。第二に都市部と農村部の結合、工業と農業の結合という原則に基づき、「分散集団式」[*21]と呼ばれる配置計画を採用したことである。これは市街区に四〇パーセント、郊外には六〇パーセントの緑地を確保し、これらの緑地によって市街地を一つ一つの「集団」として分割し、市街地同士がつながって巨大なブロックにならないようにするというものである。この分散集団式は、環境という面でも優れており、この分散集団式の配置が今日までずっと続いているのである（図6）。

写真5　北京東三環路

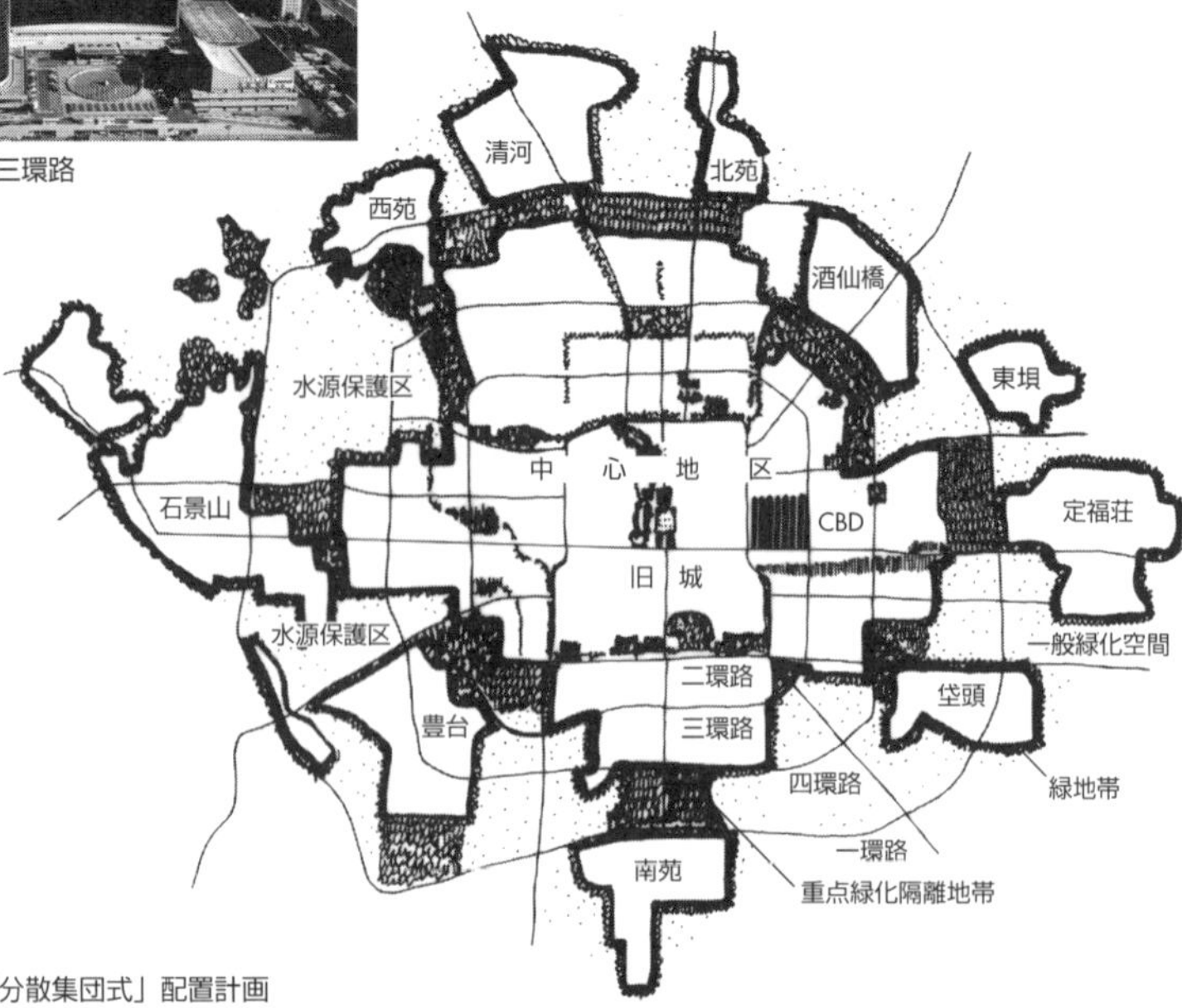

図6　北京市「分散集団式」配置計画

2——首都の歴史的景観の保持

1 解放後の都市景観の変化

一九五〇年代半ばまでは、北京の都市景観にはそれほど大きな変化はなく、ほとんどの建設は近郊の新しい市街地区で行われた。例えば、郊外東部の紡績工業地区や軽工業地区、南西部の重工業地区、東北郊外の酒仙橋は電子工業地区となり、西部は四つの部（省庁に相当）と一つの委員会が置かれて国家行政機関を代表する地区となり、北西郊外は八つの大きな学校を有する文教地区とするなど、いずれもこの時期において重点的に建設された地区である。城内の東長安街には対外貿易部、紡績工業部、煤炭工業部、公安部などの国家機関や北京飯店の新館が建てられた。天安門広場の中央に人民英雄記念碑が建設されたのも、この時期である。

一九五八年、建国一〇周年を迎えるにあたって、天安門広場の再開発と人民大会堂、革命歴史博物館などの十大建築[22]の建設が行われ、首都北京の中心部の景観に比較的大きな変化が現れた。

天安門広場はもとは皇城の前庭で、「T」字型平面の広場であったが、一九五八年の天安門広場拡張計画は、一〇〇万人が集合して行進することができ、かつ首都の政治的中心であることを体現していなければならない、という内容であったので、広場は東西五〇〇メートル、南北八〇〇メートル、面積四〇ヘクタールに拡大された。広場はやはり天安門を中心とし、南に向かって開けている。その両側の建築は左右対称となるように配置され、西側には人民大会堂が、東側には革命歴史博物館が置かれた。この二つの建物は「中而新（中国式にして新式）」というファサードのデザインが採用された。つまり、中国の伝統的様式を有しながら時代精神を体現するというものであり、天安門の城楼や前門などの伝統的な建築環境との調和を考慮したものであった。これと同時に長安街も拡張され、天安門の一画の建築制限区域は一二〇メートルになり、両側の建築制限区域は八〇メートルになった。あわせて、西長安街には電報ビルや民族文化宮、民族飯店などの大型建築が建設され始め、首都の中心地区に新しい景観が出現した。長安街は首都における政治の中心であり文化の中心である、中国きってのメインロードとなった。このように天安門広場の再開発は、基本的に成功裏に終わった。長安街は首都を東西方向に走る最も重要な幹線道路であると同時に、都市の新しい軸線となった。長安街は伝統的な南北に走る中軸線と天安門において交差し、天安門広場は都市の空間構造の中心になった。これは、本来宮城内にある太和殿の前庭を中心としていた明代以来の北京の都市構造に根本的な変化をもたらしたことになる。これ以来、太和殿の前庭は後方に退き、故宮博物院の一部分となり、新しい中国の象徴である政治の中心という地位を天安門広場に譲ったのである。

一九六〇年代から七〇年代という二〇年間は社会が動揺し、不安定になった時代であった。すなわち、大躍進政策の失敗の後、三年間の経済困難を経て文化大革命に突入した時代である。その影響は首都の都市景観に非常に色濃く反映された。

まず旧城をめぐる環状地下鉄の建設によって、北京の城壁と十余カ所の城門部分が撤去された。これは北京の文物・史跡や古城の景観において重大な損失であった。元来、明代の北京の城壁は一六カ所の城門部分と併せて一つの完成された体系をなしていた。城門部分は重要な科学的文化的価値および都城建設の芸術的価値を持っており、都城空間を構成する重要な要素でもあった。城壁は、護城河とそれに沿った緑地帯とともに、一つの環状の緑地を形成しており、古城に巻いた「緑のネックレス」といったところであった。

城壁と城門部分の撤去は古城の文物と景観との間の有機的な関係を喪失させることとなった。明代北京城の最も特徴的な「凸」型平面の都市の輪郭も、この時点で完全に消失してしまった。これと同時に、内城を取り巻く東側、南側、西側の各護城河は地上から消えて地下に埋設された。今は北護城河しか残っていない。かつての護城河に沿った都市の伝統的な景観は失われ、ほとんど残っていない。これとは逆に南二環路[*23]の沿線は、文革中に、隙間を一つも残さないかのように建物が建てられ、一面の高層ビルの「壁」がそびえ立った。これがすなわち前三門高層ビル群である。

さらに、文化大革命の時期には都市計画が停止させられたため、城内には勝手に多くの住宅が建てられたが、その多くは粗末な住宅棟であり、古城の景観を台なしにしてしまった。そのほか、大躍進から文化大革命の時期には、北京では大々的に工業を振興するという号令のもとに多くの中小工場を建設し、王府[*24]や寺廟、住宅、文物史跡、公共緑地などを占拠したので、古城の文物や環境は重大な損失を被った。

一九七〇年代、周恩来総理と鄧小平副総理が中央政府の日常業務を遂行するようになってから、各事業の建て直しが開始され、北京の都市景観も中央のコントロールが及び、好転し始めた。一部では各国大使館や領事館や外交官アパート、高級ホテルなどの新しい建物も建国門外に建設され始めた。

一九八〇年代初め「四人組」が逮捕され文化大革命が終結した後、特に三中全会[*25]の後、北京の都市景観に大きな変化が生まれた。最初は一九八〇年四月、中共中央書記処[*26]が北京の都市建設に対し、四つの重要な決議を行った。その決議においては、首都建設の目指すべき方向が明示された。その方向とは、北京を全国の政治的、文化的な中心とし、また同時に国際的に重要な窓口として発展させるというものであった。これは、長い間続いた工業建設を中心に据えた指導思想を転換させるものであった。一九八〇年代には改革開放政策の下、北京の都市景観は日毎月毎に新しくなっていったが、それには喜ばしい面もあれば、憂うべき面もあった。喜ぶべきことは、北京の都市建設に対する投資チャネルが増え、建設により多くの資金源が提供されたことである。また、都市が近代化され新しい建築が多く生み出されたことにより、首都の景観に彩りが加わったことである。憂うべきことは、膨大な建設量と急進的な建設速度によって、古城の景観がますます大きな衝撃と脅威を受けたことである。

2 北京の都市景観が直面する新しい局面

旧城の再開発が加速し、旧城の文物をとりまく環境や古城の景観が危うくなった。

一九八〇年代以来、改革開放政策によって北京の経済発展が促進され、都市建設の歩調も速くなった。都市の近郊、とりわけ朝陽区、海淀区では非常に速い発展が見られた。朝陽区、すなわち建国門から朝陽門外の二環路以東、三環路以西の地区では、外資系ホテルやオフィスビルを主体とした建設のラッシュになった。長城飯店、国際貿易センター、崑崙飯店などの五つ星クラスのホテル[*27]や京広中心、中信大楼、京城大廈を代表とするオフィスビルが出現した。このようにして首都の元来の景観は大々的に改変され、一歩一歩現代的国際都市に近づいていった。海淀区では中関村電子街に代表される高度科学技術区が興り、元々あった文教地区の高等教育機関や中国科学院などと一緒になって、首都北京を全国の科学技術の中心的存在にしたのである。

一九九〇年代から新たに北京市のマスタープランの修正が始められた。その中では北京は全国の政治的文化的中心であるだけでなく、世界的に著名な古都であり現代的国際都市でもあるとされた。そして、北京の発展は二つの方針転換によって実現に導かれる、とされた。その一つは都市建設の重点を市街地から遠方の郊外へと移すということである。もう一つは、市街地建設の重点を郊外へのスプロール型から全体的な調整と再開発にシフトするということである。後者の転換は、つまり建設の重点を旧市街地区にシフトする、ということである。旧市街地区には旧城地区も含まれているため、これは少なからず名城保護に影響を及ぼす問題なのである（図1〜3）。

一九八二年、国務院は国家第一次歴史文化名城のリストを公布した。全部で二四都市が制定され、北京はその最上位にランクされたが、北京にはそれに値するだけの資格があった。なぜなら北京は六大古都[*28]のうちで一番最後に伝統的都城構造が最も完全に作られた古都であり、地上文物が最も多く残っている名城であるからである。中国において最後の王朝が覆されてからまだ一〇〇年にならず、明清時代の古都北京に残された歴史遺産は極めて豊富である。だからこそ、九〇年代から始まった北京市のマスタープランの中に、名城保護計画が追加されたのである。名城は保

護の対象により三段階に分けて保護を行う必要があるとされた。すなわち、以下の三段階である。

①各クラスの文物保護単位[*29]。
②歴史文化保護区。北京においては什刹海、国子監などの二五カ所が指定された。
③都城の構造と空間および巨視的に見た景観環境。

さらに加えて、巨視的な保護については、以下の一〇の方面が示された。

①伝統的な都市の中軸線を保護し発展させる。
②明清時代の北京城の「凸」型城郭平面を保護する。
③「凸」型城郭構造と関連する河川や湖沼を保護する。
④碁盤状の道路網と坊・巷・胡同[*30]の構造を保護する。
⑤都市の伝統的な色彩を保護する。
⑥建物の高さ制限を行う。故宮、皇城を中心として段階的に建物の高さ制限を設ける。順に九メートル以下、一二メートル以下、一八メートル以下とする。長安街、前三門大街および二環路の両側は一八メートル以下であるが、個別には四五メートルまで許す。
⑦都市の重要なヴィスタ[*31]を保護する。
⑧街道に面する町並み景観を保護する。
⑨都市広場を増設する。

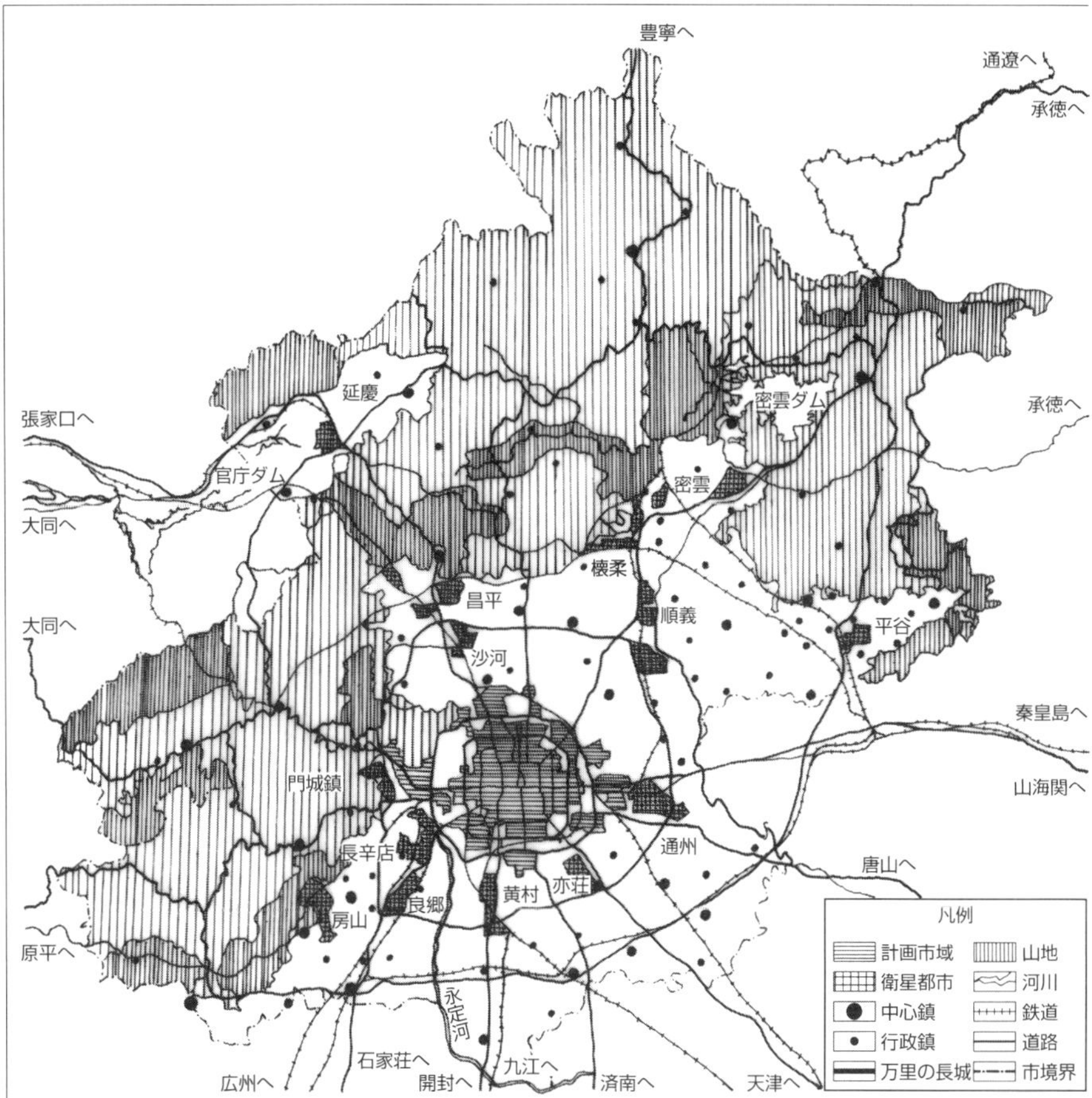

図1　北京市のマスタープラン（1992年）

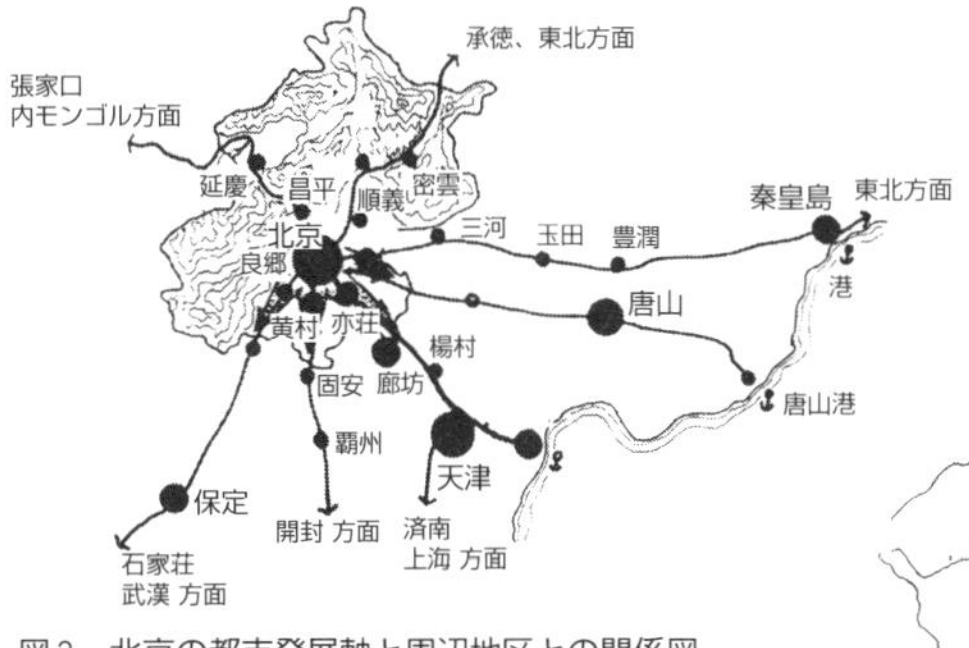

図3　北京の都市発展軸と周辺地区との関係図

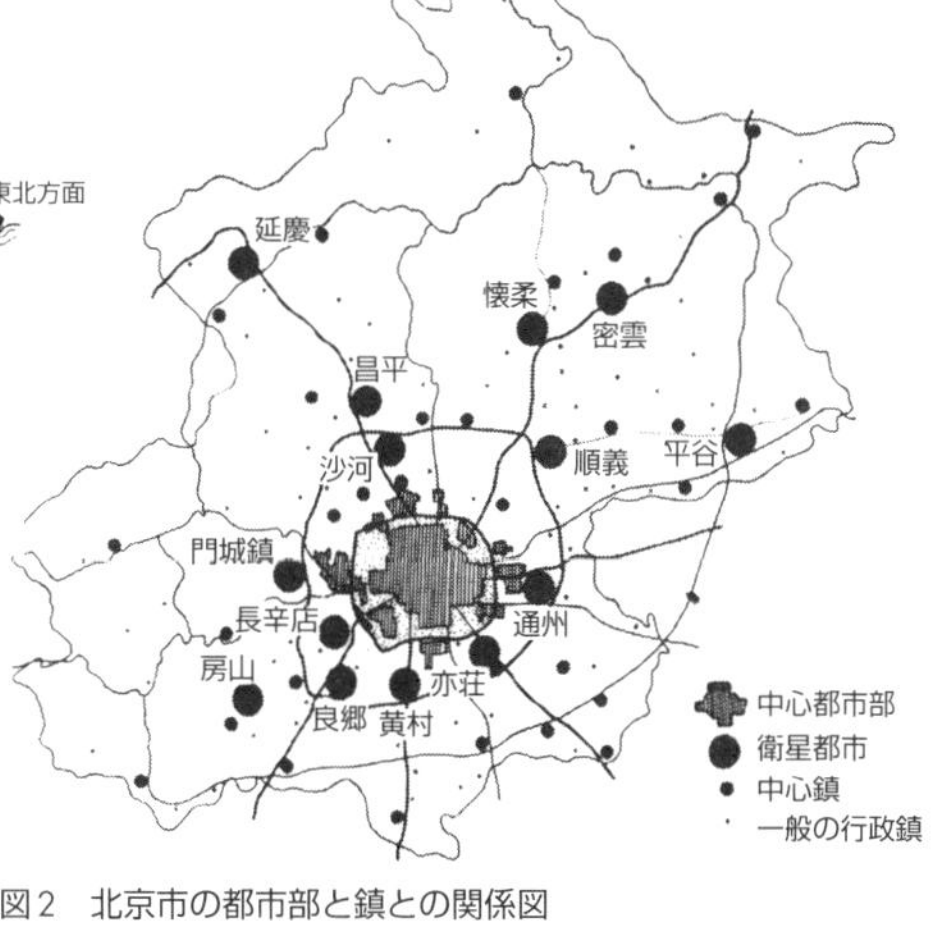

図2　北京市の都市部と鎮との関係図

⑩古樹・名木の保護と緑地の増設を行う。

以上の三段階、一〇方面の規定が厳格に遵守されていれば、北京の古城景観や都市景観は統制がとれ、改善されるはずである。しかしながら現実には、次のような予測のつかない事態が起こってしまったのである。

一九七〇年代、旧城内で高さが四五メートルを超える建物は北京飯店の新館だけであったが、現在は数十棟のビルがこれを超えている。しかも、ますます皇城の中心部に接近しつつあり、景山山頂の万春亭に立てば、旧城内に高層ビルが林立し、故宮の皇城がすでに盆の底のようになっているのを見ることができる。旧城の広く開けた平面的な空間特性は今や完全に消失してしまっている。

最近旧城内では、ディベロッパーたちは容積率を高めることに必死である。例えば、新東安市場のビルはまるで高くそびえる壁のようであり、王府井の八面槽一帯を圧迫していて、窒息させられるかのようである。また、隆福寺は古い寺であったが、今は影も形もなくなり、容積率の高い商業ビル群に取って代わられている。高層住宅群においても同様に高容積率の建物が出現し、都市には空間と緑地がますます少なくなっている。

北京の町で皇室を象徴するものは宮殿と皇族用の園林および壇廟であるが、一般庶民を象徴するものは胡同の四合院である。現在、皇室に関わるものはほとんどが各クラスの文物保護単位に指定されているが、一般庶民を代表する胡同や四合院は急速に破壊されている。マスタープランの中で四合院保護区として指定されたのは、東城区の南北鑼鼓巷と西城区の西四北一から八条にかけての地区だけであり、さらに名城保護計画の中に什刹海や東四一から一二条にかけての地区などのいくつかの地区が付け加えられたにすぎない。その他の地区はすべて危険老朽家屋再開発地区に指定され、取り壊され再開発されることになっている。

写真１　景山より故宮博物院を望む

写真２　長安街

旧城内の四合院には多くの歴史的文化的遺産がある。例えば著名人の旧家、会館、銀行や銭荘[*32]等の金融機関は、北京古城の歴史文化を構成する要素である。しかしこれらの建物は現在壊されたり朽ちたりする危険にさらされている。

昔の四合院地区においては、胡同は都市構造の重要な構成部分であり、かつ古城の伝統的景観の重要なシンボルでもあった。什刹海地区においては近年、胡同訪問ツアーを主とした旅行社ができ、もっぱら外国からの旅行者をグループで輪タクに乗せ胡同を巡り住民を訪問させるのだが、これが非常に外国人の受けがよい。これこそ古城観光の一番の魅力であり、もっと広めて発展させるべきである。

北京市の名城保護の第二段階では、北京市内の二五地区が歴史文化保護区に指定されたものの、国子監や什刹海など少数の地区が保護と更新計画を策定した以外、その他の地区では未だ実行に移されていない。一部の計画にはマスタープランとの間に矛盾があるものもある。例えば、前門大街は歴史文化保護区に指定されている。しかし、一方で道路計画の中では、道路のために八〇メートルの計画線が引かれており、もしこの道路計画にしたがえば、前門大街の伝統的な景観は二度と見られなくなってしまうことになる。ほかにも、景山前街、景山東街、景山西街、景山後街、南池子、北池子、南河沿、北河沿などは、いずれも景観と

道路計画線との間に矛盾がある。牛街に至っては、現在すでに大規模に大型道路や高層ビル群の建設といった改造が行われており、牛街清真寺の伝統的な景観環境は永久になくなることになる。

総じていえば、現在は旧城の再開発が急速に推進されているため、もし規制を強化し、名城保護計画のそれぞれのプロジェクトを確実に実行し、保護型の都市計画に力を入れなかったならば、北京古城の伝統的景観は復旧不可能な損失を被るにちがいない。

写真3　牛街清眞寺

写真4　陸山門街

3——什刹海地区と国子監地区

1 什刹海地区

什刹海地区は内城の北西部に位置し、東は地安門外大街に隣接し、南は地安門西大街に、北は北二環路に、西は新街口北大街に接している。総面積は一四七ヘクタール、そのうち什刹海前海と後海、西海の三つの池を中心に水面が四三ヘクタールを占める。北京の重要な歴史文化保護地区となっている。

什刹海は元の時代には大きな一つの池であり、積水潭と呼ばれていた。積水潭は俗称を海子と言い、水運の中心であったが、明代以降水運が途絶えたため、泥の堆積によって徐々に三つの池に分かれていった。このほかに城外にも太平湖と呼ばれる池があったが、文化大革命中に埋め立てられてしまった。この辺りの水面は広々としていて、江南の水郷のような風景であった。明代には多くの官吏や貴族がここに住宅や園林を建設し、徐々に庶民の憩いの場になっていった。清代には著名な王府、つまり恭王府とその庭園、醇王府とその庭園、濤貝勒府などが建設され、さらに広化寺、龍華寺、火神廟、浄業寺、高廟など多くの古寺や名刹があり、その他に烟袋斜街、白米斜街などの有名な商店・歓楽街、および荷花市場など庶民生活の中心もあった。

一九八四年、北京市西城区政府は住民にはたらきかけて什刹海とその周辺地区の環境を整備し、また清華大学建築学院の都市計画研究室に什刹海地区のマスタープランの作成を委託した。このマスタープランでは什刹海地区に対して詳細な調査と研究を行っており、それは什刹海の歴史や奥深い無形の文化にまでおよんでいた。計画では地区の性格を「歴史文化観光景観地区」と規定し、保護・整備・開発・管理が一体化した建設を行うという方針が決められた。計画には以下の五つの原則が示された(図1)。

①優れた伝統を継承し、生活内容を充実させる。
②文物や史跡を保護し、古都の景観を展開する。
③市井の民俗を守り、都市の園林を再現する。

④短期的には現実にできることを行い、長期的には美しい理想を追う。

⑤総合的に計画建設を行い、実際の効果を研究する。

マスタープランにおいては、この地区の機能、緑化、道路、交通、文物史跡、景観および商業、行政サービス、観光、公共施設などに対して総合的な計画が行われている。

機能面からいえば、前海は東側と南側が幹線道路と商業街に面しているし、伝統的にも人々の生活の中心であったので、計画では観光活動区と規定した。また後海は水面が深遠で、両岸には文物や史跡が多いので、静穏休憩区と定めた。また西海は釣魚区と規定した。さらに、前海と後海の間にはボート乗り場などの水上遊覧地点を開設した。後海の北岸の金絲套地区は、胡同が曲がりくねっていて趣があり、環境が美しいので、現在は胡同探訪の中心になって

写真１　什刹海の恭王府

写真２　什刹海前海

図１　什刹海歴史文化観光景観地区の長期計画図

いる。

文化財や史跡としては、この地区には恭王府とその庭園、醇王府とその庭園（現在の宋慶齢旧居）および郭沫若旧居があり、全国重点文物保護単位に指定されている。北京市の文物保護単位のうち、鐘楼、鼓楼、広化寺などはすべて一般に開放されており、保護計画ではさらに整備を行い、あわせて一部分の文物保護単位を開放して、この地区の文化的な要素を増やしていく。

都市景観の上からは、この地区には有名な「銀錠観山」という景観の見せ場があり、城内においては最もよく後海と西山が見渡せる場所である。このほか、鐘楼、鼓楼、徳勝門箭楼はみな地区内の重要なヴィスタの対象であって、保護計画では強力に保護に力を入れている。

写真３　什刹海前海

写真４　什刹海後海

写真５　什刹海後海付近の金絲套胡同

写真６　什刹海後海にある「銀錠観山」

一九八五年以来、什刹海地区に総合計画が作成されると同時に、続々と多くの景観の見せ場がつくられた。例えば、前海荷花市場の骨董品街、「潭苑」という水際のあずまや、修復された銀錠橋、後海の遊覧船着き場、望海楼、後海南岸の老人活動センター、後海児童遊技場などである。西海には匯通祠[*33]が再建されたが、これは比較的大きな事業であった。匯通祠は西海の北西角にあり、什刹海への水の入り口にあたるが、明代には城壁の麓の小島の上に鎮水観音寺が建てられていた。清代乾隆年間に匯通祠と改名されたことを示す乾隆帝の御碑もある。文化大革命中には地下鉄の積水潭駅がつくられ、匯通祠は小島とともに壊された。しかし、什刹海の整備の過程で再建され、祠の下に新しく設けた二層の空間を利用してボーリング場がつくられ、祠の傍らにはレストランがつくられた。また、祠の用途を郭守敬記念館[*34]と改めた。この整備によって、経済と社会に対する効果と利益は増大し、また古城の景観保護にも大きく貢献した。現在、匯通祠と徳勝門箭楼は一まとまりの重要な景観地区となっていて、東側の雍和宮、国子監、孔廟を中心とした景観地区と対称をなしている。さらに保護されてきた河道は北二環路の都市景観を大きく改善し、古都の伝統的な風景を見せている。

環境の保護と整備については、保護計画では河川や湖沼などの水系、胡同の構造、四合院の外観、重要な文物や史跡、景観の見せ場や古樹名木に重点をおき、それらすべてに対して保護と整備に関する具体的な意見を出している。

道路交通や公共施設等においても全面的に計画を行っている。一九八四年から一九九二年にかけて保護計画は多くの修正を施され、一九九二年になって北京市に承認された。

一九九三年、北京の不動産開発ブームが起こり、什刹海地区にも経済技術開発会社が設立された。このため、我々は再び規制型の詳細計画の策定に協力した。

規制型の詳細計画は、基本的には什刹海地区の保護と開発という二つの事業を進めていくというものである。保護事業では、もともと設置されていた各クラスの文物保護単位に対して保護措置を強化するだけでなく、古くからある四合院住宅地区に対しては、その具体的な位置、現状（家屋の構造、質、外観など）に応じて個別の計画案を出した。すなわち、原状保存、構造保存、そして更新改造の三種類である。一方、開発の方面に関しては、地区全体を観光開発し、地区内の一部分の不動産開発をする、という二つの可能性について研究を行った。そのうち不動産の開発においては、前海、後海、西海の三つの地区の中に小さなブロックを一カ所選んで、四合院の改築を行うこととした。その改築のモデルは、まず老朽家屋の住民を外へ転居させ、その場所をより典型的な四合院住宅に改築し、立地がよく環境も優れているというこの地域の利点を生かして、高額で売り出すというもので、現在すでに試行段階に入っている。このような再開発地区に対しては、計画で厳格な建築密度の規制をかけたので、大部分の四合院は依然として一般の市民の居住用になっており、伝統的な社会構造が保持され、人々の風俗習慣も変化していない。観光開発の方面においては、現在まさに計画が進行中であり、胡同観光開発会社の経験を生かし、この地区を市内で最も伝統的景観を持ち、最も庶民の風俗習慣が残り、最も豊かな文化の蘊蓄を保つ、観光景観地区に仕立てようと計画している。

什刹海地区の開発方針は、保護、整備、開発、管理を相互に結合させるというものである。管理に関しては什刹海地区に管理所を設け、水面や観光スポット、水上活動、および沿岸の緑地を管理させる。ただし、この地区内にはまだ数千戸の住民が居住しており、これらの住民は西城区の廠橋と新街口の二つの街道事務所[*35]が管轄している。また、この地区は市民生活の場と園林が相互に溶けこんだ地区であり、公園の垣根のようなものがないため、管理上に大きな困難があった。周辺環境と地区内の風景地区に関しては管理所が管轄するが、住民と地区内の商業・サービス業については街道事務所が管轄しているため、両者の間にしばしば矛盾が起こるのである。例えば、街道事務所は住民の利便性を考えて収入増加のため、後海沿いで農産物の朝市を開こうとしたが、これは衛生上多くの問題を生んだ。区内には多くの自動車があり、非常にたくさんの自転車が行き交い、商店への運搬車両がこれに加われば、ひどい交通渋滞がおこる。また、地区内の緑地や公園施設が荒されることは日常茶飯事である。だからこそ、管理体制を建て直し、住民の意識改革を推進して、地区内の住民を積極的に参加させ、子供たちへの「什刹海を知り、什刹海を慈しもう」という

教育を行っていくことが、什刹海の保護と建設にとっての重要課題となるのである。一九九七年一一月西城区政府は、北京市都市科学研究会[*36]および北京市計画学会[*37]共同で、「地域住民意識の改革と什刹海の保護整備」というシンポジウムを行った。この会議は大変有意義なものであった。現在西城区政府はまさに、会議で提案された方針に基づいて什刹海の管理体制上の改革を進めているのである。

什刹海は歴史が長く、豊かな人材と文化の粋が集中しており、一九九三年には什刹海研究会が設立されている。この研究会は什刹海を熱愛する専門家や社会的な名士が什刹海地区の各機関の幹部たちとともに組織したものであり、二つの任務を担っている。その一つは、什刹海地区の歴史的文化的な事柄を整理して本にまとめて出版することである。現在、『京華勝地什刹海』と『詩文薈萃什刹海』の二冊の専門書が出版され、この地区の名勝や史跡、風土と人情、歴史、および文人が什刹海を詠んだ詩文を紹介している。このほか、『什刹海志』も現在編集作業中である。もう一つは、討議をして意見を出すということであり、そしてこの地区の計画・建設・管理の各事業と協調していこうとするものである。こういった試みがすべて合わさって、専門部署と密接な関係を確立しているのである。このような事例は北京市だけでなく全国的にも珍しい試みである。

一四年にわたり、什刹海の保護整備、開発および管理事業は、途絶えることなく続けられてきた。その間、困難も多かったがその成果も大きい。成果には、まず、この広大な地区の伝統的景観を守っていくにあたって、大きな破壊を被らなかったということがあげられる。これはそう簡単なことではない。次に、この地区の景勝地や環境をかなり改善したことである。第三に観光開発が徐々に地区の繁栄と振興の動力となってきたことである。第四は計画・建設・管理そして研究が、密接に結びつき、相互に促進しあいながら、この歴史的な地域の保護と発展にますます大きな発展をもたらしていることである。

2 国子監地区

国子監街は旧城の東北部に位置し、元代にはじめて建設された。清代には「成賢街」と呼ばれ、中華民国時代に「国子監街」と改称された。この街には国子監[38]と孔廟[39]の二つの国家級文物保護単位がある。

国子監街は全長六二三メートル、道路幅は平均一一・六メートルある。街の東西の入り口にはそれぞれ牌坊[40]があり、その他にも国子監大門の両側に牌坊が二つある。これらは現在北京旧城内に残るわずか四つの牌坊である。広大な孔廟や国子監と周辺の伝統的四合院住宅、また豊かに茂る槐《えんじゅ》の並木がともに相まって、国子監街の豊かで独特の歴史的、伝統的な景観を形作っているのである。

国子監地区は、北は二環路から南は方家胡同まで、東は雍和宮大街から西は安定門内大街まで広がり、面積は約四〇ヘクタールある。この範囲は東は雍和宮[41]や柏林寺に隣接し、北は二環路を隔てて地壇[42]と向き合い、西には鐘楼や鼓楼が望める。地区内には高い建物はなく、基本的に古都の伝統的な景観を保っており、一九九〇年に北京市が歴史文化保護区を定めたときには、その筆頭に掲げられた。

文化大革命の時代から改革開放政策初期にかけての時期は、管理が緩かったため、地区内の環境は一旦大きく損なわれた。多くの違法建築が建てられ、道路や空地が侵食された。また、一部の道路沿いの家は、家を修理するときに美観をかまわず大きなガラスやアルミ合金や大理石などの外装材を使ったりしたため、元来の街路景観を壊してしまい、市の幹部からの批判を受けることとなった。

一九八九年初めに区政府は国子監地区の整備を始めた。取り壊した違法建築は合計一三七五平方メートル、明け渡しの完了した場所が二二二八平方メートル、修復した街路に面する外壁は一万平方メートルにわたり、また二〇〇余りの露店を移動させて、国子監街の古風で質朴そして気品のある伝統的景観を回復したのである。その中でも例えば旋盤研究所の二階建ビルについては、大きな煙突をすべて撤去し、街路から用地を六メートル後退させた。首都図書館（もとの国子監）と首都博物館（もとの孔廟）も、正門内の両側に増築されていた受付室などの部屋を取り壊し、伝統的な建築構造に戻した。また、道路面や緑化などについてもすべてに整備や美化を行い、環境全体が大幅に改善されたのである。

整理事業中は地域の関係機関にも積極的な参加が促された。例えば沿道の関係機関や学校、安定門の街道事務所、関連する住宅管理局、公園、都市計画、市政管理などの部門は、予算問題が解決され次第、住民に働きかけて官民一体となった共同管理を行った。同時に、幹部や市民の古都景観や市の美観保護に対する意識を高めた。国子監地区の全体的な保護と整備事業を進めるため、一九九五年一〇月から、北京市文物局[*43]と東城区規劃局[*44]が再び清華大学建築学院建築都市研究所と共同で、この地区に対してのさらなる保護整備計画の事業を始めたのである（図2・3）。

計画はまず詳しい調査から始めた。その研究内容は以下の五方面におよんだ。

①コミュニティ環境：コミュニティの構成、近隣の構造、コミュニティと社会保障など。

②コミュニティ経済：コミュニティの人口、各戸の収入、就業状態、コミュニティの発展など。

③物的環境：建築環境や自然環境の質的評価、道路交通、インフラストラクチャー、住宅の質など。

④不動産所有権と使用権。

⑤コミュニティの改造の方向性およびその社会経済的な要因と問題点など。

このうち、特に③と⑤の両項目に重点が置かれた。

地区の物的な環境は保護の対象となる。国子監街の歴史は元代に始まり、元・明・清の三つの封建王朝、さらに中華民国、中華人民共和国という合計五つの時代を経ているので、歴史文化の蓄積が非常に多い。国や市の指定した文物があって、しかも造りがわりあいしっかりとした質のよい四合院がある（図4〜6）。さらに、歴史を積み重ねてきた建築史的に重要な空間（例えば睦池や辟雍をもつ国子監の建築配置[*45]）と伝統的町並み、胡同の町並み空間と都市の多くの四合院が集まって作り出す皮膚のひだのような都市の「肌理」、さらには重要な史跡、石碑、古樹名木などもある。

保護計画の中では、これら一つ一つに対して徹底した調査を行い、保護するべき対象やその保護内容を確定した。中国式の建築はすべて木造で数百年の年月を経ており、少なからず破壊されたり、代々にわたって補修されたりしているため、やはり必ず調査の上で明確に保護と整備の内容を

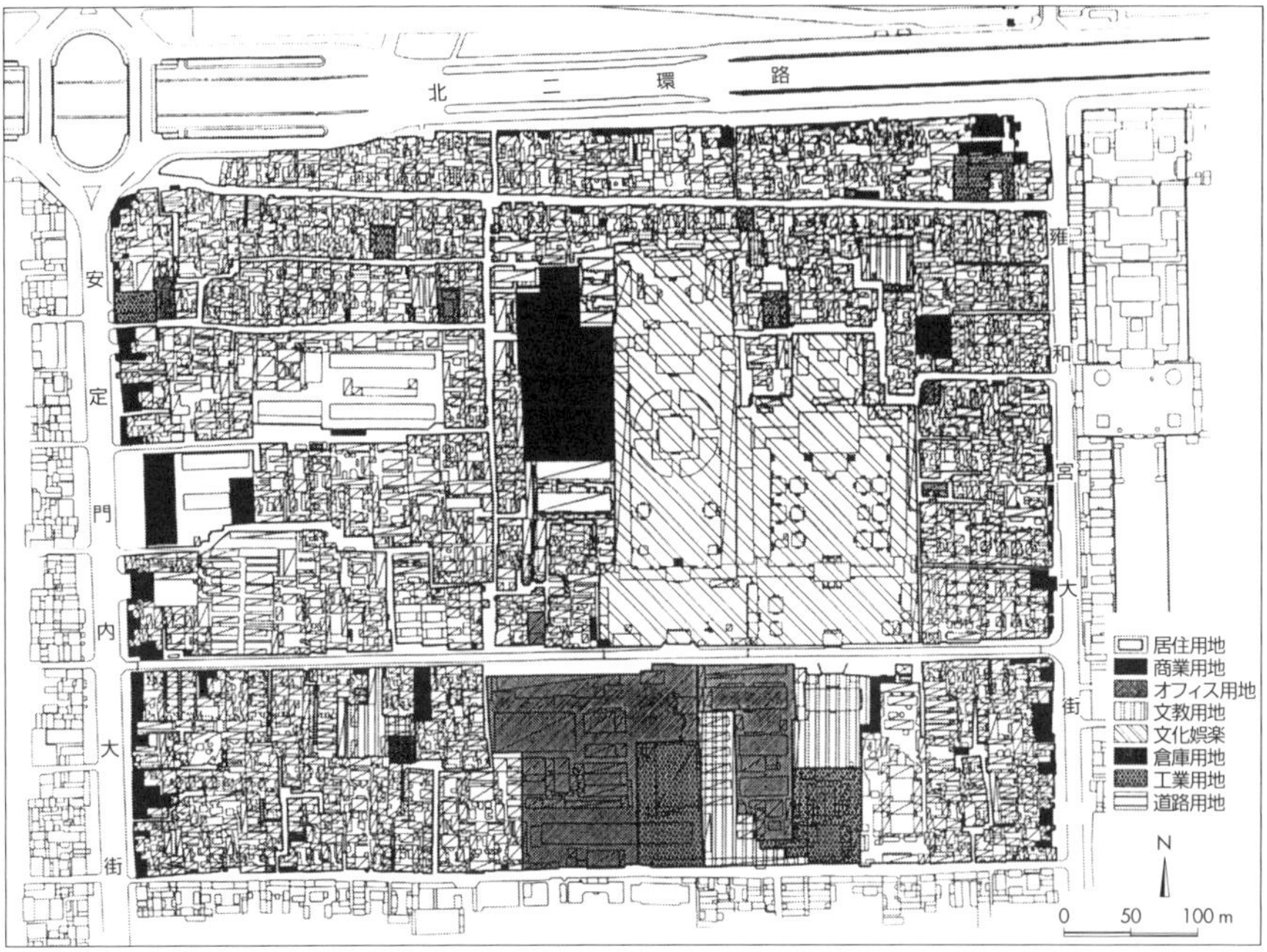

図2　国子監現状土地利用分析図

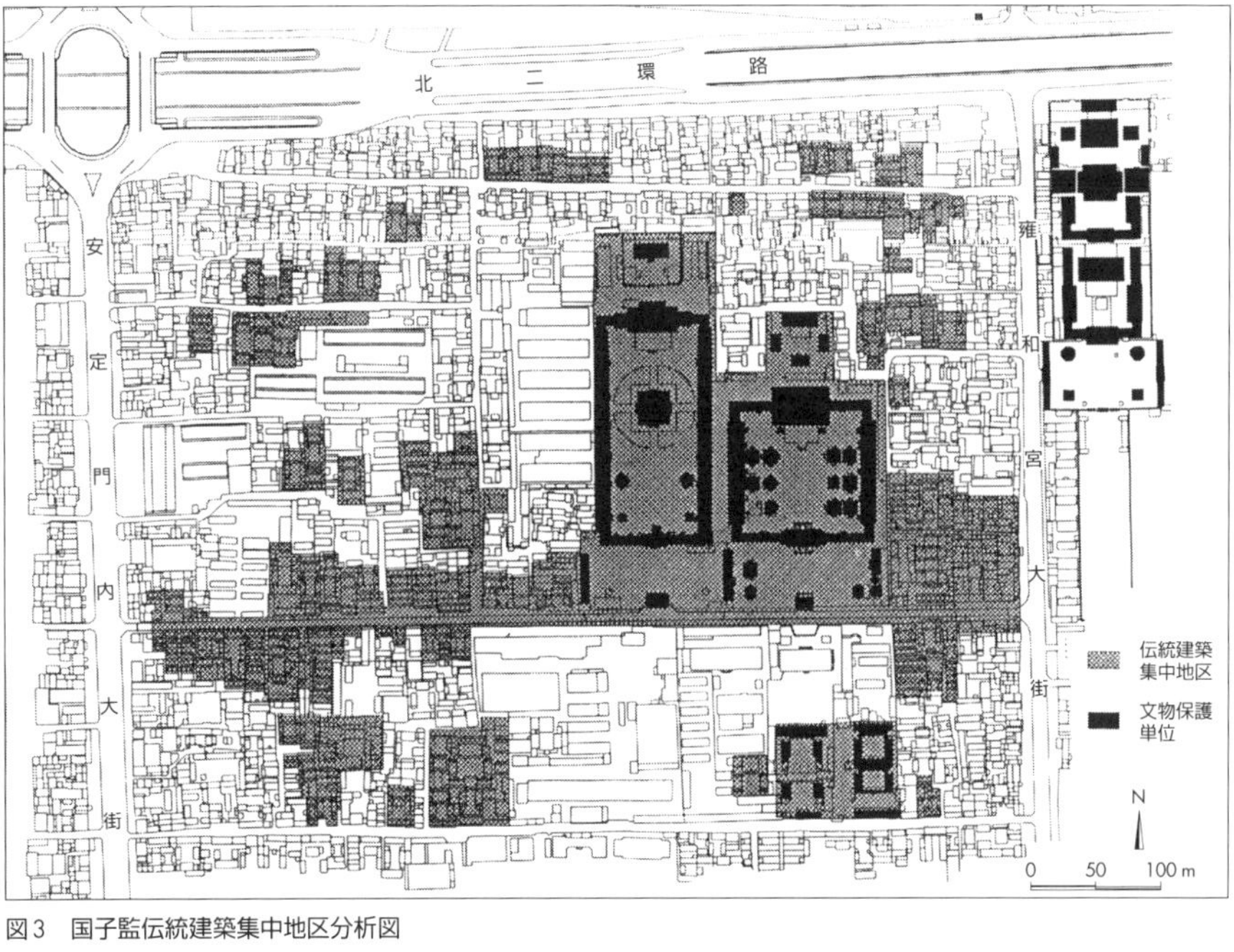

図3　国子監伝統建築集中地区分析図

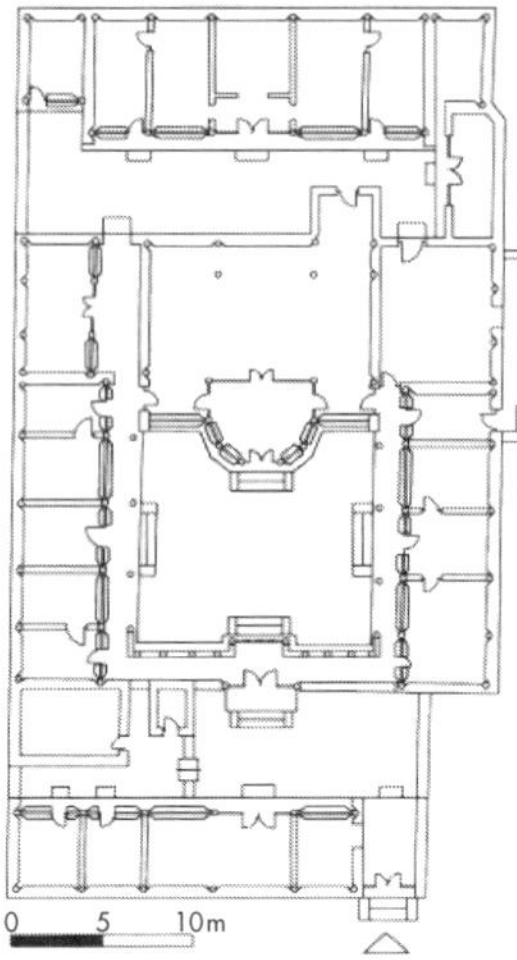

図5　大草廠某号住宅

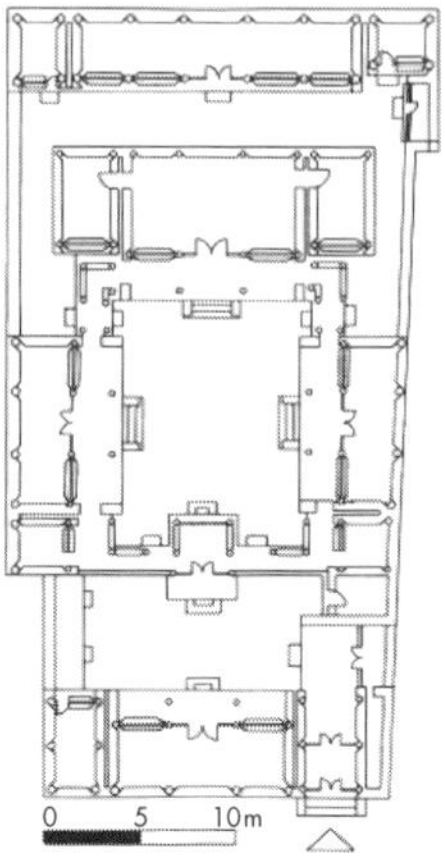

図4　東四四条某号住宅

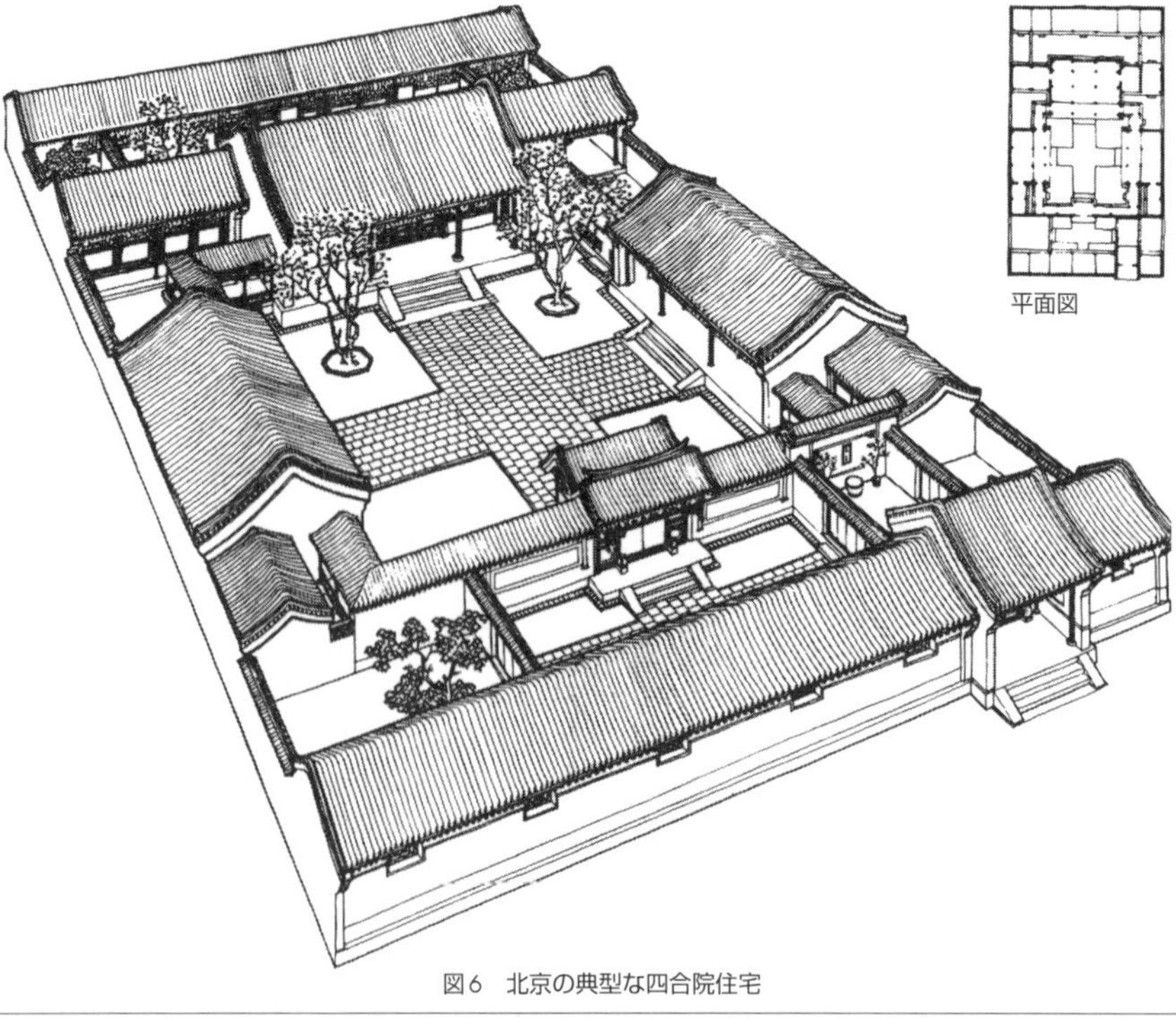

図6　北京の典型な四合院住宅

決めなければならない。

歴史的地域の保護と再開発は、その地域の社会的経済的発展に影響を及ぼす。国子監地区は北京の旧城内の重要な観光スポットであり、とりわけ付近の雍和宮は国内外の非常に多くの観光客が来る。そこで、この雍和宮、国子監、孔廟を中心とした歴史文化保護区を一つの全体として開発しようという観光開発計画が具体化したので、それを北京市の巨視的な観光開発計画と結合させた。さらに考えを進めて、この地区の経済的社会的発展を推進することで、地域の活力を増大させる必要もある。現在、街路に面した四カ所の四合院の改修が始まっているが、一部のディベロッパーはその有利な立地条件と優れた文化的環境を利用して、街路に面した四合院を買い入れて高級な四合院に改築し、高値で売り出したり賃貸したりしている。このような開発には長所と短所の両面がある。長所としては、開発資金を呼び込んで、この地区の保護や整備に弾みがつくということであろう。一方短所は、ディベロッパーたちが見た目の豪華さばかりを追求し、街路に面した大門を派手な装飾で飾り、元来の古風で質朴、気品にあふれた景観を破壊してしまうことである。しかも、このような無秩序な改築がもし計画の軌道から外れたものであれば、その後患は計り知れないものとなるだろう。

（朱自煊／相原佳之訳）

2章 模索する歴史都市

1 安陽——中国最古の都城

河南の安陽は三〇〇〇年余りの歴史文化を有する古城であり、文字史料によって確認できる中国最古の都城である。紀元前一四世紀の昔、商王[1]の盤庚が殷（今の安陽県小屯）に遷都し、それ以後商が滅亡するまでの間、八世代一二王、二七三年間この地に都を置いたのが始まりである。殷の地では農業や手工業、商業そして文化が非常に発展し、商代後期の政治、経済、文化の中心となっていた。殷ははっきりとした都市の輪郭を持つ中国史上最古の都城であり、しかも長い間一つの地に置かれた国都であったことから、「中国最初の古都」と呼ばれている。

安陽は黄河下流域西部の北岸に広がる平原に位置している。この平原の西は丘陵になっていて、平原の中央は沖積平野になっており、洹河や漳水、衛河など、いくつかの古い河川が東から西に平野を貫いて流れている。この平原では二万年余りの昔から人類が活動しており、旧石器時代の遺跡も残されている。紀元前一六世紀の商王朝初期には、この地は「相」と呼ばれていたが、商王の盤庚の時代に殷と改称された。後に周が商を滅ぼして、商の都であった殷は廃墟と化したので、現在ではここを「殷墟」と呼んでいる（図1）。殷墟からは非常に多くの殷代文化の遺物が出土しており、その中には大量の青銅器や玉器、大理石彫刻などがある。小屯から出土した甲骨文字は中国の古代文化の研究にとって重要な史料となっている。

安陽は中国史上、非常に重要な位置にあった。安陽には多くの重要な歴史事件が起こっており、また多くの史跡を残しているのである。例えば周の文王が囚われて『周易』[2]を説いたのもこの安陽であった。周の武王はこの殷の地を征服し（B.C.一〇五〇頃）、戦国時代（B.C.四〇三～B.C.二二一）には西門豹が鄴を治め、三国時代には曹操が銅雀台を築き、南北朝時代には六つの王朝が安陽に都を建て、宋代（九六〇～一一二七）には名相韓琦と名将岳飛を輩出している。民国初年には袁世凱が下野して安陽に隠居したこともあり、のちに北京に上り八三日の皇帝となり、憤死した後に葬られたのも安陽であった。古都安陽は多くの輝かしい文化遺産と名勝史跡を残しているのである。

安陽古城は北魏の天興元年（三九八年）につくられ、宋の景徳三年（一〇〇六年）に増築されて周囲一九里（九五〇〇メートル）となり、明の洪武初年（一三六八年）に改築されて周囲九里一一三歩（約四六九〇メートル）となった。もとの城壁は高さ二丈五尺（八・三メートル）、壁厚二丈（約六・七メートル）であった。土を築き上げてその外側を磚[3]で被っており、四つの門を設け、それぞれの門の上には楼という建物が建てられていた。また四つの角楼[*4]、四〇の敵楼[*5]、六三の警舗[*6]も建てられていた。この城壁は清代に修復されたが一九五八年に取り壊されてしまった（図2）。

安陽古城は整った形をしており、四角い平面を持ち城壁は堅固であった。都城内の地形は亀の背のような形を呈しており、中央が高くて周縁が低く、雨水の排水に適している。城外には壕が巡らされ、城内には馬車道がある。城内の街路配置は典型的な中国都城の形式を備えており、北大街・中山街・南大街を中心軸として、九府一八巷七二胡同[*7]が縦横に交錯し、街路配置全体が「片」の字の形を呈している。その配置は整然としており、道路の等級が実にはっきり分かれている。城内は廟や塔、楼、閣がうまく配置され、極めて多様で調和のとれた都市空間を構成している。南大街、北大街には鐘楼と鼓楼が道をまたいで建ち、朝夕の時を告げる。城北の高閣寺は勇壮に構え、朝日を迎えて輝く。城西の文峰塔は相輪を高々と掲げ、夕日に燦然と輝く。二つの白塔が南北に対称をなして建ち、府の城隍廟[*8]が堅固な都城の中央に鎮座する。半世紀前に想いを巡らせば、城壁はまだ存在し、箭楼[*9]は四方を望み、角楼が都城の端にそびえ、城内には密集した甍の波や、整然と並んだ四合院があり、緑が茂り、いびつに光る瑠璃屋根を載せた大きな建物が点在していた。古城全体が高低の起伏を持ち、乱雑でありながら趣があり、素朴でありながら多様で、生き生きとして情趣に富んでいた。

安陽古城は明清時代より繁栄し、城内には奥行きの深い大きな邸宅が多く、地元で「九門相照」（たくさんの入り口が向かい合って並ぶ）と言われるほど、多くの建物が連続する住宅が今も多く残り、保存状態の良い民家が集まる町並みもある。例えば東大街、倉巷街、文峰塔などの辺りは、多くの民家が典型的な四合院であり、平屋建、灰色の壁や瓦、屋根瓦の反り、磚の目地といった特徴が今も生きている。近代に建てられた袁氏の小邸宅などは中洋折衷様式で、非常に精緻に作られている。民家や邸宅は整然と並んでいて、道に面した門は高くて大きく、店構えの木彫装飾は精妙で、漆塗りには艶があり、典型的な明清の伝統的町並みを形成している（図3）。

南大街と北大街はかつての商業地区であり、大変栄えていた。現在北大街はすでに一応の整備が施され、できる限り現代の建材と構法で伝統的建築形式を維持するようにされ、城内の大小の通りはすべてコンクリートで舗装された。所々にあるため池には柵が設けられ、樹木も植えられて、増水時の排水や気候の調節、環境の美化といった効果をもたらしている。安陽古城の城壁はすでに取り壊されているが、新しい市街地が古城外の周囲に発展したため、古城は依然都市の中心に位置している。その上、古城地区では居住と商業用途が中心であり、その周囲を四〇メートル幅の環状道路や緑化公園が取り囲んでいるため、古城が保護され、城内の通りや民家、ため池などの環境も旧来のままであり、古城の空間構造は完全な形で残っている。特に

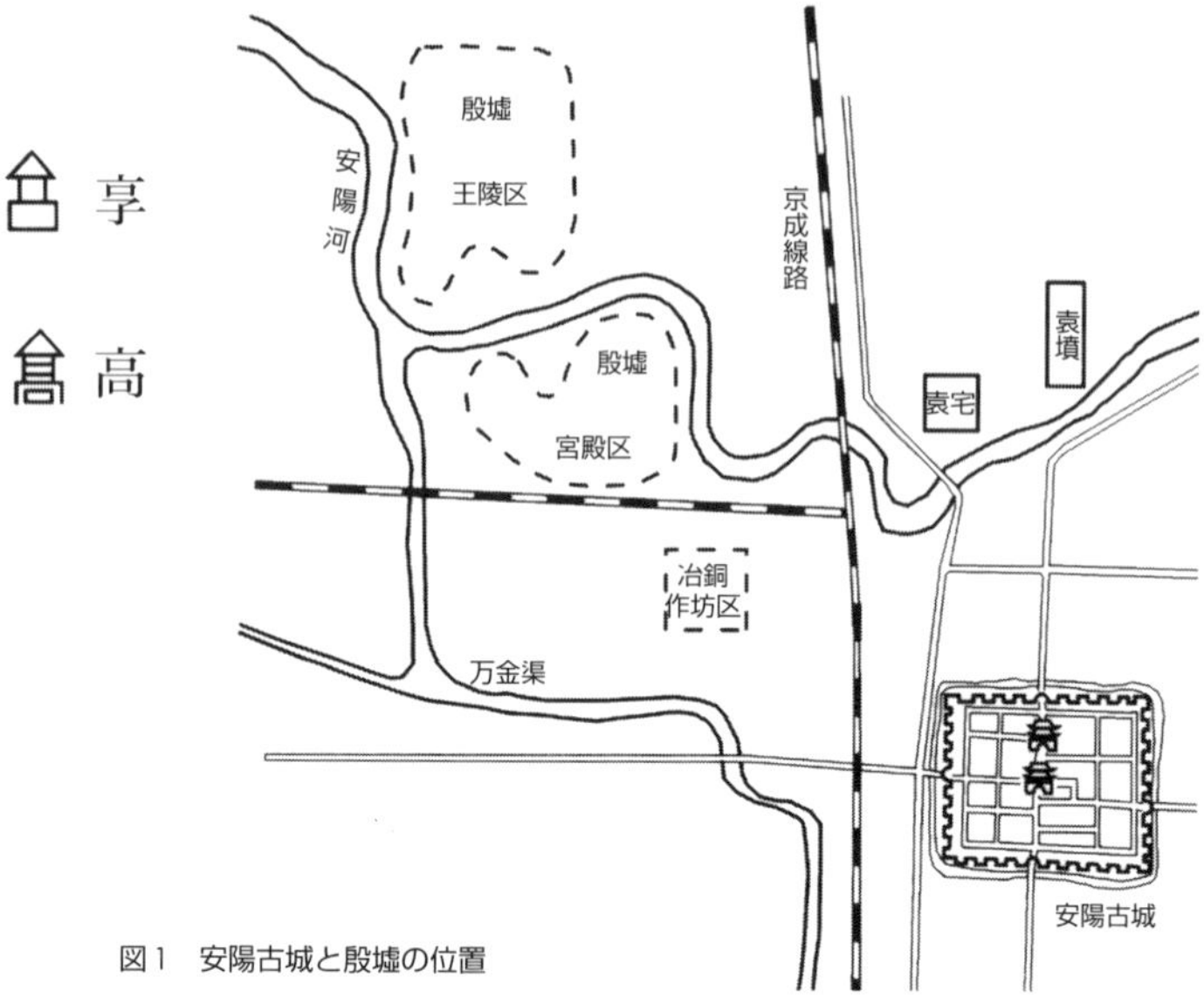

図1　安陽古城と殷墟の位置

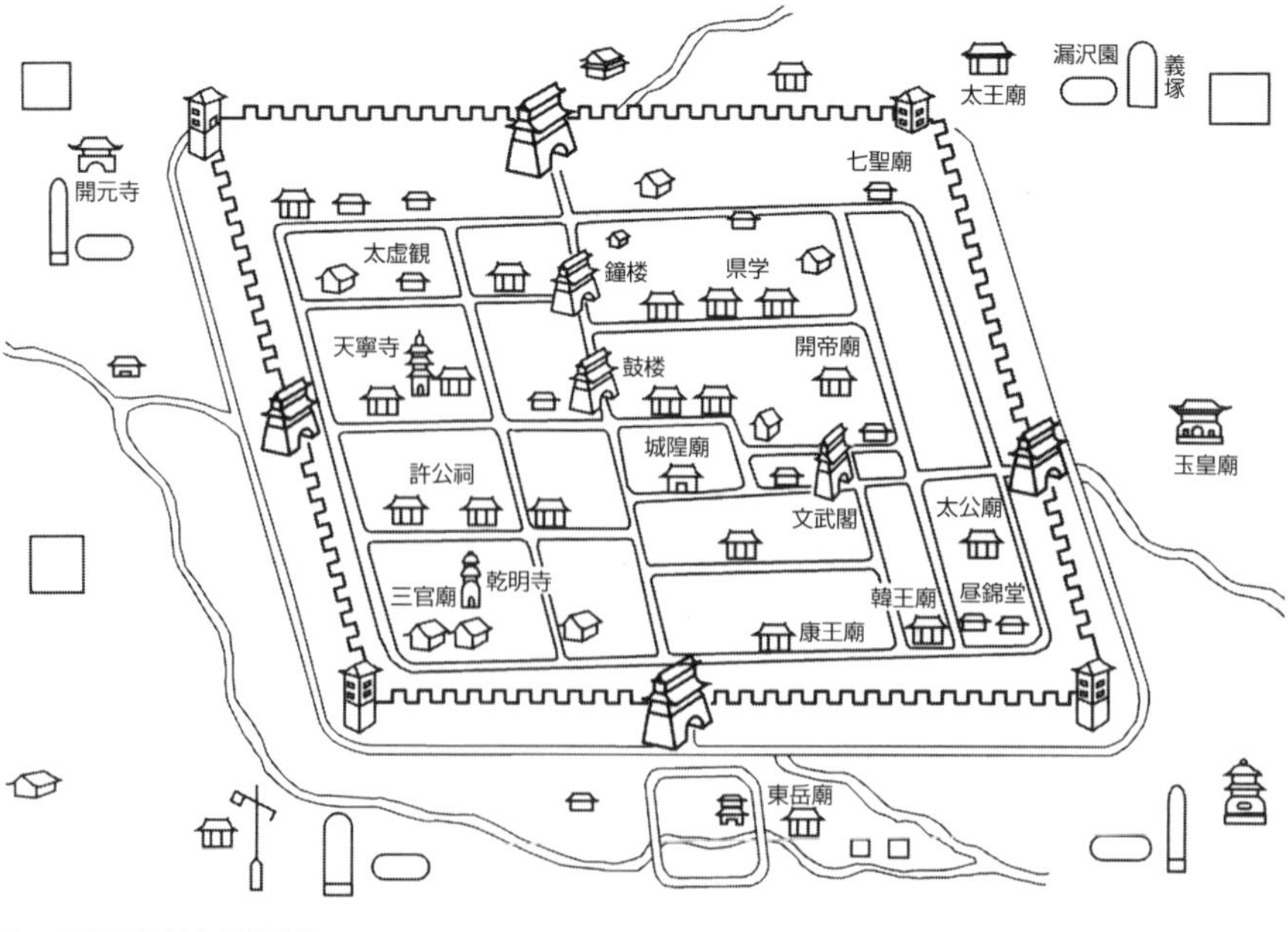

図2　清代彰徳府城（安陽城）

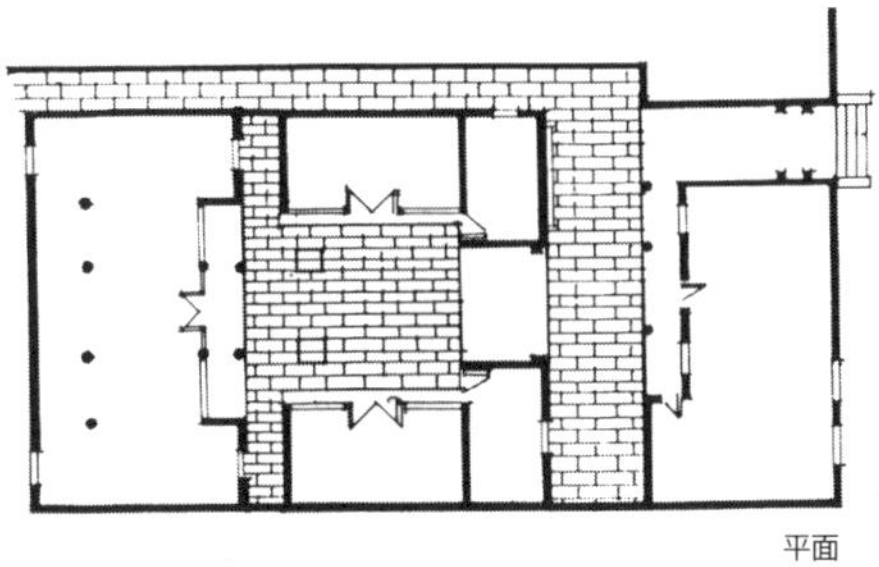

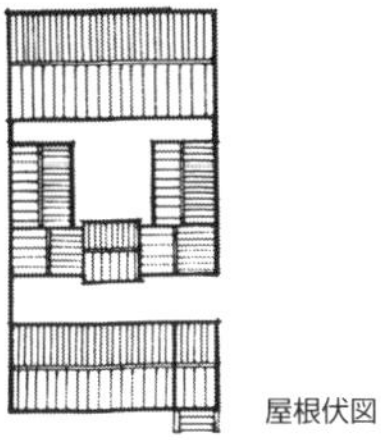

図3　安陽住宅

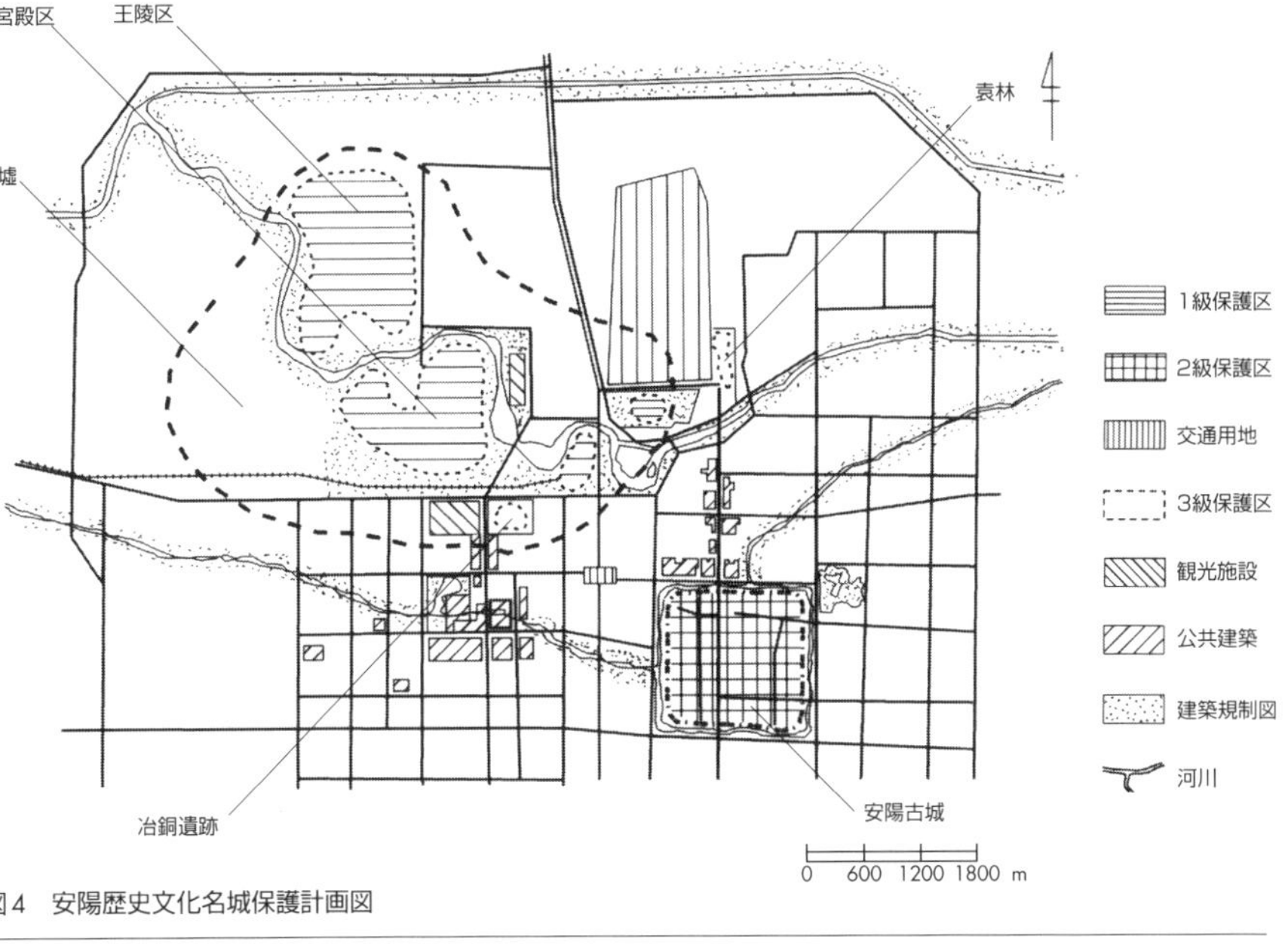

図4　安陽歴史文化名城保護計画図

写真1　袁林にある袁世凱の墓

写真2　文峰塔（五代）

有名な古建築である文峰塔や高閣寺、城隍廟などは、安陽古城のいく久しい歴史文化のかけがえのない証であって、安陽古城は依然として典型的な古都の景観を誇っているのである。

安陽の歴史文化名城保護計画のポイントは、「一つの線・二つの区・三つの点」である。一つの線とは安陽河のことであり、二つの区は殷墟と古城区、三つの点は三袁（袁氏の墳墓・養寿園・袁氏小宅）を、それぞれ指している。都市全体はその保護の条件によって、三等級の保護範囲に分けられている。即ち、絶対保護区、建設規制区、環境協調区の三区である（図4）。

①安陽河

即ち洹河歴史文化風貌地帯。市区に昔からある河川道を改修、整備、護岸および緑化し、洹河グリーンベルトを作る。さらに、殷墟中心区、三層文化区、袁氏養寿園、袁林、洹水公園などの観光地と連結し、水系・緑地帯という点から一つのまとまりを作り上げ、洹水歴史文化遊覧区を作る。

②古城区

面積にして二・四平方キロメートルのこの区域では、現在人口は八万人に及び、古城に現存する数多くの文物や史跡が占拠されている。古城の景観や環境に適合しない工場がたくさん建設され、大気や水質の汚染を引き起こしている。人口密度が高く、近年来、数多くの単調な中層住宅や二階建陸屋根の住宅が建てられ、昔の古城の景観をひどく破壊している。計画では、現在の古城内の土地利用を整理統合し、景観や環境の条件に合わない工場を移転させ、現在ある道路を整理し新しく整備することを規定している。また古城本来の配置やスケールを維持することに主眼を置き、自動車の城内流入を規制している。古城区では新築の建物の高さを厳しく制限し、城内にあるいくつかの高さの基準点が相互に見通せるようにする。特に角楼・鐘楼間と相州賓館・文峰塔間のヴィスタ規制区においては、幅二五メートルの範囲で、建物の高さを七メートル以下に制限している。伝統的景観を残している街道の両側では、幅三〇メートルの範囲内を高さ七メートル以下に制限し、城内のすべての建物の高さは一〇メートル以下に制限している。また、古城内部の違法かつ改築不可能な、見栄えの悪い建物は、取り壊さなければならない。近年住民が勝手に建てた陸屋根の赤レンガの家屋には、傾斜屋根を付け足し壁に装飾を施すなどの措置を取り、新しい建物と古城の景観との調和を実現する。城内では人口と建蔽率を減らし、居住環境を改善する必要があり、城内の都市基盤施設を徐々に更新していかなければならない。

③殷墟

ここは国家レベルの文物保護単位に属している。入念な保護が第一であり、宮殿区・王陵区・鋳銅作坊区に分け、遺跡を現場で展示し、標識を設け、出土品を展示するなどの方法を採って、殷墟の特色を出す。ならびに専門家のための研究学習の場を提供し、一般の人向けには見学娯楽の場を提供する。

④三袁

袁氏の墳墓がある袁林の現状は、基本的には良好に保護されているので、照壁と神道[*10]を修復整備し、袁林内の違法建築を取り壊し、サービス施設を増設し、レクリエーション公園を開園する。また袁氏養寿園を再建し、袁氏小宅は修繕補強を施して、観光見学ポイントや展覧館として使っていく。

⑤郊外にもなお数多くの文物や史跡があるが、すでにみな各レベルの文物保護単位に指定されており、保護範囲がはっきりと決められている。例えば安陽城北部の清涼山にある修定寺唐塔は国家重点文物保護単位であり、湯陰県内の羑里古城と、文王が『周易』を説いたという岳飛廟、岳宅、岳飛先塋は、省文物保護単位である。また小南海北斉石窟、唐宋時代の遺物の霊泉寺と万仏溝、摩崖石窟の二四七地点、曹魏鄴城遺跡、銅雀台遺跡も、すべて省文物保護単位である。

（阮儀三／小羽田誠治訳）

2 平遥

——世界遺産の城郭都市

平遥県は山西省晋中地区の中部にあり、面積は一二六〇平方キロメートル、人口は四五・三万人である。そして平遥古城は県の北西部にあり、面積は二・二五平方キロメートル、人口は六・三万人である。

平遥古城は歴史的に古陶と称されていて、伝説上の皇帝堯の領土であったと伝えられている。春秋時代には晋の国の都となり、後には中都と称された。漢代は京陵県、北魏時代には平陶県が置かれ、現在まで二七〇〇年余りの歴史を持っている。後に、北魏の太武帝拓抜燾の諱を避けて（燾「トウ」と同じ音を避けて）、平遥と改称され、その後現在まで一五〇〇年余りの歴史がある（図1）。

平遥は中国に現存する都城のうち、最も完全な形を残している都城の一つであり、完成された伝統的景観を保持し、際だった地方色を呈している。一九八六年、平遥は国務院によって正式に「国家歴史文化名城」に指定された。また一九九七年一二月には国連教育科学文化機関総会（ユネスコ総会）が組織した世界遺産委員会によって「世界文化遺産」に登録された。平遥県には地上にも地下にも文物資源が豊富にあり、文物や史跡が二八七カ所、全県で県クラス以上の文物保護単位が九九カ所ある。九九カ所の内訳は、国家クラスのものが三カ所、省クラスのものが六カ所、県クラスのものが九〇カ所である。古城内に現存する伝統的な民家は三七九七カ所あり、そのうち保存状態が良いものは四〇〇カ所余りある。平遥は中国に現存する四つの古城のなかでも最も保存状態がよく、古城の街並みは今も明清時代の趣を残している。城内の街路は四本の大通りと八本の街路、そして七二本の曲がりくねった路地からなり、街路、商店、四合院形式の民家がそれぞれ濃厚な地方的特色を持っている。

平遥の古城壁は西周（紀元前七七一年）以前より建造され始め、明代の洪武三年（一三七〇年）に拡張された（写真1）。明代中期から末期にかけて補修がなされたものの、現在に至るまで基本的に明初に築かれた城壁の形式と構造を保っており、広大で、壮大な雰囲気がある。都城は方形平面を呈しており、全周六一五七・七メートル、高さ一二メートル、壁厚は五メートルある。城壁は土を突き固める版築工法[*1]で作られていて、その外側は磚[*2]で蔽われている。壁の上には五〇メートルごとに城台[*3]が設けられ、台の上には堞楼[*4]がある。堞楼は全部で七一カ所あり、そのほかに魁星楼[*5]が一カ所、垛口（城壁に設けられた射撃用の穴）は三〇〇〇カ所ある。この楼と垛口の数は、孔子の七二人の賢人と三〇〇〇人の弟子を象徴していると伝えられている。城壁の四隅には角楼[*6]があり、六つの城門にはいずれも里外門[*7]が設けられ、この部分で城壁は外側に向かって張り出しており、甕形を呈している。古城は鳥瞰すると一匹の大きな亀のような形に見える。亀は頭を南に、尾を北にして、静かに汾河の東岸、太岳山の北麓に寝そべっている。城の形を亀に見立てたとき、南門の外にある二つの井戸は亀の眼にあたり、北門の低い所は亀の尾にあたり、東西四つの甕城部分が亀の足となる。さらに、都城全体は市楼を中心としていて、城壁、大通り、路地によって亀の甲羅の模様に似た巨大な八卦図[*8]を形作っている。このような訳で、平遙古城には昔から「亀城」の名前がつけられているのである（図2）。

　平遙の古城は漢族の伝統的な礼制に基づいて計画・建築されており、明清時代の漢族歴史文化の特色を非常によく反映している。中国古代の都市の等級と規模は国家の典章制度というべき「礼」秩序に則らなければならず、規範を超えることは許されなかった。最高レベルの都市は国都であり、その規模は九里四方となっていた。諸侯の都城や後代の州・郡の府城は大きいもので七里四方、それに次ぐものは五里四方であった。県城は一般に三里四方であった。平遙の古城の規模はまさしくこの「礼」の秩序に基づく等級に合致しているのである。

　古の都城の配置計画は、『周礼』の「辨方正位（方角を識別し、位置を正す）」という精神を体現していた。「辨方正位」の配置は大きくは都城全体から、小さいものは四合院の一つ一つに至るまで、必ず「人・天・地」間の調和を追求せねばならず、「天人合一」という思想に支配されている。平遙古城全体の建築の配置には合理性と秩序があり、封建時代の「礼制」と「習俗」を継承している。南大街を都市の中軸線として、左に城隍廟[*9]と文廟[*10]を、右に政府機関と武廟[*11]を、さらに東に道観[*12]を、西に寺院を配置するという対称的な配置が採用され、広大で完熟し、渾然一体となった伝統的建築群を構成している。城内の中軸線上には中心部に高さ二五メートルの市楼がそびえ立ち、城全体を総覧し、すべての街路を空間的に連結させている。平遙の市楼はいわば「画竜点睛」のようなもの、「東南には山の秀麗な姿を望み、西北には清らかな流れを汲むを見る。霞のような雲の変幻を仰ぎ見て、都市の繁栄を見下ろす」ことができたのである。長きにわたって、市楼は平遙古城の重要なランドマークとなってきたのである。

　古城では南大街、東大街、西大街、城隍廟街、衙門街が集まって「干」の字の形をした商業地区を形成しており、街路の両側には商店が林立し、商人たちが集まっている。票号という中国最初の両替商「日昇昌」（図3・写真2）は清代の道光四年（一八二四年）にこの地に誕生し、「天下に通じ」て全国に名が知られていた。この「日昇昌」票号は一四〇〇平方メートルの土地を持ち、その中に二一棟の建物があり、その延床面積は一二四〇平方メートルに上った。これらの建物は、通り抜けできる建

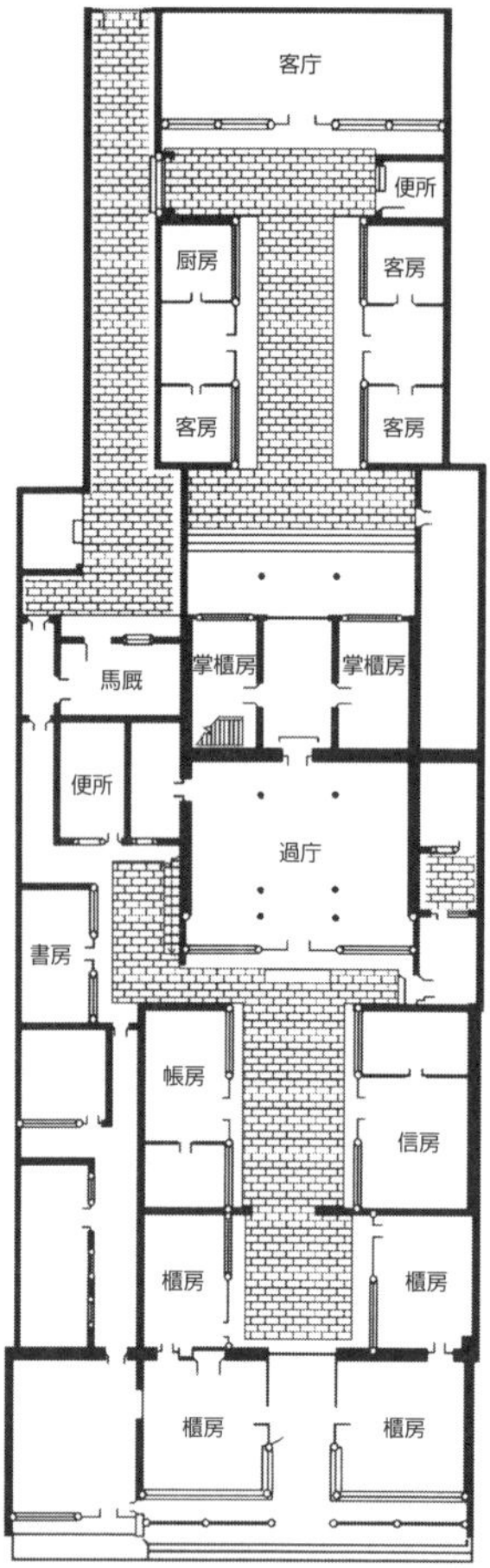

図3　日昇昌平面図

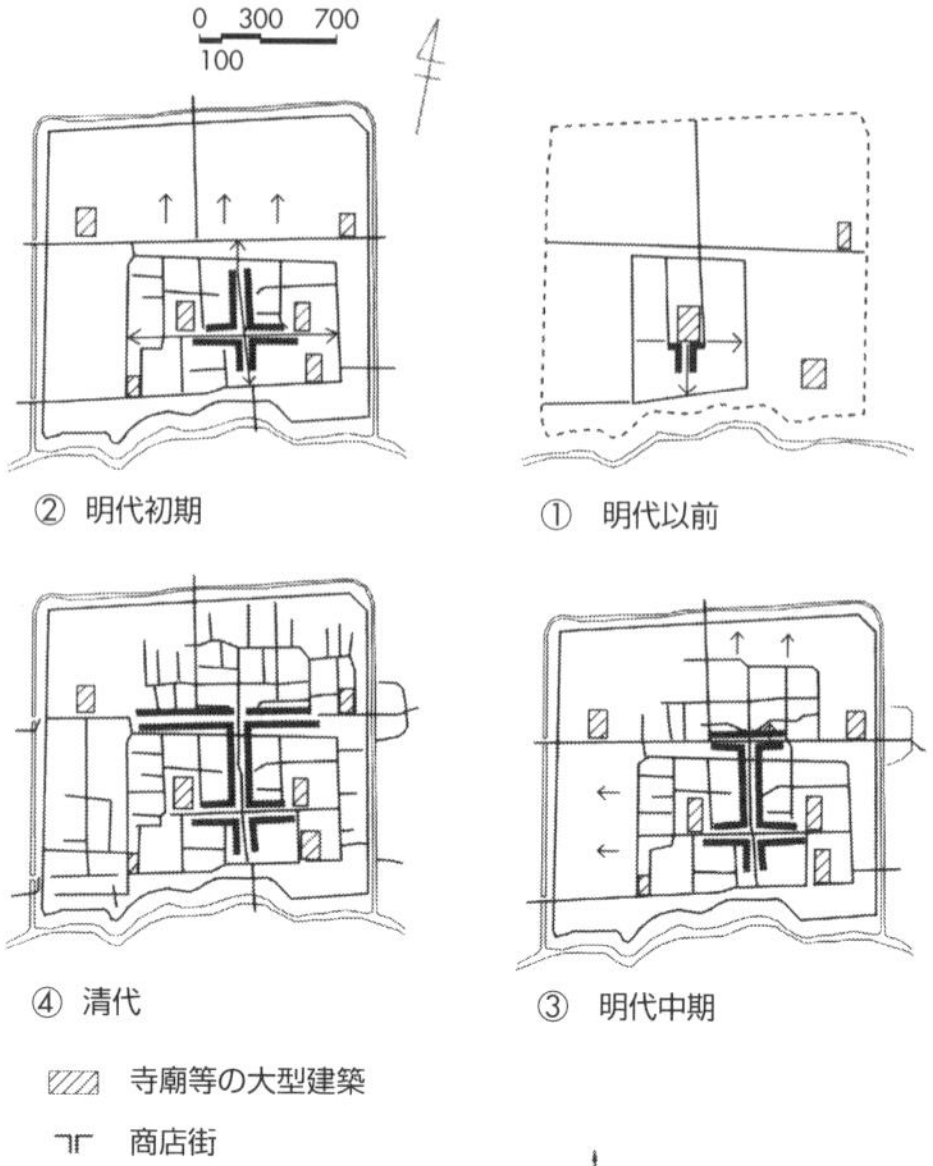

図1　平遥城の成長

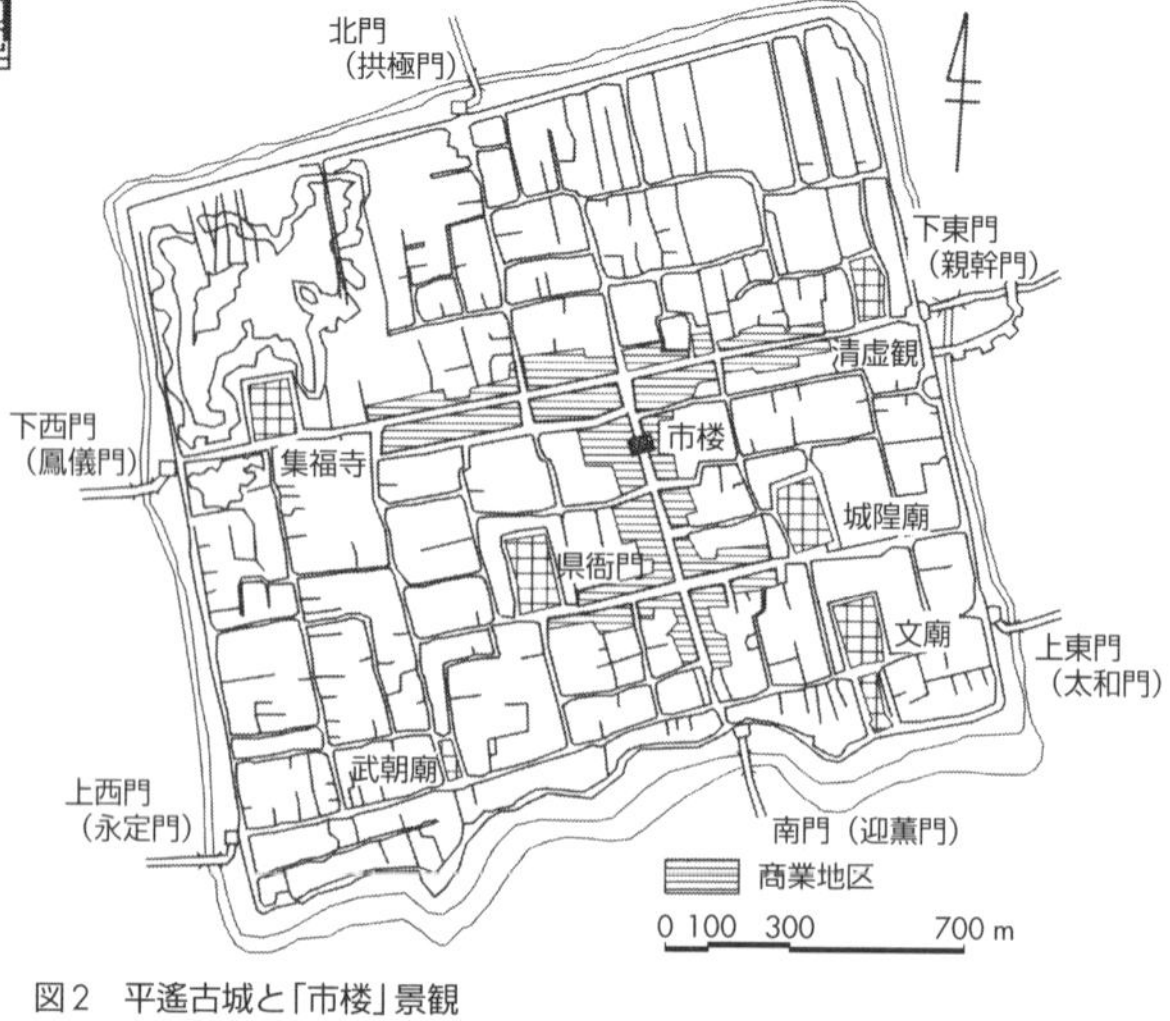

図2　平遥古城と「市楼」景観

写真1　明代の城壁

写真2　両替商「日昇昌」

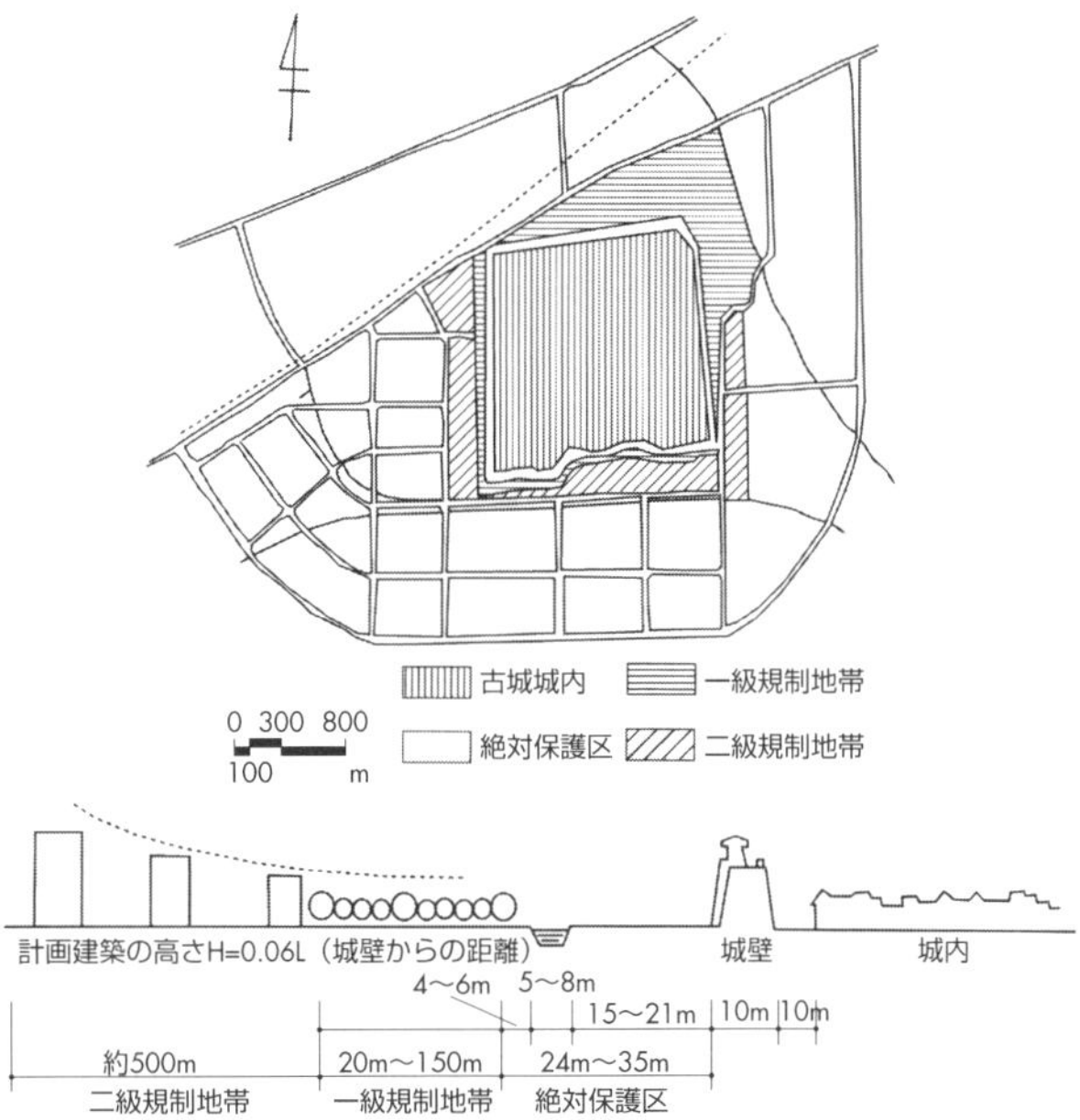

図4　古城外の高度規制範囲

写真3　民家室内

物（穿堂）を境として奥に向かって三つの中庭が続く平面構成をしており（三進式）、二階建の建物で構成されている。街路に面する店舗部分や過庁、客庁は南北に伸びる中軸線上に位置し、中庭と廂房は中軸線に沿って左右対称に配置されている。前院の前半部の廂房は客向けの営業を行う櫃房で、その室内には地下金庫が設けられている。廂房の後半部分は家族内の管理用の信房と帳房である。前院の正房は柱間三間で、明間（真ん中の柱間）は通り抜けできる過庁で、次間（両脇の柱間）は支配人が事務を執り行ったり、寝起きをする部屋である。後院には客房、厨房、便所があり、各地の支店からやってきた人たちが宿泊する場所であった。敷地の東側には西大街から敷地の裏道に通じる馬車用の小道が通り、小道の手前の方には書房が、奥の方には便所と厩がある。これらの建築群の周囲は、街路に面する店舗側以外の東、西、南の三面がいずれも高い塀で囲われている。

「日昇昌」は中国で最初につくられた両替商という歴史を持ち、その建物は山西省晋中の伝統的民家であり、また晋中の商店建築の特色をも兼ね備えたものなのである。

平遙古城の保護は一九八〇年代から実質的な計画規制段階に入った。一九八二年同済大学城市企劃学院が主となって計画した「平遙県城総体規劃」が発表され、古城の歴史的景観を全面的に保護するという建設方針が確立され、「古城を保護し、新しい市街区を開く」という基本計画が策定された。一九八九年には新たに「平遙県歴史文化名城保護規劃」が制定され、古城の保護に関わる内容が調整され、深められた。一九九四年、県はさらに「平遙古城保護条例」等の管理法を制定し、古城の保護事業は法に基づく管理とシステマティックな管理という新しい段階に入った。

古城保護計画の具体的な内容は以下のようなものである。都市計画においては厳格な地域区分がなされ、新しい市街区は古城保護区域外の西部と南部に計画されることになった。古城内外の各クラスの保護区は、新しく建てる建築の高さ、容積、材料、色調、および環境汚染などに関する規制が設けられた。古城区の保護については、特に最優先の措置が取られ、建物外観の保護をしつつ環境やインフラを整えることになった。

古城内の保護地区には以下の四つがある。①絶対保護区。その範囲は、城壁および文廟・武廟・城隍廟・財神廟・県衙門・清虚観・市楼などの重要な古建築や伝統民家である。②一級保護区（重点保護区）。その範囲は伝統的な趣を残した街路や路地とその周辺地区である。ここでは伝統的建築群の全体配置、景観、色彩や材料などを厳格に保護することが求められる。また保護、修復、再建を行うときには元々の建築様式を保つようにしなければならない。③二級保護区（一般保護区）。その範囲は典型的な伝統民家があまり集中していない地区と、古城の城壁に隣接する地区であり、面積は古城区の五二パーセントを占める。この地区では現存する建築配置と景観の厳格な保護が求められ、保護や修復を行うときには元の建物外観を尊重し、新しく建築するときには古城の景観とつり合いのとれるものにしなくてはならない。④三級保護区（環境協調区）。範囲は、典型的な民家の分布が少なく、建物の質もあまり高くない地区である。現存する伝統建築の配置や外観を保護し、景観が損なわれた地区は古城の風貌とつり合いがとれるように再開発しなくてはならない。

一方、古城の外側の保護には以下のような三つの区画がある。①絶対保護区。古城の城壁および馬面[*13]の外側二四〜三五メートルの部分。②一級保護区。範囲は城の北側から太三公路・恵済河西岸までで、東・南・西の三面は現状の土地利用状況に鑑みて二〇〜一五〇メートルの範囲までとする。③二級保護区。範囲は西は順城路まで、南は柳根河まで、東は古城の城壁馬面から二〇〇メートル離れた地点までであり、建蔽率は一〇パーセント以下に、緑被率は四〇パーセント以上にするよう規制される。

また、現状の建築物の高さは、古城の城壁および主要な文物・史跡の高度が大体一〇メートル以上、民家建築は六～一〇メートルである。古城の景観を全面的に保護するには、城内の新しい建築に対する高さ規制を設けなければならない。この建築高さ制限計画では、絶対保護区と一級保護区内における保護、修復、再建の際は、元の建築物の高さに基づくか、詳細計画の指導により行わなければならず、二階建の建物は建てられない、となっている。二級、三級の保護区では、元の建物の形式に基づき修復する場合は、元の高さを越える建物を建ててはいけない。また、元の建築形式を変更して改築する場合の建築高さは、傾斜のある屋根では大棟の高さが八メートル以下、陸屋根では七メートル以下にしなくてはならないとされる。二階建の建築を建てることができるのは、①街路（道幅三メートル以下）に面していない建物、あるいは②典型的な伝統民家や文物・史跡から見えない範囲の場合のみ、となっている（図4）。

現在、平遙古城が直面する最大の問題は、高レベルな世界文化遺産と貧弱な都市基盤施設との間の矛盾である。平遙古城の最大の弱点は、やはり城内の貧弱なインフラであり、それゆえ生じる居住環境の相当な「汚れ、乱れ、劣悪さ」である（写真3）。古城内はまだ六五・二八パーセントが泥道であるし、上下水道の施設も深刻な不足状態であり、雨水も汚水も一緒に流している。住民の五〇パーセントは共同給水場から水を汲んでいて、水源が非常に不足している。また、主な街路上のコンクリート電柱は、歴史的な街路の景観を大きく破壊している。つまり将来ある程度の長期間においては、インフラの整備建設を強く進め、住民の住環境を改善することが都市建設の重要な課題だということである。保護するための資金が極度に不足している平遙古城に関して言えば、城門楼の修復や城壕の開削工事はひとまず棚上げにして、観光産業発展のための「古城保護」と「速やかな発展」を先に進めるべきだという考えがあるが、これは世界文化遺産保護の「真実性（Authenticity）」という原則に背くものであり、歴史保護事業を誤った道に導く可能性がある。

観光業の発展と歴史環境の保護、住民生活の改善、という三つの課題の関係を正しく扱うことこそが、平遙古城が直面している主要課題なのである。三者の関係のバランスをとりながら、常に住民の生活環境の向上を念頭に据えていなければならない。観光産業の発展は必ず平遙の庶民に恩恵と実利をもたらすであろうし、観光産業の発展と「老舗」の復活を通じて観光みやげや特産品を開発し、第三次産業の全面的な発展を促し、新たな就業機会を作り出せば、都市全体に生活上の活力をもたらすのである。

（張松・阮儀三／相原佳之訳）

3 開封——東京の繁栄、北方の水城

開封は黄河中流の沖積平野の東部に位置し、五千年前の新石器時代には、すでに人類がこの土地に生息していた。開封には至る所に河や湖があり、灌漑が発達し、気候が温和で、交通の便が良いという有利な条件を備えている。そのため「五つの門と六つの街道を備え、八つの省に通ずる地」とたたえられ、古代より一貫して地方の、またあるときは全国の統治の中心となってきた。そのため、ロマンティックな場所がたくさんあり、あまねく名を知られている。

古人の言葉に「汴梁[*1]の地勢は天下一、夷門は古より帝王の都」というのがある。中国の都市史のなかでも、この上なく重要な位置を占めるのが、開封である。開封が文献に記されるようになってからすでに二三〇〇年余りが経っている。上古時代には、中国は九つの州に分かれ、開封は豫州に属していた。春秋時代には鄭の国に属し、戦国時代には大梁と名づけられ、楚の国の領地であったが、後に魏に占領された。魏の恵王六年(紀元前三六四年)、魏は安邑(今の山西省にある)から大梁に遷都した。この時以来、開封の地には戦国時代の魏、五代の梁、晋、漢、周、そして北宋、金が都をたてたため、開封は「七朝の都」として有名になった。そして長く西安、洛陽、北京、南京、杭州、安陽とともに中国の七大古都として並び称されてきた。とりわけ、北宋時代には開封の地は東京と呼ばれ、全国の政治、経済、文化、軍事の中心であり、科学技術や経済、文化がいずれも十分に発達し、当時は世界中で最大かつ最も賑わっていた都市であった。さらに、宋代には都市配置、都市景観、都市管理などの方面でも、それまでの王朝の都市とは異なる質的な変化が見られ、後世の都市、例えば北京、杭州、漳浦趙家城[*2]などに対しても大きな影響を与えた。

開封の城郭の位置は秦漢時代以来あまり大きく移動していない。歴史的に考察可能な城壁の規模、道路網の構造、重要建築の座標位置は、遅くとも唐代までに基本的に固定し、後代の都市は前の王朝の都市を基礎にして営まれ、徐々に外側へ拡大していった。西暦七八一年、唐の宣武軍節度使であった李勉が汴州城の修築を開始し、城は周囲二〇里一五五歩(約一〇・二六キロメートル)になった。五代の都や北宋東京の内城はいずれもこの時の城壁を基礎として建造されたものである。それゆえ、開封は今もなお中国の伝統的な都市の基本構造を完全に保っているのである(図1)。

開封城はしばしば破壊され、幾たびかの盛衰を繰り返したものの、歴史的な文物、名勝史跡、および著名人の逸話、民衆の風俗などが今に至るまで多く残されており、これらが皆、開封の悠久の歴史と燦然たる文化を書きとどめてきたのである。現在、開封には一八四カ所の文物保護単位と一四五ヘクタールの湖がある。そして、宋代東京の御道を中軸線とする碁盤状の街路と三重の城郭構造、また清末から民国初期に造られた多くの建物と伝統的な市街区が、開封の古都としての景観を特色あるものにしている。

開封には、時代的にいえば宋、元、明、清の各時代のもの、宗教的にいえばキリスト教、仏教、イスラム教、道教の各宗教の建築がすべて揃っている。開封に現存する有名な史跡としては、繁塔、鉄塔、延慶観、鉄犀、城壁、州橋、龍亭、相国寺、禹王台、山陝甘会館、東大寺、白衣閣、無梁庵などがある。これらのうち、北宋の皇佑元年（西暦一〇九四年）に建立された佑国寺塔（俗称は鉄塔、写真2）と北宋時代の東京城遺跡は国家級の重点文物保護単位に指定されている。

鉄塔と呼ばれている佑国寺塔は高さが五四・六六メートルあり、九〇〇年に及ぶ歴史を持ち、幾度も天災や人災に遭ったにもかかわらず、今なお雄大にそびえ立っている。また鉄塔は非常に優れた古代のプレファブリケーション式というべき技術で造られており、国内における琉璃塔[*3]の最たるものである。

一方、東京城遺跡とは現在の開封の地下七メートルのところにあり、東西七キロメートル、南北七・五キロメートルの方形

に近い城壁を持ち、内部に数多くの宋元時代の建築の遺構がある国宝級の大規模な地下都市遺跡である。遺跡の範囲ではすでに基本的な解明がなされている。その中でも比較的重要なものには、北宋の皇城、北宋東京城の三重の城壁と城門、州橋や虹橋など汴河にかかる主要な橋、北宋時代最大の寺院の一つである開宝寺、皇室庭園や金明池などがあるが、すべて黄河による堆積物の下に埋まっており、その極めて雄大で壮観な建築規模が想像できよう。

開封の内城の城壁は全長一四・一五キロメートルで、明の洪武元年（一三六八年）に初めて築かれた。この内城の基盤は南北朝時代に建てられたものである。崇禎一五年（一六四二年）と道光二一年（一八四一年）には黄河が決壊し、開封の街が浸水した。そのため、康熙元年（一六六二年）と道光二二年（一八四二年）の二回にわたって大規模な城壁の補修が行われた。しかし清代の二度の大補修はいずれも明初に建てられた元来の城壁を基礎として行われたものである（図2）。

開封の城壁は、西門を牛の頭に、その他の四つの門を牛の脚に見立てて、平面の形が牛が臥せた姿に似ているといわれる。ゆえに開封は臥牛城とも呼ばれる。この見立てについては『如夢録』[*4]のなかに次のような生き生きとした描写がある。

「城は臥牛の名を持っている。城は大河を枕にしているが、牛は土の属であり、土はよく水を制する。西門は二重の門が相向かっており、それが牛の首である。まっすぐ河を飲み込み、

写真１　開封の町並み

写真２　佑国寺塔（鉄塔）

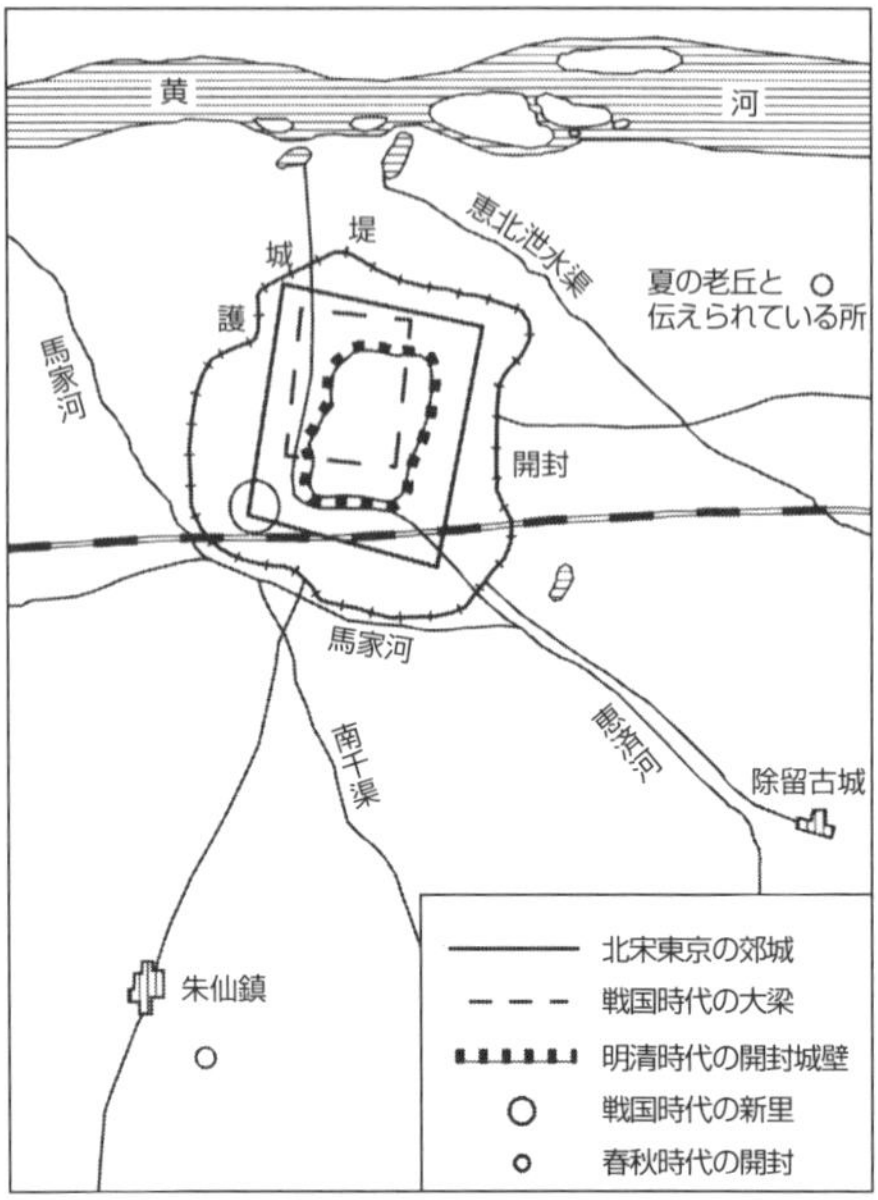

図１　開封歴代の都城等の位置

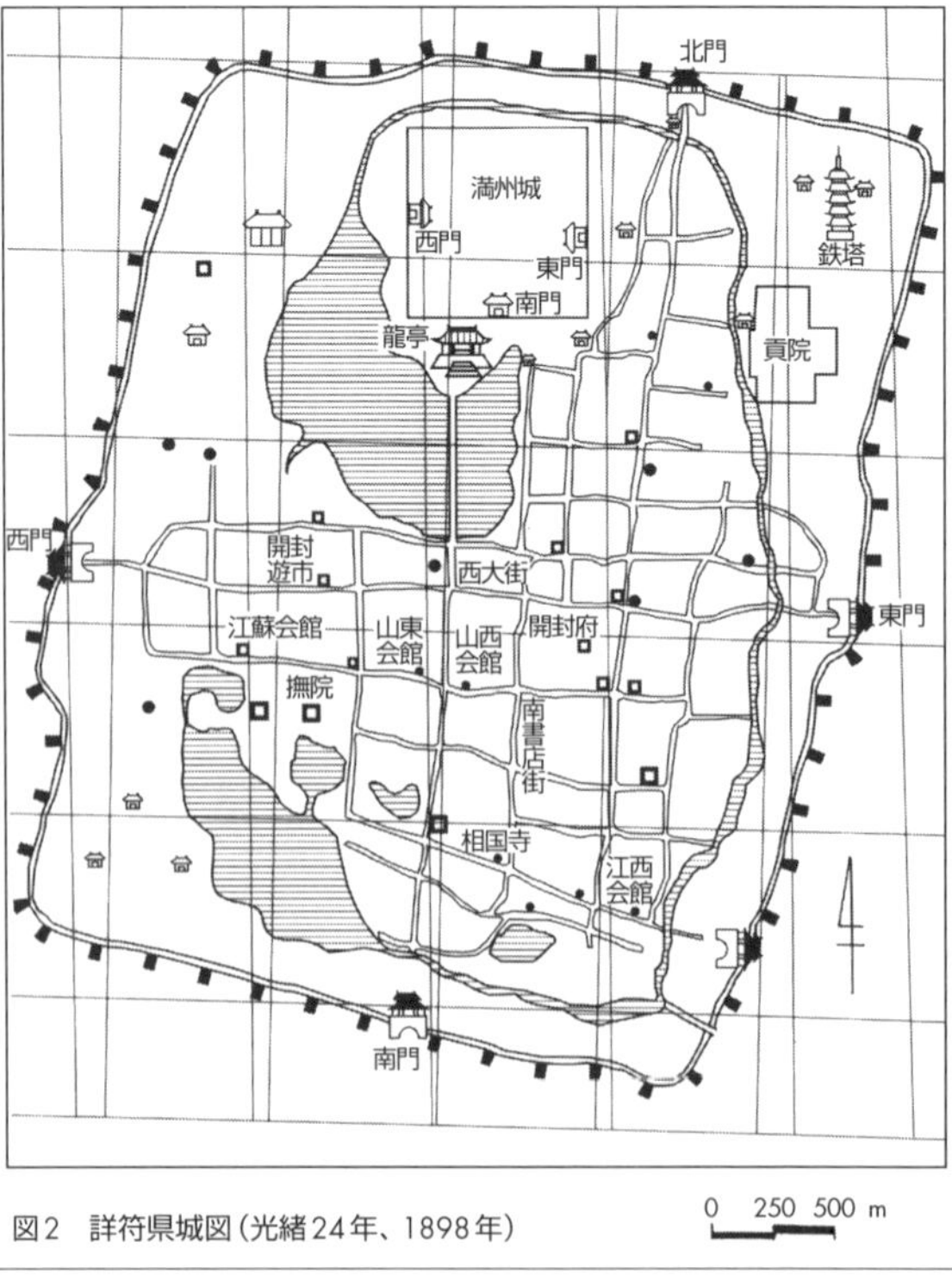

図２　詳符県城図（光緒24年、1898年）

図3　開封府城の図（民国3年）

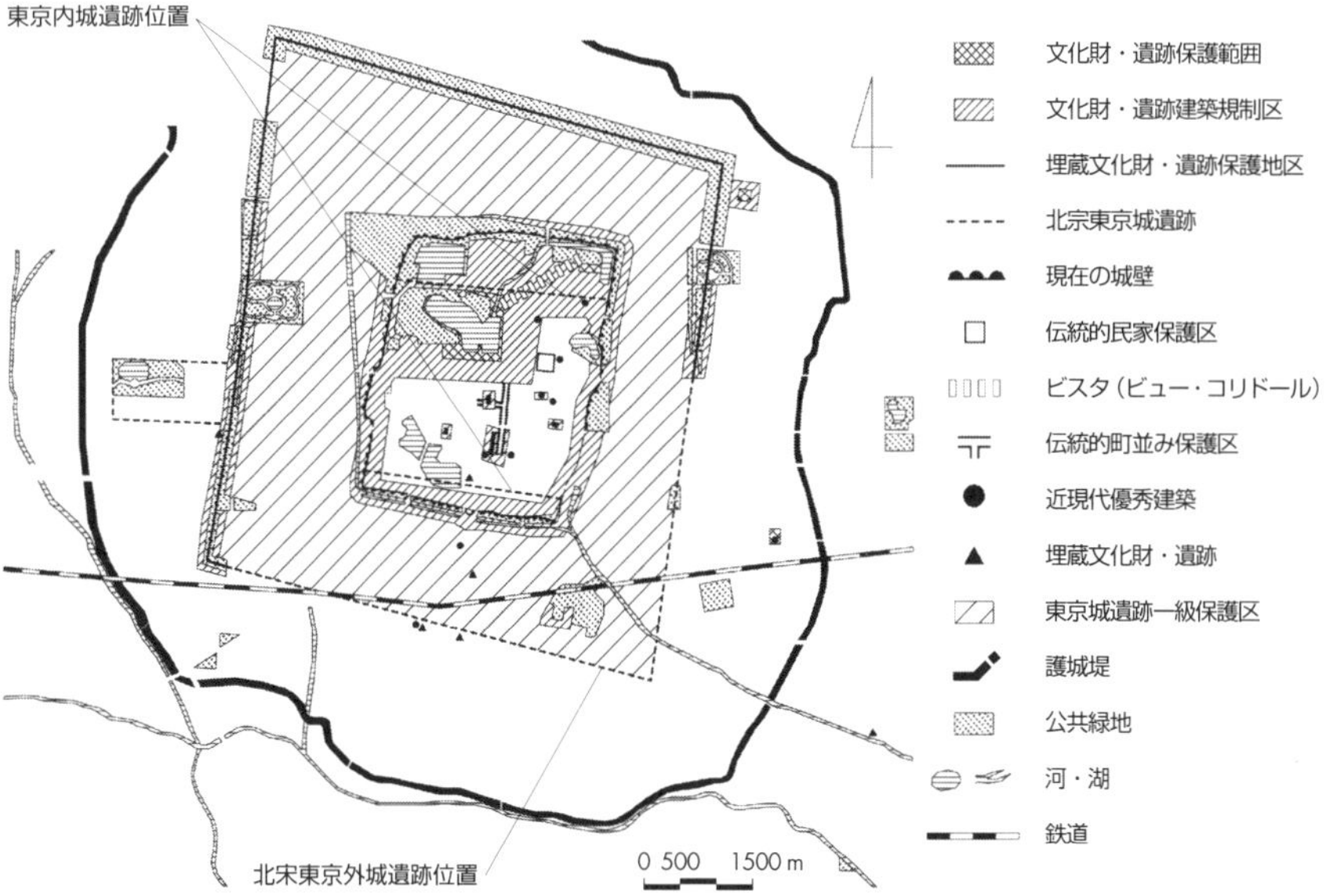

図4　開封歴史文化名城保護計画

王気が来るところである。そのほかは三重または四重の門であり、転んでも壊れない牛の脚である。曲がりくねった臥牛鎮は、形が不揃いで、静をもって動を制する」。

城壁にある五カ所の城門もそれぞれ特長を持っている。北門(安遠門)、曹門(仁和門)は非対称な三つの道が通った城門であり、宋門(麗景門)、大南門(南薫門)、西門(大梁門)は二つの道が通った城門である。城壁の周囲の磚[*5]の上には千字文が刻まれ、千字がちょうど城壁を一周しており、馥郁とした文化の薫りが感じられる。開封の城壁は中国に現存する城壁の中で最も規模が大きく、美しい形を持ち、城門の構造にも特色がある古城壁といえるであろう。

民国時代には開封は河南省の省都として繁栄していたため、多くの優れた近現代建築が現存する。その中には多くの宗教建築、例えば理事庁街のキリスト教教会、キリスト教河南総修院、および清真寺と呼ばれるイスラム教寺院などがあり、他にも当時の庁舎建築や商業建築、近代史に残る重大事件の発生した場所も多く残っている。開封の商業店舗は、主として市中心部の馬道街、寺後街、鼓楼街、書店街などの繁華街沿いにあり、平屋建のものと二階建楼閣式のものの二種類がある。それらの店舗はおおむね磚造で、小さい瓦葺きの切妻屋根、飾棟を持った、伝統的様式を具えた建築である。これらの商業店舗には、普通でも豊富で多彩な木彫装飾が施されており、場所によっては人物や草花、動物などを題材とした多様な彫刻の芸術品をつけていたりもするのである。これらの店舗が軒を重ねて建っていることで、開封の街路の景観は豊かさと美しさを倍加させている。また、西洋の建築文化の影響も受けているので、中には民国時代に建てられた「円明園式」[*6]の建築も多く、三分割の立面や優美なオーダー、巻草や花模様の装飾に代表されるその時期の建築の特徴を有している。

開封の土地の民家も非常に特色がある。民家は門楼部分と幾棟かの建物部分とから構成されている。門楼は高く壮観で、立面の装飾は豊富多彩であり、木彫や磚彫[*7]や石彫などの多様な芸術的造形が見られ、どの門楼も芸術的建築作品のようである。門楼と建物部分はつながっており、中庭が一つのもの(一進)、二つのもの(両進)、三つのもの(三進)の三種類がある。なかでも中庭を二つ持つ両進が多い。手前と奥の建物の間にはさらに、わりあい小さな門楼があり、俗に二門楼と呼ばれている。二門楼の建築形態もまた多種多様であり、蘆の形、八角形、長方形などの形がある。敷地内の多くの建物、特に照壁と二門楼に面した上房は比較的凝った造りになっている。これらの家屋は、多くが磚と木材による混合構造であり、磚、小瓦、切妻屋根、磚の飾棟を持ち、花窓や木彫の格子を配していて、非常に趣を持っている。敷地内には、ほとんどの場合ある程度の空地があり、比較的大きな民家には、さらに小さな庭園があることもある。劉家胡同にある尉氏出身の豪商、劉耀徳の邸宅は、清の光緒六年(一八八〇年)に建造され、現在まで保護がよく行き届いた伝統的民家であり、当地の民家建築の代表である。

開封はまた中国北方には珍しい水城でもある。北宋の東京には河が四本、橋が三二カ所あり、河には船が多く列をなし、江南の水郷のような景色であった。開封は「四本の水系が貫く都」とも形容される。昔の汴京八景のうち、「金池夜雨」、「州橋明月」、「汴水秋声」、「隋堤烟柳」の四景が水と関連するものである。歴史的な変遷をへて、こういった風景はすっかりなくなってしまったが、市内にはなお潘湖、楊湖、包公湖などの水辺の自然景観が残されていて、かねてより「北方の水城」と言われてきた（図3）。

開封は宋、金時代の国都であり、元、明、清、中華民国時代は省都であったが、一九五四年には省都が鄭州に移り、再び地方都市の一つになった。こういう独特の経過をたどったため、開封は他の六大古都とは異なっているのである。このため開封は、都市の性格、マスタープラン、経済政策、環境保護、対外関係などの一連の重要な方面において他の都市とは異なる多くの特殊な矛盾を抱え、非常に複雑な現状を生み出した。七つの王朝の都があり省都にもなった、かつての開封旧城は、経済レベルにも限りがあるため、多くの文物や史跡、伝統的な町並みなどが適切な保護を得られないまま開発せざるを得ず、文物用地が他の用途に使われる現象も未だに発生していて、伝統的な町並みが深刻な破壊を受けている。発掘されていない史跡や景勝地点もまだ多く残っている。さらに深刻なのは、北宋の東京城遺跡が旧城地区の直下にあり、今なお旧城地区内に高層建築が建てられている現状ゆえに、将来的な遺跡の保存と活用に極めて不利という問題である。以上の事柄からうかがえるように、このような特殊な歴史過程におかれた開封は、経済建設と古城保護の間に大きな矛盾を抱えているのである。

開封における歴史文化名城保護計画では、開封の現状と特徴に照準を据えて、主には古城の完全保護と歴史景観の連続性を保護し、歴史文化遺産、伝統的町並み、古城の景観、自然景観に対する保護を通して、開封の「豊富な文物遺産、悠久の歴史を持つ都市構造、濃厚な古城の風貌、独特な北方の水城」という四大特色を際立たせようとしている（図4）。保護を前提とした合理的な開発を追求し、「古都開封」の名声を生かして、開封を観光展示型の都市にすることを第一の目標とし、それと経済の発展とが互いに補完し合うようにする。開封独特の、城址の上に都市が重なっているという特徴ゆえに、将来的には北宋東京城の遺跡が再び日の目を見ることも考えられる。これはきわめて長期にわたる展望であるが、開封の都市保護と都市建設は、必ずこの時のために充分な準備をしておくべきであり、持続可能な計画を作らねばならないのである。（張蘭／相原佳之訳）

4 洛陽——九朝の古都、盛唐の名城

洛陽は九つの王朝の古都であり、中国の歴史文化が発祥した土地の一つでもある（図1）。六つの区と九つの県を管轄し、市区面積は五五四平方キロメートル、市区人口は一一二万七七〇〇人を有している。洛陽は河南省西部の伊洛盆地にあり、黄河中流の南岸にあたる。北には邙山と黄河があり、南は洛河と伊河に面している。はるか七千年の昔、洛陽はすでに母系氏族社会を形成するまでになっていた。有名な仰韶文化[1]は、洛陽西北にある仰韶村ではじめて発見されたのである。「河図洛書」[2]という言い伝えは、黄河と洛河流域の悠久の歴史文化を反映した言葉である。登封の五城崗遺跡は夏王朝の禹[3]の都、陽城であったと伝えられており、二里頭で三つの王朝の遺物が発見された宮殿跡は、おそらく湯王が都としたと言われる「西毫」[4]ではないかと言われている。

紀元前一一世紀、周公[5]が東部の洛邑に国を造り、王城と成周という二つの都城を建設した。それゆえ洛邑は実際上西周（B.C.一〇五〇頃～B.C.七七〇頃）の副都となり、東都と名づけられた。紀元前七七〇年、周の成王が鎬京から東都洛邑に遷都した。歴史上、東都洛邑に都が置かれたこの時期の周を東周（B.C.七七〇頃～）と呼んでいる。その後秦（B.C.二二一～B.C.二〇六）によって滅ぼされるまでずっと、都合五〇〇年余りの間都であった。これが、九朝古都のうちの第一朝である。東周の遺跡は今の洛陽市内の王城公園一帯であり、この都城跡からは大きな版築[6]の遺跡が発見され、そこからは大量の平瓦や丸瓦や模様のついた瓦当[7]が出土し、東周の王宮跡ではないかと推測されている。また遺跡の西北部からは、広大な陶器の窯や骨器製作場が発掘された。都城遺跡の面積は極めて広く、さらに詳しい考古学的調査が待たれている。秦が中国を統一してからは、洛陽は三川郡の郡治[8]、成周となった。

西暦二五年、劉秀が後漢王朝を建て、成周城を基礎として国都をつくり、都市の名前を洛陽と改め、城内に宮殿や台、観、館、閣[9]を大規模に建設した。以後、西晋（二六五～三一六）、北魏（三八六～五三四）の各王朝もやはりこの地を都とした。北魏時代の洛陽城は今の洛陽市の東側一五キロメートルのところにあり、規模は極めて大きく東西が一〇キロメートル、南北が七・五キロメートルもあり、都市は繁栄して人口も多かった（図2）。史料によれば、住民が住むところは「里」と呼ばれていて、洛陽には全部で二二〇の「里」があったという。こういった里はあるものは宦官の邸宅になり、あるものは平民の集住するところになっていた。城内には常設の市場もあり、例えば四里御道の南には「洛陽大市」が、洛水の南には「四通市」があった。北魏時代にはインドから中国に仏教が伝来し、皇帝が仏教を篤く信仰したため、仏教寺院の建立が盛んになり、最も多いときには一三六七カ所もの寺院があった。『洛陽伽藍記』[*10]には仏教寺院が栄える様が書かれており、また洛陽の城郭や宮殿、庭園の景色などの記載もあるため、我々が北魏時代の洛陽を研究する際の貴重な資料となっている。当時の洛陽は文化が発達し、龍門の石窟が造られ始め、白馬寺が我国で最も早い仏教活動の中心となっていた。また、西域より伝来した経典は、その大部分が洛陽において翻訳されたのであった。

北魏末年、洛陽では戦乱が相次いだため都は荒廃した。西暦六〇五年、隋の煬帝[*11]が匠作大将の宇文愷[*12]に命じて東都洛陽城を建設させた。場所は以前の都の西方四八里のところであった。非常に大規模な建設が行われ、動員した工匠や兵士は八〇万人余りにも及んだ。文献によれば東都城の周囲は五二里で、城壁には一〇の城門があった。城内には宮城と皇城[*13]が設けられ、いずれも地勢が比較的高い城内の西北部分につくられた。宮城の中央の各殿や皇城の正門はすべて伊闕（伊水の南北にある山の峰が闕のように見えるからこう呼ばれた）に相対しており、城全体はこれを中軸線として、非常に雄大な威容を誇っていた。

後漢以前は都は長安に置かれていたが、黄河の三門峡という天然の要害があるため、物資の輸送が非常に不便であった。そ

れに対して洛陽は中国の中央部にあり、物資の運送に都合がよく、また全国を支配するのにも便利であったため、政治経済の重心は東に移動し、隋の煬帝が東都を建設すると同時に、大運河の開削工事[*14]を始めた。運河が完成すると、洛陽から西は長安、南は杭州、北は涿郡、東は海上に至るまで水路による運送が滞りなく通じるようになり、洛陽の交通はますます便利になり、経済もさらに発展した。近年、宮城の東北に含嘉倉城が発掘され、すでに明らかになった部分だけで東西が六〇〇メートル余り、南北が七〇〇メートル余りあって、穀倉跡が四〇〇余り見つかっている。文献によれば、唐代の天宝年間（七四二～七五六）には、備蓄された穀物は五八〇余万石におよび、それぞれの穀倉にある刻印入りの磚から、これらの穀物はみな蘇州、淮安、滁州、徳州などの地方からやってきたものであることがわかったという。このことからも大運河と隋唐時代の東都の繁栄の間に密接な関係があったことを知ることができる。

唐の武則天[*15]が即位した六九〇年、東都は神都と改名され、洛陽に壮大な明堂[*16]を建設し、巨大な天枢和銅鼎[*17]を鋳造した。このころが洛陽が最も繁栄した時期である。歴史史料や実測の資料によると、隋唐時代の東都の外側の城壁の長さは、東壁が七三〇〇メートル、南壁が七二二三メートル、北壁が六〇三〇メートル、西壁が六八九一メートルあり、洛水が城全体を東西に貫通し、街路や坊は洛河を南北にまたいでいた（図3）。一〇三の坊里と三つの市、すなわち豊都市、大同市（南市）、通遠市

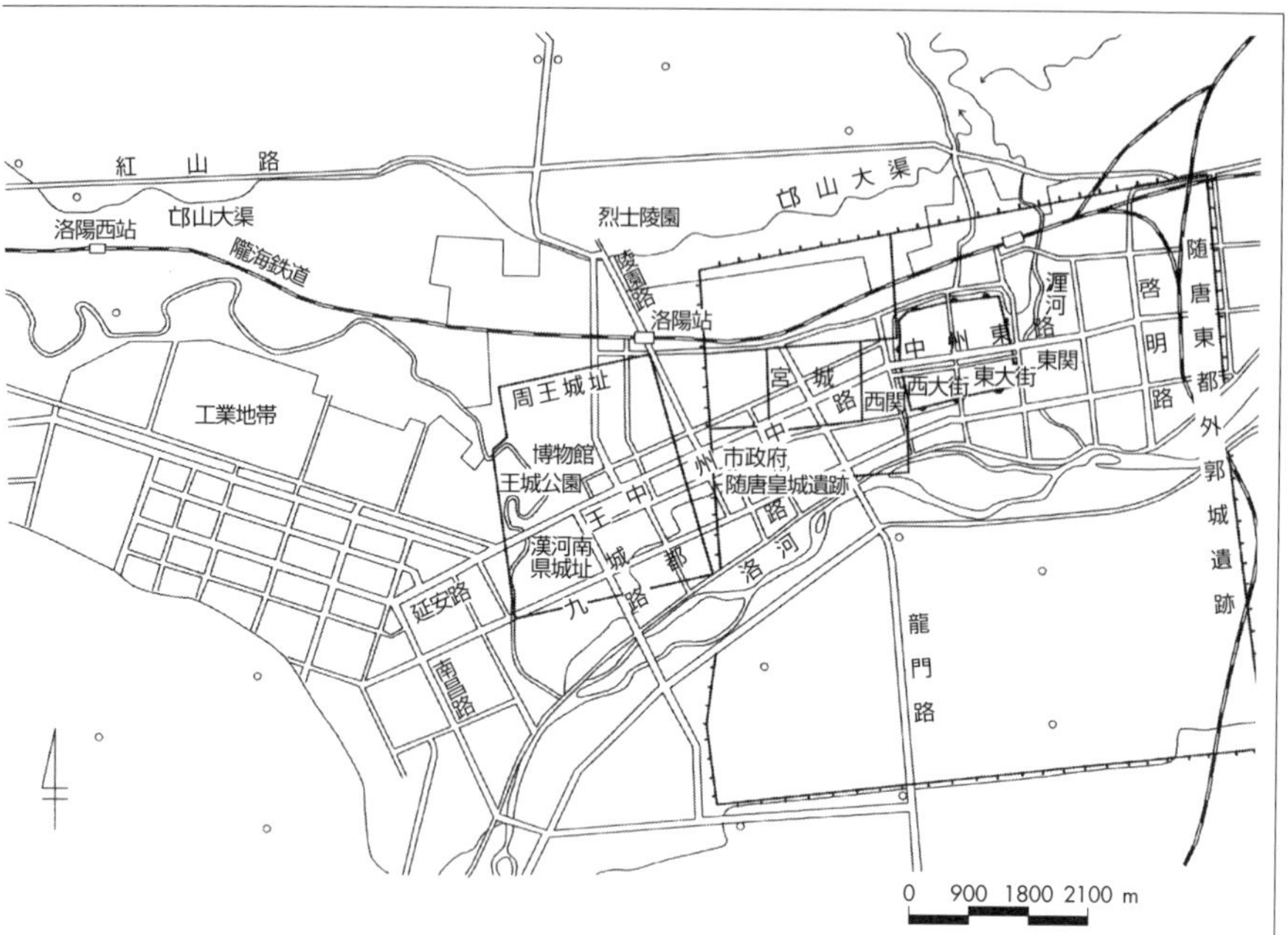

図1　洛陽古城変遷図

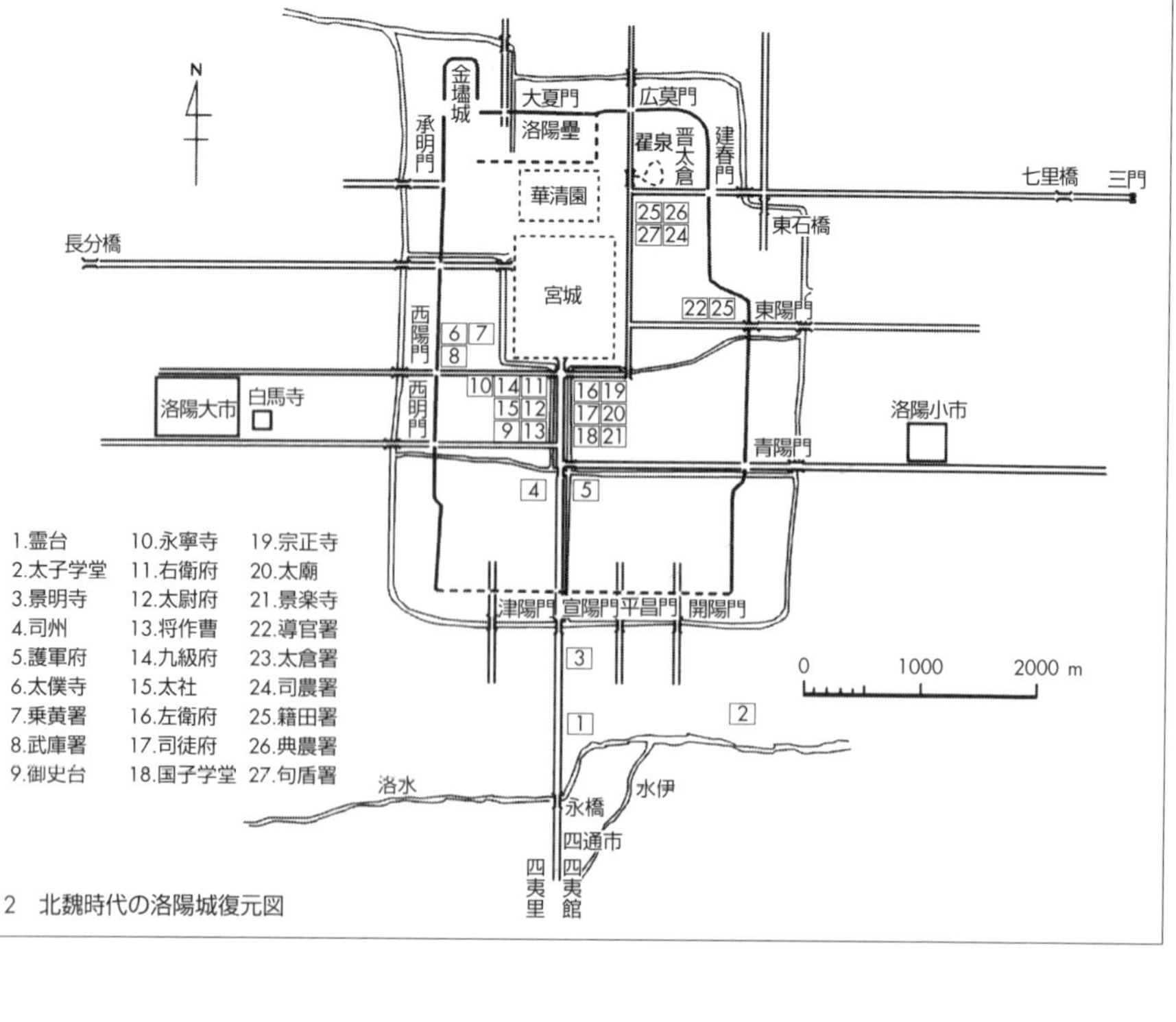

1.霊台	10.永寧寺	19.宗正寺
2.太子学堂	11.右衛府	20.太廟
3.景明寺	12.太尉府	21.景楽寺
4.司州	13.将作曹	22.導官署
5.護軍府	14.九級府	23.太倉署
6.太僕寺	15.太社	24.司農署
7.乗黄署	16.左衛府	25.籍田署
8.武庫署	17.司徒府	26.典農署
9.御史台	18.国子学堂	27.句盾署

図2　北魏時代の洛陽城復元図

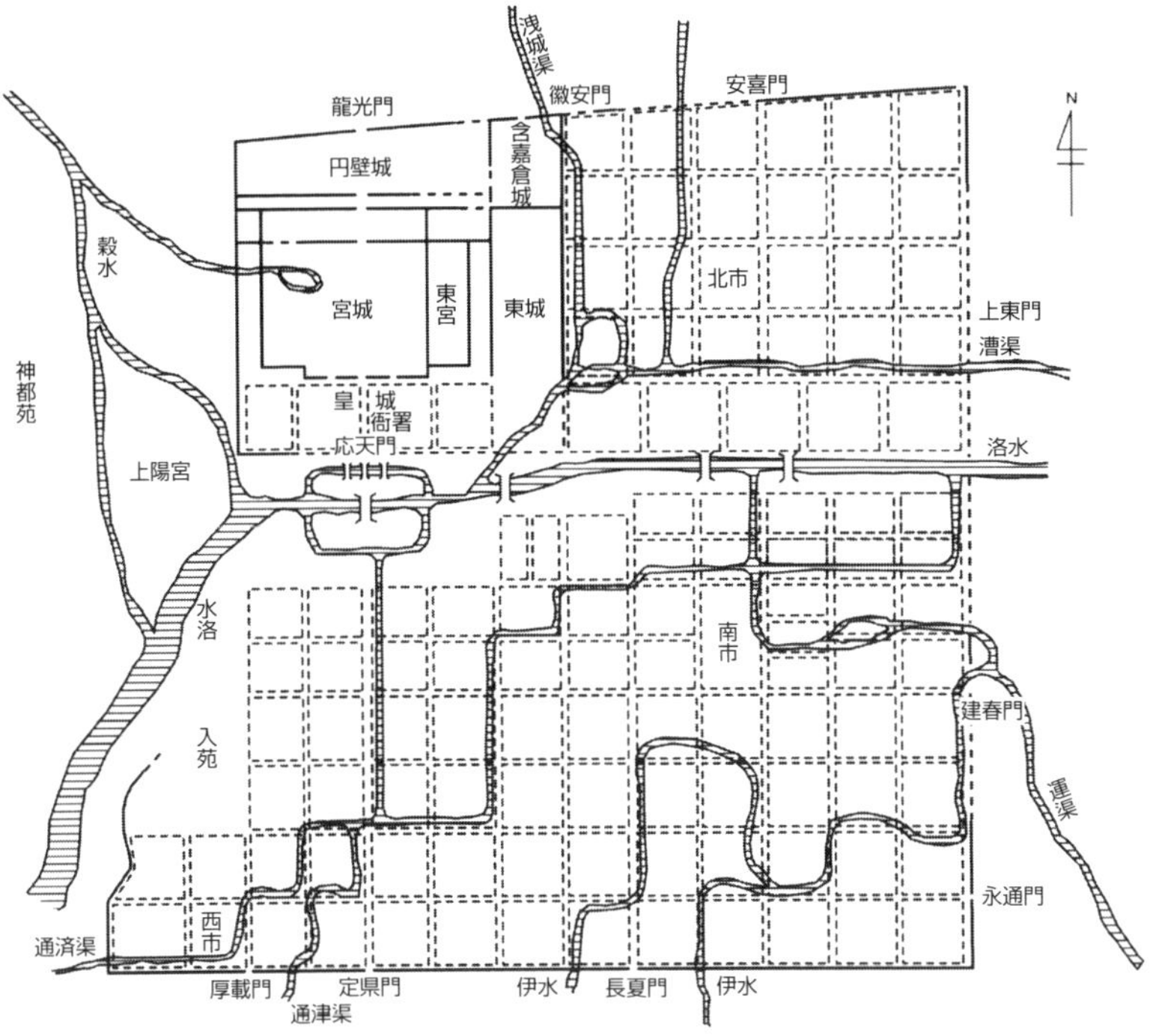

図3　隋唐時代の洛陽復元図

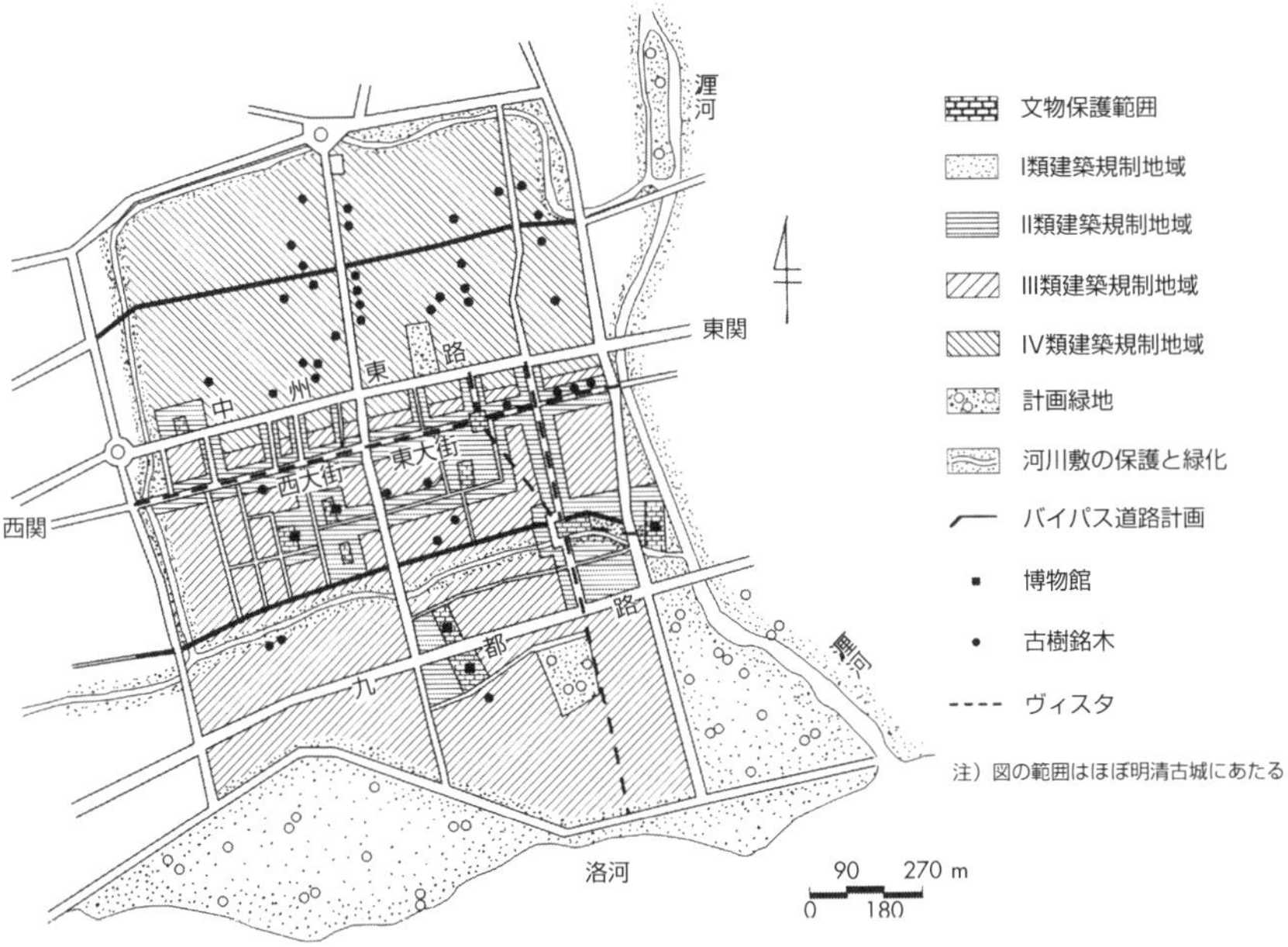

注）図の範囲はほぼ明清古城にあたる

図4　洛陽歴史文化名城保護計画図

写真１　龍門石窟　撮影：阮儀三

写真２　清代の住宅　撮影：阮儀三

（北市）が設けられ、これらの市場には数多くの店が設置された。『唐両京城坊考』[18]によると、南市は「周りは四里、四つの門を開け、邸が一四一区、資貨（商店）が六六行（業種）」あった。また、豊都市は「その内には一二〇の行（業種）と三千余りの肆（商店）、四壁には四万余りの店が並び、いろいろな商品が山積み」であったという。『大業雑記』[19]には北市は「東側で運河が合流し、市の周りは六里、城内の郡や国の船隻は一万隻もある」と書かれている。隋唐時代に洛陽で商売を行った中には多くの外国人も含まれており、龍門石窟[20]の古陽洞の中にある壁龕の一つには幾人かの外国人の名前もあった。当時の洛陽には胡商[21]たちのために設けられた「祆祠」すなわちゾロアスター教の寺廟やペルシャ寺も建てられており、当時多くのペルシャや中

央アジア一帯の商人が洛陽に居住し商売をしていたことがわかる。考古学上ではペルシャのササン朝の銀貨も発見されている。

　安史の乱（七五五～七六三）以後、洛陽は重大な破壊を被り、「宮殿は焼け落ちて十分の一も残っていない」（『旧唐書』）といわれるほどであった。洛陽の周辺地域も「人家は絶え、千里にわたり寂しい」と記された。五代（九〇七～九六〇）になると、梁の太祖朱温が宮殿を修築し、洛陽を西都と改称し、西暦九〇九年にはそこに遷都した。後唐（九二三～九三六）はこの地を洛京とした。これ以降、後晋（九三六～九四六）の石敬瑭[22]は洛陽に都を定めたが二年にも満たなかった。そして、宋代（九六〇～一一二七）以降は洛陽が再び都となることはなかった。所謂九朝とは、周、東漢、漢魏、西晋、北魏、隋、唐、梁、後唐の九代の王朝を指す。

　現存する洛陽の旧城は宋の時代一〇三四年に修築されたもので、当時は土造の城壁であったが、明の洪武六年（一三七三年）に磚壁で補強され城濠も掘られた。周囲の長さは八里三四五歩（四五七五メートル）で、高さは四丈（約一三・三メートル）、堀の深さは五丈（約一六・七メートル）、幅が三丈（一〇メートル）あった。この城は洛河の北側にあり、ちょうど隋唐時代の東都遺跡の中にあり、四つの門が穿たれていた。清代（一六四四～一九一二）にはさらに修復が加えられ、四つの門は東が迎恩門、西が万安門、北が長慶門、南が望涂門と名づけられた。清代以来経済が凋落したため、洛陽は至る所が荒涼として朽ち果てたありさま

となった。一九五三年以後、洛陽は国家重点都市に指定された。またそれと前後して洛陽には一〇余りの大型工場が建設され始め、中小の工業もそれに応じて発展し、新中国の重要な工業都市の一つになった。洛陽市全体は金時代の元旧城と澗西工業区、そして二者の間にある西工区緩衝地帯からなっている。また、東西の長さは二〇キロメートル、南北の幅は平均で三キロメートルであり、隴海鉄道と平行に配置されている典型的な帯状の都市である。西工区は市域全体の地理的な中心であり、行政の中心でもある。澗西、旧城はそれぞれ商業的な副都心である。東西に走る五本の幹線道路はこれら三つの地域を連結して一つにしており、南北方向に走る道路は多くが幹線道路に次ぐ規模の道路である。都市の配置は合理的で、用途区分が明確である。歴史的な都市保護の観点から見れば、洛陽の都市配置計画の特徴は、旧城を避けて別に新しい都市をつくったことであり、これは新中国始まって以来の、近代合理主義的な都市計画が旧城を保護した最初の例となった。

洛陽には仰韶遺跡、二里頭遺跡、屍郷溝商城遺跡、漢魏洛陽旧城遺跡、隋唐東都遺跡、龍門石窟、白馬寺という七カ所の全国重点文物保護単位[*23]があり、そのほかにも少林寺、関林、杜甫の墓、白居易の墓などの省クラスの文物保護単位がある。

洛陽における文化財や史跡の保護は、都市の基本計画の上では比較的合理的な配置が計画された。しかし一九六〇~七〇年代の文化大革命中には、地下の遺物を保護するという原則に違反して都市開発が進められ、この間に建設されたいくつかの工場は重要な文物を破壊したり占拠したりして、取り返しのつかない損失を与えた。一九八〇年代以後、洛陽は第一次の国家歴史文化名城に指定され、名城保護計画が制定された（図4）。この計画は歴史名城保護における歴史の連続性、空間の全体性、内容の広義性から始まり、保護の内容は各クラスの重点文物保護単位（城内と近郊の文物）、自然環境（三山、五水）、歴史文化環境（主に、城西の原始社会遺跡群、城東の都城遺跡群、城北の汴山古墳群、城南の龍門風景名勝地区等を含む）、旧城の空間構造、景観などの四項目を含むものであり、三山（汴山、龍門山、周山）と五水（洛河、伊河、瀍河、澗河、中州渠）、六城（二里頭の夏の都、商の都の西亳、漢魏の古城、隋唐時代の都城、周王の都城、金元時代の都城）、一区（古城区）など三つのカテゴリー、四七地点にまとめられて、万全の旧城地区および近郊の保護体系を形成している。

洛陽は豊富な歴史遺産を持っている。例えば、龍門石窟や伊闕の優雅な風景、世界的に有名な牡丹花や精緻な唐三彩の工芸品などである。近年、あらたに開館した古墓博物館や、白園、湖園などの風景名勝区は、重要な観光向けの景勝地となり、多くの国内外の観光客を集めている。

（阮儀三／相原佳之訳）

5 南京

――秦淮河ほとりの古都

帝王の都、金陵

南京は別名を金陵ともいい、長江下流の南岸に位置している。うねりをあげて流れる長江が南西の方角より滔々と流れ来り、東北に向かって奔流し、海に入る。これが南京城の北側に天然の険しい防衛線を形作るのである。またこの天恵の壕である長江と呼応して、鍾山が南京城の東の平野に高くそびえ、起伏が連なる寧鎮山脈が城の東南を囲み、曲がりくねった秦淮河が城を横断し、玄武湖と莫愁湖が二粒の真珠のように左右に飾られている。「金陵は昔から帝王の州」であり、東呉・東晋・南朝の宋・斉・梁・陳や南唐・明・太平天国・中華民国と、一〇の王朝・政権が相次いでここに都を置いた。それは時間にして延べ四五〇年余りにも及ぶ。この古城はすでに久遠のときを経たものの、いまだに数多くの文物・史跡を残しており、その輝かしい歴史と文化を象徴している。それゆえ南京は中国あるいは世界中で最も有名な古都の一つとなっているのである。

都城の歴史

南京はその歴史において四回の建設ラッシュを経験したが、それは都市構造などの面から現在でもはっきりと窺うことができる。西暦二二九年、東呉の孫権がこの地を「建業」と名づけ、都に定めてから五八九年までの三六〇年余りの間に、我々が「六朝」と呼ぶ時代の王朝のうち、東晋・南朝の宋・斉・梁・陳の五つの王朝がここに都を置いた。これが古代南京の一つ目の隆盛期である。東呉がはじめに清涼山の麓、金陵邑の廃墟に要塞「石頭城」を築き、その東南に建業城を築いて以来、その後の五王朝はすべて基本的にこの地を基盤として発展した。北方の人口が続々と南へ移ってきたため、南朝梁の武帝の頃（在位五〇二〜五四九）には建康城の人口はすでに一〇〇万人を超え、建物や庭園も日ごとに華やかになった。隋が南朝の陳を滅ぼすと（五八九）、隋の文帝（在位五四一〜六〇四）が「宮殿や街を廃棄して、更地にし開墾せよ」と命じたので、六朝の繁栄は一朝にして烏有に帰した（図1）。

九三七年から九六一年までの南唐王朝もまたここに都を置いた。その位置は元々あった都城の中軸線に沿って少し南に移動し、秦淮河市区を中心として拡大した。現在の中華路が即ち当時の御街に当たる。南唐の都城の建設も盛んで、その繁栄ぶりは六朝にも劣らなかったが、惜しくも南宋初年に金軍に敗れ

（一三〇）、再び焼け跡と化してしまう。一三六八年、明の朱元璋（在位一三六八〜九八）は都を南京に定め、二一年の歳月をかけて周囲三四・三キロメートルに及ぶ城壁を築いた（写真1）。それは六朝の石頭城、建康城と南唐の金陵城もすべて囲い込むものであり、さらに東や西北側にまで拡げ、山や河にまで達するほどの気勢雄壮なものであった。城内にはまた、一本の中軸をなす線が走っており、それが即ち現在の明故宮遺跡と御道街である。のちに朱元璋は都城の外周の土塁をさらに六〇キロメートルにまで拡張した。一八五三年には太平天国が都を置き、清朝と一〇年余り対峙した。一八六三年に清軍の略奪に遭うと、城内の民家の大部分は焼失してしまった。

一九一二年、孫文が南京に中華民国を建国した。一九二七年には蒋介石が国民党政府を打ち立てる。一九二七年に制定された『首都建設計画』は、欧米の都市計画の理論と方法を参考にして用途区分をするものであった（図2・3）。紫金山の南を中央政治区とし、新街口一帯を商業区、山西路一帯を新住宅区、秦淮河両岸を観光旅行区に定めた。またグリッドパターンの上に対角方向の並木道を加えた道路網も制定し、実際建設を行ったところもある。一九二八年には孫文の棺を中山陵に埋葬するため、長さ一二キロメートルに及ぶ中山路を作り、南京城内にもう一本の中軸線を作り出した。民国期に開通した道路は現在でもなお都市交通網の骨格をなしており、当時造られた近代的な公共建築や戸建の洋館もよく残っている。

景観の特色とその問題

中華人民共和国建国以後、南京は大きく発展した。一九八八年には市の面積は八四七平方キロメートル、人口は四八八万人に達した。そのうち内城については面積は一二三平方キロメートル、人口は一五三万人である。都市建設の面でも非常に大きな成果を上げ、特に公園などの緑化は、古都の保護と、都市の特色をより明確にするために大いに役立った。しかし、大躍進や文化大革命を始めとする一時期の「左」思想の影響のため、都市景観の保護はなおざりにされ、南京の山川の風光や名勝古跡などは著しく破壊された。

かつて「鍾山は龍がとぐろを巻き、石城は虎がうずくまる」かのごときであった南京は、山水に囲まれ、極めて良い自然環境の中に置かれていた。解放以後も都市の緑化が進み、至る所、緑が街を覆い、山が見渡せた。だがここ数年来、むやみに砂や石を採掘し、周囲の地形や植生を破壊した。多くの山がさまざまな機関によって囲い込まれて利用され、無作為に建設が行われたため、古都の景観はひどく失われた。

南京の都市構造は主に歴代の城壁、壕の水系、街道や路地などにより構成されている。明の南京城は見事に整備されかつ自然であり、城壁は高く壕は広く、城壁の幅も広大で、曲がりくねって山水の間に入り込み、気宇壮大で独特の風格を具えている。ただ風化と人為的な破壊*1のため、明代の城壁は二一・三

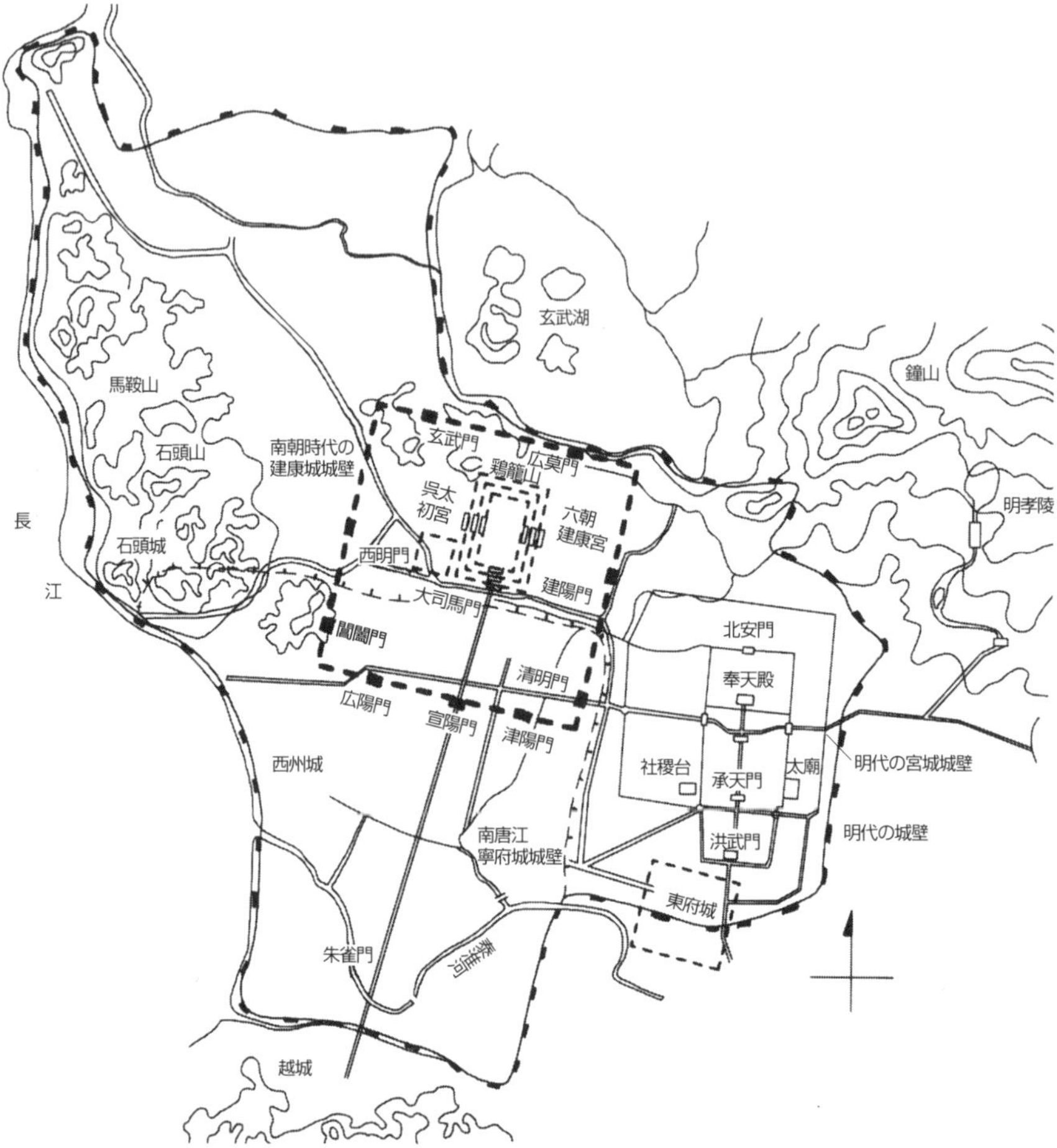

図1　歴代の南京城跡の位置

写真2　秦淮人家風景

写真1　南京明代城壁

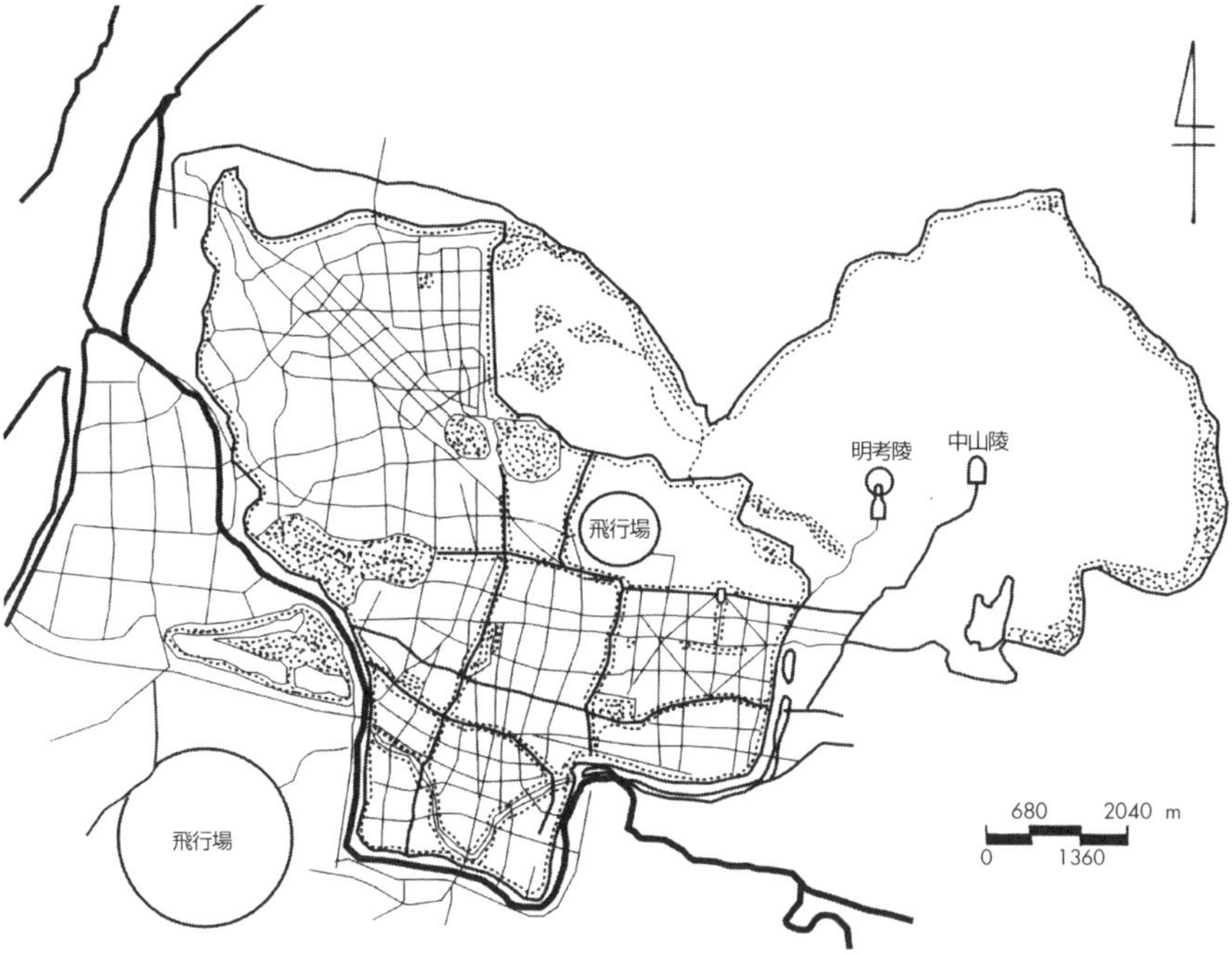

図2 「首都建設計画」並木通り網

図3 「首都建設計画」秦淮河畔の並木通り

図4　南京歴史文化名城保護計画図

キロメートルしか残っておらず、四つあった壮大な甕城[*2]の中でも残っているのは中華門だけである。城壁の外には決まって壕があり、自然水系も人工の掘割も互いに交錯して城内を縦横に貫いていた。ところが、長年繰り返される浸食と堆積とによって、水路の貯水面積も減少していった。そして時々冠水したり、また水路によってはドブとなっており、早急に整備しなければならない状態である。南京の街路は新旧共に整然としており、大通りと裏通りの区別がはっきりしている。しかし城内の南にあった伝統的な町並みは、絶えず不法建築に侵食されており、交通の便に支障をきたすばかりでなく、伝統的な景観が失われていくという恐れもある。

南京に現存する古い建築は主に清朝末から民国初期以前のものである。宮殿などの公共建築は計画的に配置され、明確な中軸線を持っている。大殿は「北方式」の構えである重檐廡殿[*3]であり、その雄壮さは現在の明故宮遺跡からもなお窺い知ることができる。伝統的な民家や作業場の多くは秦淮河の両側の地区にあったが、それらの多くは中庭を挟んで複数建物を持つ邸宅であり、その規模は江南の他地方の伝統的民家よりも若干大きくて質朴な趣のものであった。だが長年修復されていなかったのでほとんどが荒廃してしまった。また一つの邸宅に住む家族が多すぎて、厨房や衛生設備が不足し、無軌道に間仕切を設けたり増築したりと、深刻な状態であった。ここ数年の間に修繕が行われると、今度は「修繕による破壊」が起こり、本来の

様式とは全く異なってしまった建物も少なくない。民国期の大規模公共建築の中には、中国近代初期の著名な建築家の設計によるものもあり、新しさと民族性を兼ね備え、環境とうまく調和したものがある。解放[*4]以後、特に昨今までに立錐の余地なく建てられてきた現代建築は、規模も高さも大きくなる一方であり、古城の景観を大きく損なわせている。

南京は歴史的に権力者の争奪の対象であり、栄枯盛衰が激しかったため、今に伝わる歴代の史跡はあまり多くはない。明の南京城以外では、六朝の都城や宮城の遺跡は現存する水路より大体の位置が読み取れる程度であるし、南唐の都城も明の城壁の一部分にその形跡を見ることができるだけである。文化大革命[*5]中に占拠され取り壊された栖霞寺や鶏鳴寺などの寺院については、元どおり復元されたものもあるが、古林寺などのように復元できなくなったものもある。郊外の県にある史跡は長年修復されておらず、破損の程度もひどいものである。

名城の保護計画

南京は歴史文化名城保護計画を制定し、都市の景観、都市構造、建築様式および文物史跡の四つの面から考えて、若干の自然景観と文物史跡の比較的集中している重点保護区を線引きし、さらに一群の歴史文物保護地区を定め、同時に明代の城壁、歴代の壕、丘陵山系および現在ある並木道で保存地帯網を作り、各地区と連結させて、一つの比較的完結した保存体系を作りあげ

た（図4）。

市内には全部で一三の環境景観地区（環境風貌区）が定められた。そのうちの六地区が城内にあり、東には鍾山景観地区（鍾山風景区）、南には秦淮景勝地帯（秦淮風光帯、写真2）、雨花台烈士陵園、西には石頭城風景地区、北には大江景観地区（大江風貌区）、そして城内全体を取り囲む明代城壁景観地帯（明城牆風光帯）がある。その他の七地区は城外にあり、棲霞山、牛首祖堂、湯山温泉や陰山碑林、老山、桂子山や金牛水庫、天生橋や無想寺および園城湖風景地区などがそれに含まれる。

また、一二の歴史文物保護地区が定められた。それには明故宮地区、朝天宮地区、夫子廟地区、民国時期公使館地区などを含んでいる。これらの地区では文物の保存と同時に、ある一角の建築様式や古い町並みの保存と連動させて、歴史文化の再生と創造を行っている。秦淮河畔の夫子廟地区は数年間の再開発を経て、明清の趣を基調とした、変化の中にも統一性のある歴史的景観の一角を作り出し、当時の廟市（縁日）も復活させて、古風でかつ華やかな街の風情を再現し、各界から好評を博した。

中華路や御道街、中山路はそれぞれ歴代の都が残した都市の中軸線である。中華路の緑地保存帯では、道路沿いの建物の高さには厳しい制限を設けている。御道街の両側では緑化を進め、都市の中軸線としての役割を強調する。民国期に造られた中山路では緑地帯を挟んだ道路を保存し、沿道の建築には現代的な都市景観を形成するような建物にするよう求めている。

明代の四層に取り囲む郊外も保存していく。明の外側の城壁遺跡を保護し、城外にある環状緑地帯を外側城壁と結合させ、緑化に力を入れる。そのため現存する明代の城壁を修復し、城壁内側一五メートル以内および城壁の外と壕の間は、すべて保存範囲と定めた。また、景観に悪影響を及ぼす建物を徐々に取り壊していき、また明代の皇城と宮城の遺跡を重要歴史文化保護地区とする。

城内に残っている昔の水路や橋を保護し、水路を整備して水質を改善する。南唐時代の城濠である東護城河（今の秦淮河東側）と城東の幹線道路との間に河岸の緑地を作る。また玉帯河や明の御河も整備し、川沿いを緑化する。そして明代の城濠や湖などの水系の整備は城壁の修復と歩調を合わせて行っていく。

南京では有形の歴史環境の保護のほかに、無形文化の保護と発掘を行うことも重視されつつある。有形と無形の文化が絡み合ってこそ、千年の古都が徐々に人々の眼の前にその姿を現してくるのである。

（趙志栄／小羽田誠治訳）

6 上海——コラージュ・シティの保護と開発

コラージュ・シティ

上海は長江の河口の南岸にあり、以前は海浜の一漁村であった。一二九〇年、元朝がこの場所に県を設置し、明代には県城が設けられた。清代には国内交易向けの大きな港に成長し、アヘン戦争後の一八四三年には開港場となった。一九九七年現在、上海市の面積は六三四〇・五平方キロメートル、人口は一三五万四六〇〇人で、中国で最も人口の多い都市である。

一八四三年一一月に正式に開港して以来、上海には相次いで租界が設置された。一八四五年一一月、イギリスの駐上海領事と清朝の地方官吏である上海道台との間で「上海土地章程」[*1]が議定され、上海県城の北側、黄浦江の西側にあたる広大な土地がイギリス人居留地として区分された。この時画定された「租地界線」（貸借地の境界線）の範囲が後にいう租界である。一八四八年、アメリカと清朝政府が「望厦条約」[*2]を締結し、虹口一帯をアメリカ租界とすることが決められた。一八六三年、イギリス租界とアメリカ租界が合併して共同租界となった。それ以後、フランスも同じような方法で相次いで上海に自国の勢力範囲を画定した。第三次、第四次と上海土地章程が調印されるたびに租界の面積はさらに拡大し、一九一五年には共同租界だけでも三六平方キロメートルの面積を持つまでに至った。租界の行政機関である工部局は、不平等条約のもとで定められた特権を利用して「境界線を越えても道路を造る」ことができたので、道路が延びたところまで租界が拡張されることになった。このように上海が開港されて共同租界が設立されたことにより、近代上海は独特の経済的地理的な地位を有することになり、極東最大の都市、中国の経済文化の中心に成長したのである（図1）。

自然地理的な条件と歴史的な政治、経済、文化的な条件により、上海は典型的な「コラージュ・シティ（Collage City）」[*3]となった。当初、上海は江南の水郷の一県城にすぎず、その都市構造は縦横にすきまなく流れる水路網により制約され影響を受けていた。開港以後、イギリス、アメリカ、フランスの三カ国の居留地が建設され、これにより上海には中国人居住区、共同租界、フランス租界という「三つの領主、二つの方式」を有する珍しい都市構造がつくられた。「国の中にある国」という植民都市空間が形成されたのである。旧城は典型的な中国伝統の閉鎖的城郭都市の構造を呈していた。一方租界は、街の外観、建築の様式、街路名や地名に外国文化の特徴がはっきりと表れており、「西洋建築が天空に入るように高くそびえ立ち、街路や路地が縦横無尽に交錯して」いて、「十里洋場」（辺り一面がモダンな町）と称された。一九二〇年代から三〇年代に立てられた江湾五角場地域の新都市計画では、放射状の道路と小さな格子状の道路を組み合わせた、当時としては最もモダンな街路計画を採用していたが、この計画は明らかに形式主義的傾向を帯びていた。歴史の中で紆余曲折を経てきた上海は、新中国建国以後、再び大きく発展した。とりわけ一九九〇年代に入り、浦東新区が対外的に開放されて大規模な開発が行われ（写真2）、都市の面積が急速に拡大し、旧城地区でも大規模な再開発が進められ、都市全体が新たな局面を迎えている。

近代建築

上海は一九八六年に国務院が指定した国家歴史文化名城の一つであり、近代の歴史遺産を最も多く残している都市である。建築様式は多種多様であり、中国の伝統的な建築や明清時代の都市住宅もあれば、ヨーロッパの古典主義建築やインターナショナルスタイルの現代建築もある。特に租界の発展により、さまざまな建築様式の銀行、オフィスビル、戸建住宅、邸宅などが建てられ、中洋折衷の建築スタイルや独特の里弄住宅[*4]も見られた。これらの近代建築群は上海固有の景観形成に重要な役割を担っている。一九八六年以前は上海市の文物保護の対象は、主として古代の文物や近代の革命史跡であり、古代の遺跡、墳墓、寺廟、庭園、革命の記念地などがあった。しかし一九八六年以降、調査と鑑定を経て、比較選定作業が進められ、一九八九年と一九九四年の二度にわたり、政府は合計二三六カ所の優秀近代建築を指定した。その中で上海市の文物建築保護単位に指定されているものは六一カ所、市の優秀建築保護単位に指定されているものは一七五カ所である。また、一九九六年、国務院は外灘（バンド）の近代建築群を国家重点文物保護単位に指定した。

一九八九年、上海市は「上海市優秀近代建築保護管理方法」を発布し、さらに一九九七年には、上海市の計画局、文物管理委員会、房地産局[*5]が共同で「優秀近代建築保護技術規定」を制定した。この規定では、優秀近代建築保護単位に指定された個々の建築に対し、具体的に保護する範囲、建築規制範囲が定められ、また建築の立面、内部空間、構造、室内装飾などに関する詳細な保護のポイントと達成目標が定められた（写真1）。

景観保護地区

上海はさまざまな起源を持つ空間形態を「コラージュ」のように貼り合わせてできたような近代の歴史文化名城である。だからこそ、各時代が残してきた、貴重な歴史的地域を慎重に選んで保護していく必要がある。一方で、その他の地区に関しては適度に開発を進め、新しい時代の建築を創造していかなくてはならない。一九九〇年代初め、上海は総合的かつ系統的に都市の特色や構成要素を分析し、古今中洋の文化が融合してそれらが「コラージュ」された上海特有のスタイルを念頭に入れて、歴史文化名城保護総合計画をつくった。市街地ではそれぞれ特色のある歴史景観保護地区を一一カ所設定して、都市の歴史保護の中核に据えた(図2)。その一一カ所[*6]とは、(1)「バンド優秀近代景観保護区」、(2)「思南路革命史跡保護区」、(3)「上海古城景観保護区」、(4)「人民広場優秀近代建築保護区」、(5)「茂名路優秀近代建築景観保護区」、(6)「江湾一九三〇年代都市計画景観保護区」、(7)「上海近代商業文化景観保護区」、(8)「上海花園住宅景観保護区」、(9)「龍華革命烈士墓地および龍華寺景観保護区」、(10)「虹口近代住宅建築景観保護区」、(11)「虹橋路郊外別荘景観保護区」である。これら一一カ所の景観保護区は、それぞれが上海近代の各時期や、各地域、各スタイルの都市や建築の景観を呈していると同時に、すべてが合わさって多面的な歴史をもつ上海の全体像を作り上げている(図2)。

上海は多元共存的な都市形態と多様な様式の近代建築がある故に、鮮明な「コラージュ・シティ」としての個性を表している(図3)。それゆえ、都市計画に関して言えば、単に都市の各部分をつなぎ合わせただけでは、決して都市構造に良い影響を与えはしない。しかし都市の各部分に保護を加えていくと、往々にして都市構造に効果的に作用し、空間特性もより一層はっきりとするのである。しかも、若干の歴史的町並みを選び、そこを重点的に保存し、保存した町並みをその地域を代表する歴史的景観とするやりかたこそが、現実的で運用しやすい方法でもある。それぞれの歴史景観保護地区は、その歴史的価値と保存状態に基づき、「実事求是[*7]」の精神にのっとって具体的な保護範囲を確定したので、保護と開発の矛盾を大幅に減らすことができた。現代化国際都市の建設を進めると同時に、上海固有の伝統景観を保存していく方法の、一つの糸口を探し当てたのである。

例えば「外灘優秀近代景観保護区」の計画では、芸術的価値のある近代建築群と建物がつくるスカイラインの保護をどのようにするかという問題に関して、有益な試みが行われた。一九九六年上海には不動産交換会社(房地産置換公司)が設立され、まずバンドから、一連の建物使用権を交換する作業を行った。これらの優秀近代建築の多くが建物本来の用途を回復させ、その機能を十分に活用することになった。さらに、新しい建物所有者が規定に従ってこれらの古い建物に対して全面的な補修を行った。保護計画が先導的な作用を及ぼしたといえる(図4、写真3)。

郊外においては、江南の水郷的景観を有した四つの県や鎮、すなわち朱家角、松江、嘉定、南翔を市の歴史文化名鎮に指定した。この四つの歴史文化名鎮以外にも、自然丘陵や河川、湖を特徴とする三つの自然風景区、すなわち佘山国家風景游覧保護区、淀山湖風景水体風貌区、泖塔水下風貌区と、二つの自然

写真1　市クラス優秀保護建築—フランス人学校（現上海科学会堂）

写真2　浦東陸家嘴開発区—新旧の建物が混在している
撮影：張松

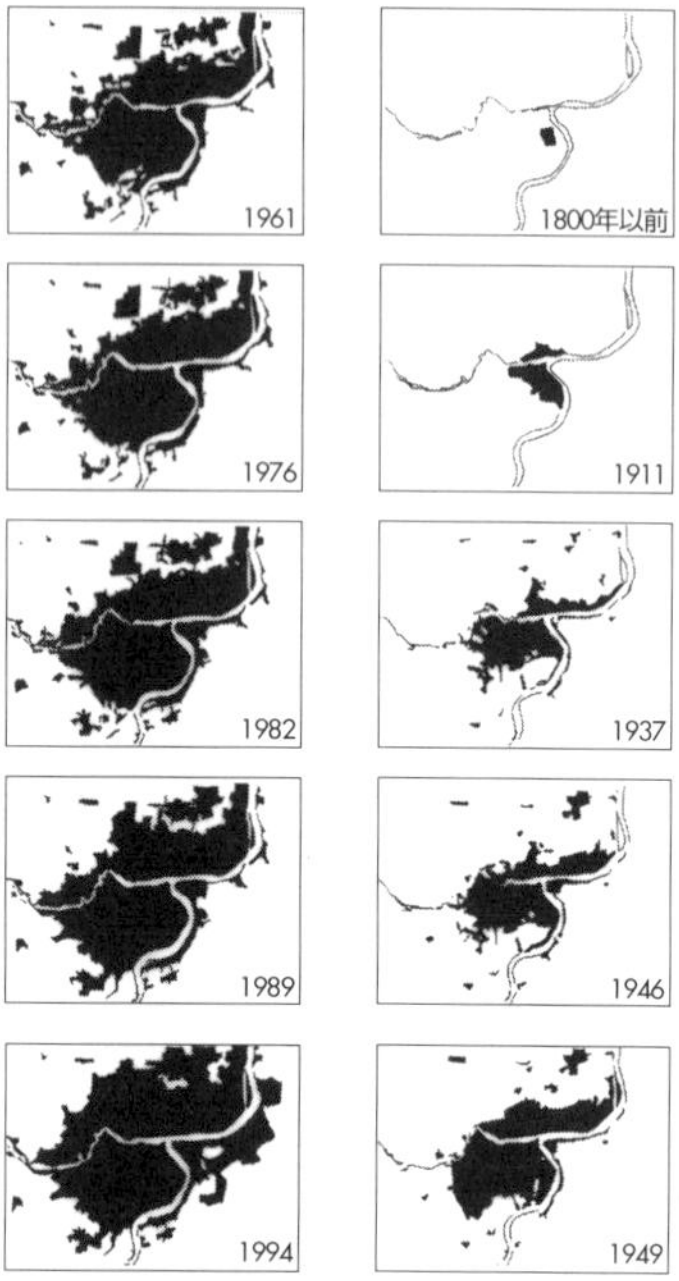

図1　上海の都市形成過程

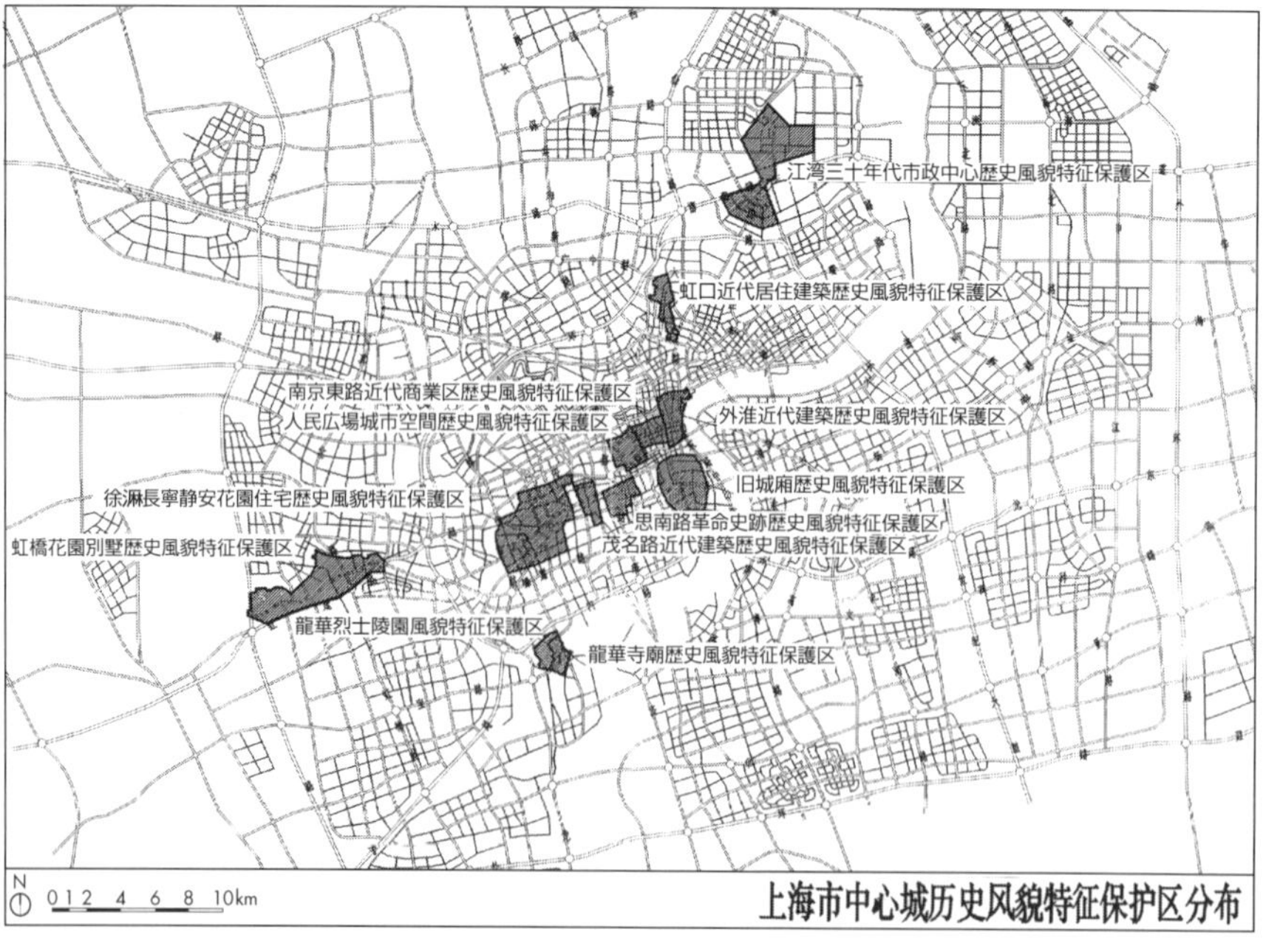

図2　上海市中心市街歴史景観特徴区分図

写真3　外灘（バンド）歴史地区
提供：阮儀三

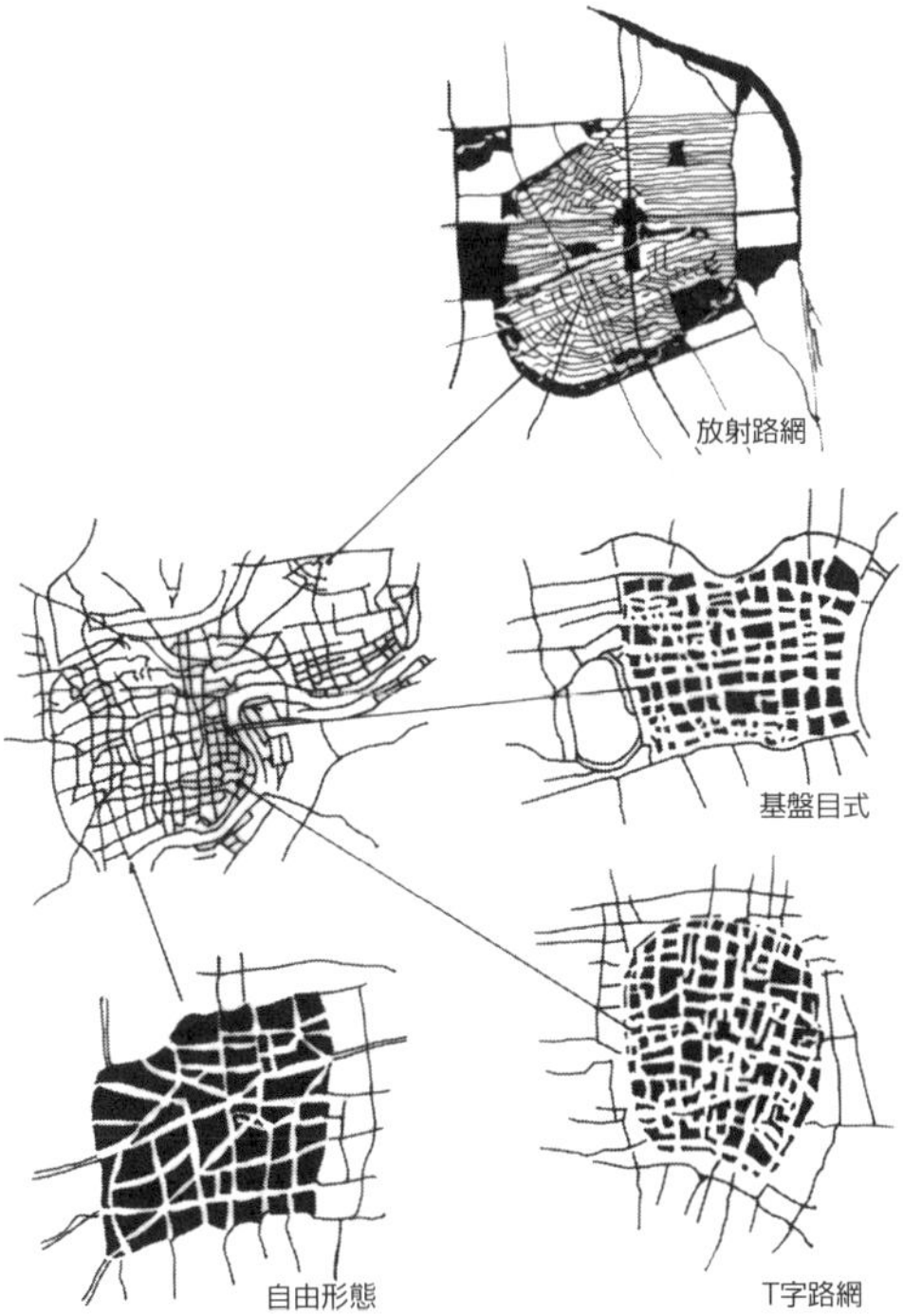

図3　さまざまな都市形態の共存

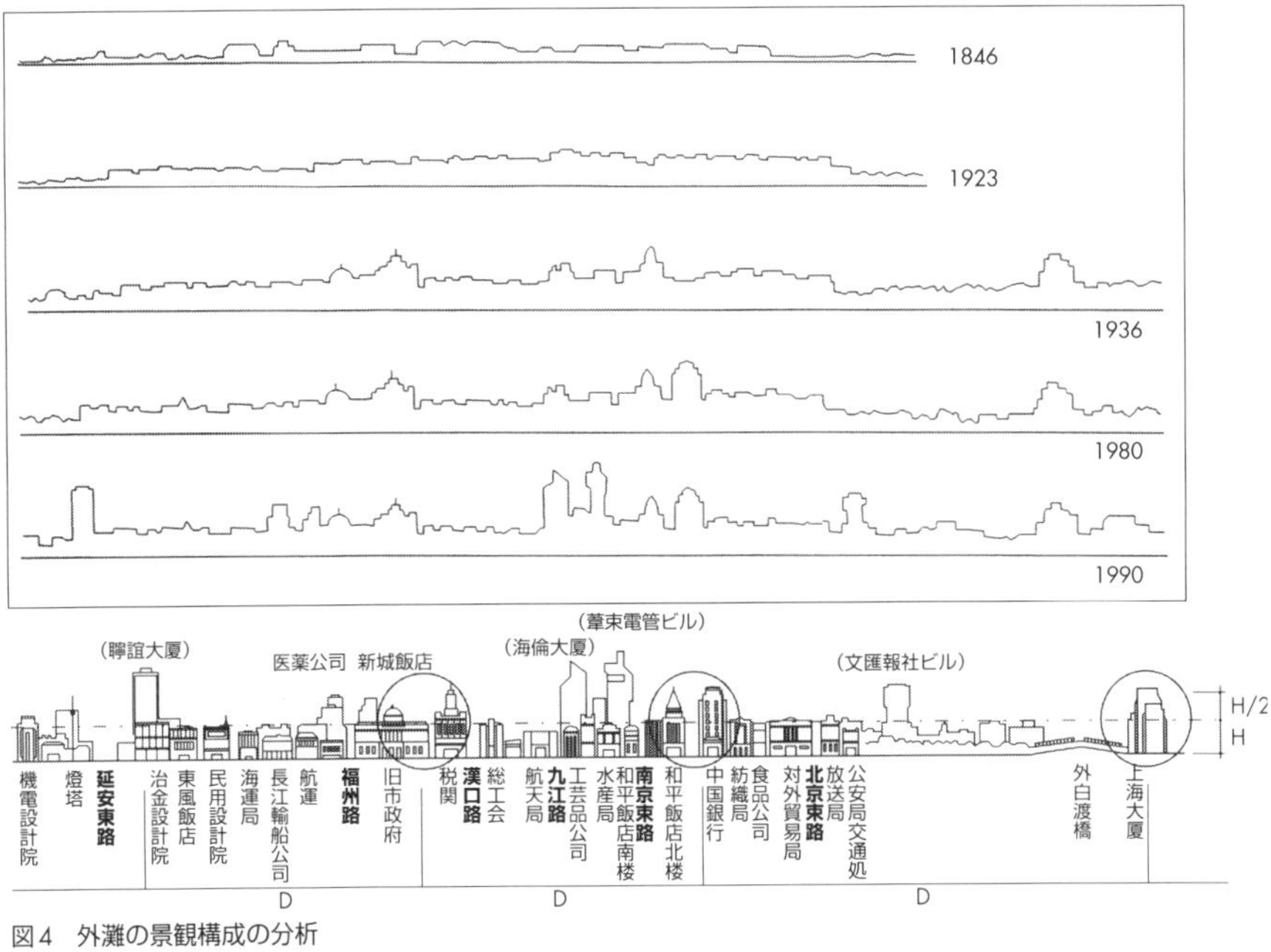

図4　外灘の景観構成の分析

生態保護区、すなわち崇明東灘候鳥保護区、大金山小金山自然植被保護区の計画も行われた。

現在では、有形の歴史的環境、文物、史跡だけでなく、金山の農民画[*8]、露香園の顧繍[*9]、滬劇[*10]、江南絲竹[*11]など、上海地方特有の伝統文化も保護の対象に含められている。歴史保護の対象は単体の文物から歴史的町並みにまで拡大し、また有形の文物から無形の民俗伝統文化へと拡大している。

新たなる挑戦

九〇年代に入ってから上海の経済は急速な成長を続けている。高層建築が雨後の筍のように突然大量に出現し、旧城地区の再開発は過剰な速度で進み、激しすぎるスクラップアンドビルドが起こっている。歴史環境は建設による重大な破壊を受け、歴史的町並みと歴史的建築の保護も次のような重大な危機に面している。すなわち（1）保護建築のリストにはまだ載っていないが、上海固有の伝統的な里弄住宅や戸建ての洋館が、「ブロック規模のスクラップアンドビルド」の過程で大量に破壊される。（2）いくつかの歴史景観保護区では厳しい規制がかけられていなかったため、適切でない新築や改築プロジェクトが町並みのあちこちに現れ、こういった新築の建物が、歴史建築と全くつり合いがとれないため、歴史景観保護区の景観を破壊してしまう。（3）保存建築そのものの修繕に関して詳細な技術規則が決められておらず、しかも歴史建築の中には補修資金が不足しているため、長い間補修されることなく、設備類が老朽化し、外観も荒れ果てている建物がある、などである。

二一世紀に向けて、上海市は市民一人当たりの居住面積を一〇平方メートルまで増やし、同時に時代の残滓であるバラックを消滅させるため、四二五万平方キロメートルの老朽家屋を取り壊し、旧城地区にある公害工場も取り壊したり移転させる計画を立てた。これらの地区に隠れている歴史的、文化的、芸術的価値の高い建築を破壊から救うためには、調査研究を行い、第三次優秀近代建築保護のリスト（約二〇〇件）を作って市に申請し、同時に緊急を要する保護対策をとることに力を注いでいかねばならない。そして、これまでの歴史文化遺産保護に関する経験と教訓をもとに、歴史文化遺産保護の法制を整備し、本来は上海市の条例のような性質を持つ「上海市優秀近代建築保護管理方法」を、市よりも上級の地方条例にしていかねばならないのである。同時に歴史文化遺産保護事業に関する広報活動に力を入れ、多くの市民や各界の歴史遺産保護事業に対する自覚を高め、全市を挙げて、都市の歴史文化遺産保護事業に参加し、支援し、監督していこうとしている。

（張松／相原佳之訳）

7 蘇州——江南水郷の名城

蘇州は長江下流部にあり、五〇〇〇年余り前、長江下流の江陰一帯はまだ東シナ海の下に沈んでいた。江蘇の東部は夏王朝の禹が治水を行って初めて陸地として水面に現れるようになったのである。紀元前五一六年、呉の一〇代目の君主闔閭が覇を唱え、宰相の伍子胥に命じて、周囲が四〇里、八つの水陸両方の城門を持つ闔閭大城を築かせた。これが蘇州古城の起源であり、今日まで二五〇〇年以上に及ぶ歴史を経ている。隋の開皇九年(五八九年)、文帝が兵を挙げて陳を滅ぼすと、呉州を廃して「蘇州」と改名した。これが蘇州という地名の起源である。

一二二九年、蘇州が郡守史李寿朋の統治下にある時、葉徳輝と朱錫梁の監督の下に宋平江図碑刻が彫られた(図1)。これが現存する蘇州の最も貴重な文物である。この碑刻を見るに、蘇州古城はその大きさ、城門の名称、位置などにおいて、古代の文献に記載されている闔閭大城と大体一致する。紀元前五一四年に呉王闔閭が伍子胥に命じて築いた蘇州古城の中閶門、胥門、盤門、匠門、婁門、平門、斉門などの名称やその他数多くの地名は、現在でも用いられているものである。

蘇州が二五〇〇年余りの歴史の転変を経たにもかかわらず、その都城の位置や規模がほとんど変化していないのは、最初の場所の選定が当を得ていたからであろう。蘇州古城の位置は太湖および陽澄湖の水系と陽山、清明山、七子山の山系が描く、二つの弧の間の平原地帯に定められており、山水を傍にして、水陸両方の交通の便がある。この辺りの風景は美しく、物産も豊富で、都城を築く条件としては十分なものであった。紀元五三一年から一九四九年の解放(新中国成立)までの間、太湖流域の蘇州地区では、およそ一〇年に一度の頻度で水害や干害が起こっていたが、蘇州城は太湖との間を一群の小さい山で隔てられているため、水害の直接的な被害は免れ、また周囲の水系は長江とつながっていたため、干害の脅威にも対処することができた。

蘇州付近の小都市の位置関係を見ると、無錫や常熟、昆山、平望などが蘇州から等距離の位置にある。この都市圏の距離がまさにかつては船で一日の行程であり、順風で下りの時は夜に出発して朝に到着し、逆風で上りの時は朝に出て夜に着く。またもっと外側には、嘉定、松江、嘉興、湖州などの重要な街が蘇州から等距離の位置にあり、これらが形成する第二の都市圏は蘇州から船で二日の行程にある。このように交通が要因となって形成された都市圏は、ちょうど都市の経済活動の及ぶ範囲を示す重要な指標となっているのである。そしてこの都市圏の中間地帯にはそれらと同等の経済力を持つ都市は出現しえないということになる。蘇州はちょうどこれらの都市圏の中心にあり、この地区で最もよい位置にあるのである。

蘇州古城の規模や設計の厳密さは古都長安や北京城には遠く及ばないが、基本的な構造としては同じところも多く、しかも蘇州の建てられた時期は長安・北京よりもずっと古い。蘇州古城は中国の奴隷制社会が封建制社会に移行する時期[*1]の王城であり、さまざまな点で中央集権制社会における王城建設の特徴を示している。古城は長方形をしており、その中央には王族の活動する場所であり、また政治の中心でもある子城がある。子城の南の大通りの両側にはたくさんの役所や官庁が建ち並び、その周りにはまた多くの廟や尼寺がある。城壁の内側には四面とも都市防衛のための兵営が置かれ、城の西側には科挙の試験会場である貢院や税務署がある。もっと興味深いのは城内の南側北側にそれぞれ南園、北園と呼ばれる田畑が残されており、籠城の際にある程度の食糧を自給できるようにしていた点である。

蘇州古城内の交通システムは独特のものである。陸路について言えば、東西には道路が密に走り、南北には道路がまばらである。東西および南北の城門は向かい合っておらず、魚骨型道路網とグリッドパターンの道路網とが重なってできた、縦に伸ばしたような道路網になり。また長江デルタを形成する水系を

城内に引き入れ、道路と河が並行する二重の碁盤目状の水陸交通システムが形成されている。このような交通システムを骨格とする蘇州古城は、「青い水しぶきは街の東西南北を巡り、赤い欄干の橋は三九〇を数える」とか、「蘇州の街に到りて見れば、人家は限りなく川面に接している」というようなイメージを具現しており、「橋・水・民家」が織りなす独特の水の都の景観を構成している（写真1、2）。

蘇州は国務院が最初に公布した二四の歴史文化名城の一つであり、栄枯盛衰の歴史を重ねているが「河と街が隣り合い、水と陸が並行する」という二重の碁盤目状の交通網をはずっと変わることなくあった。同時に蘇州はまた名高い「園林の都」、「絹の都」、「文化の城」でもあった。一九九七年一二月、ユネスコの世界遺産委員会大会によって、蘇州の代表的な古典園林、すなわち拙政園、留園、網師園、環秀山荘が「世界文化遺産」に登録された。

しかし歴史の生んだ負債も多く、蘇州は都市インフラや住宅建設、環境の質などの面での問題を未解決のまま残している。道路交通は渋滞がひどく、インフラは未整備で、給水が不均衡で、共同溝網も老旧化し、いまだに六万人近い住民が日常生活において「三つの桶と一つの炉（馬桶・浴桶・吊桶と煤球炉）」[*2]を必需品としている。また一人当たりの居住面積は七・六平方メートルしかなく、厨房や洗面所などの基本設備が備わっている住宅の全体に占める割合はわずか四〇パーセントにすぎない。

古城内の河はどす黒く臭気を放ち、水は腐敗している。建築密度が高い上に緑化は進んでおらず、一人当たりの緑地面積はわずか一・六平方メートルである。千年の古城は保護と発展の両方に関わる数多くの問題を現実に抱えているのである。

一九八六年に国務院は蘇州市のマスタープランに対して、「古城の景観とすばらしい歴史文化遺産を保護すると同時に、旧城のインフラの改善、積極的なニュータウンの建設、小都市の発展に力を入れ、一歩一歩蘇州を良好な環境で江南の水郷としての特徴を持った現代的都市にするよう努力せよ」と要求し、「古城の景観を全面的に保護し、古城の保護と現代都市建設とのバランスをうまく保っていかなければならない」と注文をつけた。ここ十数年来、この指導に従って蘇州市の経済・社会は急速な発展を遂げた。都市全体の発展戦略としては「古城を保護し、ニュータウンを建設する」という方針を採り、「古城＋ニュータウン」という構図を徐々に作り出し、古城区を主体とし、東を蘇州工業園区（シンガポールと共同で開発）、西を蘇州新区（国家高新技術産業開発区）とする「一体両翼」の大きな構図を計画した（図2）。都市に新しく発展の余地を設けただけでなく、古城内の過密を解消して移動を可能としたので、古城の歴史保護と有機的な再開発を実現する可能性が出てきた。古城内からはおよそ六万人余りの人口、たくさんの工場や作業場が転出し、道路建設と交通管理を強化したので、古城の環境は大きく改善された。

蘇州は古くは「煙水の呉都」といわれ、臨水空間こそ蘇州古城の精髄といえる。河をまたいで建つ民家や河沿いの騎楼[*3]、橋詰めの小さい広場などは人情味に溢れ、語り尽くせない魅力を持っている。そこで古城の水郷としての特徴ある景観を維持するため、古城内の河川を全面的に浚渫し、橋と路地の整備を行って、古城における水陸並行の二重の碁盤目状になった交通網と、東西・南北方向にそれぞれ三本走る河道と一つの環状河道からなる水系を保護、整備した。新しい蘇州市の都市基本計画に基づく、古城区内の河道の整備の理念は「水路網を整備し、完全な河道水系を作り、活き活きとし、清らかで、美しい、水上遊覧を展開する」である。そのために「引・截・疏・管・用」という五つの方針をもって、総合的な整備を行う。「引」とはきれいな水を旧城の水路網に引き、古城内外の河の流れを蘇らせるということである。「截」とは汚水をせきとめ、処理することである。「疏」とは河を浚い、水流を通すことである。「管」とは水路の管理を強化することである。「用」とは水路の景観の設計を行い、水上観光を発展させることである。

歴史的町並みのある地区は都市構造の基本部分を構成しており、それは都市形態の「細胞」であるだけでなく、都市生活の基本組織でもある。都市計画の実施においては、古城内の建物高さ、様式、大きさ、色彩を厳しく規制し、蘇州の伝統文化継承と振興のために不断の探求を行う。古城景観の全面保護という前提の下で、保護と発展、歴史的景観と現代都市の建設、真

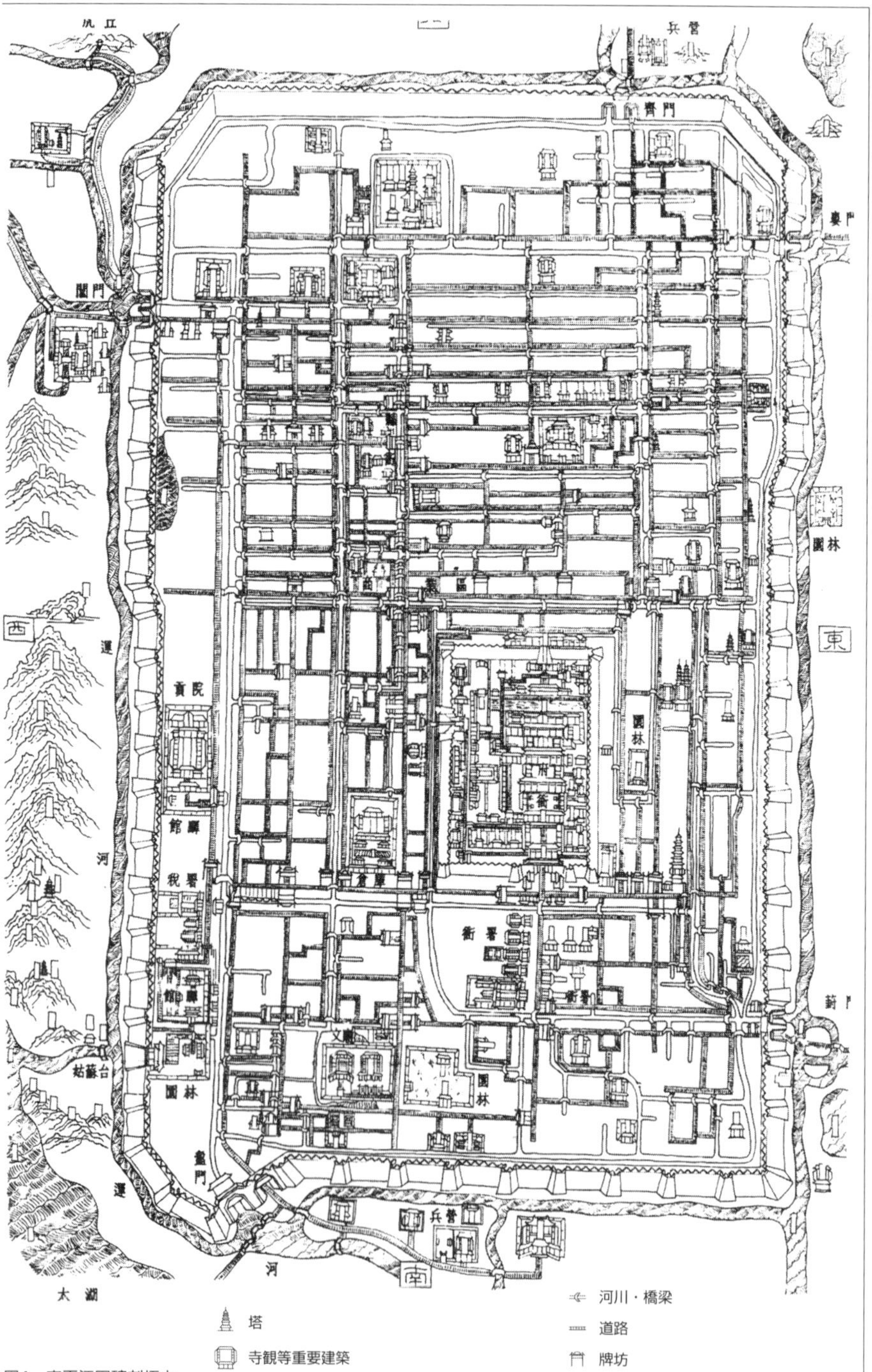

図1　宋平江図碑刻拓本

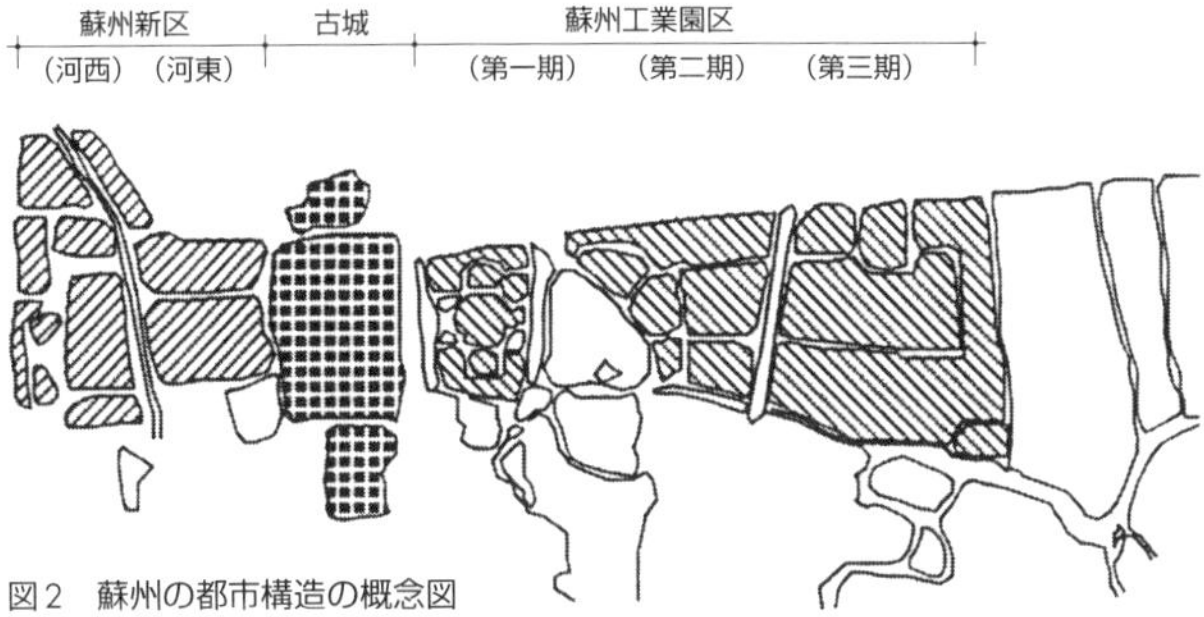

図２　蘇州の都市構造の概念図

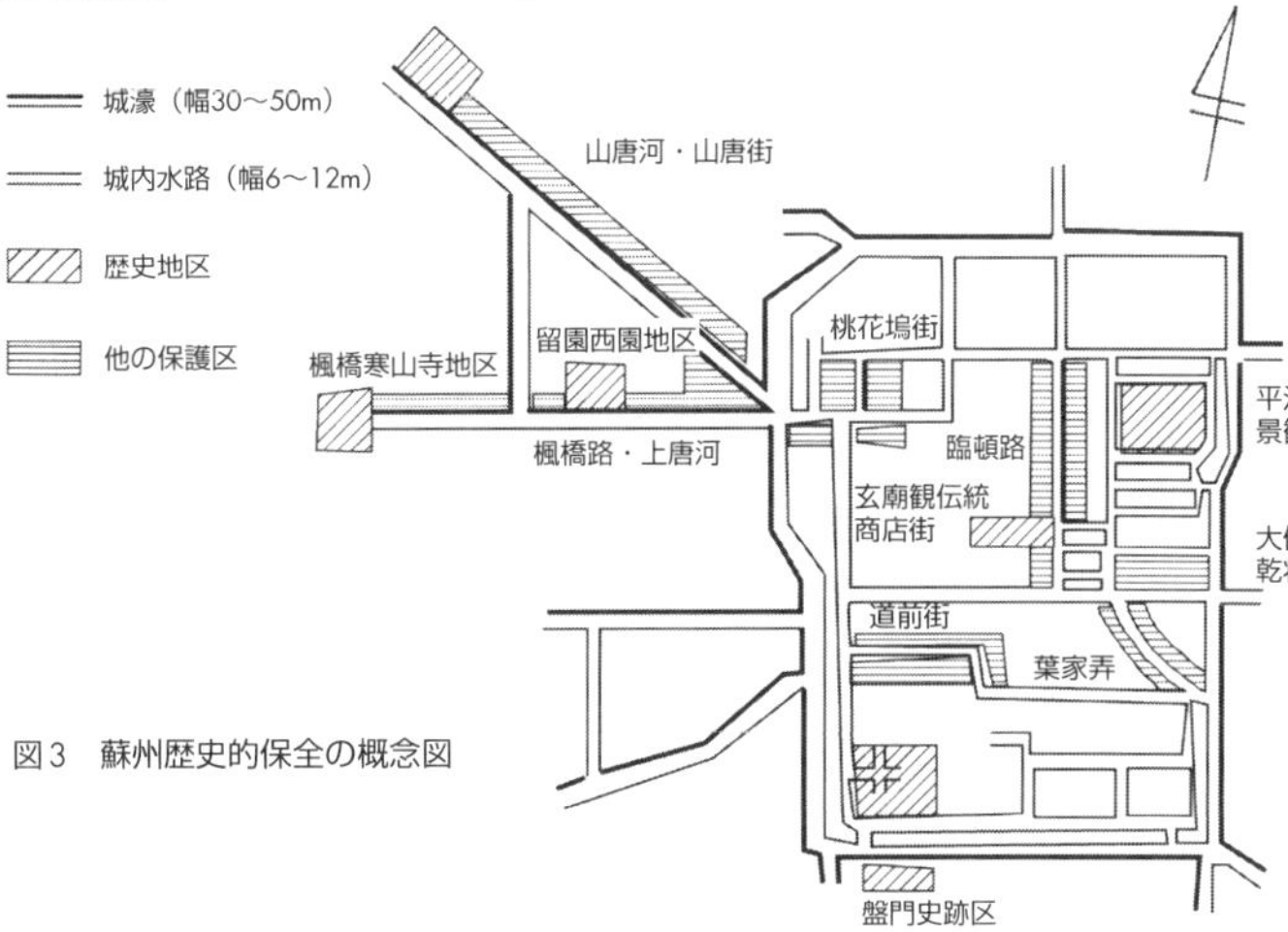

図３　蘇州歴史的保全の概念図

図４　蘇州保護区計画

の歴史的遺産の保護と古城の有機的な更新などの関係を効果的に解決してゆく。そのため古城内を、真の歴史遺産保護という原則と現状の保存状態の程度とに基づいて、四つの歴史保護地区に分割する。これには若干の歴史的町並みと三つの伝統風貌地区が含まれており、これらの地区を蘇州古城の景観保護の中心軸としていく。これらの地区においては、その環境や景観全体が古城の歴史文化の価値を体系的に表現し、典型的な古城の

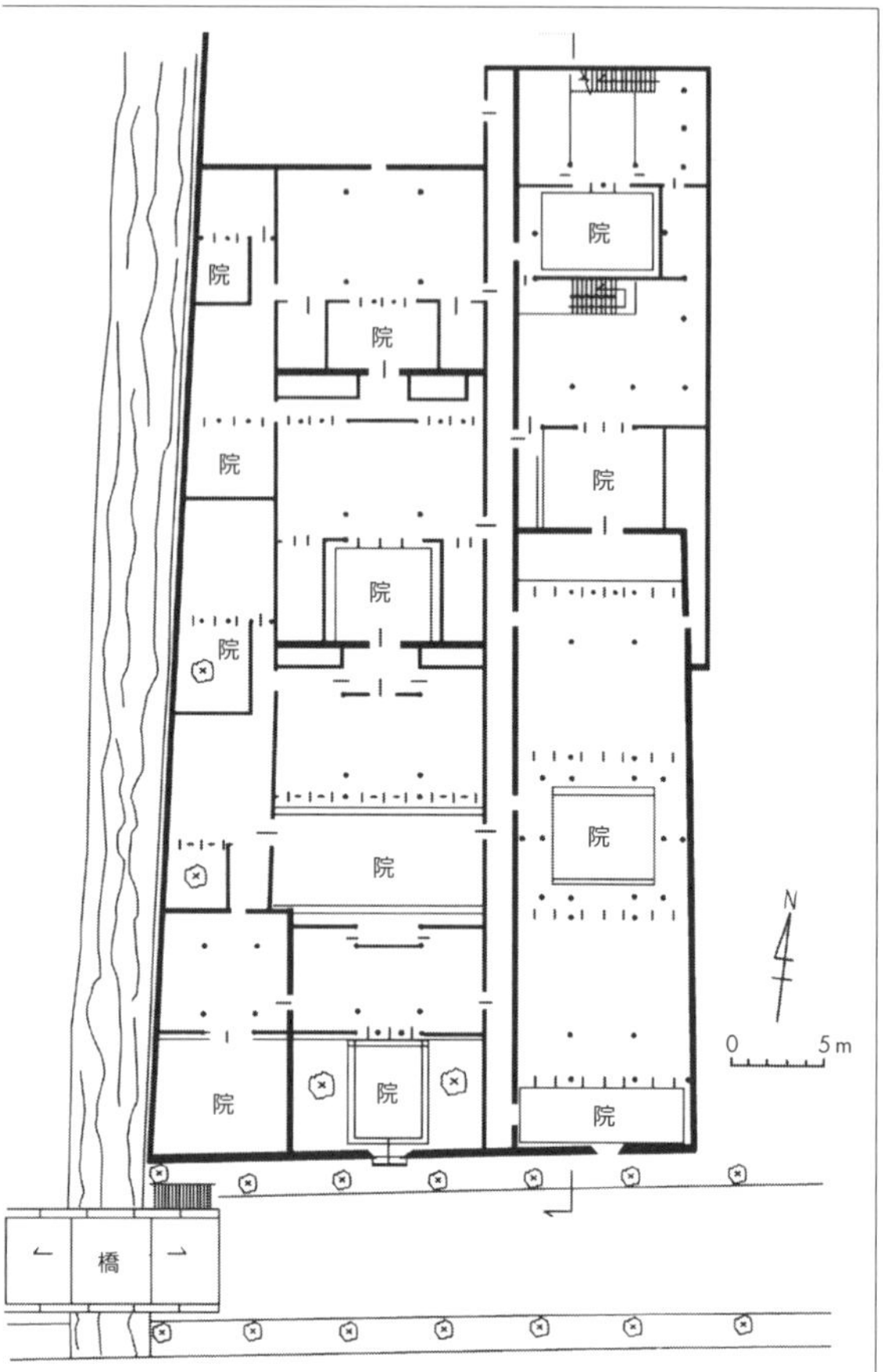

図5　蘇州東北街旧陳家住宅平面図

写真1　南門水門

景観を展開するようにしなければならないのである（図3～5）。

この四つの歴史保護地区とは、（1）平江歴史地区。これは古城内の東北端に位置し、拙政園や獅子林が近くにあり、面積約四二ヘクタールを有する典型的な水郷景観保護区である。地区内には延べ二・二五キロメートルに及ぶ五本の河（東園内の城河は含まない）、一五の橋を有し、この地区内の交通網や水路、住宅は基本的に平江図に示される「一河一路」、「一河二路」、および「前街後河」の構造を持つ。（2）拙政園歴史地区。これは古城東北部に位置し、東と南は百家巷や東北街河、園林路、獅林寺巷に至り、北は北園路、西は臨頓路に至る。面積は二三・二六ヘクタールである。（3）怡園歴史地区。これは古城の中心部に位置し、その面積は一〇・六ヘクタールである。この地区は昔ながらの町並みを残しており、小園林や著名人の旧居があるという特徴を持っている。（4）山塘街歴史地区。これは古城外西北端に位置し、山塘河や山塘街と虎丘を含める。山塘街は閶門渡僧橋から虎丘西山廟橋までの長さ約三・五キロメートルの通りで、昔の七里山塘の趣を残している。

以上の計画とはつまり、歴史保護地区と伝統風貌地区の重点的な保護を通じ、環境や景観と水城独特の景観全体で、蘇州の歴史的文化的価値を表すようにし、古城の発展過程を歴史的に展示し、古城に真の歴史文化遺産と現代的な環境設備を持たせ、歴史と自然が共生する活力に満ちた文化的都市に変えるというものなのである。

（張松／小羽田誠治訳）

写真2　水郷都市の町並み　撮影：張松

8 杭州——山紫水明の古城

千年の古城、西湖の伴侶

杭州は中国の七大古都の一つであり、二〇〇〇年余りに及ぶ悠久の歴史を持っている。杭州はまた世界的に有名な景勝地でもある。ほとばしるばかりの水景色、おぼろに霞む山景色。西湖の美しい景色は国内外からくる多くの観光客を酔わせ、虜にしている。

西暦紀元前三世紀、秦の始皇帝が天下を統一し、霊隠山の麓に銭唐県を置いた（会稽郡に属す）。この銭唐県がすなわち杭州の前身である。その当時、今の杭州市街は潮が満ち引きする砂州であり、漢代以降になってようやく土砂の堆積によって陸になり始めた。会稽郡の地方官華信が現在の雲居山麓から銭塘門の間に防潮用の大きな堤を造ってから、西湖が形成され始め、後に杭州城となる平地も次第に拡大していったのである。

隋（五八一～六一八）になって銭唐郡が廃止され、杭州が置かれた。杭州の名前はこの時から始まる。隋の煬帝[*1]は南北に通じる大運河を完成させ、杭州を南端の起点とした。この地理的に優れた位置にその後の杭州の繁栄が打ち立てられていったのである。唐の時代（六一八～九〇七）、杭州の市街地は次第に銭塘江の川沿いから西湖以東の平地へと拡大していった。有名な詩人の白居易[*2]は、杭州刺史に任ぜられたとき、堤をつくり閘門を設け、水草が生え堆積物で埋まった西湖を浚渫して整備し、農業と都市の発展を促進した。五代十国の時代（九〇七～九六〇）には、銭繆[*3]が呉越国を建国し都を杭州に定めた。そして大規模に人民を集めて工事を行い、延々百里にわたる防潮用の大堤を築き、潮による被害が杭州まで及ばないようにした。また、銭塘江の沿岸に龍山閘と浙江閘を建設して、満ち潮による川の逆流を抑制し、さらに江潮を鎮めるために六和塔、塩官塔を建てた。また同時に、唐代の城壁を基礎として大規模な城郭の拡大を行った。城郭は、内側に子城、外側に夾城と羅城を有する三重の構造になり、規模は現在の杭州市街よりも大きかった。さらに寺院や塔刹を大規模に修築した。現在霊隠寺にある石塔、梵天経幢、六和塔、雷峰塔、保俶塔などは、みな呉越時代の遺産である。

北宋年間（九六〇～一一二七）、蘇軾[*4]が杭州知府の任にあったとき、日に日に土砂が堆積する西湖に対して大規模な浚渫を行い、さらに掘り出した大量の土砂で、人々から「蘇堤」と呼ばれる五里の長さの堤を築き、堤の上には一面に柳を植えた。

「蘇堤の春暁」は、現在に至るまで人々の心を最も引きつける西湖の佳景である。蘇軾は西湖を詠み込んだ多くの詩を残しており、永遠の名詩というに値する。南宋（一一二七〜一二七九）の建炎三年（一一二九年）、杭州は臨安府に昇格した。紹興八年（一一三八年）には、正式に臨安が都に定められた。多くの官僚や民衆が中原から押し合いへし合いして南下し、臨安は突然南宋の政治、経済、文化の中心に躍り出た。宋の高宗は大いに土木事業を行い、鳳凰山の東側の麓に皇城を建て、また臨安府城を縦に貫く御道を開通させ、さらに西湖の周囲や臨安府城内に行宮御苑や水閣別館を造営した。まさにこの西湖の繁栄が、中原を追われた南宋の皇帝と家臣たちを引き寄せ、また臨安の隆盛がさらに西湖の美しさを増加させたと言えよう（図1）。

一つの美しい湖水が杭州城を潤した。長年にわたり、文化的な古城と西湖の景勝は切っても切れない関係にあり、互いに融合して輝いており、その輝きが今日まで続いている。（写真1・2）

この半世紀の発展過程

一九四九年以前、杭州の都市は時代から取り残されてしまい、工業も脆弱であったため、当時、市街化地区の面積は二八・〇五平方キロメートル、人口は四七万三八〇〇人であり、工業による年間総生産高は一億元に過ぎなかった。道路は狭くでこぼこで、都市から出る排水は雨水も汚水もすべて一緒に近くの川に流している状態であった。西湖風景地区は、荒涼とした状況

を呈していた。

中華人民共和国建国後、杭州では都市建設が長足の発展を遂げ、都市の機能や構造も日を追うごとに整備されていった。しかし、それぞれの発展過程においては、発展段階のばらつきが生まれていた。一九五三年、杭州の都市の性格は「景観・保養都市」と規定され、西湖風景地区やその他の景勝地点には修復がほどこされた。ところがそのことが西湖の畔に多くの保養施設の建設を呼び込んだので、パブリックスペースとなっていた場所が占拠されてしまった。一九五九年、杭州は「重工業を基礎とした総合的な工業都市」と規定された。幾つかの大工業地区の配置は基本的には合理的であったものの、工業の機能を重視し過ぎて都市の生活機能を軽視したため、杭州特有の特徴を失ってしまった。しかも、幾つかの工場や会社が西湖風景地区に入っており、遊覧空間を占有してしまったので、当然環境汚染を生み出し、景観地区の保護や観光産業の発展にも影響を及ぼした。一九七九年以後、元々あった都市機能に対して調整が行われると同時に、杭州は急速な成長期に突入していった。一九九三年までに、市街地の人口は一一五万八〇〇人、面積は八八平方キロメートル（西湖風景地区を含まない）、一人当たりの土地面積は七六・五平方メートルになった。この値はそれぞれ、一九四九年の二四三パーセント、三一四パーセント、一二九パーセントになっている。工業総生産高は一〇三・三億元で、一九四九年の一〇二・三倍になった。ここ一五年来、杭州の経済

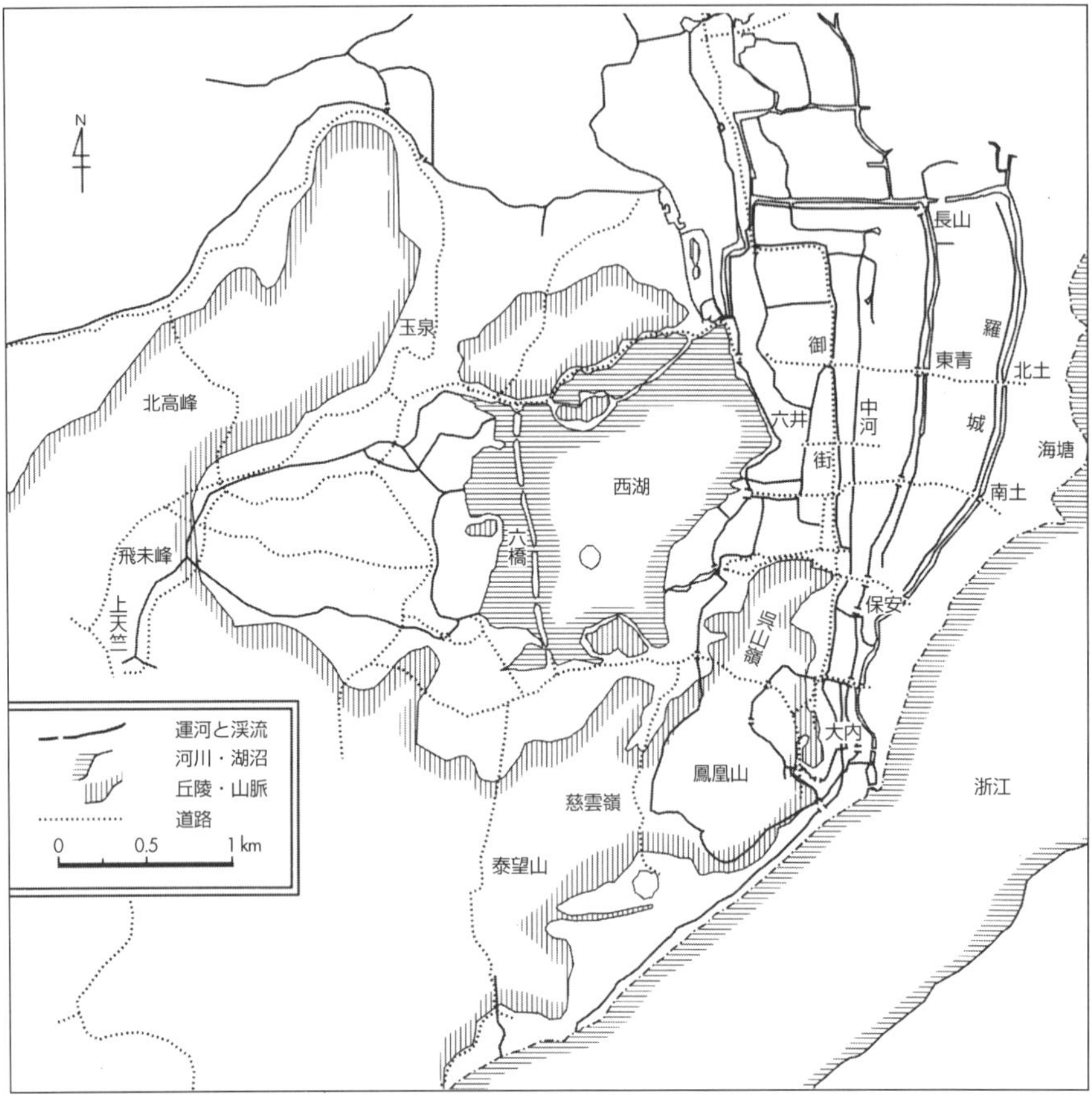

図1　宋代の臨安府城

写真2　西湖の夜景色　提供：趙志栄

写真1　早朝の西湖断橋　提供：趙志栄

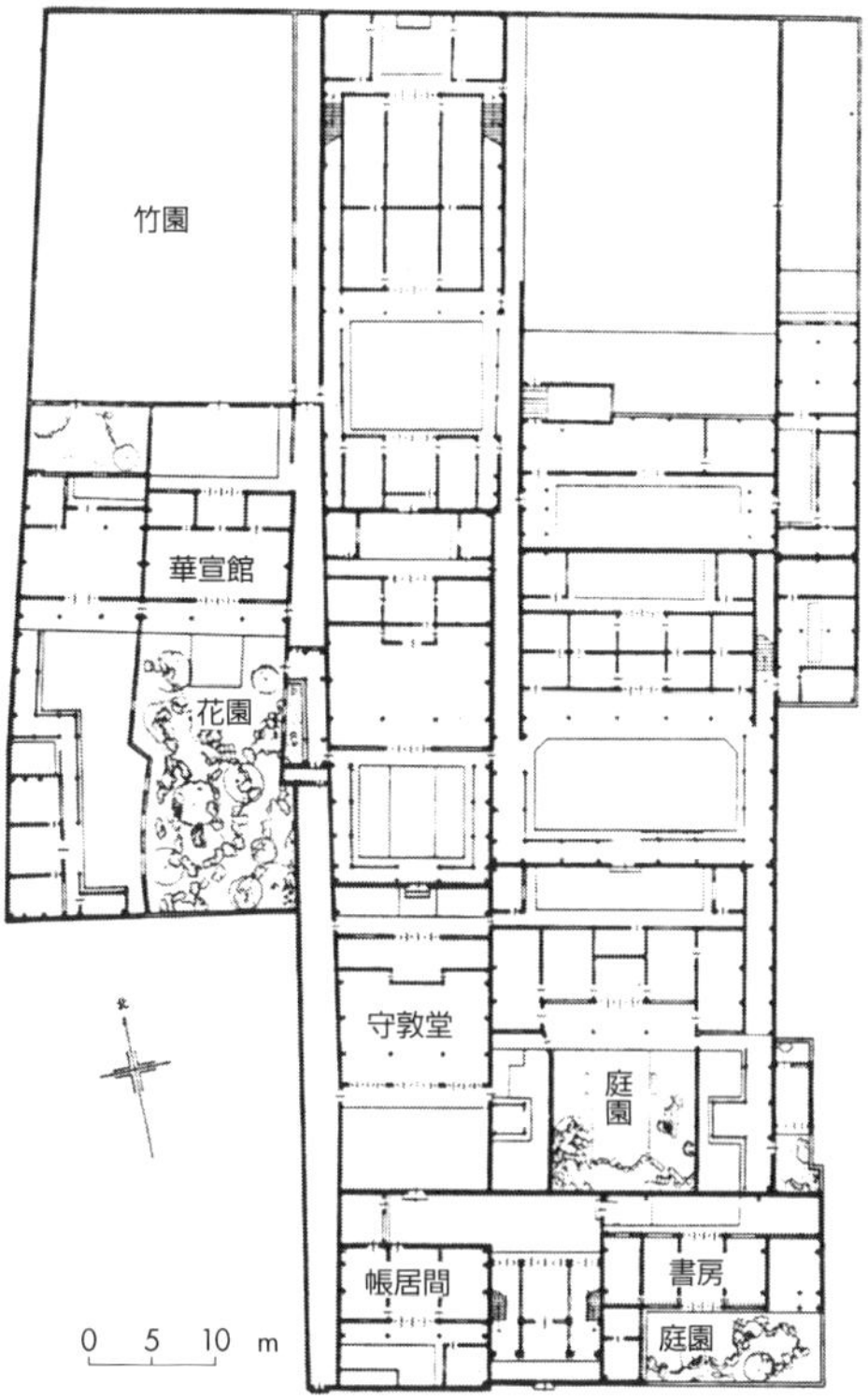

図2　杭州市呉家住宅平面図

図3　杭州市呉家住宅奥行き方向断面

0 5 10 m

は毎年、前年比一四パーセントの成長を遂げている。

近年、基本計画の中で、杭州の都市の性格は「全国重点景観観光都市（全国重点風景旅游城市）」であり「国家級歴史文化名城」であると規定され、同時に浙江省の政治、経済、文化の中心であり、揚子江デルタの重要な経済中心都市ともなった。都市の新しい機能は、都市構造、都市空間に対して新たな要求を生み出し、旧城地区と西湖自然風景地区の景観問題はさらに人々の深い関心を集めることになった。

人々を悩ませる湖畔の景観問題

杭州城の発展は西湖と切り離して考えることはできない。古城の歴史文化と西湖の自然景観は、長きにわたってたがいに融合し、協調しながら発展し、今日の「山はあるが高すぎず、重なりが明確で、水はあるが広すぎず、清らかで透き通っている。城郭は目立たないが、緑が鮮やかなコントラストを見せ、三方が雲山に囲まれた一面城」と称される独特の様相を見せている。

一九六〇年代以来、西湖に面する旧城の再開発に対して、とりわけ湖畔の建物高さに関して多くの論争が繰り広げられた。幸いなことに個別の湖畔の建築に関していえば、都市景観に対する影響は小さかった。当時の都市基本計画では、市街地は北に向かって拡大することと、西湖を囲む緑地帯を建設することが決定されており、これが西湖の環境保護や都市景観との調和にとっては非常に有利であった。しかし一方で、市街地の重心を湖畔の方向に移動する計画であったため、後にこの一帯に開発が過度に集中するきっかけになった。一九七〇年代以後、都市建設は急速に進み、湖畔の地区は旧城の再開発が集中する場所となった。建物の高さも基本計画の建物高さ制限を大きく超え、新僑飯店、中国銀行のオフィスビル、浙江医科大学の教室棟などのように七〇メートル以上の高層建築も出現し、武林広場附近には高さが一〇〇メートルを超える建物も現れた。またその他にも、中河路、解放路や計画中の城站広場などの場所にも、多くの高層建築の建設が計画されている。自然景観と比べて、都市の人工景観がますます目立つようになり、人工景観と自然景観との関係は協調から対立にかわり、湖畔地区の景観計画の策定は、一刻の猶予も許されない問題となっている。

実際のところ、歴史を通じて形成されてきた都市景観と自然景観が融合した杭州の美景というのは、単純な物質的空間だけでなく、歴代の文学、絵画などの芸術表現を通しても、深く人々の心に刻み込まれているものであり、その歴史的な景観はすでに貴重な文化財となっている。それゆえ、景観規制を通じて湖畔地区の再開発を指導、監督し、都市の人工的景観と自然景観のつり合いのとれた発展を促進しなければならない。（図2・3）

都市景観規制計画

杭州の旧城景観と西湖の景観との関係は、主として建物の高さや建物がつくるスカイラインに反映する。一九九六年、杭州市は都市景観の規制に関する詳細な研究を開始した。計画では、建物の高さ制限は西湖に近づくにつれて徐々に低くなるように求めており、それによって都市景観と自然景観が調和した全体的構造を保護しようとしている。また同時に、既存の高層建築に連なるように、峰や谷のような高低の変化がある都市のスカイラインを形成しようとしている。

都市の景観とスカイラインとの関係については、動的かつ全方位的に分析されるべきであるが、実際はある中心となる視点を選んで、そこからの景観を重点的に分析し、都市のスカイラインと自然景観が互いに調和するように諸条件を満足させ、しかも都市建設の現実的な諸条件も考慮に入れなければならない。西湖の湖心亭というのは、どの位置、視域、距離からも、また散策客の量やその停留時間など、どの点から見ても最も重要な視点である。他にも錦帯橋と三潭印月が、湖心亭に匹敵する地位を占めている。よって計画では、まず湖心亭を中心的な主視点とし、錦帯橋と三潭印月を補助的な視点として、建物の高さと都市のスカイラインの起伏との関係を分析した。

都市のスカイラインの起伏の変化に関しては、既存の高層建築の影響を考慮するだけでなく、都市固有の発展の歴史や都市構造の保護にも特別の注意を払い、あわせて自然の風向きなどの要素も考えなくてはならない。例えば涌金門から清泰門の間は、西湖湖畔の各山脈が通るところであるから、ここもやはり旧城の伝統的な都市構造の重要な構成部分と考えなければならない。したがって計画では、開元路、清泰路の両側を都市のスカイラインの最も低い「谷」とした。保俶路の西側と霊山附近の二つの地区も、歴史文化名城保護計画と風景名勝区の計画に基づいて、広々と開けた保護地区と建物高さ制限地区を残しておかなければならない。

一方、宝石山から呉山にかけての南北四キロメートルにわたる湖畔地帯は、「一面城」といわれる都市全景のファサードを見せており、計画では宝石山と呉山を都市のスカイラインを定める際に最も主要な基準としている。保俶塔の台座と呉山の高さはどちらも七〇メートル前後である。仮に湖に臨む都市全景のファサードが基準となる建物高さを超えてしまったら、調和を保っていた人工景観と自然景観の視覚関係は重大な破壊を受けてしまうであろう。そんなわけで杭州の旧城地区の建築は、原則としてこの高さ以下に制限されなければならないのである。

同時に杭州は、湖畔地区の土地利用計画とも呼応しなくてはならない。観光用施設を増やし、交通の流れを良くし、公共空間を美化し、あわせて歴史的な街並みである中山路の保護と復興にも着手しなくてはならない。西湖湖畔の杭州古城は、さらに明るい未来となるはずである。

（阮儀三／相原佳之訳）

9 福州
——東南沿海の文化名城

名城福州の歴史

福州は福建省東部の沿海、閩江が海に注ぐところのちょうど喉元に当たり、東は台湾海峡に接する、福建省の省都である。市の面積は約一〇〇平方キロメートル、人口は約一二五万人を有する。福州は悠久の歴史を持ち、多くの人材を輩出し、山水に囲まれた伝統的な都市構造の中に数多くの名勝や史跡を残した、中国東南部の代表的な歴史的文化名城である。

秦代（B.C.二二一～B.C.二〇六）、福州は閩中郡に属していた。後にこの地の首領であった無諸が各地の諸侯と共に秦を滅ぼし、さらに漢を助けて楚を討った時の功績によって、漢代（B.C.二〇二～）の初めに閩越王に封ぜられた。その時、無諸は冶山の麓に城を築いたので、そこは冶城と呼ばれた。現在の考証ではその位置は今の屏山・冶山と雲歩山の狭間とされている。これが福州建城の第一歩である。西晋時代（二六五～三一六）には晋安郡と改名されたが、その時の太守であった厳高が冶城の位置は地形が険しく狭隘で発展性に乏しいと考え、城を今の屏山の南部にある小さな丘の辺りに移し、これを子城と名づけた。晋から唐（六一八～九〇七）まで、福州の都城はすべて子城を基本としつつ、少しずつ拡大していった。五代十国の頃、福州が再び首都となると、閩王の王審知が都城を増築して羅城とし、子城をその中に囲い込んだ。そののちにもまた増築が行われ、屏山、烏山、於山もすべて城内に囲い込まれた。当時は福州が繁栄し始めた頃であり、ほぼ今日の福州城の規模が定まった時期であった。南宋（一一二七～一二七九）末の端宗、明（一三六八～一六四四）末の隆武帝も福州に都を置き、都市の中心はさらに一層南に移動した。

福州は歴史的に有名な港の一つでもあった。唐代にはすでに海外貿易が大きく発展し、宋代（九六〇～一一二七）には「百貨が海から船で街に運ばれ、よろずの店が酒家の看板を掲げている」というほどの繁栄ぶりを見せた。明代になると福州には市舶司[*1]が置かれ、国家指定の海外貿易港となった。第一次アヘン戦争（一八四〇～四二）以降、福州は五つの通商港の一つとなり、洋務運動[*2]の時には馬尾造船廠[*3]が建設されたが、その規模の大きさは当時の中国の造船所の中で最大のものであった。のちにこの地は近代中国における海軍発祥地の一つともなった。

福州では有史以来文化が栄え、人材が輩出し、宗教、芸術、文化教育すべてにおいて非常に繁栄し、そのため福州は「沿岸部の鄒魯（鄒魯は文化が盛んな地のたとえ）」との名声をも博した。

旧城における伝統的都市構造の変遷

都城を建設する場所を選定する際に、昔の人は「天を占い、地に則」った。つまり、陰陽五行[*4]に従って地勢に基づいて行ったのだが、その風水術[*5]の背後には実は原始的な自然生態観が存在しているのである。福州城の地理的位置においても、そのような慣習を見てとれる。福州の四方は山々に覆われ、「左に旗（山）、右に鼓（山）」、「前に五虎（山）、後に高蓋（山）」があって、古城は「北高南低」で、半分が山に囲われた盆地の中に建てられ、盆地の前方には西から東へ流れて東シナ海に注ぐ閩江もあり、風水にも適合するまさに天の賜物というべき地勢である。

二千年来、福州城は屏山の南麓から徐々に南に向かって発展し、「三つの山・二つの塔・一本の河」が都市の中軸線に対称に分布するという構図を作り出した。

福州城の中には屏山、烏山、於山の三つの山がある。そのうち屏山はちょうど都市の中軸線の北端にあり、烏山と於山には頂上にそれぞれ一つの塔が建ち、中軸線の左右に対峙している。宮殿や官衙は中軸線の北端に山を背にして建てられ、宮殿の前方には官僚の邸宅やより下級の役所が建ち並び、さらに南下すると住宅地や商業地がある。唐代の羅城では「城内には三山と千寺、夜間には七塔と万の灯籠」が見られ、寺と塔は中軸線の両側に分布し、一層多くの対景や借景を増やすこととなり、都市の景観を美しいものにした。その中でも最も重要なのが烏塔と白塔であり、長い年月を経て他の五つの塔がなくなっても、この二つだけは烏山と于山の上に毅然とそびえ立ち、都市のランドマーク[*6]となっている（図1、写真1）。

宋元時代に入ると、海上交通の発展と人口の増加に従って、都市は城壁を越えて南に拡大して閩江にまで至り、新しい商業地、台江を発展させた。自由で非計画的な道路網は当時の自由資本主義の萌芽を物語っている。清末になると都市の中軸線はさらに閩江を越え、五港開港以後、閩江南岸の倉山がしだいに発展し、外国の商館や教会、小さな洋館が建てられ、都市の景観は明らかに外来文化の影響を呈するようになった。

福州は歴代の都市建設を経て、優れた自然環境を土台に徐々に今日独特の都市構造を形成していった。またそこには古い町並みや完全な坊里制や保存状態の良好な明清時代の民家なども一部残っており、古城の風情を堪能させてくれる。

名城を襲う旧城の再開発

中華人民共和国建国以降、福州はさらなる日進月歩の発展を遂げた。しかし、改革開放[*7]以来の建設ラッシュ、特に八〇年代以降の旧城における大規模な再開発の増加が、福州古城の歴史的景観に大きな打撃を与えた。

都市の地価が上がったため、高層建築が大量に出現した。都

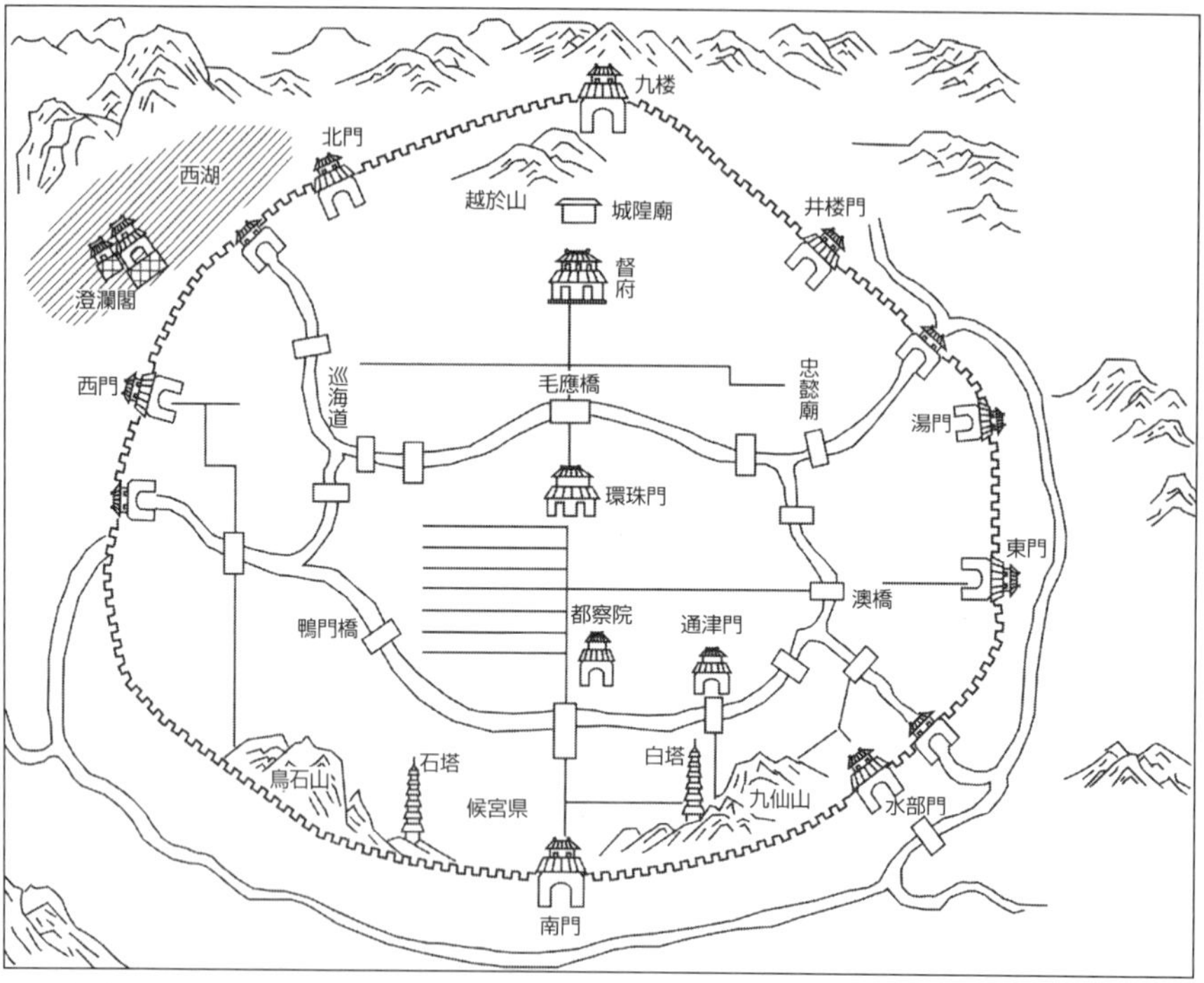

図1　福州古城図

写真2　住宅鳥瞰　撮影：阮儀三

写真1　於山白塔と市内　撮影：阮儀三

図2　福州朱紫坊街区保護計画　詳細計画図

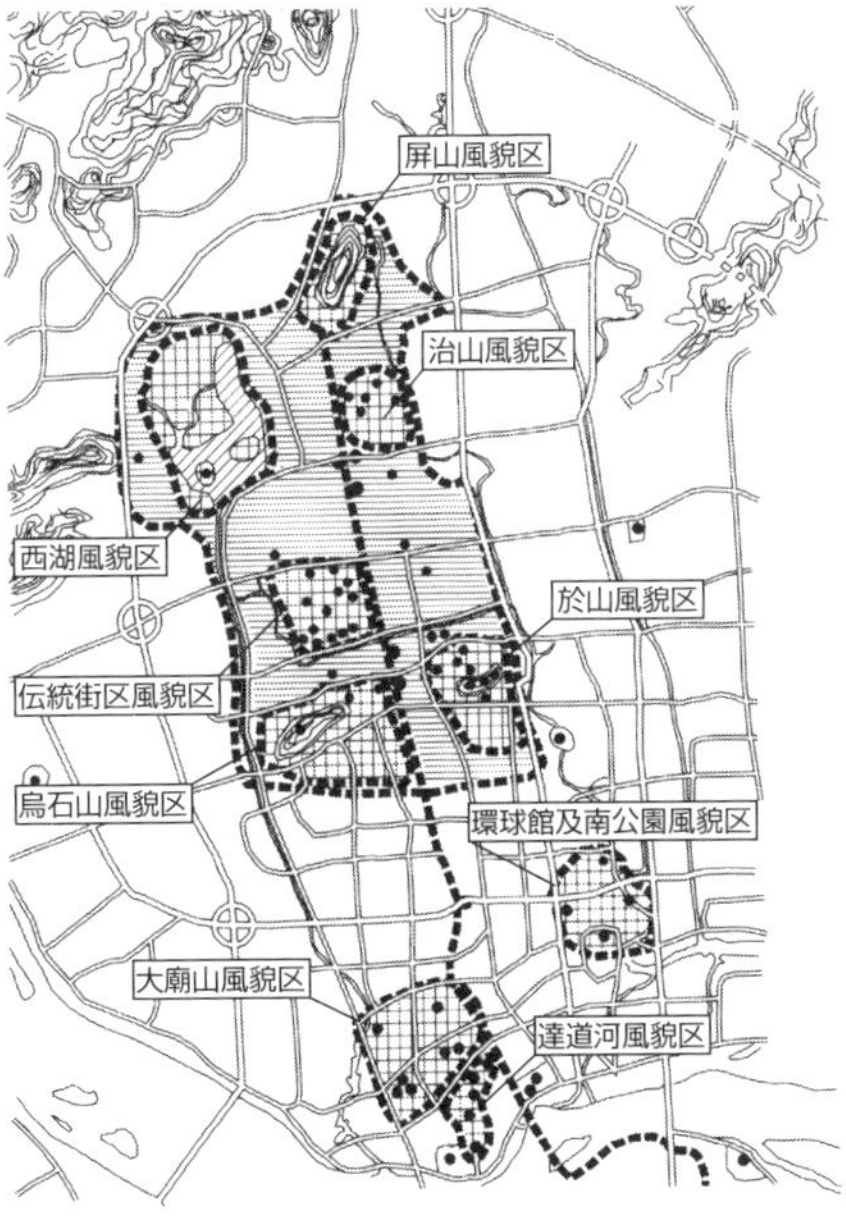

図3　福州市内文化財所在景観保護範囲および「風貌区」区分図

市環境を十分考慮していなかったため、至る所で高さを競うようにして建てられた高層建築が、都市のスカイライン[8]を乱し、伝統的な固有の景観を破壊した。

旧城の再開発は、特定の文物や史跡の環境にも悪影響を及ぼした。屏山、烏山、於山も、程度はそれぞれ異なるが、いくつかの機関に占拠され、市民の遊覧の場所が減っただけでなく、自然景観も破壊された。烏山と於山の間の地には新しくテレビ塔が立てられたため、両塔間のヴィスタ[9]は遮断され、二つの山が対峙する構図も破壊された。後に多くの見識ある人々の反対によって、テレビ塔の高さを当初予定していた階数よりも低く押さえさせたものの、その環境がすでに一部破壊されたことには変わりない。

「三坊七巷」[10]は福州古城の中心となる伝統的町並みであり、中庭を挟んで複数の建物が建つ明清時代の住宅が二〇〇余り残っている（図3）。各家の門前には門罩[11]があり、門を入るとそこは石畳の吹抜けの中庭になっており、正庁[12]の外には花庁[13]があり、花庁と後院[14]には築山のある庭がある。それぞれの建物は黒い瓦に白壁で、精緻な彫刻が施され、実に地方色豊かである。福州古城に見られる独特の構造をした唐宋時代の町並みは、中国に現存する伝統的町並みの中でも最も完全に近いものの一つであった。しかし、香港のある大商人が保護修復の名の下にこれらの市街地を一社で買収し、高層の商業ビルや住宅建築がそびえ、保護建築がビルの谷間に散見されるだけの高低不揃いの状態にしてしまい、その空間構成はひどく破壊され、伝統的な町並みの風情は全く失われてしまった。

都市の建設や発展と同時に、いかにして福州の貴重な歴史文化の景観を維持すればよいのだろうか。専門家たちはこの問題を解決するために本格的に研究を体系化し、さまざまな方法を提言した。

名城福州の保護構想

福州の市街地面積は広く、文物や史跡も多い上に、地区ごとにそれぞれ特殊な事情を抱えているので、各地区の特徴を考慮して都市全体をいくつかの景観保護地区に分けるという案が出された。この案は地区全体の保存・修復に都合がよく、それぞれの地区の特徴も反映でき、また明確な都市の景観構造をつくり、都市のアイデンティティを強調できる。景観保護地区には主に市中心部の屏山景観区、於山景観区、烏山景観区、西湖景観区、および郊外の鼓山景観区、淮安景観区などがある（図3）。

福州古城の保護範囲は基本的には清代の城壁の範囲に基づいている。清代の城壁は民国期に取り壊され、その跡に環城路が作られたが、それは現在の南門兜以北、東水環城路以西、西湖景観区以東、屏山以南のおよそ八平方キロメートルの範囲に当たる。古城保護の具体的な施策としては次のようなものがある。

①福州古城の伝統的景観構成要素である「三つの山・二つの

塔・一本の河」の保護

屏山・烏山・於山のそれぞれに保護範囲を定め、あわせてこれらの山を市民に開放し、全市民のレクリエーションの場とする。三つの山と二つの塔間のヴィスタを保護する。旧城の淵に元々あった壕を保護し、岸の緑化に努め、旧城域を取り囲む水系と緑地帯を作る。

②旧城内の建物高さ制限

旧城内の住宅地の伝統的景観を保護し、三つの山と二つの塔の間の相互のヴィスタを確保するため、また周囲の山々が作り出す自然環境を旧城地区において享受できるように、旧城内の各区域ごとに個別の高さ制限を設ける。伝統的町並みでは低層を基本とし、その他の区域では中層を基本として建築させるが、現状ではすでに多くの高層建築があるので、今後は制限を厳しくし、これ以上は絶対に建てさせないようにする。

③伝統的な都市の中軸線の保護

福州古城は古来、発展を遂げる中で絶えず拡張したが、古城は常に同一の中軸線上にあり、また中軸線に沿って数多くの重要な史跡が残っている。そこで詳細な都市計画の指導原則を策定し、中軸線の両側にある遺跡や名勝を区分けして保護することによって、福州の発展の足跡を示し、その特色を強めようという提案がなされた。

④伝統的町並みと民家の保護

「三坊七巷」および「朱紫坊」は名城福州の二大伝統的町並みである。「三坊七巷」では、状態良く残っている街路パターンと町並みの空間構成を重点的に保護し、「朱紫坊」では水郷としての風情と園林や民家を重点的に保護する、という提案が専門家よりなされている。また、伝統的町並みの保護と新しい建設を行っていくには人口密度の低減、インフラの完備、居住環境の改善を図らなければならない（図2、写真2）。

市街地の文物保護単位[*15]はその保護範囲を定めてランク付けを行い、それぞれに応じた保護施策を採る必要がある。絶対保護区では本来の形態を厳格に維持させる。重点保護区では建設活動を厳しく規制・制限する。環境調和区では一般建築と文物との調和を図り、合理的な空間と伝統的景観の連続的なつながりを持たせる。

都市の歴史文化遺産には有形の遺産のほかに、無形の伝統文化というものもある。福州の伝統戯曲、伝統工芸、伝統料理などもすべて名城文化の重要な構成部分であり、適切な保護を与え、振興して、古城の地方色と独自の魅力がより一層出るようにしていこうとしている。

（趙志栄／小羽田誠治訳）

10 麗江
——世界遺産、ナシ族の庭園

多民族が集まり住む古城

麗江は雲南省西北部にある。蕩々と南流する金沙江はここから急にその向きを変え、北に向かって奔流するため、この地は「万里長江の第一湾」（湾は水流の曲がっているところ）と呼ばれる。二つの雪山の間を切り裂く虎跳峡は戦慄が走るような絶景であり、玉龍雪山は雲を貫いて雄大にそびえている。素朴で美しい麗江の大研古城は、このような壮大で神秘的な高原の上に位置している。

　麗江の古い町並みは国家の玉龍雪山風景名勝区の一部であるのみならず、国家の歴史文化名城でもあり、一九九七年にはまた世界文化遺産にも正式に登録された。はるかなる麗江古城と神秘的な東巴文化[1]は日ごとに世界の注目を集めている（写真1）。

　麗江の都城建設はそんなに古いことではない。唐（六一八～九〇七）初の頃、吐蕃[2]が麗江附近の金沙江上流に鉄の吊橋を架け「鉄橋城」を築くと、のちに唐は「鉄橋節度」を置いて鎮西地区を統治した。南宋（一一二七～一二七九）の末、元[3]の太祖クビライ[4]がここを通って大理国[5]に南征した後、ここに「麗江路軍民総管府」を設置した。「麗江」という名はここから始まるのである。この頃から麗江古城の都城建設が始まり、元初にはある程度の規模にまでなっていた。明代（一三六八～一六四四）初め、麗江のナシ族[6]の土司[7]は朱元璋[8]の雲南征伐の際に協力して功績を上げたため、「木氏」の姓を賜り、麗江に封ぜられ、土司の世襲を認められた。明朝後期には木氏土司の統治する範囲は四川と康定の境界にまで及び、政情も安定し、経済や文化も繁栄したので、大規模な古城の建設や拡張が行われた。その後清代（一六四四～一九一一）に入って土司による直接統治が廃止され、清朝から派遣された流官[9]が統治するようになると、都城は再び繁栄し始め、ほぼ今日の古城の規模を持つに至った。民国[10]初年には「大研鎮」と呼ばれるようになり、古城はさらに繁栄した。解放[11]後は古城のそばに新たにニュータウンが発展したため、古城の景観は昔のままの状態で今日まで残されている。

　古城には歴史ある民族の悠久の文化が残っている。麗江は中国唯一のナシ族自治県[12]であり、ナシ人が人口の五七・九パーセントを占める。ナシ族の先住民はもともと五胡[13]の一つである羌族[14]の流れをくみ、南北朝時代に南遷して麗江あたりに至ったものである。彼らは民族固有の言語や文字、伝統的な生活習慣を持っている。約千年もの歴史を持つ東巴文字[*15]は今でもなお使用されており、一四〇〇余りの象形文字を含むその文字は、世界で唯一完全に継承された「生きた象形文字」として称えられている。東巴文で記載された東巴経典[*16]は分量が多く、内容も豊富で、ナシ族古代社会の「百科事典」と言える。東巴教はナシ族の伝統文化の重要な構成要素として、ナシ人の生活慣習の中に深く浸透している。さらにナシ人によって唐宋以来の道教の洞経音楽[*17]と儒教の宮廷音楽が完全な形で保存されていることは、驚嘆に値するものである。古の神秘的な東巴文化によって、麗江は文化研究の対象として世界中から関心を寄せられているのである。

高原の水郷、麗しい庭園

古代の都城を築く場所は地勢や方位、気候や水脈などの問題を十分に考慮した上で選ばれた。大研古城は麗江平原の中央にあり、遠くの四方は山に囲まれ、城壁の周囲には水晶のような水が鮮やかに流れており、それはあたかも緑色の玉でつくった大きな硯のように壮観であるので、昔から「大研」（大硯と同意）と呼ばれたのである。大研古城は北は金虹山と獅子山を背にしており、これらの山々が冬季の西北方向の寒波を防ぎ、また都城のよりどころとして、都市空間に変化に富んだ起伏を与えている。都城の東南側は平坦で開けた肥沃な土地である。城内には水が巡り、古城の生命の源、美しさの根源となっている（図1）。

北部の玉龍雪山に源を発する湧水は、黒龍潭から地表に出て、玉河を下って麗江に流れ込み、古城北の玉龍橋に至って三つに分かれる。三つとは、東河、中河、西河であり、この三本の支流がさらに小さく分かれ、街路や路地を貫き、民家の敷地にまで入ってゆく。流れは緩慢で、伏流となったり地表に現れたりする。河畔の柳が軽やかにゆらぐ様は、うすぎぬやとばりのようである。河幅は狭く、広くても五、六メートル、狭いところでは数十センチしかないが、三～五メートルほどの街路と程よく調和がとれている。河水は民家の表から裏へと流れてゆくものもあれば、建物の下から入って庭の中をつき抜けていくものもあり、「家々には湧水が流れ、戸々には柳が垂れる」、独特の水郷の様相を呈している。古城には泉水が何カ所も湧き出ているが、これは地元の住民が標高差に応じて上から下へと一カ所の湧水を三つの小さい池に分けたからである。一番上の池は井戸水として飲料に用い、そこから二番目の池に流入した水は、米や野菜を洗うために用いる。三番目の池は洗濯に用いる。三番目の池は、清水と汚水の区別があって、混同されることがない。

古城の街路や路地はその水系と共に成り立っている。街路は河に沿い、路地は小川に臨んでいて、山に沿って曲がりくねっている（写真2、3）。古城地区の四つの大きな街路は四方街の四隅に集まっている。四方街は七〇×二〇メートル程度の台形状の広場で、広場の道路に面した部分はすべて二階建の商店で

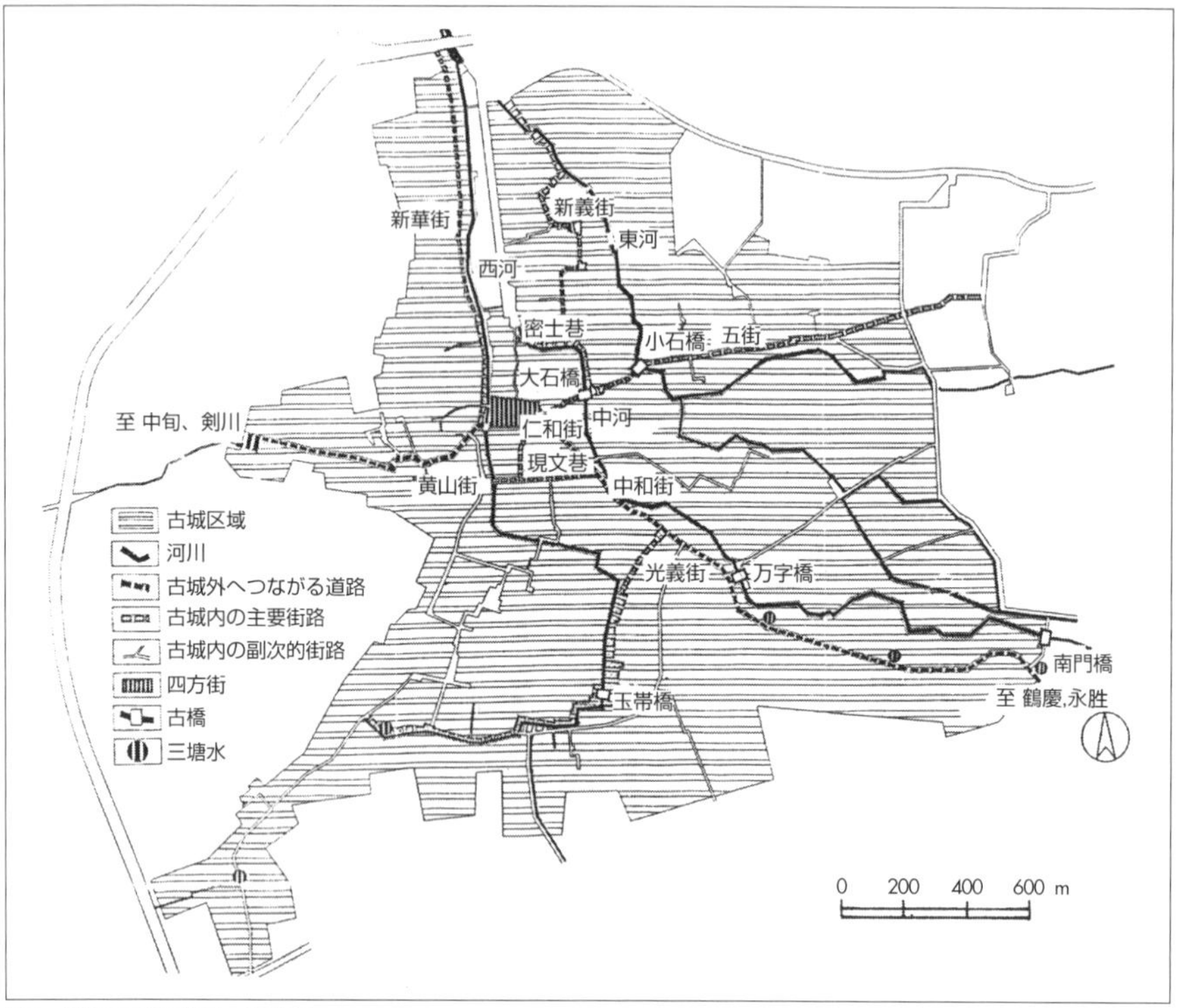

図1　麗江古城の道路・河川網

写真2　麗江の町並み1　撮影：阮儀三

写真1　古城の鳥瞰　撮影：阮儀三

写真3　麗江の町並み2　撮影：阮儀三

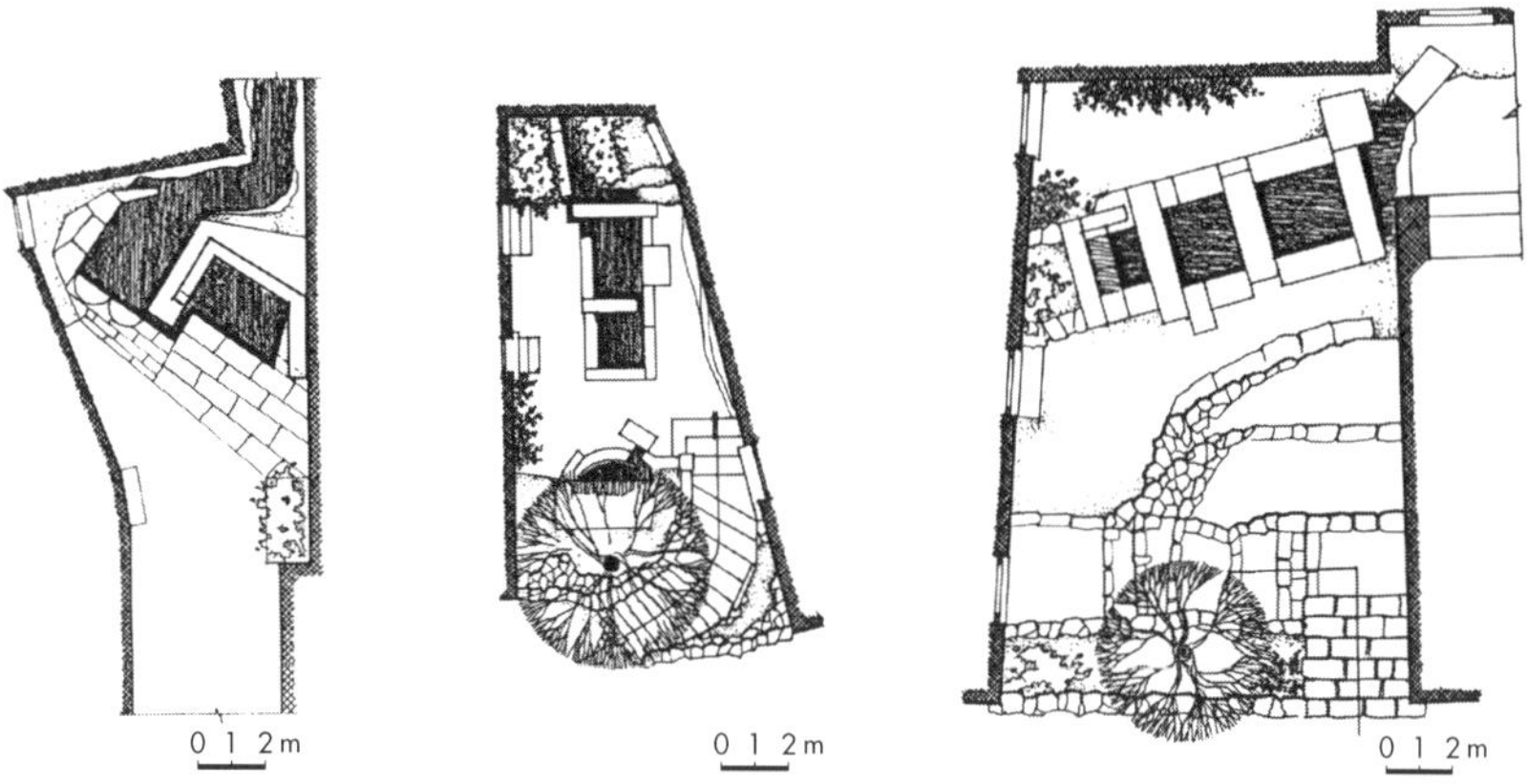

七一街八一巷下段三塘水　　七一街八一巷上段三塘水

図2　麗江ナシ族民家

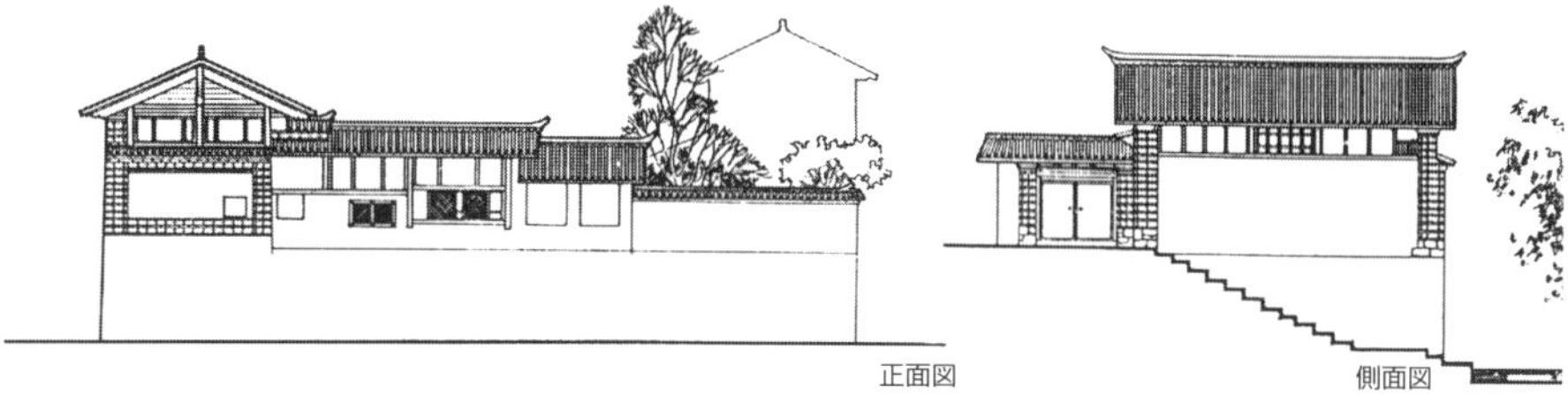

正面図　　側面図

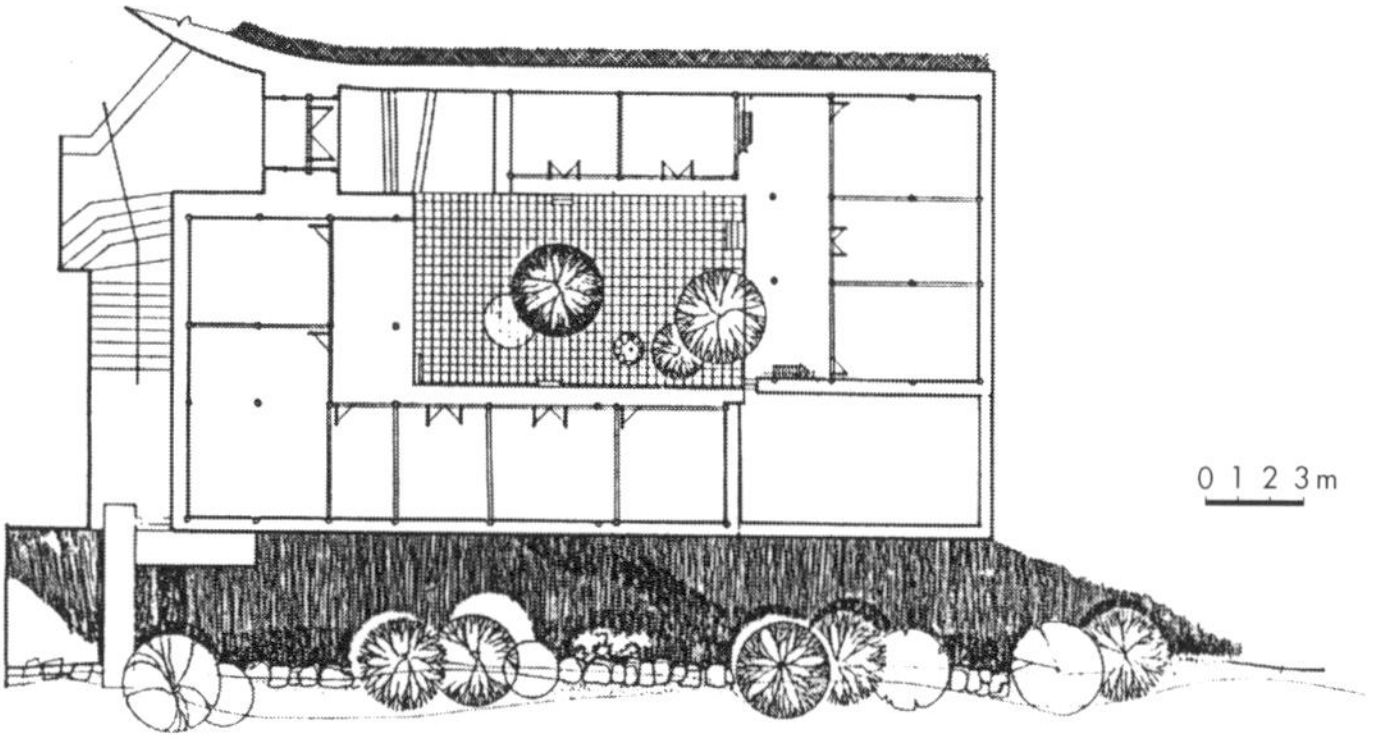

一階平面

図3　麗江ナシ族民家

ある。広場の中央部には露店が建ち並び、露店には銅の食器類や文物骨董、民芸品、書画などがぎっしりならんでいる。四方街が一番繁華な街の中心であり、これは昔からずっと変わっていない。四方街の西側には、鶏の群れに一羽の鶴とも言うべき科貢楼が平坦な広場の建物群の中に突出したように建っていて、広場を調和がとれてかつ変化に富んだ景観にしている。観光客は楼門の下に座って休憩しながら、河辺で洗濯をする住民をのんびりと眺める。視線は古風なナシ族の民家を越えて、曲がりくねった路地を通り抜け、玉龍雪山の雄姿をかいま見る。市が終わった後は、水門を下ろして広場西側の西河の水を堰き止めると、清らかな河の水は四方街に沿って中河に流入し、市場の路面をきれいに洗い流してくれる。これほどまでに巧妙な自然の活用ぶりは、まことに見事と言うほかはない。

その他の街路も地形に応じて自在に通っており、その幅は広いもので三～五メートル、狭いもので一、二メートル、街路に面した建物はすべて一、二階建である。路面はすべて五花大理石[18]で舗装されており、雨季でもぬかるまず、乾季でも埃がたたない。雨が降り晴れるごとに道路は雨水で洗われ、五花石がその本来の姿を現す。赤、黄、青、白、黒と、色とりどりに光り輝き、素朴かつ華やかなものである。

麗江古城は「高原の蘇州」とよく言われるが、両者は町並みや水路網の様子が似ているだけでなく、建物の配置や庭園の緑も同工異曲の感がある。漢族と白族[19]の民家の影響を受け、麗江古城のナシ族の民家にも四合院式の建物が多く、三方一照壁[20]や四合五天井[21]、前後院[22]、一進両院[23]などいくつかの形式がある。民家の多くは街路に面しているが、正房[24]や居室部分は敷地の奥へ向けて配置され、居室が静かになるようにしており、また中庭に繁る花や木が照壁[25]の花窓[26]から透けて見え、街路に幾分かの華やかさを添えている。民家の屋根形式の多くは懸山形式[27]で、軒の出が深く、溌剌として気持ちがよい。壁面は主従がはっきりしており、高低さまざまで変化に富んでいる。博風板[28]や晨魚[29]、腰檐[30]、化粧小屋組が妻面の形態を作りだし、とりわけ活き活きと見せている（図2・3）。

古城の北側にぴったりと寄り添っている川は黒龍潭であり、山麓の岩間から湧き出してきた水が集まってできたものである。その水は清冽で、澄みきった青玉のようであり、城北に連綿と連なる遠くの山々の倒影を映し出している。特に、かの雲をつき抜け唯一抜きん出た玉龍雪山は皓々たる雪冠を頂き、黒龍潭の輝きとコントラストをなして、まるで詩歌か水墨画の世界のようである。これらの園林は遠近の山水や生い茂った林によって作られるだけではない。そこには五鳳楼や鎖翠橋、竜神祠などの文物建築が景観に適合するように程よい間隔で飾られていて、自然の景色と文化史跡が溶け合い、中国の伝統的な園林の独特の境地を十分に現している。

新しい麗江の景観を創造する

麗江古城の面積は約一・五平方キロメートル、人口は約三万人である。四〇年余りの建設を経て、市街地は面積五平方キロメートル、人口約六万人にまで拡大した。幸いにも、古城から独立して発展したニュータウンは、その現代化の過程において古城の景観を損なうことはなく、しかも古城内の建設もすべて伝統の継承と発展の規則にのっとっていた。大研古城は依然としてその美しさを保っているのである。

しかしながら、大規模な開発と建設はまだ始まったばかりであり、麗江も未来に向かって前進することは避けられない。麗江古城はどのようにすればこの美しさと活力を維持できるのだろうか。名城の保護は多くの人々の関心を引き寄せている。

麗江の自然環境、民族文化、社会意識は、古城が存続するための前提条件である。したがって、麗江周辺の自然環境保護、特に玉龍雪山の森林伐採を制限し、水源を絶たないようにしなければならない。また古城に住む民族の構成を安定させ、住民の伝統的居住方式、冠婚葬祭や祭などの慣習を維持し、国がナシ古楽などの民間芸術を擁護し、東巴文化の研究を進めて民族文化を振興することも必要である。またそれと同時に、市民をこの保護活動に参加させ、一人ひとりが自覚して良好な社会を維持するようにしなければならない。

古城の有形文化財の特性を保護する際、古建築はそれを分類して、典型例となる建物は厳格に保護し、その他の建築も外観を保護して調和をはかる必要があろう。また古城の本来の水系機能、ネットワーク、空間構成も保護しなければならない。五花石の路面も含め、街路や広場や橋が本来持つ機能、それらのネットワークやスケールを保護することも大切である。

都市生活のための環境と設備の改善もまた必要である。そこで、古城にふさわしくない産業やオフィス用地を徐々に移転させ、景観にそぐわない建物を取り壊し、汚染や災害の元となるものを移転させる必要がある。また古城の景観に影響を与えないような方法で、現代的な上下水道や電力、通信などのシステムを完備し、住民の生活条件を改善しなければならない。そして古城内のサービス業用地を増やし、観光施設を整え、都市内での観光レクリエーション活動を促し、都市の活力を強めることもまた必要である。

古城の保護と発展には慎重かつ長期的な努力を要する。知恵に富むナシ族の民は美しい古城と絢爛たる文化を築き上げたが、その活力を末永く保ち、よりよい将来へ向かっていくこともまたきっとできるに違いない。

（趙志栄／小羽田誠治訳）

追記：一九九六年二月三日、麗江ナシ族自治県においてマグニチュード七・〇の地震が発生し、この一帯に重大な損失をもたらした。ユネスコの援助や世界銀行からの借款を受け、各方面の協力のおかげで、被害に遭った古城の民家と文化遺産に対する保護と修復の活動が順調に進められている。

11 張掖——シルクロードの拠点都市

張掖市は甘粛省の河西回廊[*1]の中部に位置し、張掖地域の行政府所在地である。張掖という地名は、「張国臂掖、以道西域」（腕を横に伸ばしたような地形の腋の部分にあたり、腕にあたる西域への道につながるという意味）という言葉から名づけられた。古くは甘州と称され、俗に「甘州は乾かず、水は天に連なる」、「祁連山頂の雪を見なければ、甘州は江南ではないかと錯覚する」といわれた。古くから中国と西方を結ぶ交通の玄関口にあたり、シルクロード沿いの重要都市の一つであった（図1）。張掖市の面積は四二四〇平方キロメートル、人口は四一・二五万人で、漢族のほかに回族[*2]、満州族[*3]、モンゴル族[*4]、ユーグ族[*5]などの少数民族も居住している。

張掖市内には文物や史跡が豊富にあり、一九八六年に国務院によって国家歴史文化名城に指定された。漢代（B.C.二〇二～）の黒水国遺跡（写真1）、西夏時代（一〇三八～一二二七）[*6]の大仏寺、唐代（六一八～九〇七）の五松園遺跡、隋代（五八一～六一八）の九層木塔（写真2）、明代（一三六八～一六四四）の鐘鼓楼、西来寺、甘泉公園、漢代の墳墓群などは、いずれも有名な史跡であり、貴重な文化遺産である（図2）。現在、国家クラスの文物保護単位[*7]が一カ所、省クラスの文物保護単位が九カ所、市クラスの文物保護単位が四六カ所、保護地点[*8]が四二カ所指定されている。西夏時代に建造され、今も完全に保存されている大仏寺は、九〇〇年に及ぶ歴史を持ち、中国全土の中でも規模が大きく、歴史があり、仏教教典や文物が豊富に残されている寺の一つである。市の中心に位置する鐘鼓楼は、またの名を鎮遠楼といい、構造が美しく、その造形は雄壮である。鎮遠楼は明代の正徳二年（一五〇七年）に建立され、その美しさは西安の鐘楼[*9]に匹敵するほどである。九層木塔は磚と木の混合構造の古い塔で、隋代の開皇二年（五八二年）に創建され、代々改修や補修が行われてきたが、今でも観光客が塔に上れば全城内を見渡すことができる。

張掖古城の景観特性

①独特な自然景観を持つ「塞上の江南」

張掖は中国西北部の内陸に位置し、山がちで気候は乾燥して雨が少なく、昼夜の温度差が大きい。しかし、張掖は南東から北西方向へ傾斜する独特の地形を持っているので、市内の河は「逆に流れて」[*10]おり、南側の祁連山から流れる雪解け水が雨量の少ない高原を潤している。周囲には黄砂で蔽われたゴビ砂漠が広がっているが、ここでは泉がこんこんと湧き、河道は織物のように縦横に走り、水は鏡のように清らかで、城内外の大きな池には葦が茂り、まるで江南の水郷にいるかのような感覚を起こさせる。張掖が「塞上の江南」（辺境の地の江南）と美しい名で称えられているのは、この独特な自然景観に由来するのである。張掖には水源が満ち足りており、土地も肥沃なので、ここでは青々と茂った木々が緑陰をなし、田園風景が美しく、「四方に葦原、三方に水面、全城に柳、半城に湖面」があり、江南の美しさを持つと同時に江南のような豊かさも備え、稲や小麦の栽培が盛んな、いわば河西の穀物倉庫である。

張掖城の周りの山脈、河川、ゴビ砂漠などの景観と、城内の葦が茂る池、河川などは、張掖城独特の景観を構成する自然の環境要素である。これらの自然環境と人文環境により、湖に山色が映え、風景が非常に美しく、独特の風格を備えた古城の景観が構成されていて、「一つの湖と山景色、城半分には塔の影。葦沢は一面に広がり、いたるところに古刹あり」といった都市の情趣が醸し出されている。

②古代辺境の軍事要衝

歴史上、張掖というこの都市がつくられたのは、ひとえに国境線防衛のためであり、軍事防衛こそがこの都市の主要な機能であった。張掖にはじめて郡が設けられたのは漢代の元鼎六年（B.C.一一一年）であるが、その後も歴代王朝の軍や行政の統治機関が置かれ、すでに二一〇〇年に及ぶ歴史を有する。そして中原と西域の諸民族の対立、交流、融和の舞台ともなってきた。それゆえ、張掖の都城には多くの軍事関係遺跡が残されているのである。例えば、わずかに一部分だけ残っている古城壁、都城の中心にある鎮遠楼、東、西、南、北の四本の大通りと正方形の城郭、そのほか総兵府、提督府などの軍事機関、さらに戦争に関連する多くの廟、祠堂など、これらの遺跡すべてが張掖の深い歴史を語りかけている。

張掖古城の城壁はすでに壊されてしまったが、正方形平面の城郭と十字型街路による空間構成は今日も残っている。市の中心には城全体を統帥するような威容を誇る鐘鼓楼――鎮遠楼がそびえ立ち、東、西、南、北の四本の大通りが都城全体を貫き、多くの路地や胡同が通い、これらによって張掖古城独特の歴史的、伝統的空間が構成されている（図3）。

③シルクロードに輝く真珠

張掖はシルクロードの中ほど、河西回廊の交通の要衝にあり、中原地区とヨーロッパ・アジア各国や少数民族地区との間に通商や交易が行われ、友好的な交流が行われた拠点でもある。また、漢族文化が西域に拡大する重要な拠点でもあった。都市では商業交易が発達し、文化や生活も豊富多彩で、「シルクロードの真珠」としての名に恥じない。城内の山西会館、民勤会館、武涼会館は、当時の頻繁な商業交易活動の史跡である。都城内

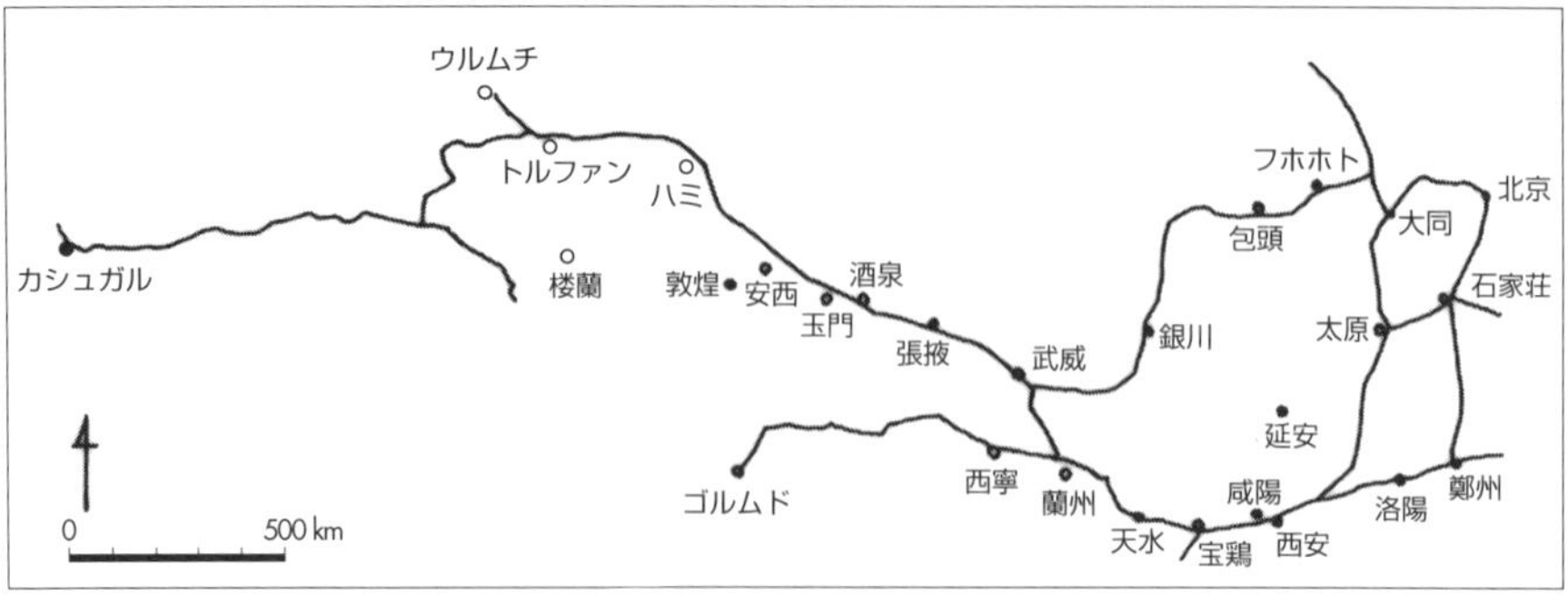

図1　シルクロードにおける歴史文化都市の分布

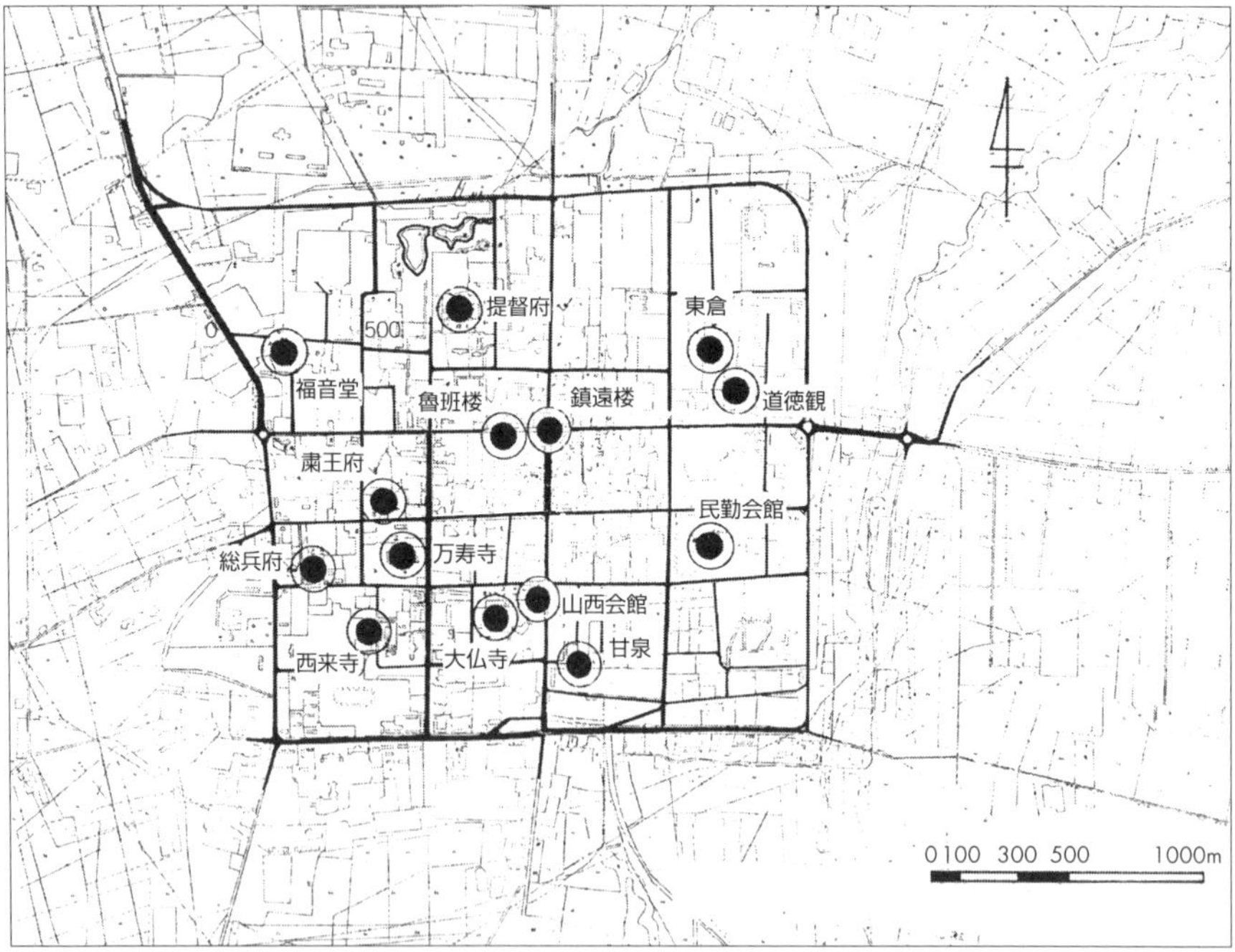

図2　張掖市内史跡分布図

写真1　黒水国遺跡　撮影：阮儀三

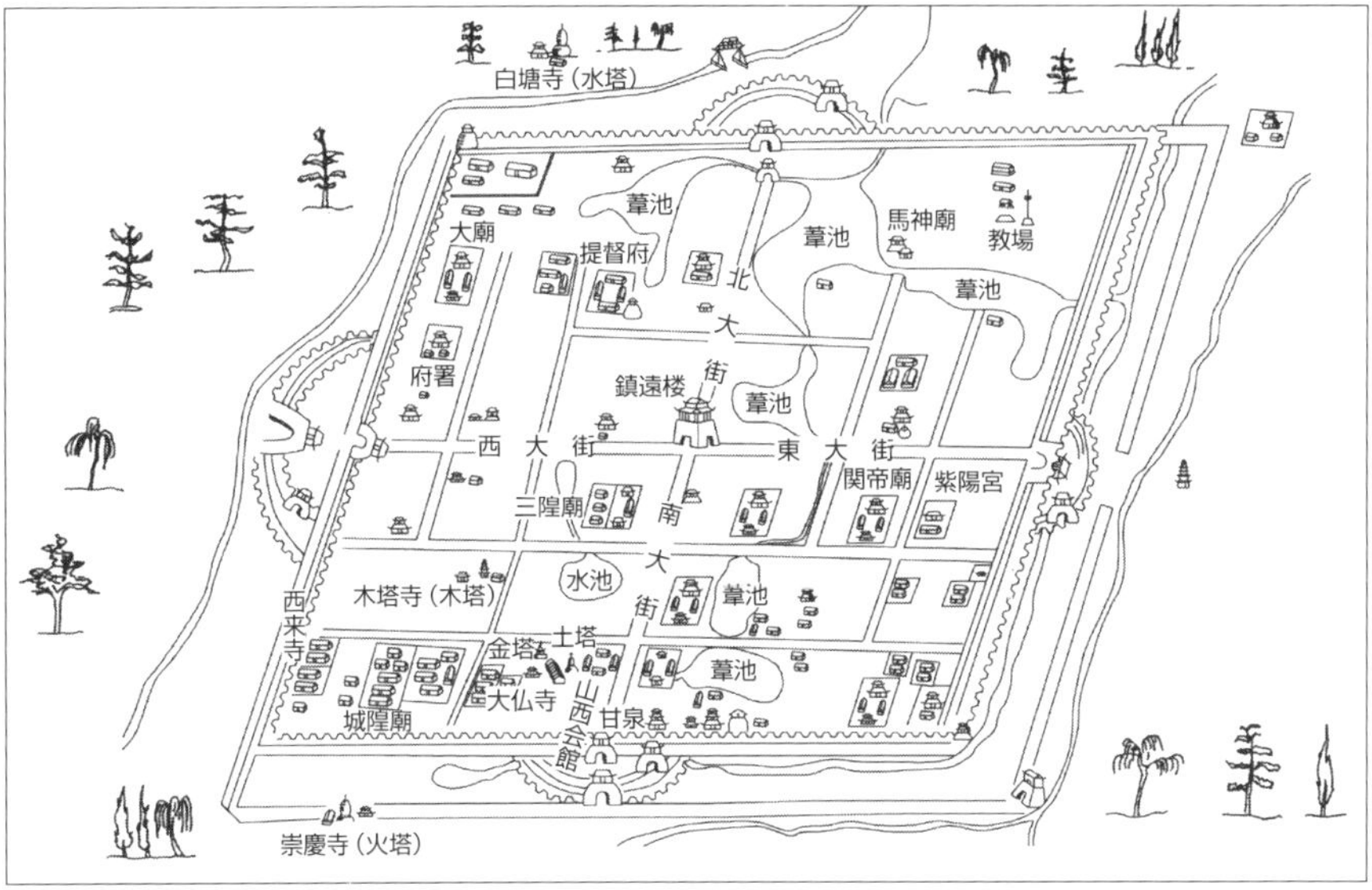

図3　張掖古城の街路名称と寺廟の分布図

内院パース

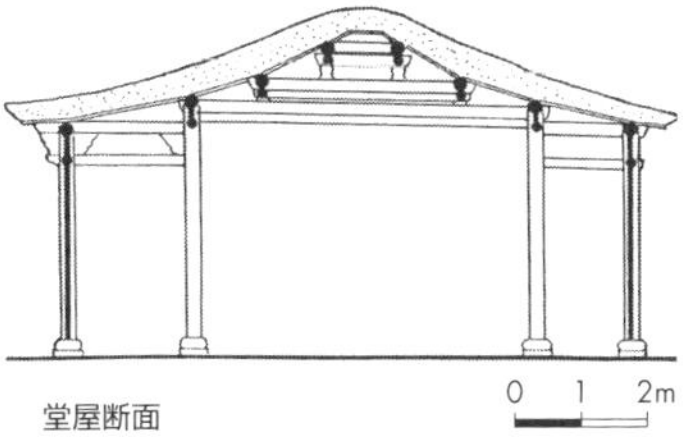

堂屋断面

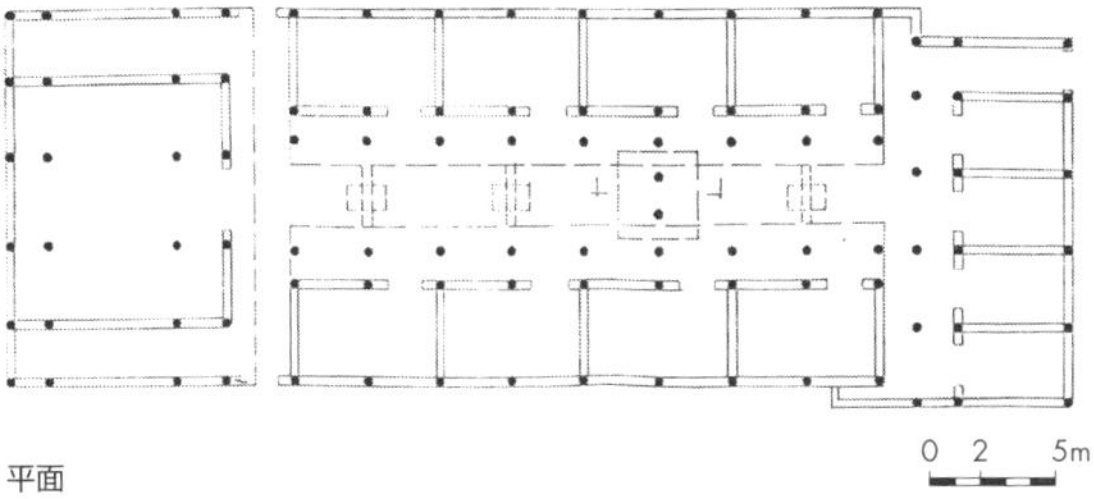

平面

図4　張掖の典型的な民家　東街交通巷12号

写真2　九層木塔　撮影：阮儀三

外にはもともと金塔、木塔、水塔、火塔、土塔の五つの塔があった。また、密教系仏教の西来寺、禅宗の大仏寺、万寿寺があり、道教の道徳観もあった。ほかにもさまざまな民間信仰の廟、祠、宮などの建築が見られた。このような宗教的繁栄は、かつてこの地の文化が発達していたことを示している。

歴史的建造物は都市の景観を構成すると同時に、日常のあらゆる市民活動の場ともなっている。張掖城内の寺廟や会館、民家、役所、穀物倉庫、鐘鼓楼などの建築は、それぞれの時代の建築芸術の特徴を表しており、それぞれの時代の政治、経済、文化の発展状況をうかがい知ることができる。さらに、これらの場所は今日なお住民が日常的に生活し、寝起きし、活動する場所であり、多くの民俗的な要素も含んでいる。張掖は土地が広く人の少ない中国西北部にあって、人口が集中している都市であり、城内には家屋が密集している。さまざまな用途の建築には、中国北西部独特の建築的特徴が見られる。とりわけ民家は、胡同[*11]と四合院[*12]により構成される、典型的な北方都市の配置であり、間口が狭く奥行きの深い民家の敷地は、腰門[*13]と屏風[*14]によって二つないし三つの部分に分けられており（二進ないし三進院）、全体は簡素であるものの、細部の装飾は非常に精緻で豊かである。張掖には地方色豊かな伝統工芸品や食品も多く、庶民の日常生活に根を下ろしている。これも張掖の都市が豊かで繁栄していることの証である。

張掖の民家は北方の四合院形式であり、中庭は比較的狭く、

母屋はほかの棟よりも広く高い。多くは平屋で、通常奥行き方向に二つの中庭を持ち（二進院）、その間は腰門によって仕切られていて、道に面して街門が設けられる。民家はふつう木造骨組で、壁に粘土煉瓦を充填し、その上を漆喰で仕上げている。屋根はたる木の上を葦で葺き、その上を泥で塗りかためたものである。街門と腰門と屋根は、多くは巻棚[*15]か硬山[*16]の両流れになっている。家屋に施される木彫装飾の模様は、漢族の家によく見られる暗八仙、万寿牡丹、吉祥如意、琴棋書画、および必定昇官を図案化したものである。保存状態のよい民家には、南大街五七号、東街交通巷一二号などがある（図4）。

名城保護の問題と対策

辺境の地の歴史文化名城である張掖は、いつの時代も光り輝く文化と雄大な都市景観を保ってきた。しかしこの一〇〇年の間、風雨や誰もがよく知る原因[*17]によって屈辱的な破壊を受け、回想するに堪えないありさまである。さらに、近年の都市整備や新しい建設には、歴史保護の理念や行政の指導が欠如していたため、ある方面においては歴史保護の好機を逃してしまっており、まことに残念である。例えば今日我々が都城の中心にある鐘楼城台に登ってみても、張掖城の風格を代表するような木塔や土塔は、もはや良好なヴィスタ[*18]が保たれていないため、その雄壮な塔影を楽しむことが難しい。現代的な高層ビルや煙突は、優美だった都市のスカイライン[*19]を破壊してしまった。ま

た、名泉を探しても、建物がその源をふさいでしまったために、ただ行き場のない澱んだ水たまりを見るだけである。優れた歴史的建築群は、大部分がどこかの機関の所有になってしまっていて、特色ある民家はいくつも残っていない。葦の生えた水辺の光景も城壁の傍らだけにしかその面影は残っていない。

過去の教訓を心に刻むこと、特に、計画管理を確実に行っていくことが、これからは必要となってくる。キーポイントは上下が共通した認識を持ち、歴史名城の価値を重視し、歴史遺産の保護に力を尽くし、開発や建設とのバランスをうまくとり、適度な開発と利用を進めることである。

張掖城の保護戦略は、独特な自然景観と豊富な物産など、張掖という都市自身が持つ特性を保護し開発することに重点を置き、「塞上の江南」という景観特性を際立たせることである。このために、都城全域の緑化を進めて緑被率[*20]を上げ、葦の生えた水辺を保護して水上の景色を開発し、特産品や名産品を大いに宣伝し、新しい地方色を持った伝統工芸品や名物料理、名産品、名酒、およびその他の特産品を発掘し開発しなければならない。

また、典型的な辺境の要衝という都市構造や環境を整備して現代に甦らせるためには、都城の防御施設の遺跡を保護し、条件があえば必要な修復を行う必要がある。総兵府、提督府を適切に保存し、また戦争に関係する関帝廟、夏忠武王廟、霍将軍祠、左公祠、趙壮侯廟、三公祠（張、孫、殷という歴代の三人の提督を祀る）、魯班廟などを徐々に整理修復しなくてはならない。また、木塔を中心として辺境の雄壮な古城景観を再現してゆく。

さらに、観光産業などの第三次産業を開発し、古代シルクロードの文化芸術の普及につとめる。山西会館、陝西会館、民勤会館などは商業が盛んであった時代の遺構である。西来寺、仏教の大仏寺、道教の道徳観などは文化交流の証である。典型的な四合院、華麗な街門、秀逸な木造彫刻や磚彫刻の装飾はいずれも豊かな伝統芸術であるから、必ず保護し整備していかなくてはならない。大仏寺を中心としたシルクロード文化街をつくり、現在の小さな商店が集まった市場や飲食店街などと結合させ、郷土の民俗行事や雰囲気を盛り上げ、馥郁とした地方風情や豊かな文化芸術を持たせるようにする。

都市は発展しなくてはならないし、生活も改善しなくてはならない。しかし歴史文化も捨て去ることはできない。都市建設においては、新しい市街区を開拓するよう努力してこそ、旧城を保護することができ、また城内の過密も解消できるのである。旧城も再開発しなくてはならないが、ただ単にほかの都市の建築様式をまねるのではなく、我々の先祖が残してくれた優れた伝統文化を継承し、伝統的歴史的特色のある、現代化された塞上の名城、張掖を創造しなくてはならない。

（阮儀三・張松／相原佳之訳）

12 興城
——明代遼西の軍事都市

興城は遼寧省の葫蘆島市の西南部、遼東湾の西岸に位置する。その地形は北西が高く南東が低く、海抜三〇〇メートルの北西部から海抜二〇メートル以下の南東部にかけて傾斜を持ち、南東の海に面した平原となっている。中部の丘陵地と北西の低山地区は、「六山、一水、三分の田」（六割が山地、一割が河川、三割が田畑）と称されるような地理的環境である。興城市は山を背にして海に面しており、風景が美しく、産物が豊かで、気候が穏やかなため、中国北方の観光・保養地となっており、「第二の北戴河[1]」とも呼ばれている。興城は「古城、温泉、緑の山、青い海、菊花島」で世に名高く、全国で唯一、「城、泉、山、海、島」という五大風景が一つの地に集まった観光地である。穏やかで美しい自然景観に豊かな人文景観がよく映えて、独特な都市景観をつくっている（図1）。

　興城の古城は明代の宣徳三年（一四二八年）に初めて建造され、城郭の平面は正方形で、磚と巨石を用いて築かれており、全国に残る唯一の正方形城郭である。古城の内には、祖先が表彰されたことを示す石坊や、文廟、城隍廟などの古建築、伝統的な民家も残っている。興城の城壁は、国務院によって一九八八年に国家重点文物保護単位[2]に指定され、一九九〇年二月には、興城が遼寧省の省級歴史文化名城に指定された。

古城の空間特性

興城古城の城壁は、周囲の長さが三二七四メートル、高さが八・八八メートル、壁体基部の幅が六・五メートル、上部の幅が五メートルあり、城壁頂上の外側には垛口[3]が設けてある。城壁の外壁は磚で築かれ、内側は石を積み上げており、中心部は土を突き固めてつくられている。城壁の四辺の中央部にはそれぞれ城門が一つずつあり、東は春和門、南は延輝門、西は永寧門、北は威遠門と名づけられている。城門の上には必ず城楼[4]があり、各門の内側に城壁に沿って城壁上に上がる道が取り付けられていて、上り下りができる。これら四つの城楼は二層歇山重櫓[5]で、廊を回した箭楼[6]である。東門、南門、西門の外側は半円形の甕城[7]になっている（写真1・2）。

　古城の配置計画は、中国古代の都市計画モデルに沿って進められた。南面して建てられる宮殿から見て、前に朝廷が、後ろに市があり、左に祖廟、右に社稷壇[8]が配され、皇帝が設置を黙認していた石坊は南街に建てられ、文廟[9]は左側に、総兵府[10]は右側に、城隍廟[11]は後ろ側に設けられ、街路と路地の別が明確で配置は厳格であった。現存する興城古城は以前の内城[*12]であり、歴代の補修を経て、基本的に昔の趣を保っている。すなわち、城壁は完全に残されていて、城壁の四辺には城門や城楼、甕城も完全に残っており、鼓楼[*13]や街路の配置も以前の配置を保っている。正方形の城郭、十字型の大通り、中心に位置する鼓楼など、すべてが対称的に配置され、興城固有の景観が形成されている。東西南北の大通りは城内の重要なヴィスタ[*14]であり、それぞれの大通りの両端は、城楼と鼓楼で視線が止まり、鼓楼が古城全体の最も重要な景観の焦点（アイ・ストップ）[*15]となっている。その中でも南大街の景観が最も特色を持っている。南大街沿いにはたくさんの祖氏石坊が保存されていて、連続したフレーム状の石坊が街道沿いの空間を多彩で変化に富んだ重層的な景観にしており、額縁的な景観の効果が引き出され、鼓楼と城楼の魅力をあふれんばかりに表現している。

現在、計画担当機関によって効果的な管理と規制が行われているので、城内にあるのは基本的に平屋か二階建の建物であり、三階建以上の建物はごく少数しかない。これによって、古城は全域が明確な「高」（城楼・城壁）、「低」（民家、官邸）、「高」（鼓楼）という三段階のスカイラインを見せているのである。城内の大部分の街路は幅が三〜五メートルであり、街路沿いには民家や公共建築が建ち並び、大部分の建物が三メートル前後の高さで、人に優しい街路空間と環境を作りだしており、周囲の建物も比較的整っていて、建築形式も統一されている。路地や胡同、民

家により構成された空間は、ヒューマンスケールで時代を超えて受け継がれる魅力を保っている。

民家の地方性

興城の民家は遼寧省西部の民家の流れを汲み、建築形式やインテリアに満州族[*16]の生活習慣が現れている。典型的な四合院の正房[*17]は柱間五間[*18]で、前面にテラスが取り付き、後ろに下屋を出している。正房の両側には左右それぞれ柱間一間の耳房[*19]が取り付いており、俗に「五大四小」と称されている。民家の外観は装飾が少なく、南方の民家が精美な彫刻が施されているのとは違い、北方の豪放で質素な特徴を示している。現在残されている代表的な建物は、文物保護単位に指定されている郜家住宅と周家住宅、それから郭家大院、毛寿伯住宅、古城事務所などがある（図2・3）。そのほか、比較的完全な形で残されている四合院はほとんどが古城の北西部に分布している。

民家の平面配置は普通四つの部分から構成される。すなわち入口部分である大門、外院、内院、後院である。大門はその開口部も含め、北京の四合院や南方民家の入口よりもかなり大きい。これは大門の使われ方によるもので、馬車が出入りしたり、夜間はその車庫にもなるからである。大門開口部の両側にある部屋は門房と呼ばれ、雑役たちの住居や厨房として使われる。富裕な家の門前には、石の獅子、抱鼓石[*20]、上馬石[*21]、影壁[*22]などがある。小さな家には影壁がないが、必ず大門に面する壁に

図1　興城現状図

写真2　南大門にある石造牌坊

写真1　城壁および南城門楼　撮影：阮儀三

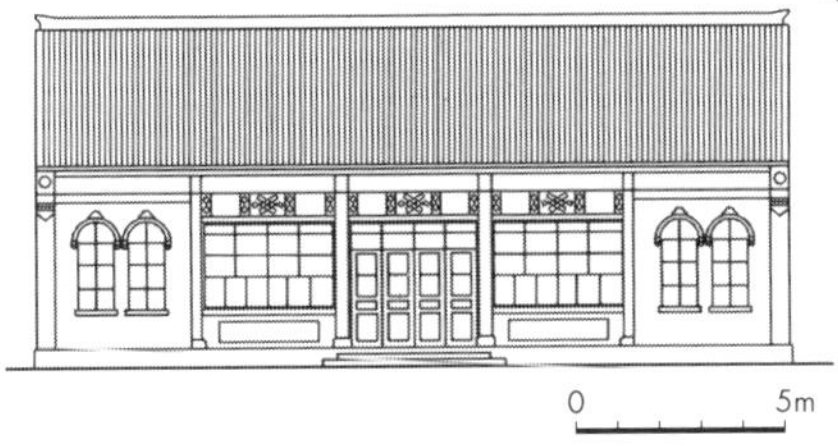

図3　遼寧興城内部家住宅の正房立面図

図2　遼寧興城内部家住宅鳥瞰図

図4　興城市古城区保護詳細計画　現状評価

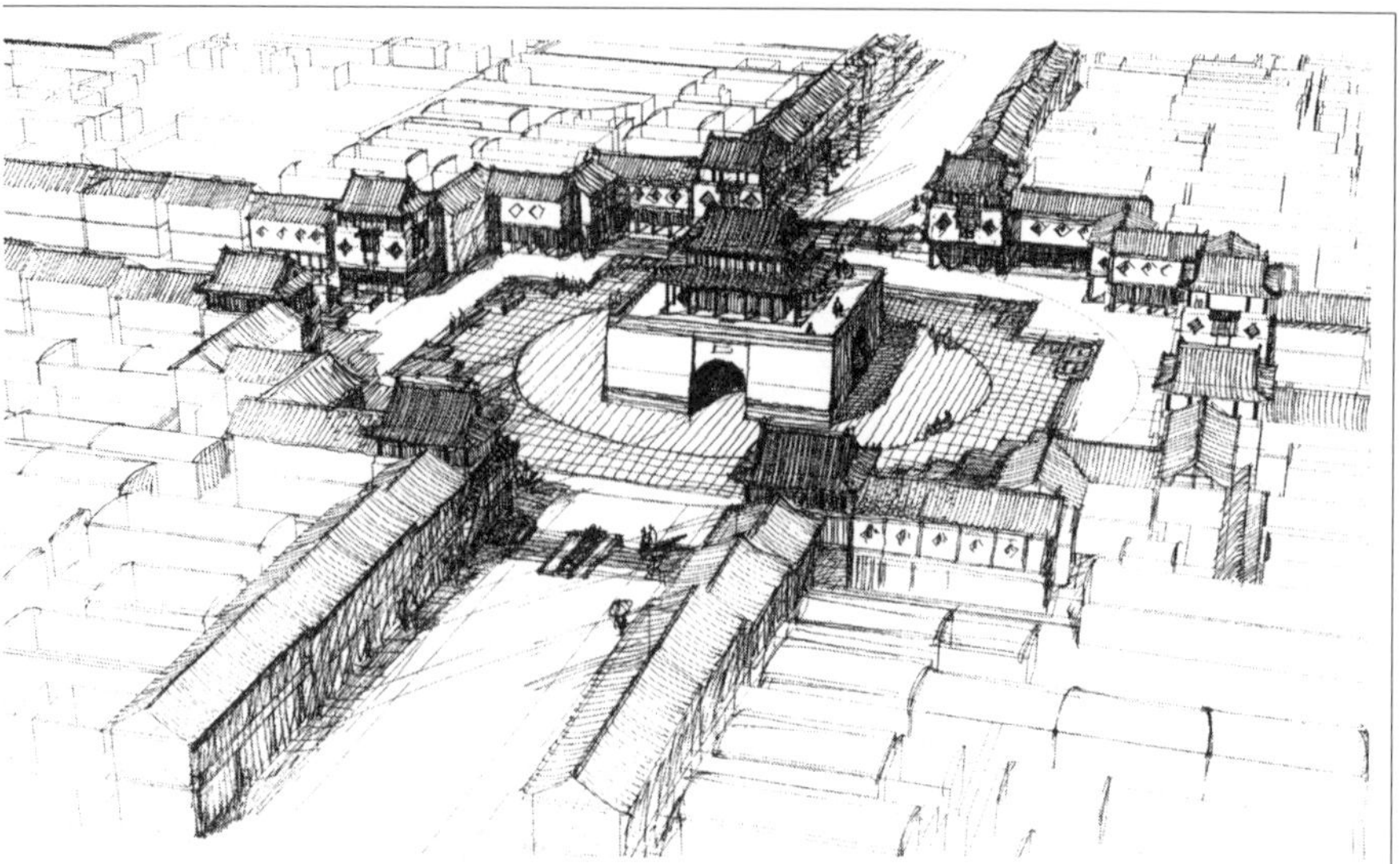

図5　興城鼓楼広場計画

は「泰山石敢當」と刻んだ石板をはめ込んで邪気を避けている。外院は主として馬車を停留したり、家畜を飼ったり、作物や飼料や薪を積み上げておいたり、花や樹木を育てるところである。内院は居住に使われ、正房、廂房[23]、院門からなる。正房にはさらに両側に「耳房」が取り付くものもある。正房は一般的に柱間五間、大きいものでは七間ないし九間、小さいものは三間で、家長の住まいにあてる。廂房は一般的には柱間三間であるが、五間のものも見られ、東西対称に向かい合って配置されている。廂房に住むのは家長の親族であるが、借家人に貸し出すこともある。耳房は正房の両側にあり、一般には蔵として使われる。中庭には十字形に道がつけられ、花や樹木が植えられる。後院には厠や豚用の囲いと菜園がある。

興城の民家の室内は、中央にある堂屋[24]が厨房として用いられ、両側が居室になっている。堂屋にある煮炊き用のかまどは居室の炕[25]に通じており、居室は炕の輻射熱によって暖をとっている。これこそまさに調理の余熱を暖房に利用するエコロジー住宅といえる。堂屋内部にはかまどのほかに水瓶、食器棚、調理用机、そしてかまどの神をまつるところがあり、後門で後院に通じている。居室には一般に、南側に長く炕が通じており、それとは別に部屋の北側にも炕があり、妻壁の上から煙突が出ている。食事や生活はだいたい炕の上で行われる。この土地の民家は木造骨組みで、木の柱で荷重を受けるため、南側は全面に窓があいており、窓格子の桟に積もった雪が溶けて障子紙が破れるのを防ぐため、障子紙はかならず窓の外側に貼っている。寒さを防ぐため、北側の壁が厚くなっているのみならず、窓は一つも設けていない。

民家の構造は木造の架構で前後の壁は柱とともに荷重を支え、妻壁には柱が埋め込まれこれも荷重を支えている。柱と梁はほぞ接ぎによって接合され、梁の上は桁がかけられ、桁の接合部はしっかりと噛み合っている。海城地震や唐山地震[*26]の後に行われた実地調査によると、このような木造架構を持つ住宅は相当の耐震性能があり、外壁が倒れても骨組みは残っていた。興城は海城と唐山の間に位置し、一度の大地震に見舞われたが、この木造骨組を持った民家は、基本的に倒壊の被害を被らなかった。遼寧省西部の気候は乾燥しており、このような構造は木材の腐食を防ぐという利点もある。壁には磚と石塊が充填されており、基礎は砂利と漆喰で築かれている。遼東西部は風砂が激しいので、民家の屋根は弓なりの蒲鉾屋根で、それによって水平荷重を減少させている。

主な問題と今後の課題

興城古城内の戸数は六二〇一戸、人口は一万五二二五人である。一戸当たりの人数は二・四五人、人口密度は二二〇人／ヘクタールである。古城の面積は七一・八〇ヘクタール、一人当たりの土地面積は四七・一五平方メートルである。そのうち住居地が四八・一〇ヘクタールで七〇パーセントを占めており、古城

の用途が主に居住であるという特徴を表している。

城内の工業施設の配置は乱雑で、煙突が林立し、古建築群の景観も著しく破壊されている。古建築の敷地が占拠されているものもあり、文物や史跡も破壊されている。重要な史跡や牌坊などの周囲には建物が密集し、緑地が少なくなっている。公共施設やインフラの配備も完全ではなく、防災性も劣る。近年、都市の人口が増えたため住宅が不足し、住宅の前後の空地に続々と家屋が建てられ、城壁内外の環状道路も多くの場所で勝手に占拠されている（図4）。

住民の生活の質という観点から見ると、城内の大部分の住宅において衛生や通風などの条件が劣っており、現代的な生活にまったく適合していない。中国は今まさに計画経済から市場経済へ移行している時期であり、産業構造の調整が全国で展開されている。興城も当然にその影響を受け、城内の住民の大部分が失業してしまった。失業によってもともとよくない生活条件がさらに劣悪になっているが、このような影響は比較的長期間にわたって存在し続けるであろう。現在、住民が主に使用する燃料は石炭であり、ほとんどの家では冬に石炭を燃やして暖をとるが、これも城内および周囲の生活環境への影響が非常に大きい。空気の透明度は下がり、都市景観にもさまざまな影響を与えている。古城は冬の間ずっと灰色一色である。

今後の興城の発展には、古城保護と環境整備と観光開発とのバランスを適正にしながら、古城区内のそれぞれの開発・建設

プロジェクトを総合的に計画することが必要である（図5）。各クラスの文物保護を強化し、保護範囲や建築規制地帯を画定し、厳格に古城の建物高さを規制し、古城の空間構造や景観を維持しなくてはならない。伝統文化を継承・発揚し、多彩な民間の民俗的活動を展開させる。保護とは決して古城をある歴史の一時点の状態のまま凍結させることではなく、歴史的環境における生き生きとした現代生活を展開させることである。古城の歴史文化を保護するという前提のもとで、いかにして古城の潜在的な長所を発揮させ、古城の特色を際立たせ、現存する歴史遺産や人文資源を十分に活用して、観光産業を開発し、経済を発展させ、市民生活の質を向上させるかが、今日の課題である。「全面的に古城の景観を保護し、総合的に観光事業を開発し、徹底的に居住環境を改善する」という長期目標を実現すること、これが歴史文化名城である興城の保護と開発に与えられた永久の課題なのである。

（張松／相原佳之訳）

3章

古都・西安

——歴史都市の再生をめざして

1──西安はいま

1 唐の都から現代まで

唐の長安と「関中」

西安は、その昔長安と呼ばれ、唐（六一八〜九〇七）の時代には人口百万を抱える世界第一の国際都市であった。東西文化を結ぶシルクロードの出発点として、唐の都として繁栄を極めた。玄宗皇帝の寵遇を受けた阿倍仲麻呂は、海難に帰国をはばまれて五〇余年の在唐生活を送っている。京都がこの長安を手本に平安京を造営したことは、あまりにも有名である。平安初期には空海もここで学ぶなど、わが国とも深い縁によってつながれている。

現在の西安市は、陝西省の省都として人口五五〇万余を擁する大都市である。また、中国西北地方の経済、文化の中核都市として活動を続け、国際的にも著名な観光都市として知られている。この西安市は七区と六県からなり、その面積は約一万平方キロメートルにも及ぶ。ちょうど京都府、奈良県、大阪府を合わせた面積に匹敵する。そして、この中に東京都の区部に当たる市区（七区）があり、その広さは約八六〇平方キロメートルもある。市区には農地もあり、二三〇万余の人々が住んでいる。この市区の東から南、西にかけて六つの県があり（図1）、それぞれの県に、行政・経済の中心都市・県城が置かれている。

この西安市域の東から北、西にかけて広大な平野が広っている。これらの地域は、その昔「関中」と呼ばれていた。この平野の東には函谷関、西に大散関、北に粛関、南に武関が置かれ、四つの関の中にあるので「関中」とも「四塞の国」とも呼ばれた。この関中に、西周、秦、前漢、隋、唐などの一一の王朝が、実に一一〇〇年間にわたって都を置いた。ちょうど日本の飛鳥・奈良・平安にかけて、大和・山城・河内・和泉・摂津（奈良・京都・大阪）に都が置かれ、これらの地域が「畿内」と呼ばれたことに似ている。

「関中」の自然構造と歴史的遺産

一九八八年に始まる第一次の日中共同研究の準備段階から、

この関中地域の景観の構造をつかむため、西安城市規劃管理局（都市計画局）の案内で計画的な踏査を開始した。関中の広大な自然と遺跡のスケールの大きさには圧倒された。

まず、関中の自然とその構造を大づかみに鳥瞰してみよう。地域の中央には、渭水（渭河）が、満々と水をたたえて流れている。その濁った流れは黄河へと続く。南には、はるか遠く壮麗な秦嶺山脈がそびえ、この平野を区切っている。城市規劃管理局の韓驥副局長の案内で麦畑が延々とつづく長安県を車で突っ切り、この麓の谷川で涼をとったことが印象に残っている。

この峻険な山脈を越えると中国南部の気候に変わる。西安は北京などから比べると、大分南になる。南北の境にある西安市では、ホテルを除き、当時はまだ冬の暖房が許されていなかった。市の会議室や宴会で下半身が冷えきったことを覚えている。

北と西には、山地が累々と続く。これらの山と大河、この間に広がる平野・高原、この三つが自然景観の主要な構造になっている（図2）。

これらの自然構造の上に歴代王朝の興亡の歴史が深く刻み込まれている。市区の西南方には西周（B.C.一〇二七〜B.C.七七一）の鎬京と豊京の遺跡があり、市区の西方に接して秦（B.C.二二一〜B.C.二〇六）の始皇帝が築いた壮大な阿房宮

の遺跡がある。また、市区の北方渭水のほとりには秦の咸陽の都城跡があり、いくつかの宮殿跡が発見されている。市区市街地につながる西北の高原上には、秦を倒した前漢（B.C.二〇二〜A.D.八）の都城の跡がある。濠跡に囲まれ、広漠とした畑の中に断続する土壁群が累々とつづく（図2）。

現在の市区の市街地に重なる位置には、隋（五八九〜六一八）が新都・大興城を築き、唐がこれを引きついで都城を完成させた。この唐の長安城は玄宗皇帝の時代には人口一

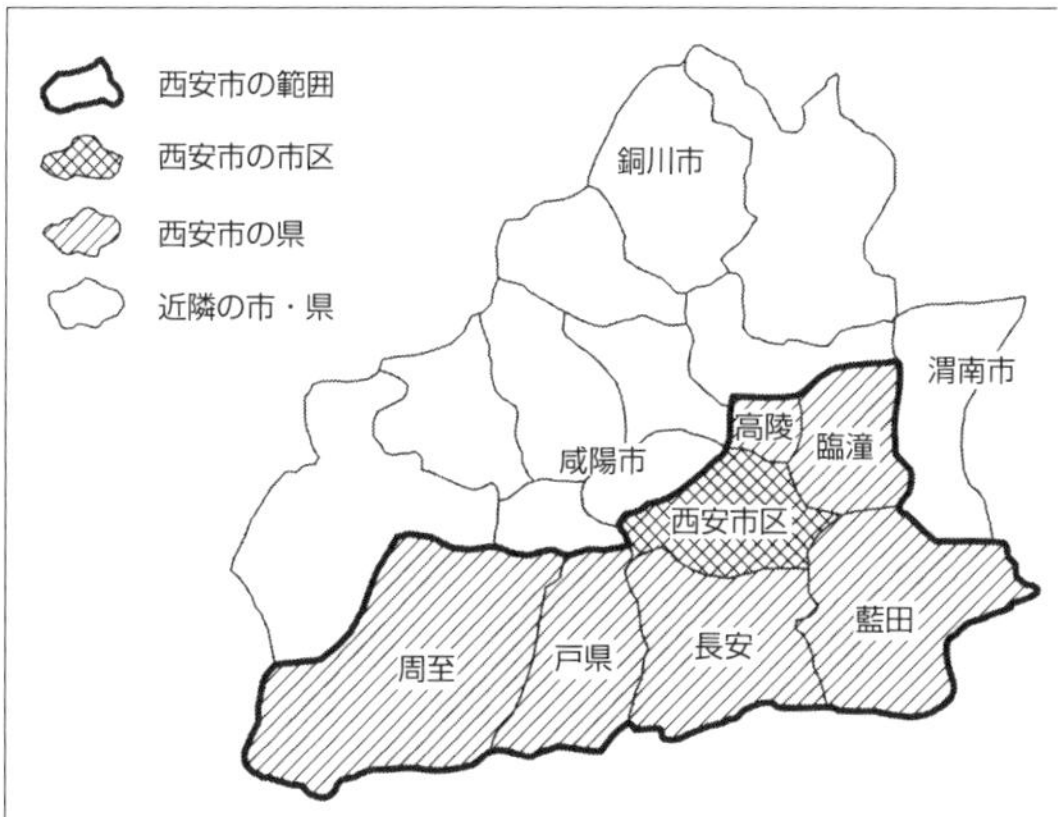

図1　西安市行政区および近隣の市と県

○○万を数え、東西交易のセンターとして栄えた。東西は九七二一メートル、南北が八六五一メートルで、格子状の街路によって区切られていた。中央北に宮城を、その南に官庁街の皇城を設け、皇城中央南の朱雀門から明徳門までの中心軸に朱雀大路（幅一五〇メートル）を配し、左右対称の街路配置にした。唐の長安城は、それまでの都城の成果を集大成し、その規模の雄大さ、機能配置などの面で、中国封建時代前期を代表する都城を完成させたと言われている（図3）。

唐の長安城はその廃都に伴い大きく壊されたこと、また現在の市街地と重なっていることから、その遺跡の保存状態は良くない。この都城の外郭城として建設され、唐の政治の中心となった大明宮も破壊されたが、その遺跡は比較的良好な形で埋蔵されている。

こうした都城址以外に秦の始皇帝陵や兵馬俑、乾陵、昭陵、茂陵、玄宗皇帝の華清池など、多くの陵墓や遺跡が市区周辺の広大な関中地域に分布している。特に渭水の北部一帯と市区の東に広がる高原に集積している（図2・4）。

現代の「関中」――都市機能の分布と景観

それでは、これまでの踏査や資料から現代の関中地域の都市機能の配置を見てみよう。市区の市街地には陝西省や西

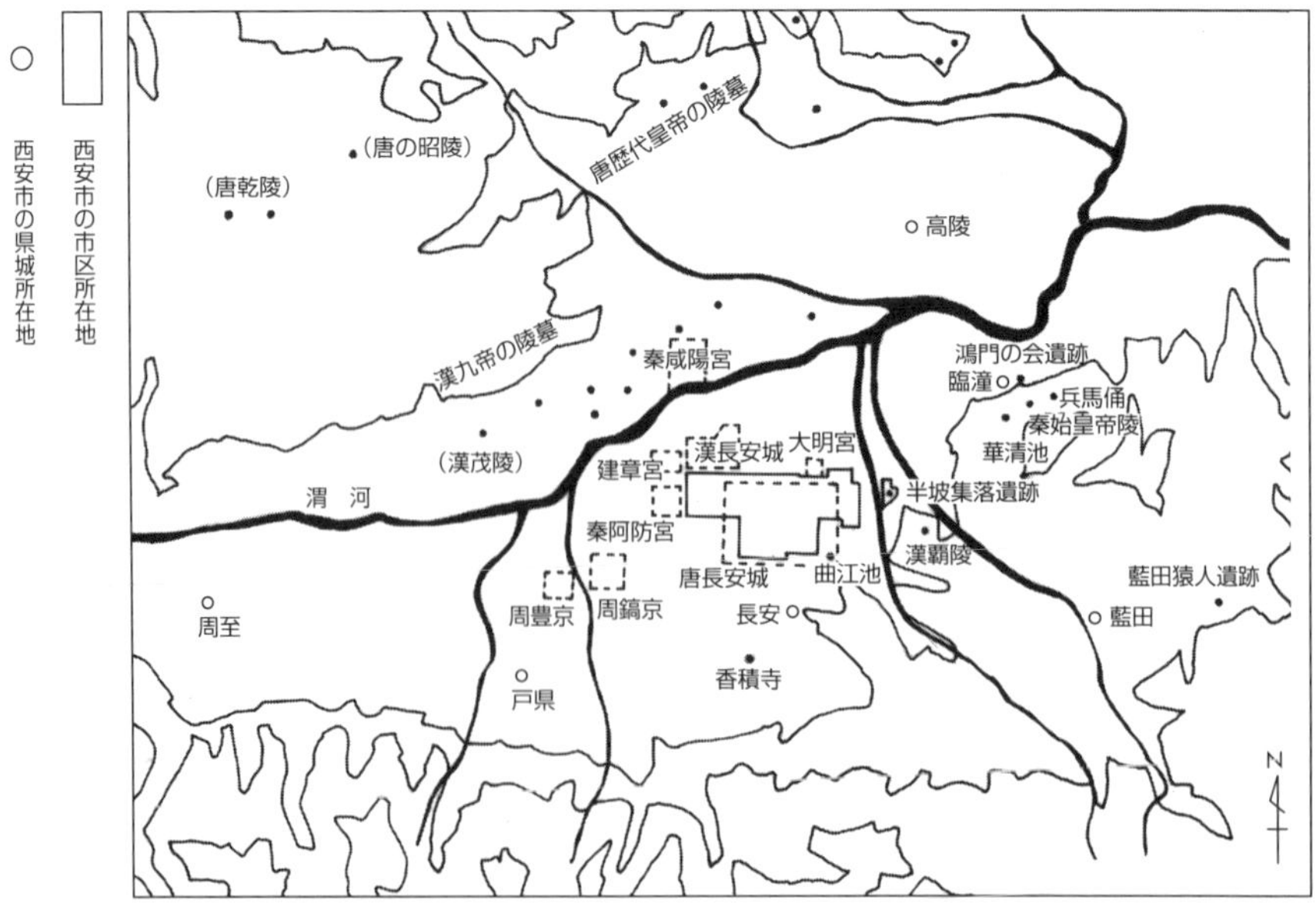

図2　関中の自然と遺跡

安市の庁舎をはじめとする行政機能、各種公司の本社ビルなどの業務機能、デパートや商店街などの商業機能、電機や紡績関係の工業、大学や研究施設、文化施設やホテル、医療厚生などのもろもろの機能が集中している。

その西北二〇キロメートルには、紡績工業都市・咸陽市の市街地がある。また、広大な農地を介して東方五〇キロメートルには工業都市として脱皮しつつある渭南市の市街地が、北方七〇キロメートルには炭鉱の町・銅川市の市街地がある。この渭南市の集合住宅団地の計画について、西安市の建築設計研究院が計画を受託したことから、われわ

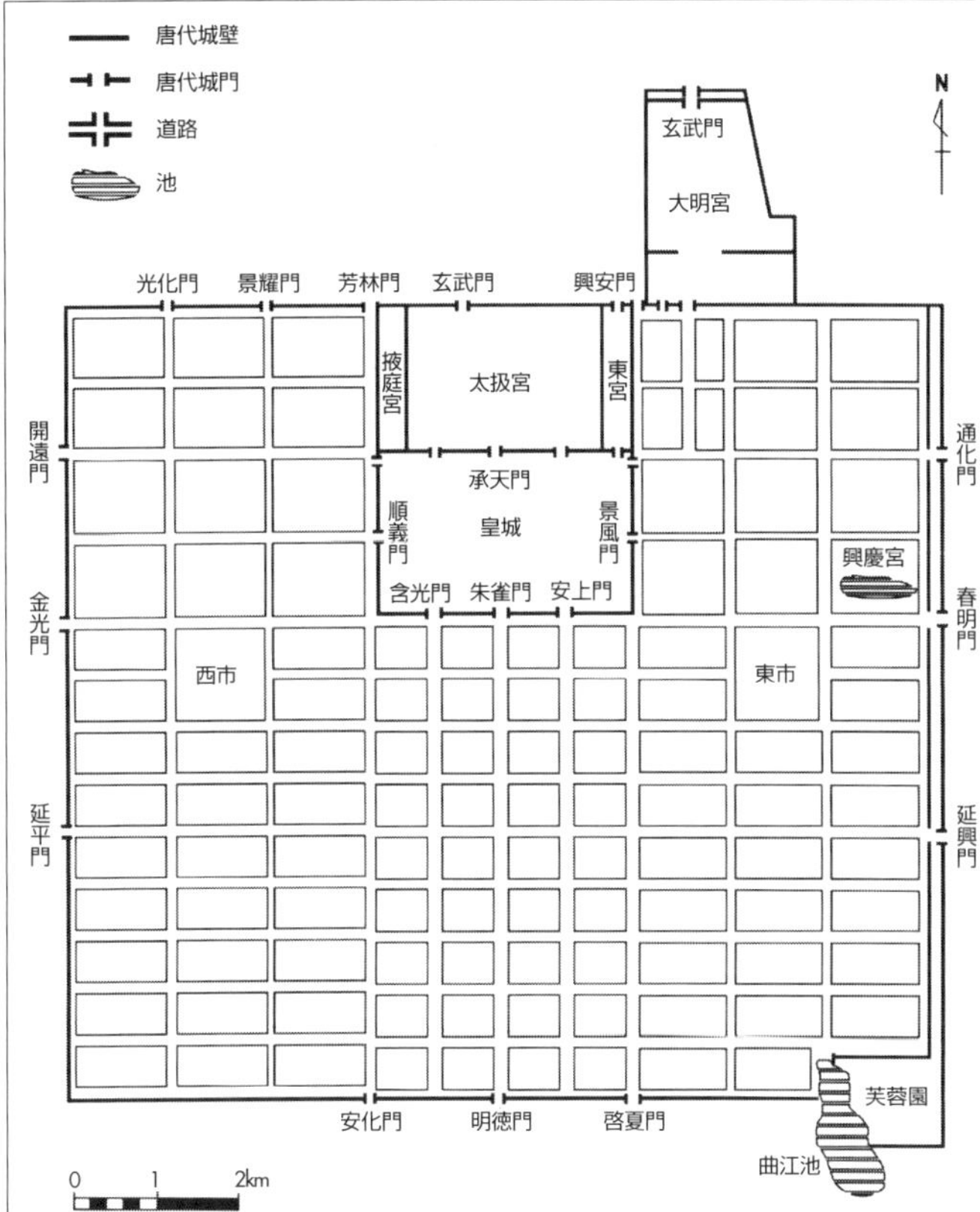

図３　唐の長安城略図

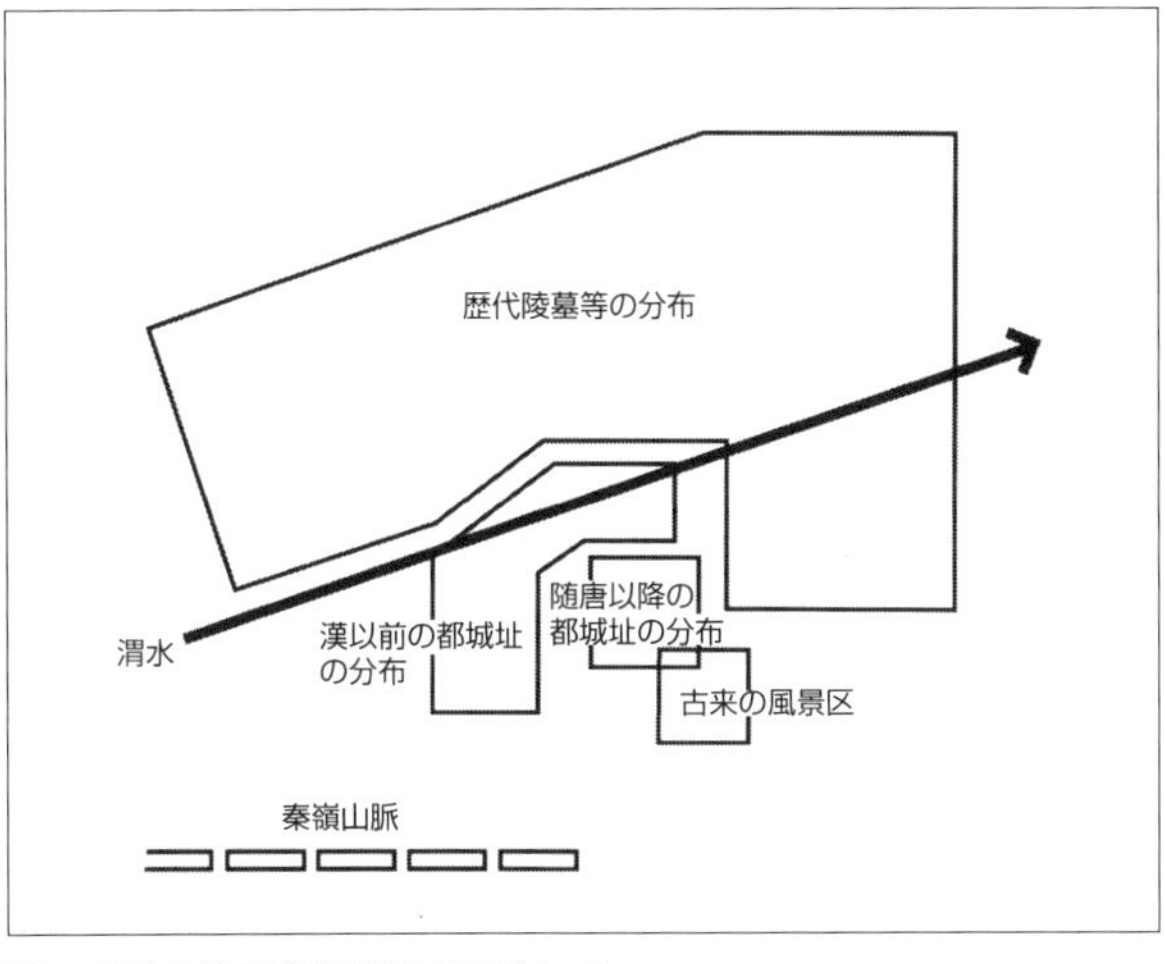

図４　関中地域の都城址等の分布パターン

れ京都グループの意見を聞かれ、現地を踏査したことがある。小さな町のあちこちに工業団地が建設され、素朴な町の景観が大きく変わりつつある状況を目の当たりにした。

これらの諸都市は互いに鉄道によって結ばれている。さらに、その周囲には西安市の六県や近接諸県の中心都市・県城が点在している。関中地域の幹線道路は、ほぼ西安市市区の市街地を中心にして放射状に走り、各都市を結んでいる。

図5は、現代の関中地域の都市機能の分布と景観の構造を表したものである。この地域では、鉄道と幹線道路が主要な通路として働き、人々はこれを通して各地の景観をとらえ、その印象をつなぎ合わせている。西安市市区や諸県城が結節点として働き、南北と西の山地がこの地域の景観を区切っている。この中で、面的に大きく広がる西安市市区の建築群が大きな存在になっている。

長安新城から解放まで

唐の都としての長安は繁栄を極めたが、廃都によって衰微していく。帝都としての地位を失った長安は、外郭城と宮城を放棄し、政府諸機関が集まっていた皇城を修復して新城と名づけた（図6）。長安城は、八四平方キロメートルという広大な規模から一挙に五・二平方キロメートルの城市（都市）に縮小されてしまう。

唐に続く五代十国、北宋、南宋の時代にも、この城市を引きついでいた。北宋の時代には再び経済的に発展し、西北地方の重要な中心都市としての地位を獲得する。

明（一三六八～一六四四）の時代に初めて西安府城と名づけられ、城市の大拡張が行われた。唐末期の新城（旧皇城）の西と南の城壁を残し、それぞれ五割程度延長して城壁を築き、城内の面積を二倍余りに増やした（図6）。また、その後鐘楼と鼓楼も中心に移し、鐘楼を中心とする四つの大通りが直交して走り、その正面にそれぞれ城楼（城門の上にそびえる楼閣）を配するという明確な視覚構造も、この時期に確立された。

明に続く清（一六一六～一九一二）の時代には、城の中に城を築くという特異な施設配置が出現し、これが後代の都市建設や景観に大きな影響を及ぼしてきた。これは城内の東北部に満城を築き、この中に満州族の軍隊を駐屯させ、その家族を住まわせたことによる（図6・7）。

一九一一年の辛亥革命によって、この満城は陥落、完全に焼失し、廃墟となる。国民党政府は満城の城壁を取り除き西安府城内を一体化し、廃城跡の道路整備を進めて近代化を図った。これにより満城跡は街路が格子状に通り、道路幅も比較的広く、大きな敷地の確保も容易であったことから、解放後各種の公共施設が建設され、新しい景観が出現している。

　一九四九年、国民党政府は倒れて共産党政府が樹立され、西安は解放される。解放前の西安市は典型的な消費都市で、その市街地も城壁外に多少広がる程度で、人口も四〇万人余りであった（図6）。その後の約五〇年にわたる建設を経て、西安市は中国西北地方の経済・文化の中核都市として

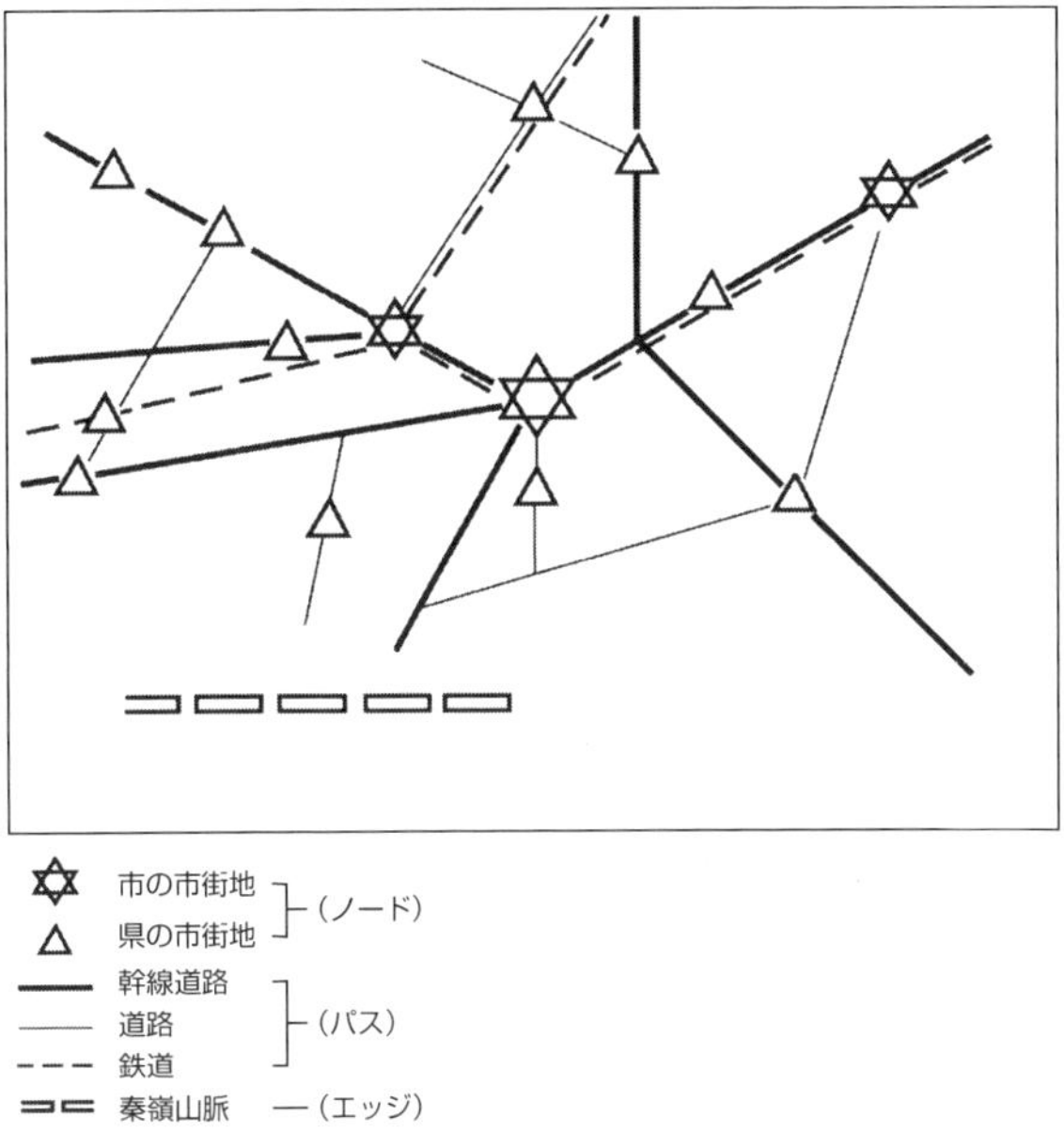

図5　西安地域の都市機能の分布と景観

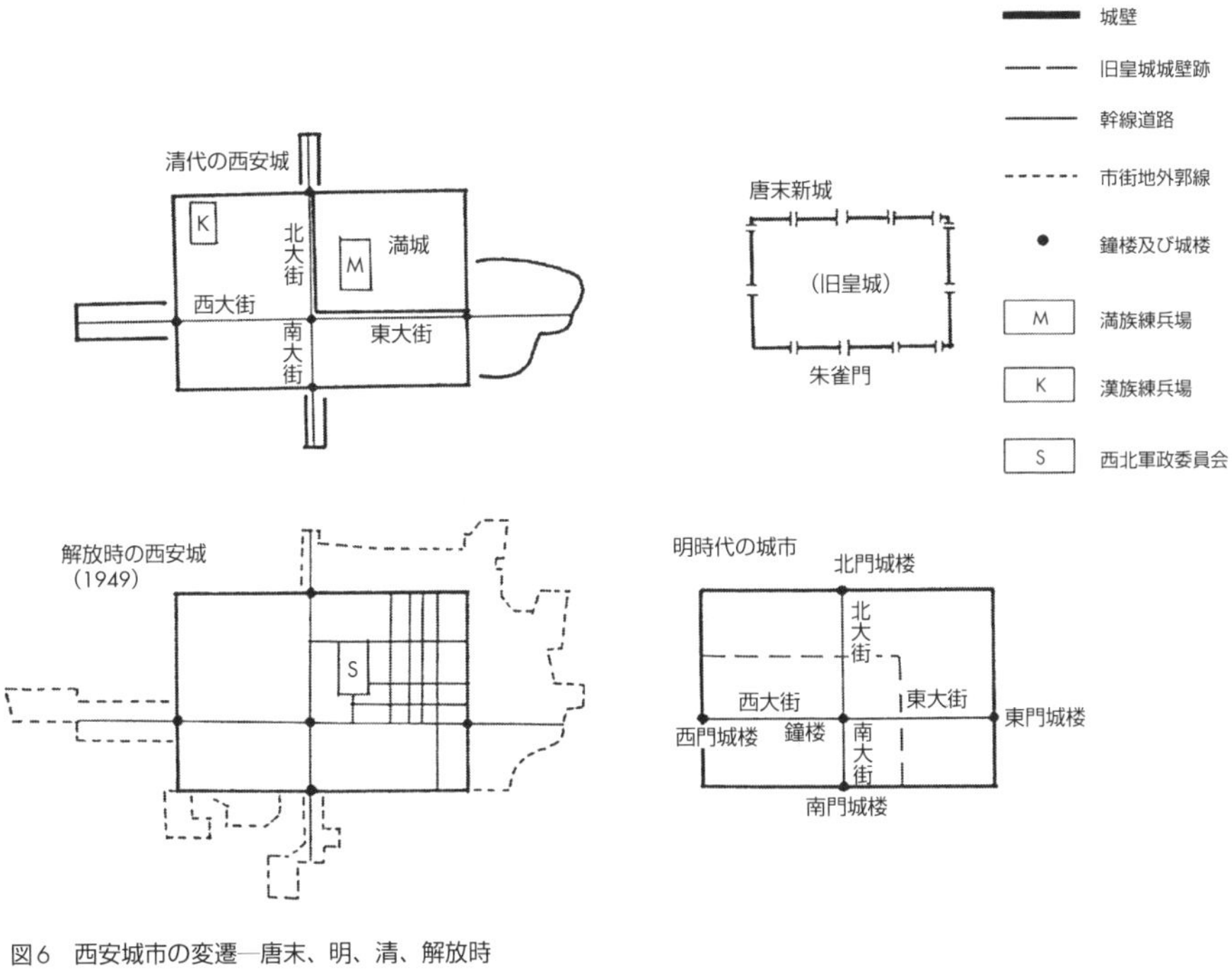

図6　西安城市の変遷─唐末、明、清、解放時

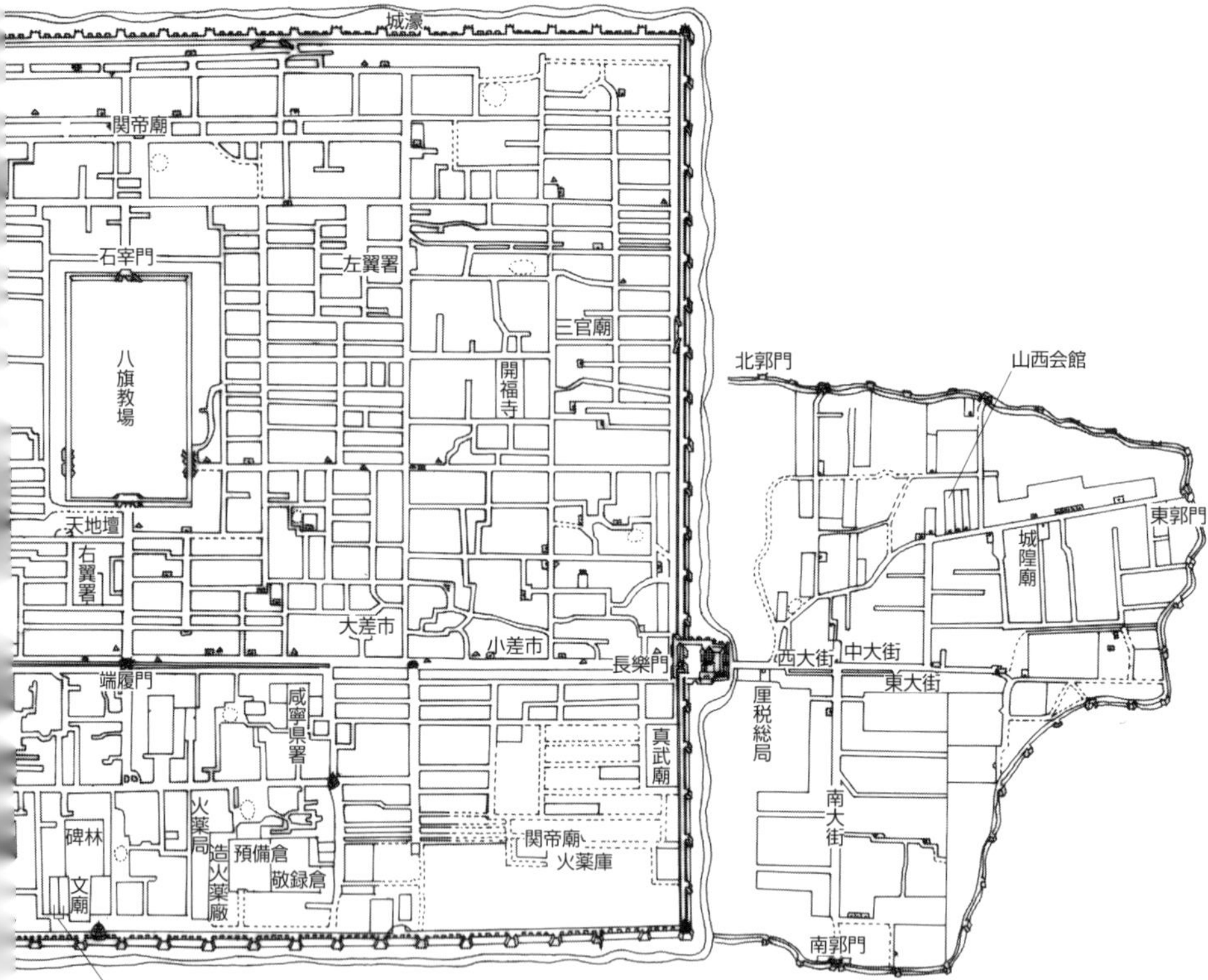
城濠
関帝廟
石宰門
左翼署
八旗教場
官廟
開福寺
天地壇
右翼署
大差市
小差市
長樂門
端履門
咸寧県署
真武廟
火薬局
造火薬廠
預備倉
敬録倉
碑林
文廟
関帝廟
火薬庫
府学
長安学
北郭門
山西会館
東郭門
城隍廟
西大街
中大街
東大街
厘税総局
南大街
南郭門

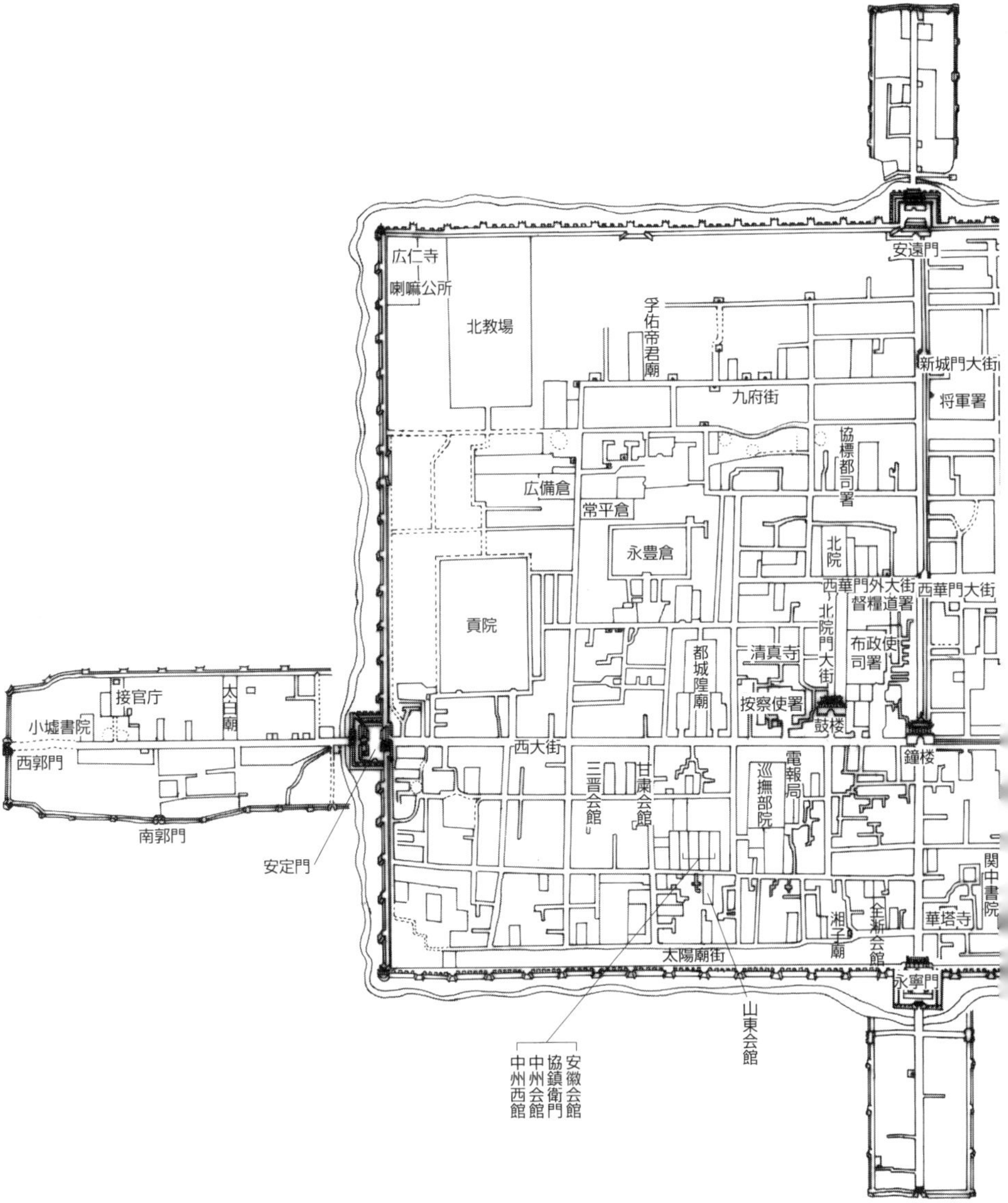
広仁寺
喇嘛公所
北教場
孚佑帝君廟
安遠門
九府街
新城門大街
将軍署
協標都司署
広備倉
常平倉
永豊倉
北院
西華門外大街
西華門大街
督糧道署
貢院
都城隍廟
清真寺
北院門大街
布政使司署
接官庁
太白廟
小墟書院
西郭門
南郭門
按察使署
鼓楼
鐘楼
西大街
安定門
三晋会館
甘粛会館
電報局
巡撫部院
関中書院
華塔寺
湘子廟
全新会館
太陽廟街
永寧門
山東会館
中州西館
中州会館
協鎮衙門
安徽会館

図7　清の西安府城

発展を遂げた。

市区の景観の構造

城壁外への組織的な市街地の拡大は、解放後に始まる。解放後、ソ連邦の技術者により放射線状の街路計画が行われたが、その後修正されていく（図8）。一九八〇年の計画では、唐の長安城の外郭線にあたる位置に広幅員の幹線街路を配し、中央軸線の西に朱雀大路を付け加え、歴史的な骨格を継承する意図を明確にした。

そして、城壁内に業務・商業機能を配し、城壁外の東部、西部、南西部に工業機能を置き、南に大学区を配している。城壁外の北七〇平方キロメートルの広大な地域を文化遺産保護区にし、農業地帯として保護している。しかし近年西安市のマスタープラン（基本計画）の改定により、この地域に新たな鉄道の敷設と拠点開発が始まった。遺跡保護と開発との調整が心配だ。

それでは、現在の市区市街地の景観がどのような骨組みで構成され、また、唐以降の歴史的変遷がどのように現代に反映しているか、順次見ていこう（図9）。まず、市区景観のイメージを決定づけている最も大きい要素は、明時代の城壁である。この城内（城壁内）は西安の歴史的地域であり、かつ現代の都心でもある。

四周を囲む城壁に、鐘楼・城楼の五つのランドマーク、直交する歴史的な軸（街路）が加わって、西安市中心部のイメージを決定している。遠くから城楼を望みつつ城壁に近づき、その周囲を取り囲む濠と環状緑地を眺めつつ城内に入り、中央の鐘楼に達する。古来からの伝統的な視覚構造が明確に現代に伝えられている（写真1〜4）。

また、歴史的な副軸として大雁塔と西安駅を結ぶ街路（写真5・6）や、朱雀門と小雁塔を結ぶ朱雀大路が整備された。さらに、現代的な副軸として、東の紡績城（紡績工業団地と住宅街）と西の電工城（電気工業団地と住宅街）を結ぶ軸線がある。鐘楼から南に伸びる中心軸の延長線上、市街地のはずれにはテレビ塔が配されていた。

写真1　西安の城壁

写真2　南門城楼

写真3　南門城楼より南大街を通して鐘楼を望む

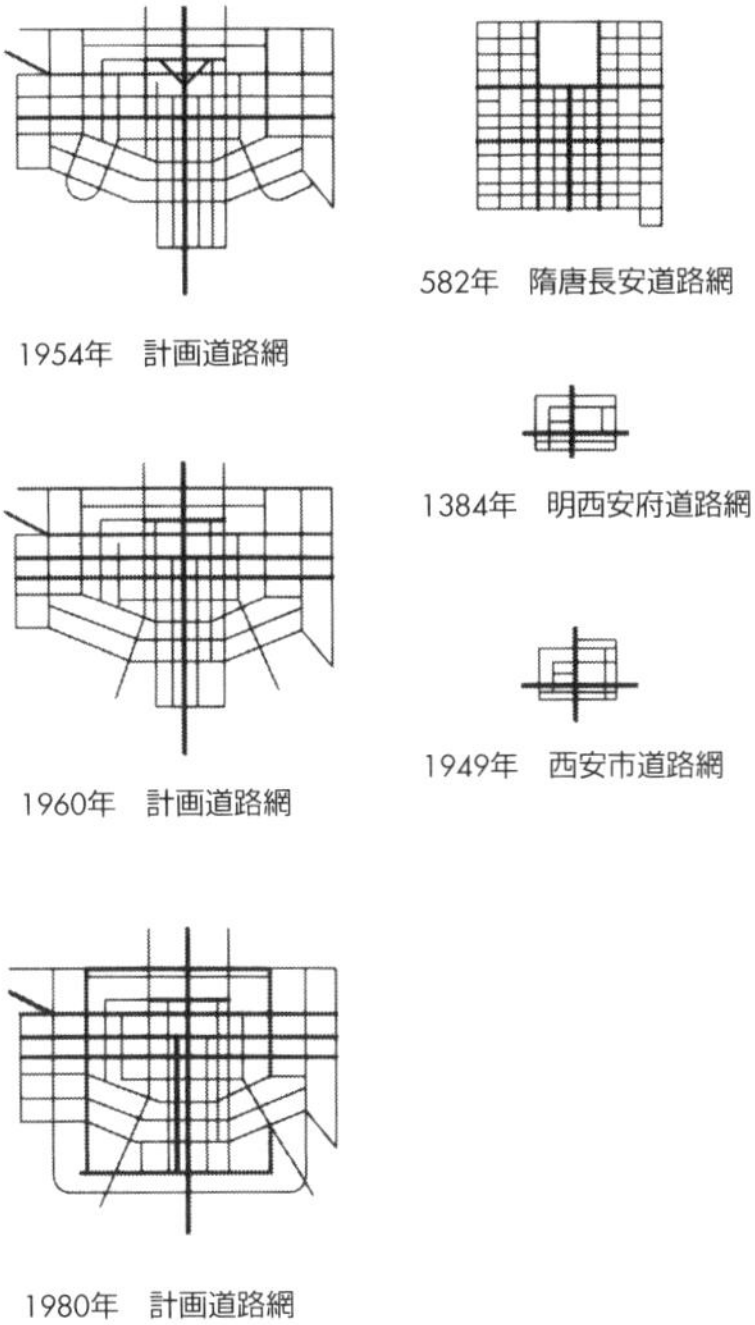

図8　道路パターンの歴史的変遷

写真4　鐘楼

写真5　大雁塔

写真6　西安駅周辺の立体交叉

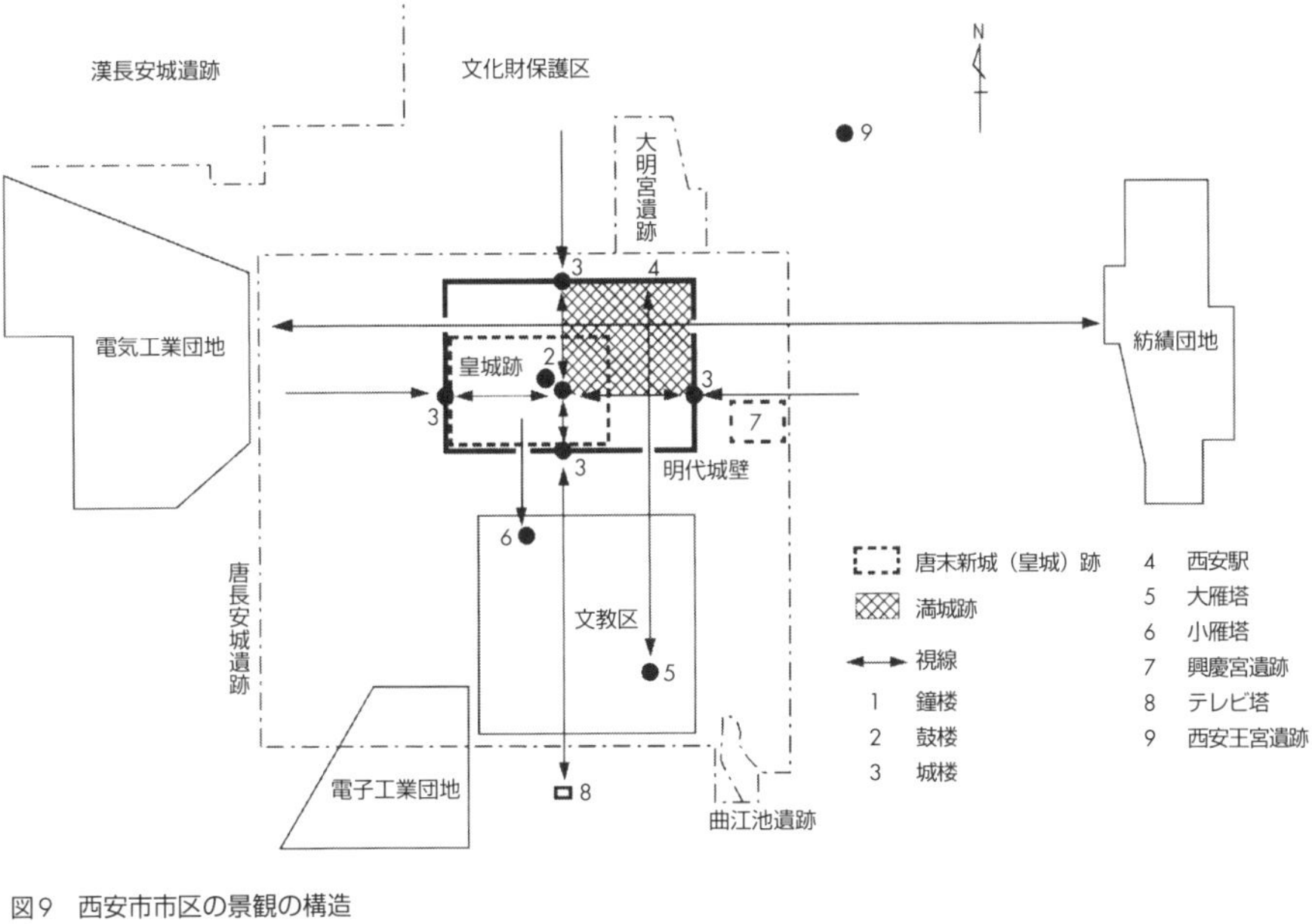

図9　西安市市区の景観の構造

日中の感性の相違

中国の都市を見て回って強く感じたことがある。それは、現代の都市計画でも都市の軸線が重要視され、シンメトリーな配置が強く意識されていることである。京都の都市の変遷と比べると、日中の感性の相違が明確になってくる。平安京は唐の長安を手本にして作られたが、湿潤であった右京が打ち捨てられ、左京だけで機能するようになる。中央軸線の朱雀大路も役たたずになり、おまけに中央軸から皇居まで移転していく。

　中国では、このようなことは到底考えられないことであろう。西安では縮小された長安の新城でも軸線が維持され、明時代に城内の面積を二倍に拡大したときには、新たに東西南北の軸線が設けられ、五つのランドマークがシンメトリーに配された。この感性が現代にも脈々と生き続けている。

　日本では、古来から都市も建築も部分から作られ、作りながら全体の調和を図っていくことが多い。また、山や丘、川や海などの自然をうまく活かしながら、都市や集落が作られてきた。ここでは中央軸線やシンメトリーな配置などの感覚は生まれようがなく、逆にいくつかの軸線を重ねたり、ずらしたりして変化の美を楽しむ傾向がある。

城内と五つのゾーン

それでは、市区の景観を構成する各地域の特性を、大づかみに見ていこう。まず、城壁内から見ていくことにしよう。城内・西南部の唐の皇城に当たる部分は、最もよく歴史的特性を継承してきた地域だ。寺院や廟、大規模な官宅や商宅、中華民国時代の近代建築が点在し、伝統的な四合院の町並みが広がっていた。また、不規則な街路パターンや曲がりくねった路地、往時を偲ばせる史跡や地名など、歴史的なイメージを呼びおこす要素が色濃く分布していた。しかし、近年の大規模な住宅改良事業によって歴史的な遺産や景観が大きく破壊されつつある。

　これに比べて、城壁内・東北部の満城跡は、格子状の幹線道路沿いに比較的規模の大きい公共施設、すなわち巨大な省政府、少年宮、科学技術院、中央郵便電話局、テレビ放送局、銀行、病院、体育館、いくつかの大型ホテル、さらに中高層の共同住宅群などが軒を並べて、新しい景観を形づくっている（写真7）。

　城壁外にあっては、次の五つのゾーンがそれぞれ特色を持った地域として人々を引き付けている。東にはソビエト連邦の技術者によって計画・設計された紡績城がある。この町は、高生垣に囲まれたヨーロッパ調の中層集合住宅や、坂道に沿う清潔な並木道など、落ち着いた雰囲気と特徴的な景観を持ち、近代的な居住空間としてひときわ光っていた。

城壁西の大慶路へ出ると、シルクロードへの出発地を記念する大きなラクダの隊商像が据えられていた。その幅広い道路の両側にグリーンベルトを介して大規模な工場建築と宿舎用の共同住宅が広がっていた。この電工城は主に送電用のケーブルや機器を製造している。工場と宿舎が規則正しく建ち並ぶ新しい町というイメージではあるが、情緒性に欠ける。

城外の西南部には、電子関係の研究所と工場を集めた電子城がある。工業地区の中では一番新しい町で、現代風の高層の研究所や集合住宅、工場が街路沿いに点在し、新しい白っぽい町という印象を強く受ける。

南部の文教区には数多くの大学が立地していた。解放後、国防上の理由から比較的奥地にあるこの西安市に約四〇の大学が設立された。いまや西安は中国有数の学術研究都市となった。その大学の大半がこのゾーンに集中し、広い敷地を塀で囲み、その中に校舎、研究棟、宿舎が建ち並ぶという光景が広がっていた。

城壁の北側には鉄道に関連する運輸施設や各種の資材を備蓄する倉庫、業務施設、宿舎が建ち並んでいた。その北側の広大な農地を、文化遺産保護区としていることは、先

に述べた。

職住共存の単位社会

解放後の新中国では、国策上から職場と住まいがセットになって町が作られてきた。一九八六年に初めて大西が西安を訪ねたとき、西安市と京都芸術短期大学との共同プロジェクトの打合せがあり、その席で「軍隊の小学校跡地」を用地にしてはとの提案があり、現地を見にいったことがある。最初は何のことかピンとこなかった。軍隊にも家族の

写真7　満城跡の高層建築物

宿舎や幼稚園、小学校がある。職場と社宅が一つになって共同体を作っている。

夫婦共働きが普通で、家族はどちらかの職場の宿舎に入る。退職してもそこに住み、年金に当たる給与もその職場から支給された。まさに単位（職場などのまとまり）社会と呼ばれる状況にあった。中国の人々は身分証明書をいつも携帯しており、特に銀行での手続きや航空券の購入時には、提示を求められる。近年までは表紙に「工作班」の金文字が打たれ、氏名、生年月日、職場の役職が記され、写真が添付された身分証明書がなければ動きがとれなかった。

しかし、いまは大きく変わってきた。民間企業がかなりの部分を占め、転職も多くなり、職場と住居が離れる人たちも多くなってきた。近年では本籍や氏名などが記された「居民身分証」が身分を証明するものになってきた。しかし「工作班」の証明はその人の社会的な地位を示す重要なもので、社会のあらゆる面で役に立っているようだ。身近なところでは、一般では買えない列車の切符が入手できるなど、大変有効な証明のようだ。官庁や企業の幹部と工人と呼ばれる一般労働者では、収入や住宅などすべての面で待遇が異なる。いわゆる階級社会と呼ばれる状況はあまり変わっていないようだ。（大西國太郎・韓驥）

2 近代化のもたらしたもの

日中共同研究の企画

十数年前、初めて西安、洛陽、北京など中国の各地を訪ねた。そのときは、まだ人民服をまとった人々が街を歩き、郊外では部品が欠けたトラックが走り、北京でも自動車のタイヤを牛車にのせて運ぶというアンバランスな光景に出くわした。上海に来ると、中国を出たような錯覚にとらわれたものである。そこでは、こざっぱりした服装の人々が街を歩き、タクシーが走り、ホテルでは日本並みのサービスを受けることができた。現在、両者の差は縮まり、経済的な格差はあるにせよ外見的にはほとんど変わりなくなってきた。

一九七〇年代後半から始まる経済の改革・開放政策で、中国経済は大きく成長した。地域により大きな差はあるにせよ、市民の生活は確かに豊かになった。しかし、経済成長に伴う都市開発によって、文化遺産や歴史的景観が大きく破壊されてきた。

この西安市で日中共同研究を始めたきっかけは、京都グループ代表の大西國太郎が一九八六年の秋に西安市を訪ねたことに始まる。勤務先の京都芸術短期大学訪中団の一員としての任務のかたわら、西安市の城市企劃管理局を訪ねた。当時、中国では行き過ぎた開発への反省がようやく高まっていた。前年の八五年に北京で初めて建築物の高度（規制）地区が指定され、続いて八六年の秋に西安市で高度地区が指定されたばかりであった。対応していただいた城市企劃設計室（後の城市企劃設計研究院）の黄源鋼室長（後の院長兼城市企劃管理局副局長）から是非西安市の景観対策を指導してほしいとの強い要請を受けた。

早速、西安と友好都市盟約を結ぶ京都市都市計画局とも連携をとり、準備を重ねてようやく八八年に第一次の日中共同研究を発足させた。同年の調査は西安市、京都市、京都芸術短期大学（現京都造形芸術大学）の三者により実施された。西安を訪問する前に、旧知の朱自煊教授を北京の清華大学に訪ね、中国の都市全般についての予備知識を得た。

また、北京市の城市企劃局や同城市企劃設計研究院を訪ね、解放以降の北京の都市建設の経過や、高度地区指定について聞き取り調査をした。同城市企劃設計研究院では、院長以下の幹部が京都の景観対策に大変な興味を寄せ、熱心に質問されてきた。その後、何回か北京に寄るたびに同研究院を訪ねた。西安市では沿海部に比べて開発が遅れているとの思いから、ともすると開発優先になりがちな面がある。文化大革命時に壮大な城壁を壊し、すでに超高層ビルが林立していた北京では当局者は保全施策に真剣な眼差しを送ってきた。

共同研究の始まりと天安門事件

朱先生から紹介を受け、西安市の城市企劃管理局の韓驥副局長を訪ねたが出張中であった。キイ・パーソン不在のなかで調査を始めたが、日中相互の思いが異なり、スムーズにことが運ばず苦労したことを覚えている。通訳をしてもらった京都芸術短期大学留学生の白林君（当時は西安市建築設計院、現在、北方交通大学建築学院教授）が、招待先の外事弁公室（外務局）など八方手を尽くしてくれ、ようやく調査が軌道にのった。その後は、大事な節目には都市建設担当の副市長にお会いして、重要事項を確認することにした。

その後、京都市の方が本格的な研究に応ずるだけの人的余裕も資金の提供もむずかしい状況に立ち至った。ちょうど、かねてから申請していたトヨタ財団の研究助成が同八八年に決定し、西安市当局と京都グループの研究者との共同研究という体制が固まった。京都市の専門家には個人としての参加を得た。九二年から始まる二次、三次の共同研究では、日本側メンバーも大阪市立大学や民間の建築設計事務所にまで広がっていく。中国側もメンバーが広がり、西安冶金建築学院（現在の西安建築科技大学）や西安交通大学の参加も得ていくことになる。

さて、天安門事件が起こった八九年は、とても共同調査ができる状態ではなかった。調査は翌年に持ち越した。一年ぶりに中国にきてみると、以前とは違う厳しい状況にあることが一目でわかった。政治教育が復活し、職務時間の中でもかなり頻繁に学習が行われている様子だった。最近ではあまり見られなくなったが、日中共同調査の会議には、必ず城市企劃管理局の党書記が同席していた。

一九九〇年の共同調査では、八八年からつづく三つのケーススタディ（北院門地区、城壁近傍地、南大街）と並行して、西安市全体の都市や景観の現状をつかむため、市域や市区を組織的に踏査した。さらに既存資料の情報を合わせて、市区の土地利用の現況や、文化遺産、文化施設、大学や緑地などの分布、さらに建物の密度や高度の分布をつかんで、基礎的な地図を作っていった。日本だとこれらの地図は市販されているか、既存調査の報告書などから手軽に手に入れることができる。しかし、ここでは、まず、基礎データづくりから始めなくてはならなかった。

市の城市規劃管理局が建築物の規制を行うための用途地域図も印刷されず、手書きの原図にもとづいて許認可がなされていた。千分の一の各地の現況図も、原図が一枚あるのみで厳重な管理下にあった。このコピーを入手するのは、かなりの信頼関係ができてからになる。政治的な管理部門

の認可が必要で、入手した地図には軍や党の関係機関の所在地が抹消されていた。しかし、将来計画図の方は比較的見せてもらい易く、局長や副局長立会いのもとで原図を撮影することもできた。

この第一次調査の段階では、京都グループが企画から調査の実施まで一手に引き受け、西安グループはこれを側面から支援する側に回っていた。延長五〇〇メートルにわたる北院門街の連続立面図（両側）や連続屋根伏図の作成には、京都芸術短期大学の専攻科（三、四年生にあたる）建築デザインコースの学生たちも参加した。

解放後の都市建設

それでは、解放後に始まる西安市の本格的な近代化の状況を見ていこう。中央政府は西安市を国策上の重点都市として定め、積極的な建設を推し進めていく。市区の市街地は拡大に拡大を重ね、その景観は大きく変貌し、町の個性が失われていくことになる。

図1は市区市街地が拡大されてきた様子を、段階的に描いたものである。主に城内（城壁内）西南部と城外に多少広がる一九二九年以前の市街地は、清の時代と中華民国の前半期に形成されたもので、約八四〇ヘクタールある。城内西南部の唐の皇城跡には、寺院や寺廟、四合院住宅など

多くの文化遺産が集積していた。一九一一年の辛亥革命によって完全に消失した満城跡も、その頃には多少市街化が進んでいた。

一九三〇～四八年の市街地は城壁内外の東北部に主として見られるが、これは満城跡を国民党政府が整備したもので、約七〇〇ヘクタールの広さを持つ。前述のように四九年、西安市は解放されるが、それ以前の同市は典型的な消費都市であり、人口も四〇万人余りであった。その後の五〇年にわたる建設を経て、中国西北地方の中心都市としての地位をゆるぎないものにしていく。

図2は、西安市市区への都市基盤投資額と建築投資額を、全市域への投資額と比べて、その比率を見たものである[*1]。図1と重ねて見ていこう。一九四九～五九年の期間は新中国の復興期に当たるもので、市区への投資比率は高い。道路などへの都市基盤投資と建築物への投資を合わせると一一パーセント（回復期）から五パーセント（第一次五カ年計画）に達する。その当時の全市域と市区市街地の面積比は〇・六パーセントであり、その投資比率がかなり高いものであることがわかる。

西安市市区は、この時期に城壁外の市街地の骨格をほぼ整備した。この期間に拡大した市街地は約四一〇〇ヘクタールに達する。城外西の電工城、城外東方の市街地や紡績城、城外南方の市街地や文教地区、鉄道北部の市街地などである。

この年代の建設では、実用性と経済性が重視され、城内の文化遺産や歴史的景観の保全には関心が薄かった。しかし、幸い建設投資のほとんどが新市街地に投入されたため、結果的に皇城跡の各種の文化遺産や四合院住宅群の景観はそう大きく変化することはなかった。一方、住宅不足を補うため、城内に集積する四合院住宅に多くの家族が同居するようになる。解放以前は一家族の住まいであった四合院は、床面積の極端な不足をきたし、その院子（中庭）は、無秩序な増築の場となり、各房（各建物棟）も改造され、四合院は内部から崩れ始める。そして、その伝統的な景観も変貌を始める。

停滞期と改革開放後の都市建設

一九六〇年から七一年までは、混乱期とも言える時期で、第一次五カ年計画の成果の裏で進んでいた中国の社会経済の矛盾が表に現れ、これに加えて災害による農作物の不作、ソ連邦への融資返済の時期が重なってくる。さらに、後半の六六年から文化大革命が始まる。七六年の終焉までの期間は農村や小都市へ政策の重点が移り、市区への都市基盤投資比率は極端に低くなる。この期間は、五〇年代に作ら

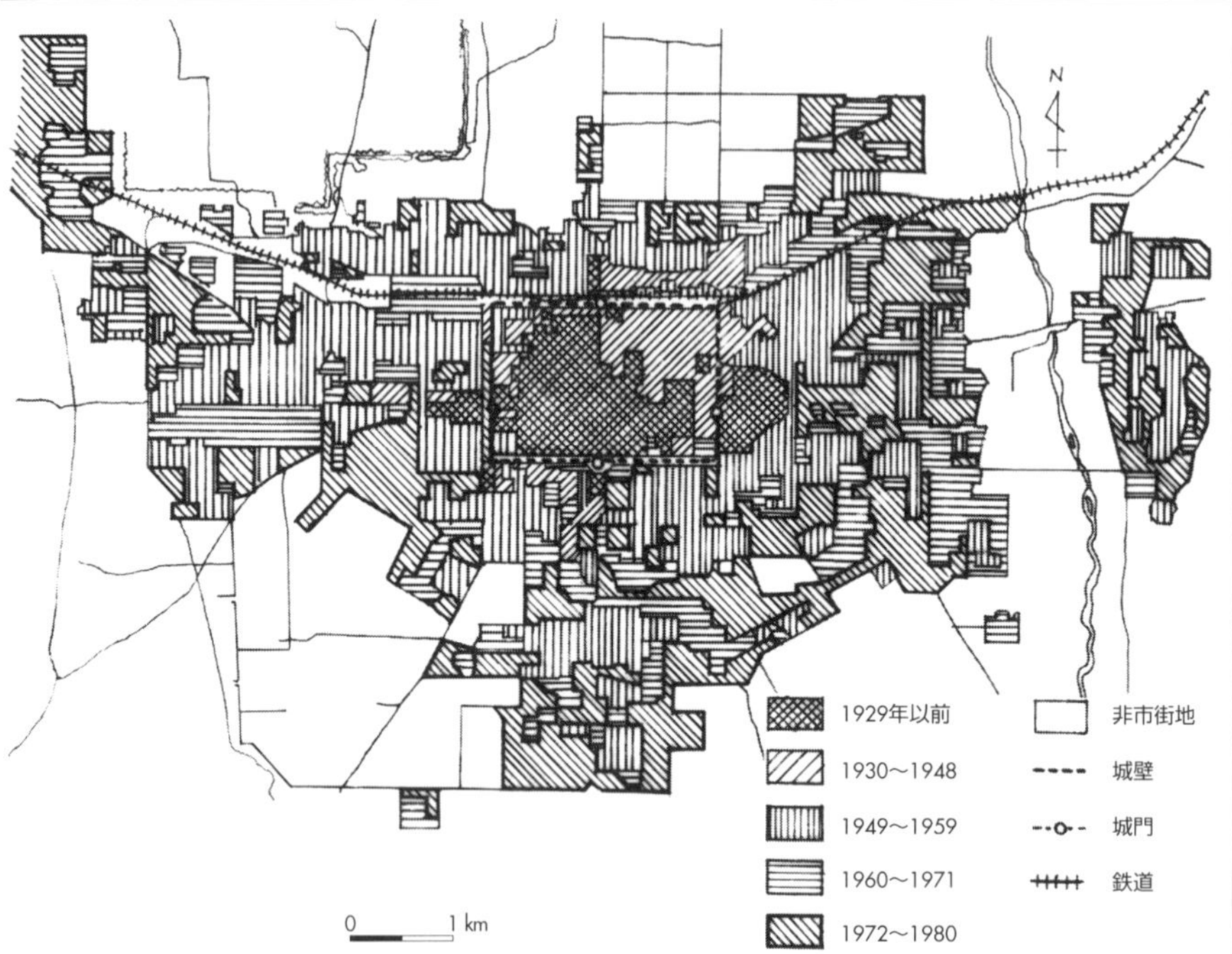

図1　西安市市区における市街地の拡大

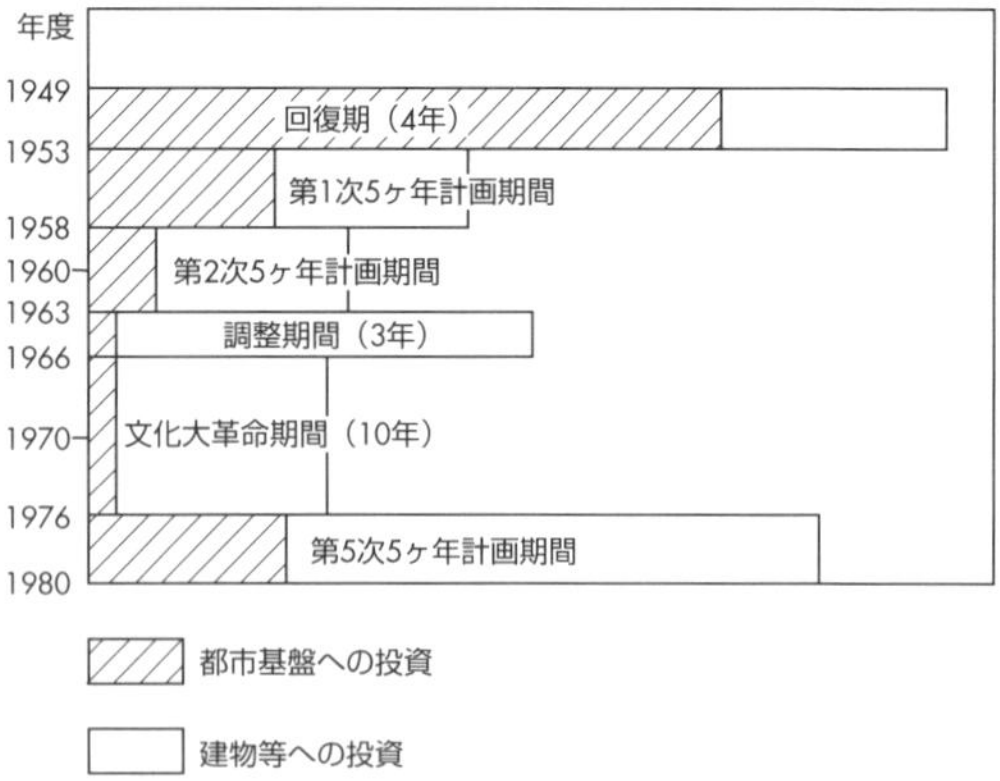

図2　市区における都市基盤等への投資比率の推移
（対全市　期間平均）

れた道路や供給処理施設の上に市街地が形成され、ところどころに付け加えられるような形で、二九〇〇ヘクタールの市街地が広がった。

文化大革命中は、文化遺産は四旧[*2]の一つとして排斥阻害の対象となり、その荒廃が進んだ。八〇年代後半でも、まだ寺院が工場として利用されている状況を見ることができた。また、都市景観への配慮もぜいたく視された。

この文化大革命中は、それまで政治・経済を動かしてきた知識階級が糾弾されていく。都市民は地方の農村に下放される。大学も事実上開店休業の状態が続き、各分野の人材養成が途切れる。正規の大学入試が再開されるのは、文革終了後の七七年になる。実際、九〇年代初めに各地の都市を訪ね歩いた際、列席する幹部職員は三〇歳代後半から四〇歳代前半までが抜けており、異口同音に人材の欠落が将来に与える影響を恐れていた。

さて、七二年から八〇年に至る期間の後半には、市区への投資比率も回復していく。この期間とその後の五年間に拡大した市街地は、約三九〇〇ヘクタールである。面積の拡大だけでなく、建築物の高層化による市街地の立体化や、道路舗装等の交通施設のレベルアップ、上水・排水施設の整備が進む。文化大革命終焉の七七年以降、とくに八〇年代には、電子城の建設を始め市区全般において市街地の拡大と立体化が進む。

古都風貌保存の努力

西安市市区中心部における歴史的な風貌の保持は、明代に確立された都市の骨格を継承することから始まる。具体的には、明代の雄大な城壁と鐘楼と城楼の五つのランドマーク、これらを始めとする文化遺産の修復事業であった。

一九八〇年代には国の方針として観光面に力が入れられ、城壁の大々的な修復整備事業など多くの文化財の保存や、文化施設の整備が行われた。国や省の援助を得て二億元の巨費を投じ、明代の城壁と東西南北の城楼、周囲の濠と環状緑地の整備が行われた。さらに城壁上の敵楼[*3]の復元整備が進められた。

この城壁は西安市市区の景観にとってかけがえのないものであり、この事業は同市にとって大きな意義を持っている。修復整備が行われた当時は、一般の理解が得られず、市長以下の当局者の苦労が大変なものであったと聞く。近年になってようやく評価されてきた。

明代の城壁は、南・北がそれぞれ約四・二キロメートル、東・西がそれぞれ約二・六キロメートルもあり、高さ一二メートルにも達する雄大なものである。城壁の頂部の幅は一二〜一四メートルもあり、往時は馬が引いた戦車がすれ違うことができたと言われている。戦車が登ったスロープも見ることができる。

また、城内ではかっては朝の時を告げた鐘楼、夕方に太鼓を打って時刻を知らせた鼓楼、回族（イスラム教徒）の中心的存在である清真大寺、歴代書家の名筆跡を集めた碑林など、多くの文化財が保存されている。城外では、かつて唐の玄奘三蔵が経典を納めた大雁塔、唐の義浄が経典を持ち帰った小雁塔などが修復整備されている。

しかし、一方では外国人宿泊客の受入れのため、ホテル建設が国策として奨励された結果、城内に高層ホテルが林立する状況を招いた。また、経済の成長に伴い各種の公共施設や銀行、百貨店等の高層化も進み、西安市の歴史的な個性ある景観を阻害するようになってきた。そして解放以来進められてきた住宅の改良事業も、一段と加速化し、この建設整備に伴い、伝統的な四合院住宅群やその町並み景観が大きく破壊される状況に立ち至ってきた。

建築物の高度制限

こうした事態に対応して、一九八六年に市区市街地を対象にした建築物の高度制限措置が取られた。図3に見るように、城内では城壁から一〇〇メートルの範囲を建物高さ九メートル以下の地区に、その内側の二〇メートルの範囲を高さ一二メートル（城壁の高さ）以下の地区としている。そして、その内側に鐘楼の軒高二二メートル以下に制限する地区と、三六メートル以下の地区を設けている。また省政府の庁舎と四つの公共施設予定地は四五メートル以下の地区としている。

城壁の外に向かっては、それぞれ一八メートル、三〇メートル、四五メートル、六〇メートル以下の地区を設け、その外側は高度無制限の地区としている。

一方、街路の緑化にはかなり力を注いでいる。グリーンベルトを持つ大通りには六列や八列からなる街路樹が配され、区画道路にも可能な限り街路樹が植えられている。これに城壁周囲の環状緑地などが加わって緑豊かな印象を与えている。

また、文化遺産や緑地とともに、都市のイメージ形成に大きく寄与する文化施設についても、積極的な整備が進められてきた。城内には名筆跡で有名な碑林を抱え、旧文廟を活用した陝西省博物館がある。また唐城文化センター、科学技術情報センター、少年宮などの諸施設が整備されている。さらに、城外では大雁塔の近くに唐代を主題にした芸術博物館、唐風の歌舞レストラン、唐華賓館（ホテル）がセットになった三唐工程が建設された。その西北には、近年延べ床面積四万五〇〇〇平方メートル、文化財収蔵数三〇万点の規模を持つ陝西省歴史博物館が建設された。

この歴史博物館や三唐工程へは、設計者の張錦秋女史（中国西北建築設計院総工程師、中国政治協商会議議員）に案内していただいた。張氏は中国の著名な建築家で、これらの施設には唐風を基調にしたデザインがなされており、中国で高い評価を受けている。張氏は先の韓驥副局長の令室であり、留学生の韓一兵氏の母君でもある。夫妻来日の折りには、京都グループのメンバーや留学生たちが、わが家に集まり夜遅くまで歓談した。日中の食文化の違いに話がはずみ、家内のつくった折り紙や箸置きに中国の人たちが大変な興味を寄せられたことが印象に残っている。

歴史的風貌保持の課題

このように西安の古都としての風貌を保持し、より良くするさまざまな努力が積み重ねられてきた。しかし、その一方で、文化遺産の保存、景観の保全・形成の観点から見て、多くの課題を抱えていると言わざるを得ない状況にある。

その第一は、一九八六年に実施された建築物の高度制限の措置が緩やか過ぎるのではないかということ。また、その運用面における懸念である。城壁内から見ていこう。まず、城壁近傍地の高度制限地域の範囲があまりにも狭すぎること。城壁から一〇〇メートルの範囲が高さ九メートル、その内側二〇メートルの範囲が高さ一二メートルに制限されているが、この程度の緩衝地帯の設定では、その目的を達し得るとは思えない。ケーススタディの一つとして行った城壁近傍地の詳細な調査から判断して、城内の地上や城壁上からの眺望に支障をきたす恐れが大きい[*4]。制限の範囲を大幅に拡大していく必要がある。

次に、省政府の庁舎や公共施設予定地に指定されている四五メートル高度地区（五ヵ所）の必要性についてである。

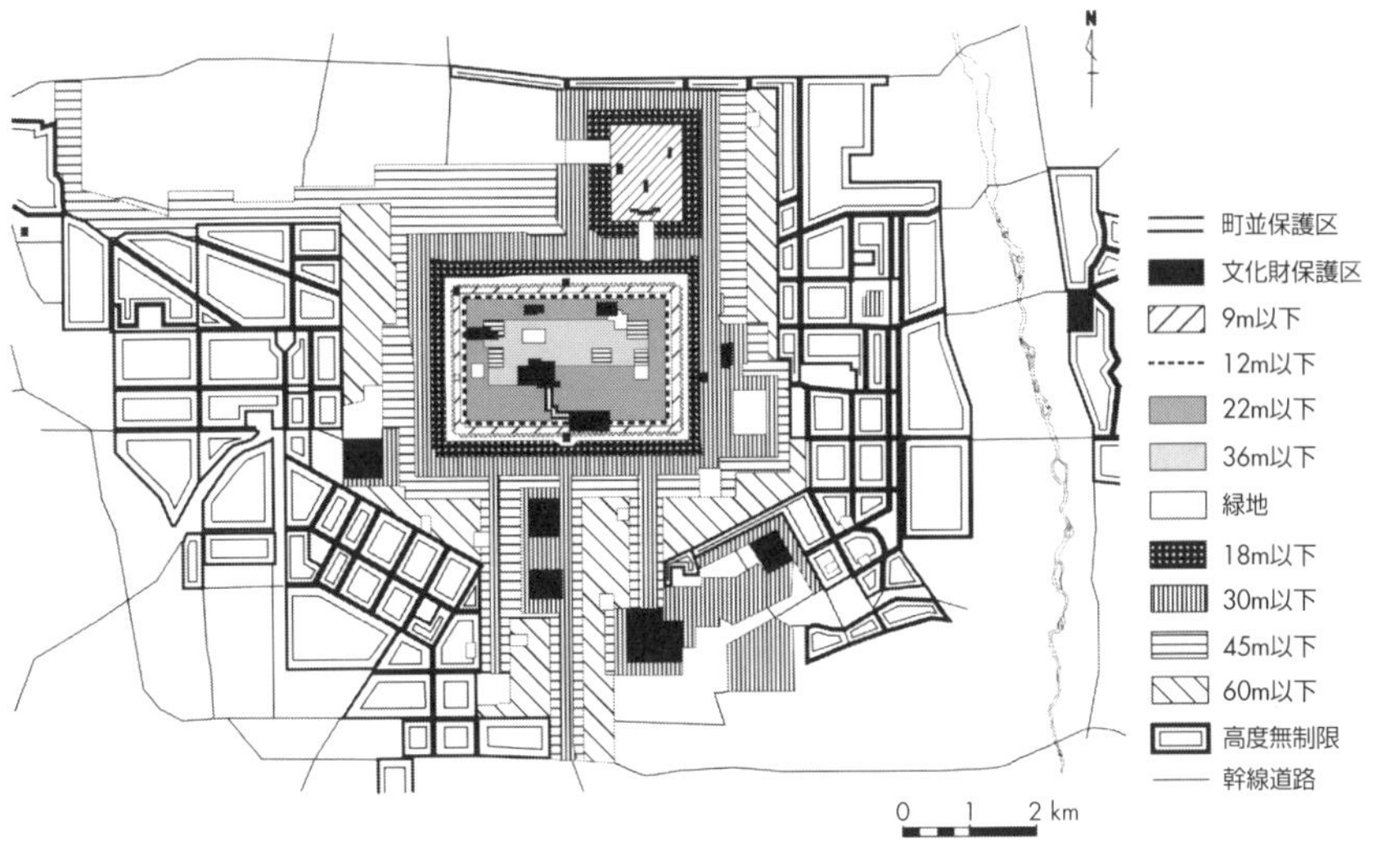

図3　西安市市区建築物高度計画

市の計画では新たなランドマークの設定を意図しているようであるが、城内に新たなランドマークの設定が果たして必要なのかどうか、疑問のあるところである。城内においては城壁と四つの城楼、中心部の鐘楼、鼓楼が主役である。これ以外に新たなランドマークを設置すると、歴史的なランドマークの影が薄くなってしまう。城壁上からの観光に力を入れようとしている時、城壁近傍地の制限範囲と合わせて、再検討すべきではなかろうか。

城壁外においては、六〇メートル高度地区や、無制限地区の範囲について再検討すべきではなかろうか。運用面において懸念されることは、定められた高度制限が守られず、また例外が設けられ、制限を超えた建築物がそこここに見られることである。行政や党の幹部の要請、外資系企業への例外的な措置などによるところが多いと聞く。

第二は、鐘楼や鼓楼、城壁や城楼を始めとする重要な歴史的建造物の景観保護の課題である。歴史的建造物の周囲に一定の区域を定め、区域内の一般建築物の高さやボリューム、デザインの規制・誘導の規準を検討し、制度化していく必要がある。

第三は、城内西南部・旧皇城跡一帯に残る四合院住宅とその町並みの保存、さらには住宅群の住環境改善の課題である。図4に見るように、一九八〇年代前半には、伝統的な住宅群や店舗群がかなり色濃く残っていた。しかし、住環境はかなり悪化していた。一九四九年の解放以来、住宅不足を補うためそれまでは一つの家族の住まいであった四合院に多数の世帯が住まうようになった。かつては静謐な雰囲気を漂わせていた四合院の中庭や居室も、混乱した状況になってきた。この劣悪な住環境を改善するため、中高層住宅群が建てられ、これによって伝統的な民家群が次々に破壊されている。現状では相矛盾するこの二つの課題、町並み保存と住環境の改善を両立させる手法が求められている。

第四は次に述べるようにメインストリートなどの重要地区における景観形成手法確立の課題である。

南大街メインストリート整備の教訓

南大街は、先に述べたように、西安市市区の中心を貫く景観軸として古来から重要な位置を占めてきた。一九八〇年初頭までは、明・清時代の伝統的な商店が軒を連ね、低い瓦屋根が連続する景観が広がっていた。その両端には鐘楼と南門城楼がそびえ立っていた（写真1）。

しかし、南大街の交通量が急増し、自動車、自転車に歩行者が入り混じって混乱し、交通ネックになっていた。この交通問題の解決を図り、中心商業地区として再生させ、新しいメインストリートを形成しようとした。そこで、西安市城市規劃管理局は陝西省建築学会の専門家たちの意見を聞き、「南大街改造実施方策」を策定し実施に移した。南大街の拡幅整備を行い、銀行、百貨店、事務所、レストランなどを立地させたのである。(写真2)。

南大街では、まず、延長八〇〇メートルにわたって道路幅が広げられた。それまでの幅一〇メートル弱の道路は、中央の車道とグリーンベルト・自転車専用路・歩道を持つ幅六〇メートルの道路に生まれ変わった。沿道建物の高さは、鐘楼・南門城楼を上回らないように、高度地区によって二二メートル以下（塔屋を除く）に制限されている。この

写真１　旧南大街の景観―南門城楼から鐘楼を望む（写真２と比較）

写真２　拡幅整備中の南大街の景観―鐘楼から南門城楼を望む。右手前が鐘楼飯店

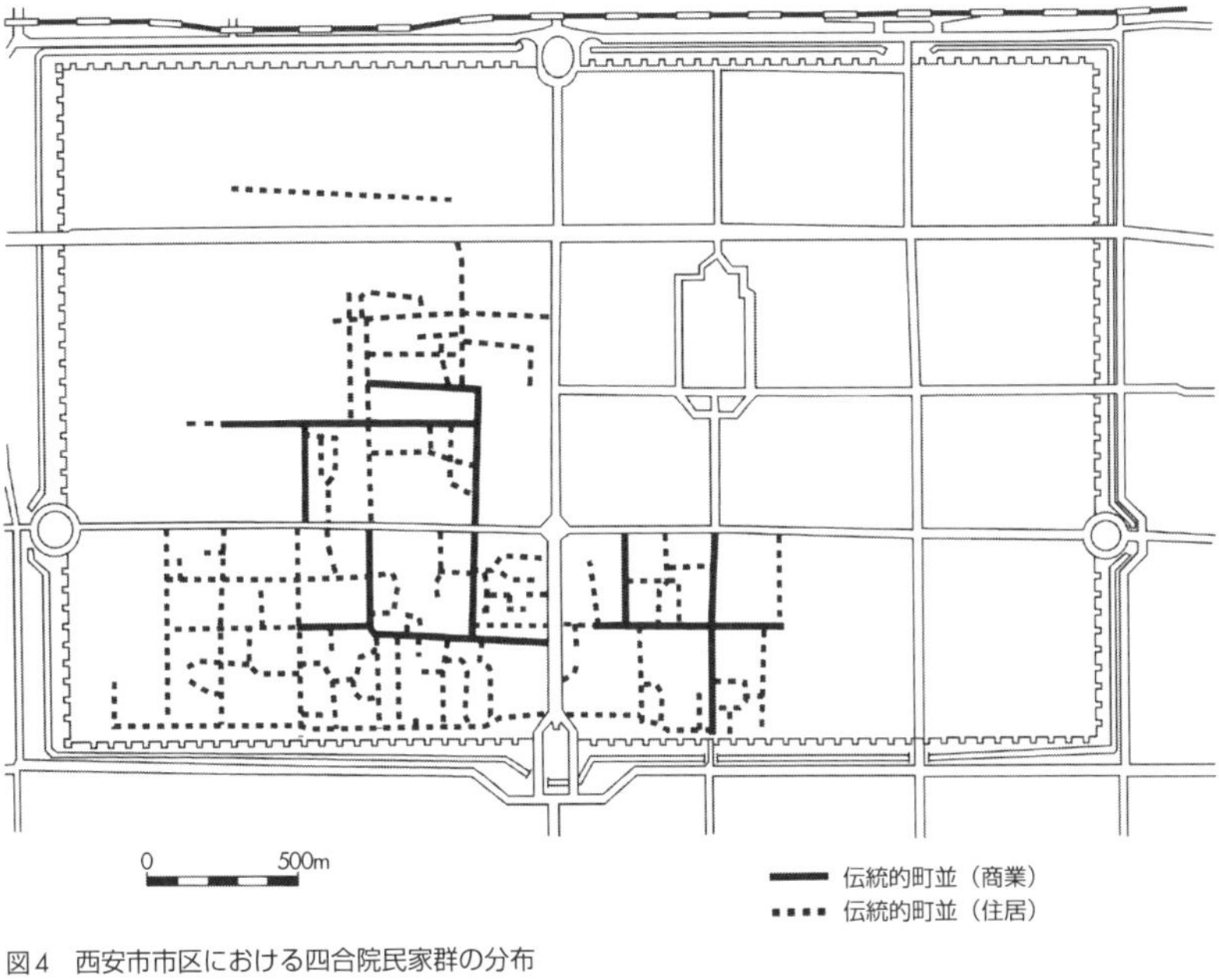

図４　西安市市区における四合院民家群の分布

高さは、鐘楼の最上層の軒高をもとにして決められている。しかし、その高さ制限の妥当性や例外規定、さらにデザインや色彩計画の上で多くの問題を抱えている。この地区の詳細な調査結果から見て、次のような景観上の問題を指摘することができる[*5]。

第一点は、二二メートル以下という高さ制限の妥当性である。例えば、鐘楼に近接して建てられた鐘楼飯店、郵便電話局の高さは、それぞれ塔屋部分を含めて二七メートル余りもあり、さらにその間口が長く、ボリュームも大きいため、鐘楼を圧倒してしまっている（写真2）。高さ制限の再検討とともに、建物のボリューム感の解消についても配慮を必要としている。南門城楼に近い西北電力設計院や冶金建築設計院も、巨大で好ましくない点は同様であるが、まだ、距離が少し離れている分、鐘楼付近のビルよりはましである。

第二点は鐘楼と南門城楼の中間地点にある中国商工銀行と西安百貨店が三六メートルの高さ（塔屋を含む）で建設されていることである。これは、沿道建物のスカイラインに起伏をつくり、波型にすることによって、町並み景観の単調さを救うためとされている[*6]。しかし、スカイラインの整然とした統一感が失われ、逆効果となっているばかりでなく、鐘楼と城楼が相対的に小さく見えてしまうことで、

大きな失点と言わざるを得ない。

第三点は沿道沿いの建物がまちまちの方針でデザインされており、その結果、町並み全体としての統一感を欠き、混乱した景観を呈していることである。例えば、先の中国商工銀行は最上階のパラペットや塔屋に瓦屋根をのせ伝統的な雰囲気を出そうとしているのに、ちょうど真向かいの西安百貨店では全く現代的なデザインになっている（写真3・4）。また、鐘楼に近い部分では三階以上の複数の住宅棟が道路と直角方向に配されている。そのため建物棟の間に空が見え、壁面線の連続感が失われてしまっている。

また、ある部分では伝統的な民家に見られる「出挑」[*7]や「騎楼」[*8]の形式を採用し、人目に近い範囲を伝統様式を応用したデザインにしているが、成功しているとは言えない。また、町並み全体のデザイン指針が不明な中で、この伝統様式の応用がどのように位置付けられているのかも不明である。

第四点は色彩計画の問題である。南門城楼に近い西北電力設計院や冶金建築設計院では、最上階に二重の幅広い軒の出を設け、軒の鼻に鮮やかな緑色の彩色を施している（写真5）。城楼の屋根瓦の緑と調和するためとされているが、両者は材質も異なり、城楼屋根瓦の渋い緑とでは調和のしようもなく、逆効果になっている。先述の三階以上の

棟を道路と直角方向に配した建物群でも、その最上階の幅広の軒鼻に同じような緑が彩色されていた。一方、中国商工銀行の最上階のパラペットや塔屋の伝統的な屋根には黄土色の瓦が葺かれるなど、色彩計画においても混乱した状況を呈している。

　これらの南大街での貴重な教訓を生かして、メインストリートなどの重要地区において、それぞれにふさわしい景観形成手法を検討していく必要がある。

さまざまな意見

この南大街の拡幅整備計画は多くの専門家の意見を聞いてまとめられたが、これに対して、一部には否定的な意見が出ていた。西安市城市規劃管理局編の「南大街改造実施方策」によると、これら意見の大意は南大街の拡幅整備を最優先するのではなく、詳細な調査研究を行った上で種々の案を作成し、これらを比較検討していくべきだとするものである。その理由の主なものを掲げてみよう。

　交通関連では次のような意見がある。城壁外の環状路をうまく利用することによって、交通の緩和が図れるのではないか。また、南大街を拡幅すると、これに接続する東・西・北の各大街の交通混雑を招く恐れがあり、分析検討していく必要がある。また、一点集中型の都市構造を変える

写真3　中国商工銀行（左手前から2つめ）

写真4　西安百貨店（左手前）

写真5　正面中央の南門城楼をはさんで左右に西北電力設計院と冶金建築設計院

ことによって、南大街周辺地域への人口、事業所の集中を防ぎ、交通混雑の緩和を図る方法もある。

交通と中心商業地区の形成に関連するものとしては、次のような意見がある。中国国内や海外諸都市の中心商業地区の事例から多くを学ぶべきである。例えば、上海の南京路は、人や車の流れは大量であるが、幅員は一三メートルである。国外では、商業地区に幹線道路を通したため大気汚染を引き起こし、交通事故を多発させた事例が多い。この反省から近年では歩行者天国にしているところもある。

南大街の歴史的特色の保持を主張するものとしては、次のような意見がある。南大街は古都西安の主要軸であり、伝統的特色を持つ景観を全体として保護すべきである。拡幅整備が行われるならば、大規模建築物が建ち並び、その足元に車と人の洪水が出現する。決して良い結果にはならない。

南大街の歴史的な特色を破壊する事例に関して、反対意見と抗議行動が次のように記されている。鐘楼飯店と郵便電話局のビルは鐘楼に対して威圧感があり、失敗である。南門城楼前の西北電力設計院と冶金建築設計院のビルも同様である。これらの建物に対して陝西省建築学会は緊急集会を開き、省科学協会とともに建設中止を求める意見書を提出したが、建設された。

また、拡幅整備を認めつつも、六〇メートルもの拡幅は交通・景観などの総合的な視点からまずい結果になるとの意見もある。拡幅整備は必要であるが六〇メートルもの幅員は必要ない、なぜなら大幅な拡幅は交通量の増大を呼び、交通事故が増え、文化・商業・観光地区のイメージに合わない。また、東・西・北の大街に比べて、南大街の区間距離は大変短い。拡幅すれば空間の比例が失われ、対景である鐘楼と南門城楼が小さく見え、元の荘厳で雄大なイメージが失われる。また、鐘楼の周囲を交通ロータリーとし、大規模建築物で囲むことは、鐘楼を中心とする景観に重大な影響を与える。

それぞれもっともな意見であり、これらの意見を入れて十分な検討がなされなかったことが悔やまれる。日本においても貴重な意見を取り入れず、計画を強引に実施に移すケースはそこここにおいて見られるが、他山の石とすべきであろう。

（大西國太郎）

3 変わりゆく旧城内の街——その歴史的特徴を探る

卵の殻は残ったが——民家群の保存と住環境の改善

西安のオールド・タウンである旧城内の街は、よく卵に例えて語られる。城壁が卵の殻だとすると、鐘楼・鼓楼・大清真寺・旧文廟（陝西省博物館——碑林を含む）などの文化財と、これらをつなぐ伝統的な民家の町並みが黄身に当たる。この周りの広い市街地が白身である。卵の殻の城壁は新中国の一大事業として修復整備され、立派に保存されている。しかし中心街の民家の町並みは移り変わり、黄身は細りつつある。白身に当たる市街地は高層のホテルや事務所ビルの建設、住宅改良事業などによって大きく変貌してきた。

前節で検討した西安市市区の景観の課題を思い出してみよう。これらの課題のほとんどは旧城内に焦点が絞られてくる。まず、第一の建築物の高度制限の再検討の課題は城壁の内外にわたっているが、この高度制限はもともと旧城内の景観を守るためのものである。

第二の重要な歴史的建造物の景観保護の課題も城壁の内外にわたるが、その対象物件は圧倒的に城内に多い。

第三の旧皇城跡一帯に残る伝統的な四合院や町並みの保存、この民家群の住環境の改善の課題も、城内固有のものである。現状は劣悪な住環境を改善するため住宅改良事業

が進み、これによって伝統的な民家群が破壊の危機にさらされている。この「民家群や町並みの保存」と「住環境の改善」を両立させる手法の確立が緊要なものになっている。

第四の南大街整備に見るような、重要地区における景観形成手法の確立は城壁の内外にわたる課題である。しかし、歴史的遺産との調和の難しさや、その手法確立の緊急性を考えるとき、やはり旧城内に焦点が絞られてくる。

これらの多くの課題にどのように対応していくべきなのか、日中の研究メンバーで、何度となく話し合った。第一の課題は優れて政治的なものであること、また、第二と第四の課題は地区ごとにその特性に応じて対応すべき性格のものであり、これら三つの課題は、市当局が国内や海外の景観保全方策を参考にして対策を立てることも可能であるとの合意に達した。これに比べて、第三の課題を解決する方策については参考となる事例もなく、独自の実態調査と分析によって、初めて方策が浮かび上がる性質のものであり、しかも、この研究が緊要なものになっていることが明らかになってきた。一九九一年から始まる二次、三次の共同研究では、ここに焦点を当てていくことになった。

西南部の町でケーススタディを

伝統的な四合院住宅は鐘楼の西北から西南、東南にかけて

分布していた。第三の課題解決のための実態調査をどこで行うべきか、日中の研究メンバーで討議を重ねた。その結果、南大街・西大街と城壁に囲まれた一五六ヘクタールにおよぶ西南部地域に決定した。この地域を選んだ理由は三つある。

一つは、この地域が唐の時代の皇城跡の約半分を占めており、廃都後の五代十国から明、清、中華民国の各時代を経て現在にいたるまで連綿として続いてきた市街地であること。そして、他の地域に比べて伝統的な民家―四合院が色濃く集積していた。二つには一九九〇年以前は、この地域はまだ中高層住宅の建設がそれほど激しくなかったが(図1)、その後、開発の速度が急速になり、規模も大きくなってきた。このまま放置すれば、この地域の特性は全く失われ、混乱した景観が出現する恐れがあった。三つにはこの地域は面積が広く、民家の保存・改変状態の事例も豊富で、開発のケースもさまざまなタイプが見られ、この地域でのケーススタディが、他の民家地域の保存再生方策の立案にも役立つと考えたことであった。

この九一年から九四年にいたる二次、三次の共同研究では日中のメンバーも拡充されてきた。西安グループでは城市規劃管理局から独立した城市規劃設計研究院(旧城市規劃設計室)のスタッフが参画し、西安冶金建築学院(現西安建築科技大学)や西安交通大学の教員・学生チームが新たに加わった。

日本では、自治体の都市計画担当課は都市計画行政を主管し、計画策定に必要な基礎調査などは民間の都市計画コンサルタントに委託することが多い。中国の城市規劃設計研究院は、これらの基礎調査から用途地域や高度地区、都市のマスタープラン(基本計画)にいたる計画案づくりまで、城市規劃局から委託される。さらに、公私の開発会社の再開発や開発計画まで請け負い、場合によっては他都市の計画案づくりまで手を広げている。設計研究院はこれらの委託料によって運営されている。中国の場合は、まだまだ公的な機関に人材が集中している。

一方、京都グループの方も京都芸術短期大学(現京都造形芸術大学)の教員・学生チーム、京都市都市計画局の専門家チームに加え、大阪市立大学の教員・学生チームや京都環境計画研究所のチーム、聖母女学院短期大学の教員らが順次参画し、強力な態勢を築いていった。この段階では、京都、西安の両グループで実態調査や計画案の作成を分担し合ったが、研究的な分析は、引き続いて京都グループが担当した。

清代の都心商業地――西南部地域

西南部地域のケーススタディに入る前に、城内のまちづくりに大きな影響を及ぼしている清朝と中華民国時代の都市形成を把握しておく必要がある。西南部の地域を中心に見ていこう。

図2は清の時代の城内の大まかな機能配置を示したものである。東北部は、先に述べたように、満族の軍隊とその家族の居住区になっていた。当時の行政諸官庁は、西北部地域の北院（現在の市政府所在地）から、西南部地域の南院（現在の共産党市委員会所在地）にかけて立地し、その大部分は西北部に集中していた。東南部地域の文廟の周辺には、その頃の高等教育機関であった関中書院や、科挙の試験機関に当たる考院、書院子弟の宿泊所が設けられていた。東南部は文化的な機能を分担していたと言える。

西南部地域は、次に述べるように都心商業機能を分担していた。図3は清の西安府城図から西南部を抜き取ったものである。当時の西安は経済的に発展し、全国の商人たちがこの西北一番の大都市・西安府に集まってきた。同図に見るように、南院巡撫都院[*1]の西と南にかけて福建、安徽、協鎮、中州、江蘇、山東、甘粛、三晋（山西）、全浙（浙江）の九つの地方会館が集中していた。これらの会館は商人など同郷の人々の商談や会合、休息や宿泊の場となっていた。

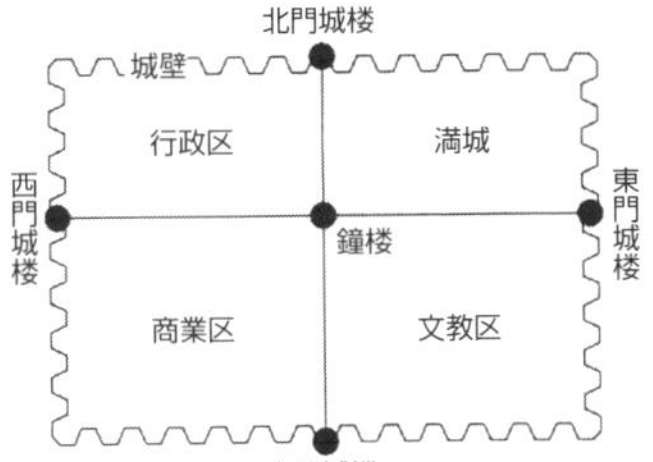

図2　清時代の城内機能配置パターン

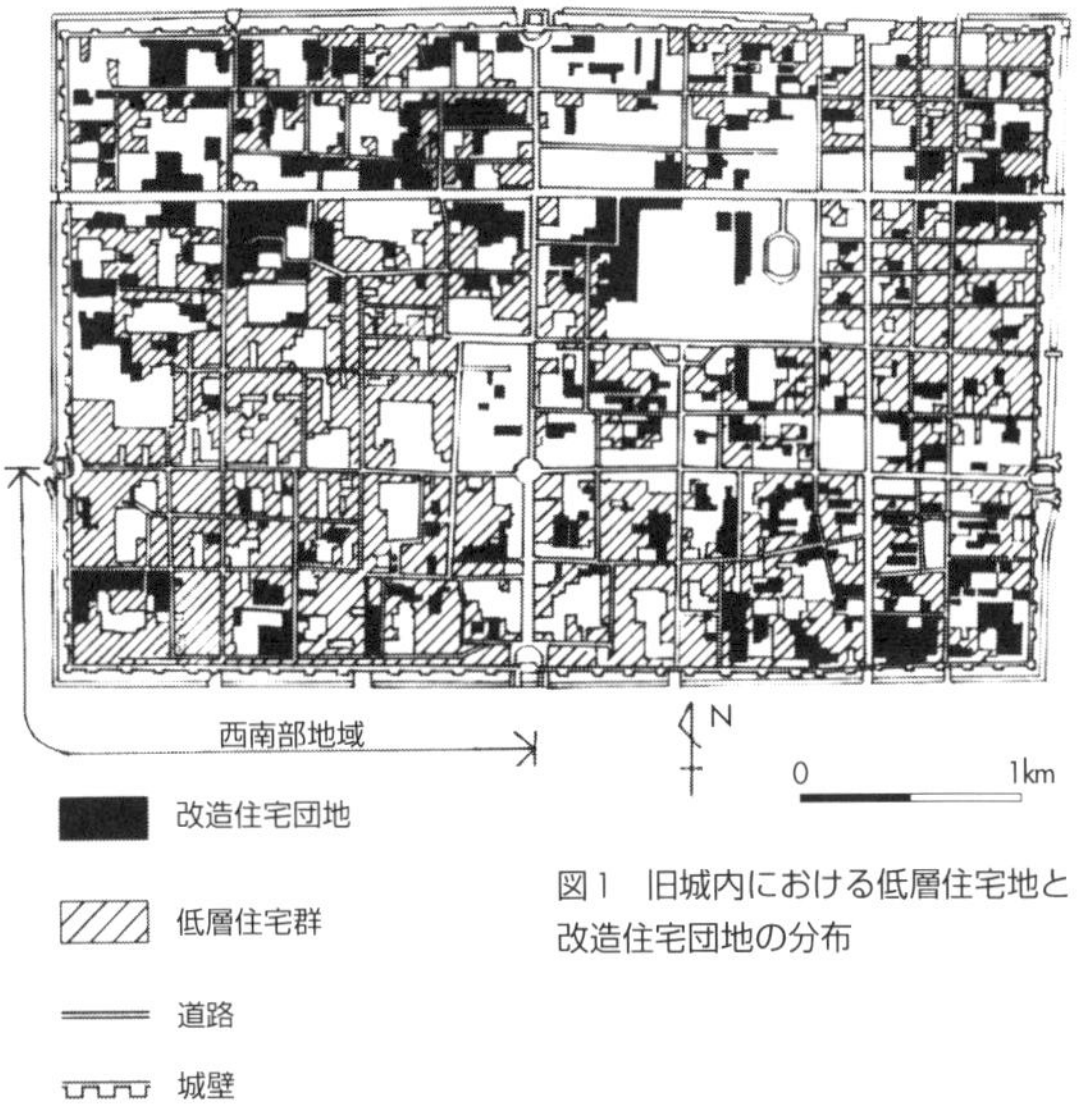

図1　旧城内における低層住宅地と改造住宅団地の分布

一八九八年には西安初の勧工陳列所が南院巡撫都院の東側に建設されている。商工業界の提唱により建設されたもので、さまざまな商品、工業製品、工芸品が展示されていた。一九〇五年には南院正面のアプローチ道路が広げられ、中央に花壇付の広場が整備され、その両側に商店街が設けられた。この南院と勧工陳列所を取り巻くような形で多種多様な店舗が軒を連ね、西安の都心商店街を形成していく。

図3に見るように、西南部地域には報恩寺、湘子廟、太陽廟、文昌宮、瑠璃廟、黄公祠、五岳廟、龍王廟、玉皇楼など数多くの寺廟があったが、現在は湘子廟のみが残り、他は地名としてその名をとどめるのみとなった。

中国の中のイスラム——北院門街

西北部地域の南端には回族（イスラム教徒）の集住地がある（図4）。元の時代に建立された清真大寺を中心にして、明代から清代にかけて集住地が広がり、いくつかの小さな清真寺が建てられていく。この集住地はこれらの寺院とともに現在に引きつがれて、西安の町の大きな特徴の一つになっている（写真1・2・3）。

一九八八年の第一次調査で、市区景観のケーススタディの一つとして北院門街地区の詳細な調査を行った（図4）。地区の生活環境の現状を把握し、地域の中核をなす北院門

商店街の実態を調査した。また、伝統的な店舗の実測調査を行って特徴をつかみ、商店街の連続立面図（両側）や連続屋根伏図を作成して、その改変状況をつかんだ[*2]（図5・6・7）。

延長五〇〇メートルに及ぶ北院門街の店舗数は、一二〇軒余であるが、このうち回族料理の店や軽食店、回族専用の食品販売店やその製造所が二割余りもある。回族専用の食品販売店には、回族料理に必要な多種多様の香料や、イスラム教で禁ずる豚の油脂等を一切使用しない菓子や加工食品が売られている。北院門街はこのように近隣一帯に居住する回族の人々の食品センターになっている。八カ国連合軍に追われた清の西大后が、西安に避難し、北院に一時期仮住まいしたことがあるが、北院門街での買い物を楽しみにしていたと聞く（写真4・5）。

これらの回族の店は北院門街の名物となっており、その活気と匂いがこの町の雰囲気を一層盛り上げている。夕暮れ時ともなると、買い物客と自転車がひしめき合う喧騒の中で、その売り声と脂の焼ける匂いや煙が充満し、独特の趣を呈する。また、北院門街の西一帯にも、回族の商店街や露店が点在している。われわれ日本人研究者は、このずうっと西の城壁真近の台湾ホテルに宿泊していたが、この辺りの露店をよく冷やかして歩いたものである。露店が道

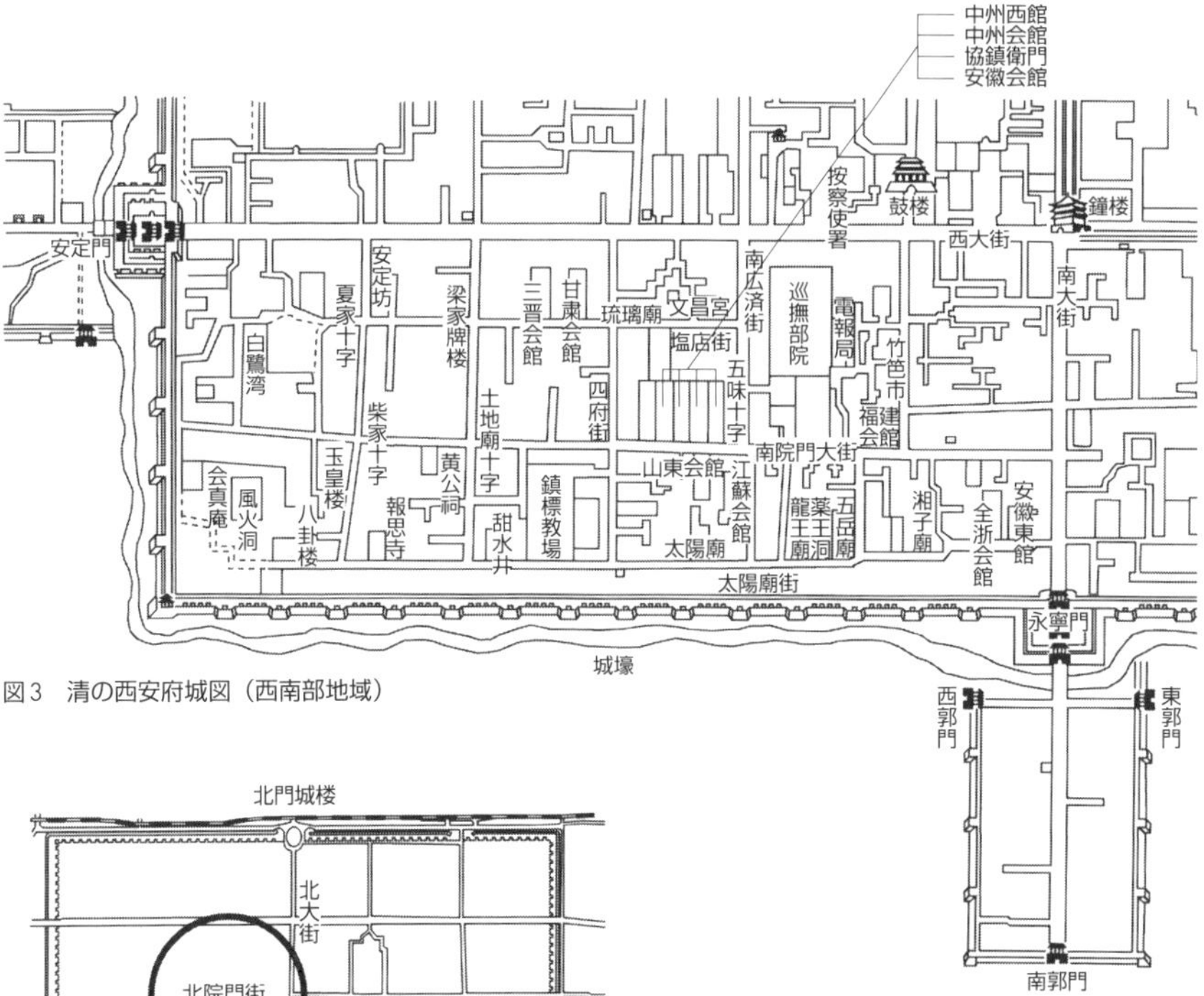

図3　清の西安府城図（西南部地域）

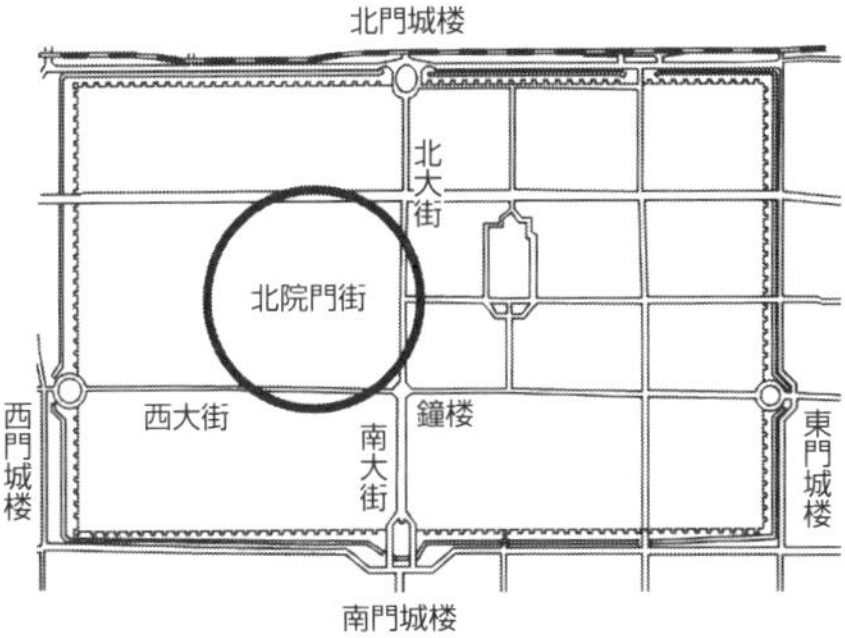

図4　北院門街地区の位置図

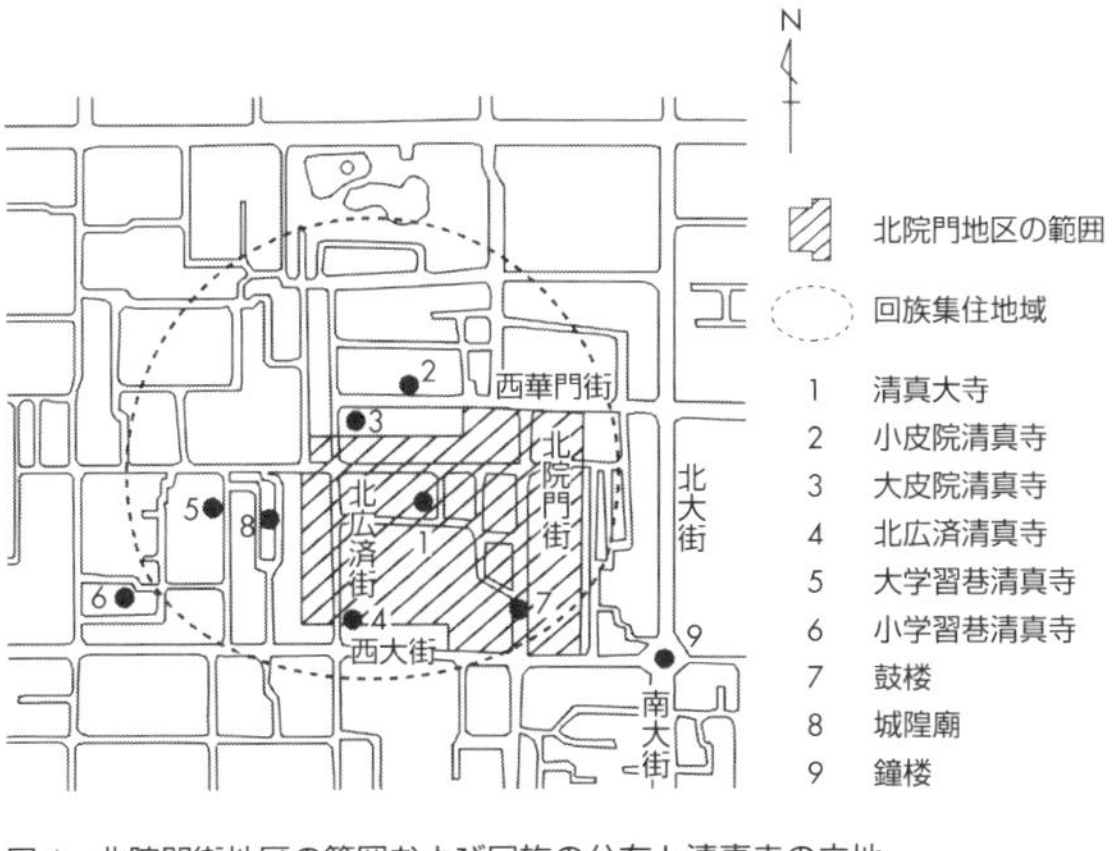

図4　北院門街地区の範囲および回族の分布と清真寺の立地

写真1　清真大寺の境内

写真2　安鴻省家の院子

写真3　安鴻省家の院子への入口門の彫刻

図5　北院門街　永信回民食品店　実測図および推定復元図

図6　北院門街の伝統的町並み連続立面図（西側の一部、鼓楼の南）

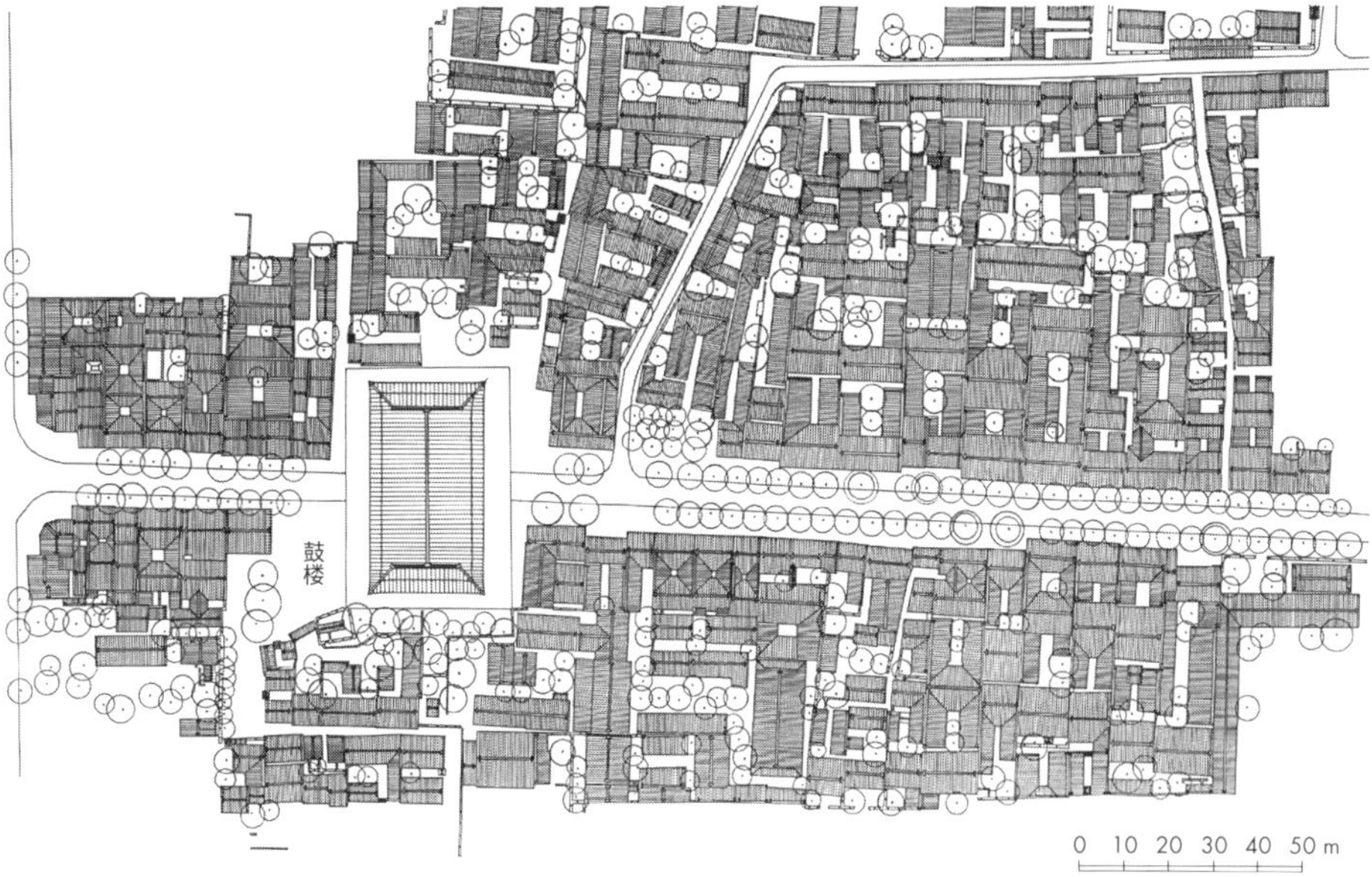

図7　北院門街の連続屋根伏図（一部）

写真5　北院門街の伝統的な店舗の町並み。左奥は鼓楼

写真4　北院門街の伝統的な店舗の町並み

端に並び、羊や牛の生肉、鳥や魚、香料、さまざまな野菜・果物、菓子、日用雑貨を売っている。薄闇の中で着飾った婦人が羊の頭骨とおぼしきものを傾けて、液状のものを飲み干している光景に出くわし驚いたこともあった。

回族は漢族や満州族との婚姻を重ねており、われわれ日本人にはその容姿から回族の人々を見分けることはとてもできない。しかし、たまに目の青い回族の女性にばったり出くわすこともある。回族は中国全土で七二〇万人を数えるが、陝西省など中国の西北地方に最も多く、西安市市区に居住する回族は約四万人（市区人口の二パーセント弱）で、その最大の集住地がこの北院門地区である[*3]。彼らの生活の中心をなすイスラム教の信仰は根強く引き継がれている。礼拝や食事等の戒律も厳しく守られて、一つの民族集団として際立った存在感を示している。

商業地から居住区へ――中華民国時代の西南部地域

一九一一年の辛亥革命によって満城は陥落し廃墟となる。国民党政府はこの満城跡（東北部）を整備し、城内を一体化する。陝西省政府の庁舎はそれまでの北院から新城（満族の練兵場跡）に移っていく。南院巡撫部院跡には省議会が置かれていた。

西南部地域はその当時はどのような状態にあったのか。

中華民国前期の伝統的な雰囲気がまだ色濃く残っていた時代、その頃の状況を捉えたいと考えた。図8は、西安市城市規劃設計研究院の桂志遠顧問に、当時の施設や機能の配置を図化していただいたものである。桂顧問は西安市城市規劃局の生き字引的な存在で、規劃管理処長時代から京都グループの現地案内や資料収集に協力していただき、長期間にわたって大変お世話になった。

この図をもとにして、現在に至る変容の状況を見てみよう。南院の省議会の東にあった勧工陳列所は省の図書館に変わっている。この建物は伝統的な二進院式の四合院様式で構成されているが、正面外観は西洋の古典様式を採用するという特色を持っている。

省議会や図書館の回りには、さまざまな店舗群が集積していた。東には竹細工や家具の商店街である竹笆巷と筆や墨を商う正学街があり、西には多種多様な鉄器を製造・販売する南広済街があった。さらに南にもさまざまな店舗が集まっていた。現在、竹笆巷と南広済街がこの雰囲気や機能を引き継いでいる。

南院の西の方には清時代の地方会館を引き継いだ商館群が点在していた。その近くには、キリスト教の教会が建設され、六つの学校が設置されていた。立派なファサードを持ったこの教会は残っている。

また、この地域には官吏や商人の大規模な邸宅が集積していた。地域の東南隅の湘子廟街、梁家牌楼や五楼街には、いくつかの官宅、商宅、商館が残されていた。大有巷にも大規模な官宅が残されていた。3節ではこの官宅の保存活用計画を提案している。

一九三九年に龍海鉄道が開通し、東北部の城壁北側に西安駅が設置される。これが契機になって西安市の工業、商業、金融、文化など各方面の近代化が進む。その後、日中戦争時に河南省の被災者たちが続々と西安市に避難し、解放路や東五路の辺り（東北部）に仮設住宅を建てて移り住む。これらの人々によって新城（現在の省政府庁舎所在地）の東にある解放路にさまざまな店舗が作られ、この地域の商業化が進む。また、西安駅が設置された関係で東大街にも商業施設の立地が続き、西南部地域の商業機能は、解放路と東大街に移っていく。西南部は住居機能を中心にした地域に変貌していく。

また、民国時代の五・四運動[*4]によって、市民の宗教心は薄らぎ、城内の寺や廟などが小・中学校に利用されていく。地方会館や官宅・商宅なども業務施設に利用され、文化遺産の荒廃が進む。図9は、一九九〇年時点で残されていた文化遺産をプロットしたものである。

（大西國太郎・立入慎造）

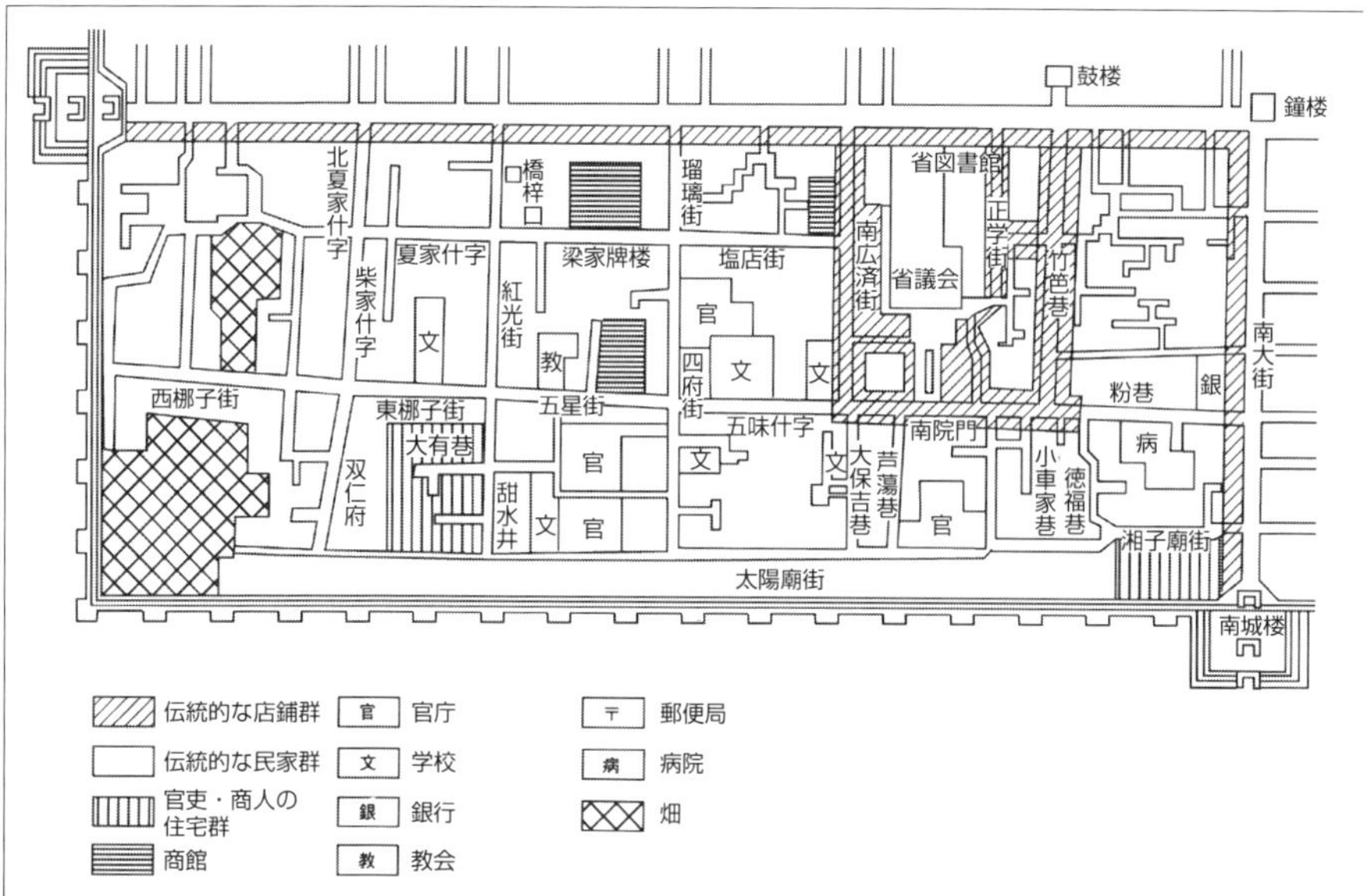

図8　中華民国時代の西安（西南部地域）

4 旧城内変貌の構造

町並み保存の現状——西南部地域

それでは、この西南部の町に伝統的な四合院の町並みが果たしてどの程度残されているのだろうか。一九九二年西南部地域全域にわたって、町並みを構成する四合院の外観すべてについて調査した。京都グループが調査企画と分析を引き受け、西安市の城市規劃設計研究院が実態調査を担当した。

表1はその結果である。四合院の町並み景観はちょうど日本の武家屋敷の長屋門に当たる門房（道路沿いの棟）群によって構成されている。この門房の外観がほぼ完全に残るか、小窓がつくなどのごく軽微な改変があるものを保存度Ⅰとしている。これが、門房総延長の九・五パーセントある。保存度Ⅱは、新たに出入り口や窓がついたり、屋根や壁が改変されるなど、外観の一部が改変されているもので、総延長の六五・八パーセントも占めていた。保存度Ⅲは、店舗・事務所への用途変更などで、外観のかなりの部分（約半分）が改変されているもので一〇・一パーセントであった。保存度Ⅳは、構造は残っているが外観が全面的に改変されているもので一四・六パーセントであった。

次に門房の保存度の分布図を片手に、京都グループが現

地視察を重ね、門房群を片側ずつ一〇〇メートルごとに区分し、これらの町並み景観の保存度を総合的に判断して、保存度1から4まで四段階に区分した（表2）。町並みの保存度1型では、保存度Ⅰの門房を三割以上含むものとし、四割以上、五割以上と三種類に分けている。この町並みではⅢ・Ⅳの保存度の門房は比較的少なく、保存度Ⅱの門房が多数を占めたので、保存度Ⅰの門房の割合のみで基準を作っている。

町並みの保存度2型では、保存度Ⅱの門房が主流を占めることを条件にして、保存度Ⅰや保存度Ⅲ・Ⅳの混入度によって三種類に分けている。町並みの保存度3型では、保存度Ⅲの門房と保存度Ⅱ・Ⅳの門房の混入度によって二種類に分けている。町並みの保存度4型では、保存度Ⅳの門房が主流であることを基準にした。

この結果を図1に示している。かなり良い状態で残る保存度1型は、一〇・三パーセントであった。そして、ある程度の改変を受けてはいるが、伝統的な雰囲気がかなり残る保存度2型が圧倒的に多く、六八・二パーセントもあった。この中でも2-2型が約半分を占めている。かなり改変を受けてしまって、雰囲気が少し残る保存度3型が一八・八パーセント、雰囲気をあまりとどめていない保存度4型はかなり低く、二・七パーセントである。このように、

門房の保存度	門房外観保存度の内容	門房間口の延べ長さ	同左の比率
保存度Ⅰ	外観がほぼ完全に残っているもの	1,545m	9.5%
保存度Ⅱ	外観の一部が改変されているもの	10,705m	65.8%
保存度Ⅲ	外観のかなりの部分が改変されているもの	1,645m	10.1%
保存度Ⅳ	外観は全面的に改変されているが、構造が残っているもの	2,375m	14.6%

表1　四合院門房の外観保存状況

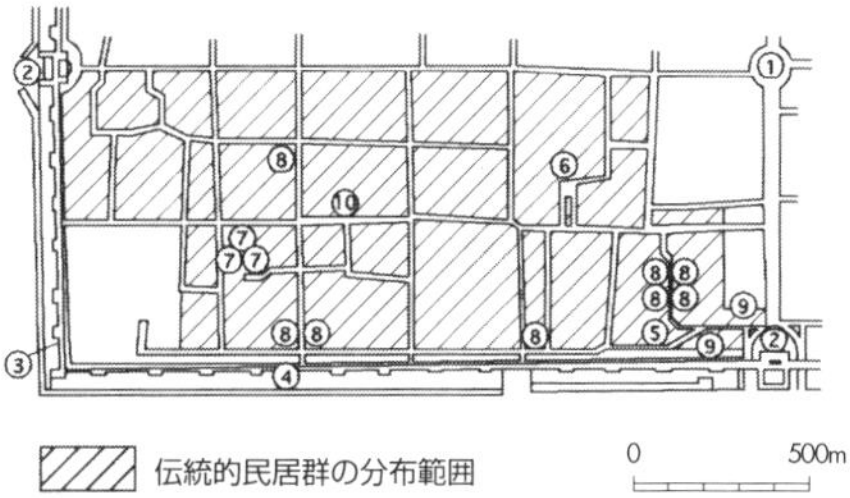

1 鐘楼　2 城門　3 城壁　4 含光門遺跡　5 湘子廟　6 元勧工陳列所および陝西省図書館　7 文化財的な官宅　8 文化財的な民家　7 文化財的な商宅　8 キリスト教会

図9　西南部地域の文化遺産

町並保存度		四合院門房群の外観保存度の程度
1型	—①型	門房の保存度Ⅰが5割以上
	—②型	門房の保存度Ⅰが4割以上5割未満
	—③型	門房の保存度Ⅰが3割以上4割未満
2型	—①型	門房の保存度Ⅱが主流で、Ⅰが1割以上3割未満
	—②型	門房の大部分が保存度Ⅱ
	—③型	門房の保存度Ⅱが主流で、Ⅲ・Ⅳが混入
3型	—①型	門房の保存度ⅢとⅡが主流
	—②型	門房の保存度ⅢとⅣが主流
4型		門房の保存度Ⅳが主流

注：町並は片側ごとに100m前後に区分

表2　伝統的町並み景観の保存度

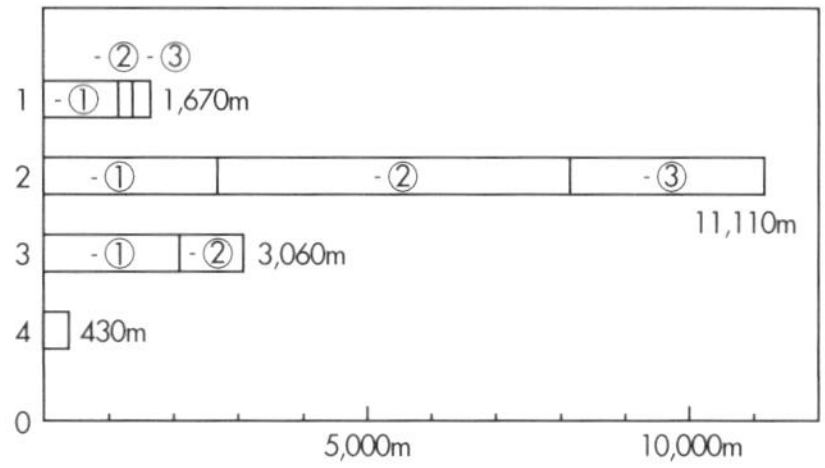

図1　伝統的な町並み景観の保存度別延べ間口長さ

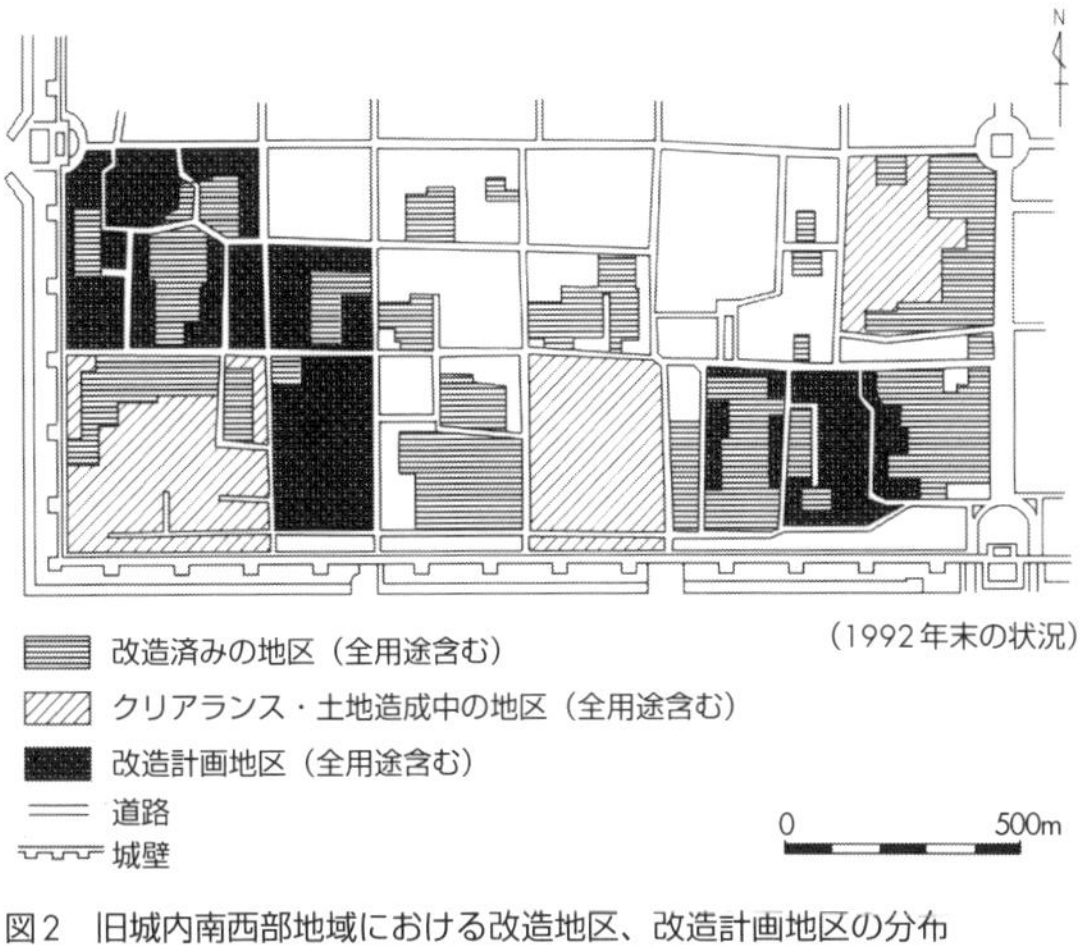

図2　旧城内南西部地域における改造地区、改造計画地区の分布

特に保存度の良い町並みは少ないが、ある程度の改変を受けつつも、伝統的な雰囲気を感じさせる町並みが大部分を占めることがわかった。

町並み景観の破壊——中高層住宅団地の大規模化

西南部の町では図2に見るように大規模な住宅地の改造事

業が進められている。この図は、一九九二年の一二月末の状況を示している。この図では、建物の用途にかかわりなく改造済の地区、クリアランスまたは土地造成工事中の地区、改造計画地区の三つに区分しているが、工事中および計画地のほとんどは住宅改良地区である。クリアランス・土地造成工事中の地区では、大半の四合院の町並みが失われていた。

一九九〇年頃から西安市でも市・区の行政機関等が出資して、住宅地などの開発や再開発事業を行う開発会社が設立され始めた。中国では土地は国有であるが、一九八〇年代末の土地制度の改革によって、土地が有償で使用でき、その利用権を売買できるようになった。これを受けて行政や民間による各種の開発会社が生まれている。

この開発会社が銀行から融資を受けて事業を展開し、分譲住宅や事務所を売り出している。西安市関連の開発会社では、分譲による利益をプールし、これを一般住宅の建設費用に充てている。この制度ができるまでは、住宅地の改造は市政府が主体になって徐々に進められてきた。この開発会社の出現によって、開発が大規模化し加速化した。

図3は、住宅団地等の大規模な施設が町並み景観に与える影響が、その敷地タイプによって異なることを示している。図4は、伝統的な町並みを一〇〇メートルごとに区分

し、その保存度を示し、その上に大規模施設による町並み破壊の状況を重ねたものである。ここでいう大規模施設とは、住宅団地を始め小学校、病院、公共施設等で、二〇〇〇平方メートル以上の敷地を持ち、その中に中高層建築群が建つ施設を指す。この両図によって、既設の大規模施設における町並み景観への影響を見てみよう。

両図にある専用通路型の敷地の多くは、小学校や小規模な住宅団地である。このタイプでは前面道路や側面道路から約五〇メートル以上、すなわち一つの四合院の敷地の奥行き以上後退していることが多い。裏の奥まった敷地を利用したものと思われる。このタイプは六カ所あるが、道路から後退し、しかも、一カ所当たりの接道部分が平均で二二メートル以下であるため、伝統的な町並み景観には大きな影響を与えていない。

敷地の一面が接道するタイプでは、直接道路に面して中高層住宅が建ち並び、町並み景観を断ち切り、かなりの影響を与えている。このタイプは一四カ所あり、一カ所当たりの接道部分が平均で八二メートルにもなる。

住宅地改造の規模が大きくなるにしたがって二面接道型や三面接道型が現れ、道路沿いに中高層住宅が林立し、町並み景観を駆逐して全く異なった景観を出現させている。二面接道型は一〇カ所あり、一カ所当たりの接道部分は平

均で一六三メートルもある。三面接道型は四カ所あるが、その一カ所当たりの平均接道部分は四六一メートルにも及んでおり、その影響の大きさを如実に示している。

クリアランス・造成工事中の敷地は、既設のものとは比べものにならない大規模なものであり、その影響は町並み景観の破壊を超えて、この地域全体の景観に大きな影響を与えていくことは確実である。

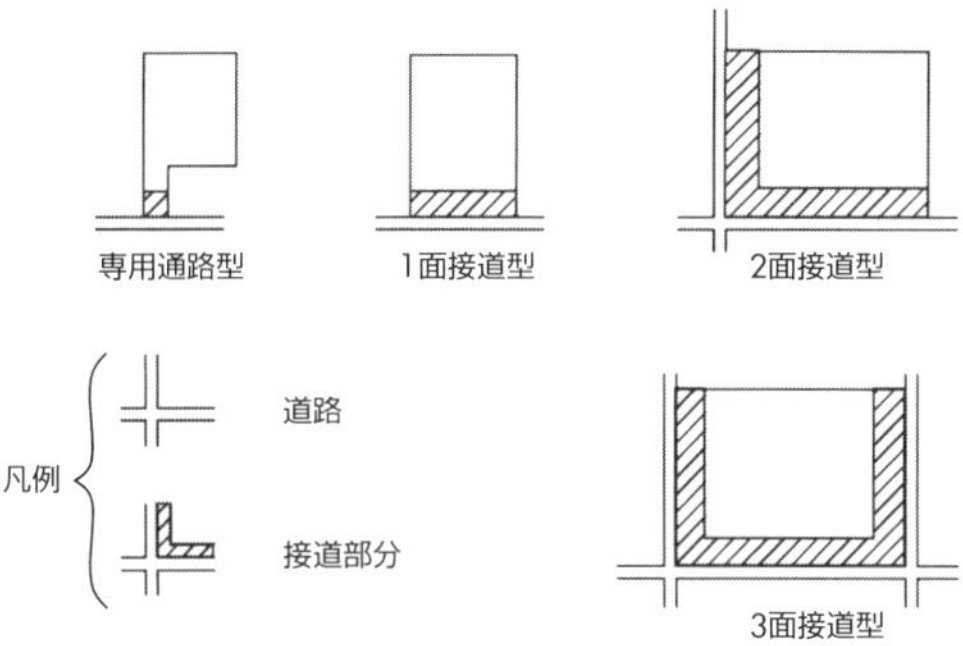

図3　大規模施設の接道型

写真1　四合院の町並みを分断する高層集合住宅

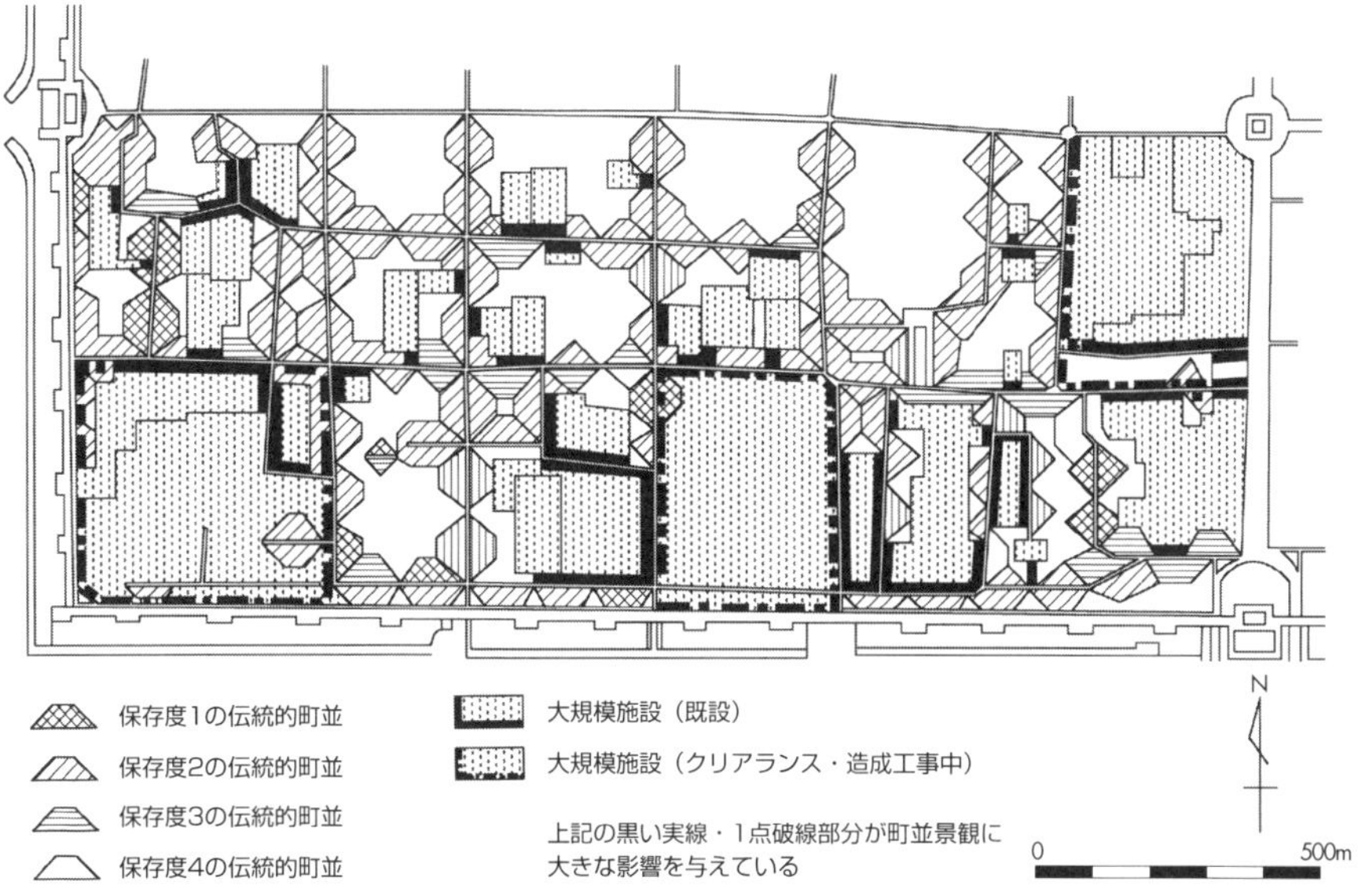

図4　伝統的町並み景観の保存度と大規模施設の景観影響タイプの分布

四合院の内部崩壊――住環境の悪化

もともと、四合院は院子（ユェンズ）と呼ばれる中庭の四周に建物を建て、ここに家長夫婦を中心に何世代にもわたる家族が住まう住居形式である。中庭は、家族の人々の通行にとどまらず、窓や出入り口から日照や採光、通風を得る空間として有効で、また樹木も植えられて四季を感じさせる快適な空間であった。一方、表通りに面しては、黒瓦葺き、白漆喰塗りの門房が建ち並び、頑丈な門扉によって閉ざされ、落ち着いた雰囲気の町並みを作ってきた。

一九四九年の解放後は、住宅不足を補うため一つの四合院に異なった世帯の家族が多数住まうようになった。床面積の不足から中庭に無秩序な増築がなされ、各房も改造され、四合院は内部から崩壊を始める。南門城楼の西北にある徳福巷地区で行ったケーススタディでは、過密な居住状態になればなるほど、中庭への増築度が高くなり、四合院内の環境が悪化していくことが判明した（2節参照）。すなわち、増築によって中庭の面積は減少し、日照や採光、通風が悪くなり、中庭の形も不整形になってくる。一方、過密居住によって、軒下や中庭での炊事、洗濯、物干しなどの行為が増加し、動線に混乱をきたし、中庭内の景観も悪化してくる。

また、中庭内での増築度が高くなるに従って、中庭に向かう窓や出入口がふさがれ、その代替として道路沿いの門房に窓や出入口が開けられ、町並み景観が悪化していくことも判明した。

門房群保存の効果

四合院住宅をその内外にわたり保存することが望ましい。しかし、四合院群の概略調査をしたところ、その可能性を持つものは、一部であることが判明した。歴史的、美術的に、また学術的に価値ある四合院については、内外にわたって、文化財として保存することが望ましい。また、良好な保存状態にある四合院については、その内部の居住条件を改善し、住居として内外にわたって修復保存していくことが考えられる。

良好な保存状態にない四合院については、日中の研究メンバーで、その保存・改善方策をどうするのか何度となく協議した。町並み景観を保全し、住環境を改善し、しかも実現が可能である方策を探した。その結果、通り沿いの町並み景観を構成する門房群を保存修復し、その背後の部分を集合住宅に建て替え、住環境を改善する方式を研究してみようということになった。

そこで、町並み景観を構成する門房群を保存した場合、西南部地域の景観保全にどの程度の効果があるのか、そして、その背後にどの程度の集合住宅が建てられるのかを検証してみようということになった。図5は、平均的な道路幅と門房を設定し、道路端から門房棟を結ぶ視線（道路に直角）内で、どの程度の階数の共同住宅の建設が可能かを調べてみたものである。二階建であれば、全く門房の陰に隠れ、道路から一五メートル後退すると三階建が可能になる。また、三〇メートル余りの後退で五階建が、五〇メートルの後退で七階建が可能となる。

奥行き五〇メートルまでの区域では、四合院の空間構成や外観の特徴を生かした「新四合院集合住宅」とも言うべき新住居形式を開発して、実施に移していくことも考えられる。また、奥行き五〇メートル以上の区域では、従来からの標準的な中高層の共同住宅を建てていっても、町並み景観には大きな支障がないと判断した。道路に直角でない視線の場合でも、上部が多少見える程度であり、目に近い部分は新四合院集合住宅のデザインによって、門房群の景観と調和させることも可能である。

一九九二年の一二月時点での検討結果では、改造計画策定中の地区にこの方式を義務づけて門房群を保存修復した場合、七七四〇メートル（片側ずつ）の町並みが保存される。改造計画のない地区でも義務づけると合わせて一万五一八〇メートルの町並みが保存され、西南部地域の道路総延長の六四パーセントを伝統的な町並みが占めることになる。この地域の歴史的な雰囲気を維持する上でその効果は大変大きい。さらに、欲を出して、クリアランス・造成工事中の地区にこの方式を導入し、残されている門房を保存し修復し、また失われた門房の代わりに、修景措置として鉄筋

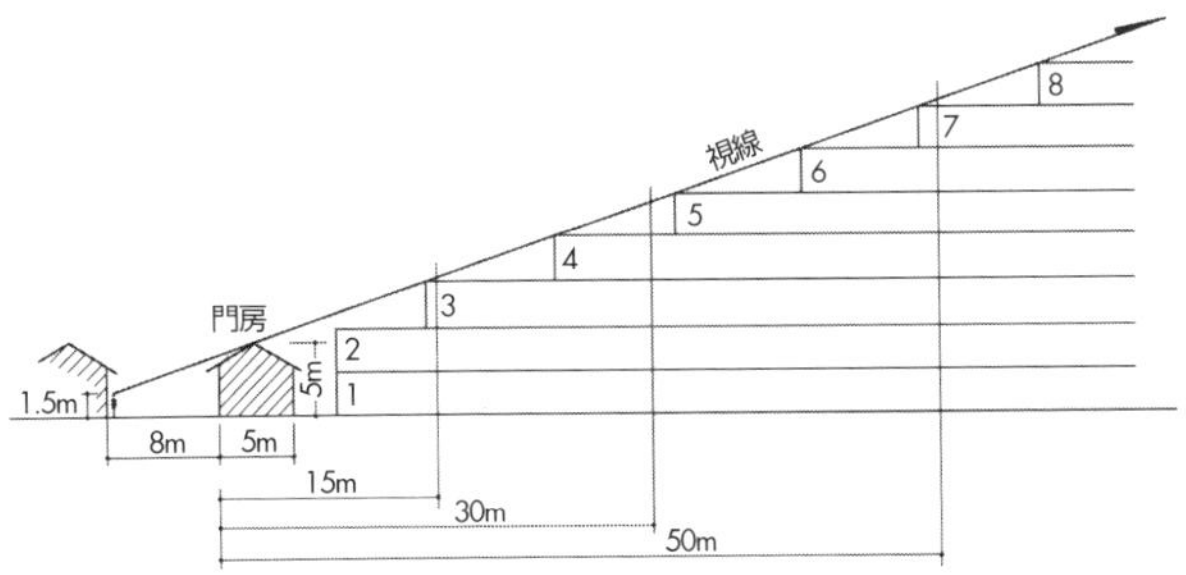

図5　道路から門房棟への視線と新設住宅の階数

コンクリート造による新設門房を設ければ、道路総延長の約八〇パーセントの町並み景観が保存・修景されることになる。

門房の背後に建てる「新四合院集合住宅」については、そのコンセプトを立案するため詳細な調査を行った。四合院住宅地区と中層住宅団地を対象にして聞き取り調査や観察調査、アンケート調査を行い、その生活実態や住民の意向を把握していった。3節にその分析結果を詳述している。

この建て替え案とは別に、四合院の内部を修復的に整備し、住環境の改善を図ることも可能である。また、この二案を折衷する案も考えられる。そこで、日中で話し合いを重ねた結果、比較的保存度の良い徳福巷地区でさらに詳細な調査を行っていくことにした。特に、一つの四合院内で多数の世帯がどのように住み分けているのか。また、過密居住によってどのように四合院の環境が悪化しているのか。これらの実態を探り、住環境の改善に生かしていくことになった。この分析結果については、次節で詳しく述べている。

これらの調査分析結果をもとにして、4節1項で徳福巷地区の保存再生計画案を提案し、同2項では大有巷地区での大規模な官宅の保存活用計画案を提示している。

（大西國太郎）

2——住まいと町並み
——徳福巷地区

庶民の町

まず、徳福巷地区の位置から説明していこう。この地区は南大街の西にある南北の通りで、南は湘子廟街を通って南門城楼につながっている（図1）。北には、竹細工や家具の店舗街・竹笆巷があり、さらに北へいくと回族の商店街・北院門街へと続いていく。延長一七〇メートルにおよぶ徳福巷の通りには、伝統的な四合院が軒をつらね、槐《えんじゅ》の並木と相まって落ちついた雰囲気をただよわせていた（写真1）。

この徳福巷には何度となく通った。家屋の実測調査をした一軒の四合院へは、訪中の度に訪ねたのでお馴染みになった。八〇歳を越えるお婆さんと、娘さん、お孫さんの三人が住んでおられた。お婆さんのご主人はかつて医師としてこの四合院で開業されていた。一家が住まう棟（正房）は、他の房とは違って狭いながらも室内は大変清潔でよく整頓されていた。質素な椅子に座ってお茶をいれていただきながら、古い時代の四合院での生活の様子をお聞きした。秋の穏やかな光が紙障子ごしに差しこみ、白い壁に格子模様を浮き立たせていた光景が、いまも頭に焼きついている。静かで落ちついたその雰囲気から、四合院本来の良さを多少なりとも味わったような気がした（写真2）。

それでは、この町の特性をつかむため、この界わいの歴史的な変遷を眺めてみよう。唐の時代には、徳福巷の名前すらなく、この辺りは当時の官庁街「皇城」の一角にあった。元の時代にようやくこの界わいは住宅地になるが、周囲にはまだ諸官庁が点在していた。明の時代に徳福巷の北端に道教の護法神をまつる黒虎楼閣が設けられ、これに因んで「黒虎巷」と名づけられた。清の時代には「徳護巷」と称され、中華民国の初年に「徳福巷」に改称された。これらの名称は、いずれも黒虎巷の西安の方言の発音に由来しているという。

清の時代にはすでに四八戸の住宅が徳福巷に建てられ、この敷地割りと街路がほぼ現在に引き継がれている。この地区の周辺には諸官庁や官宅、大商家が集まっていたが、徳福巷は当時から中流以下の庶民的な居住区として生き続け今日に至っている。当時は道幅が狭く、広いところでようやく馬車がすれ違いできる程度で、雨の日にはぬかるみになり通行人が難渋したという。建物の配置も不揃いで、壁面線の凹凸が目立っていた。中華民国時代の一九三〇年代、地方政府により道路の拡幅や壁面線の統一が行われた。現在の七メートル幅の街路に四合院が並ぶ景観は、この頃につくられた。

写真1　徳福巷の伝統的な町並み

写真2　徳福巷の伝統的民家の院子―正面が正房（図8と同じ院落）

徳福巷での詳細な調査

徳福巷の調査では、まず一進院から三進院にいたる大小さまざまな四合院住宅が地区内にどのように分布しているのか。これらの住宅の特徴や、住宅群の保存状態はどうなのか。そして、住宅内での多数世帯による住み分けの状態や、過密居住による住環境悪化の進行はどうなっているのだろうか。こうした数々の疑問を抱えて、京都グループが調査

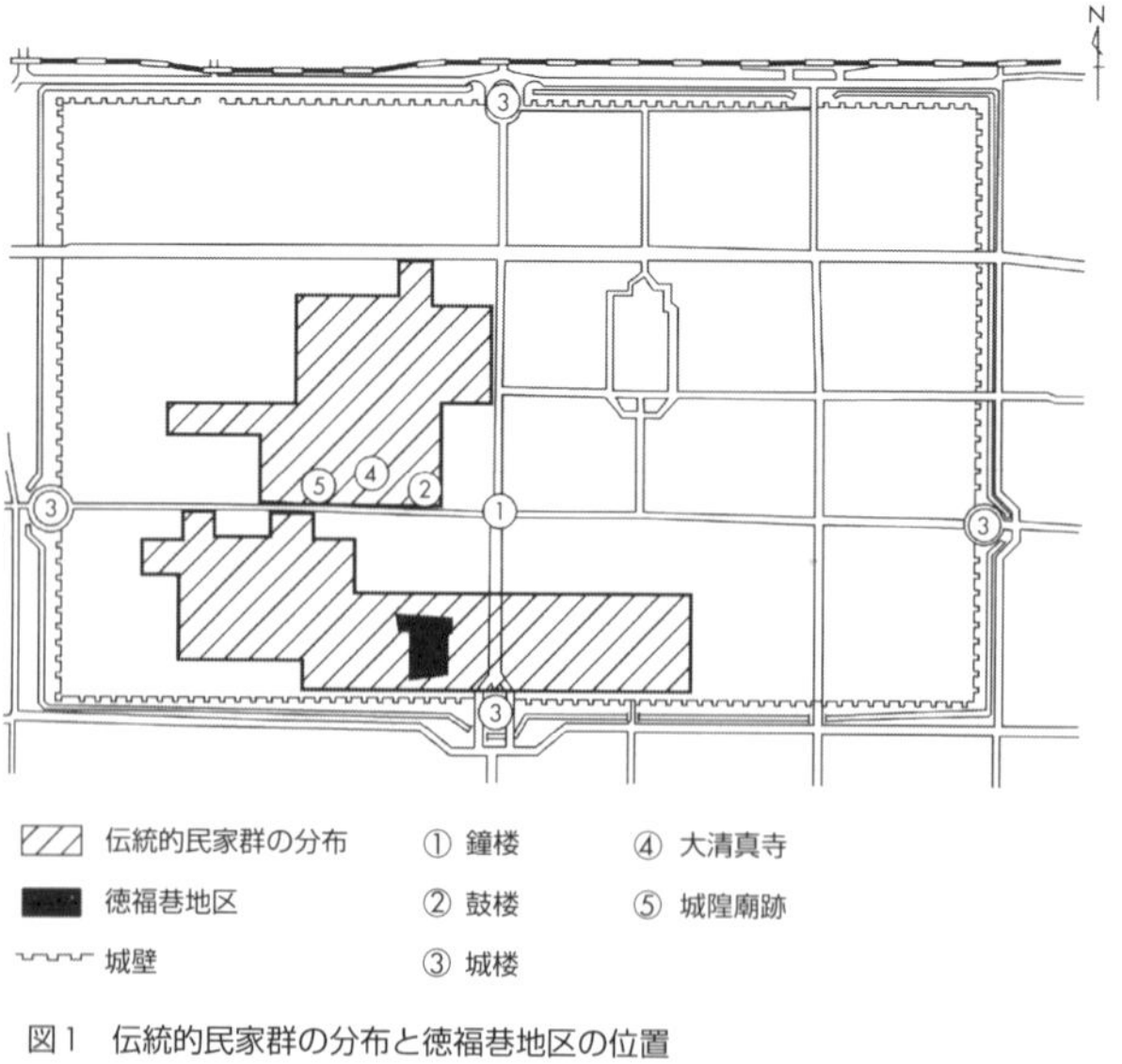

図1　伝統的民家群の分布と徳福巷地区の位置

企画を行い、日中で協議を重ねて共同調査に入った。

西安グループでは、西安冶金建築学院（現西安科技大学）建築学科の教員・学生チームがこの調査を担当した。地区内に分布する伝統的民家の状態を把握するため、西安市の一千分の一の地図をもとにして実測調査を行い、地区内全民家の連続平面図（図2・3）や連続屋根伏図を作成した。また、聞き取り調査によって、民家の院落（構え）ごとに各世帯がどのように住み分けているのか、その占有範囲を図化し、また所有（市有・会社有・私有）関係等をプロットしていった。そして各世帯の占有面積や人員、世帯主の職業等を一覧表にした。

京都グループは良好な保存状態にある民家四院落のうち二院落の実測調査を行い、平面・立面・断面の各図や矩計図を作成した。また、町並み景観の保存状態を調査し、街路両側に連なる民家群の連続立面（両側）を作成した。この延長一七〇メートルに及ぶ連続立面図の作成には、大阪市立大学・生活科学部住居学科や京都芸術短期大学・専攻科（三・四年生に当たる）建築デザインコースの学生たちが参加した。そして、西安グループのデータをもとにして、京都グループが現地調査を重ね、住み分けのタイプや過密居住の状態、住環境や町並み景観悪化のメカニズムを探っていった。（大西國太郎）

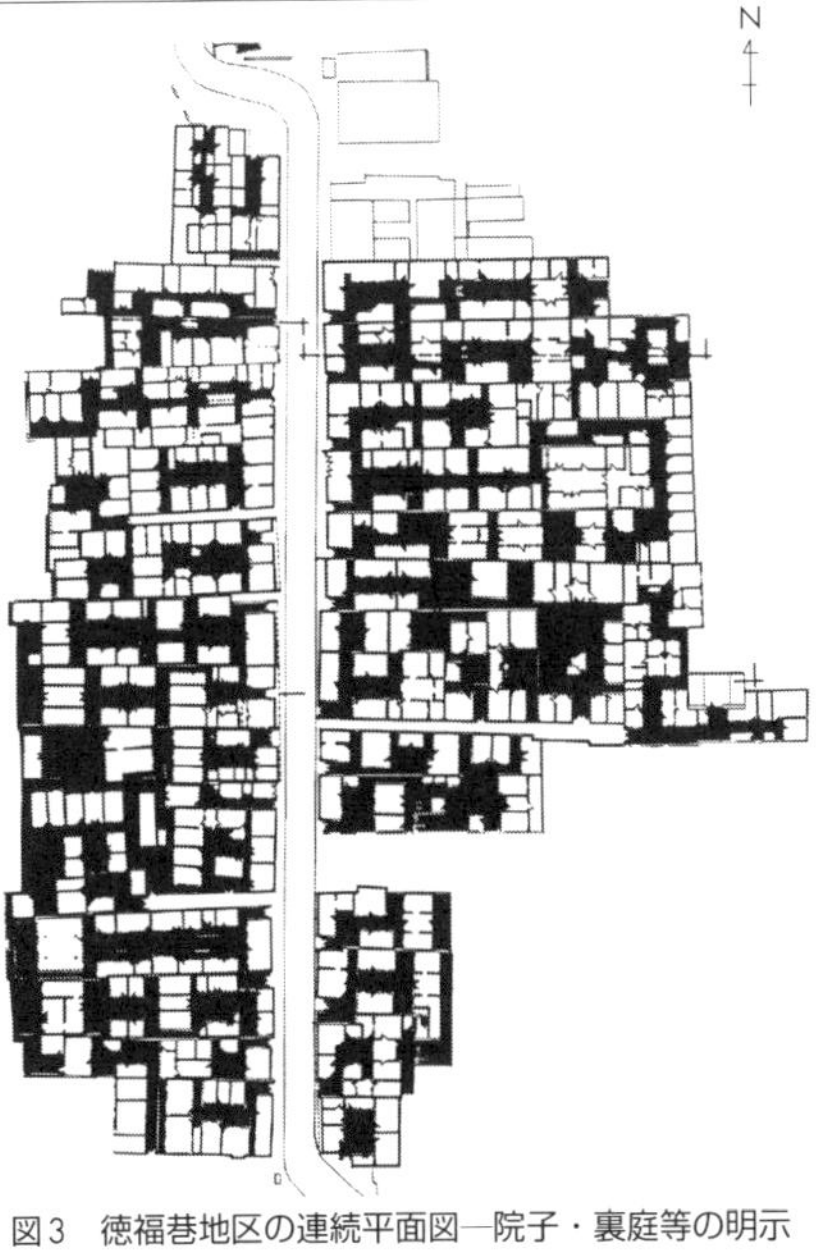

図3　徳福巷地区の連続平面図—院子・裏庭等の明示

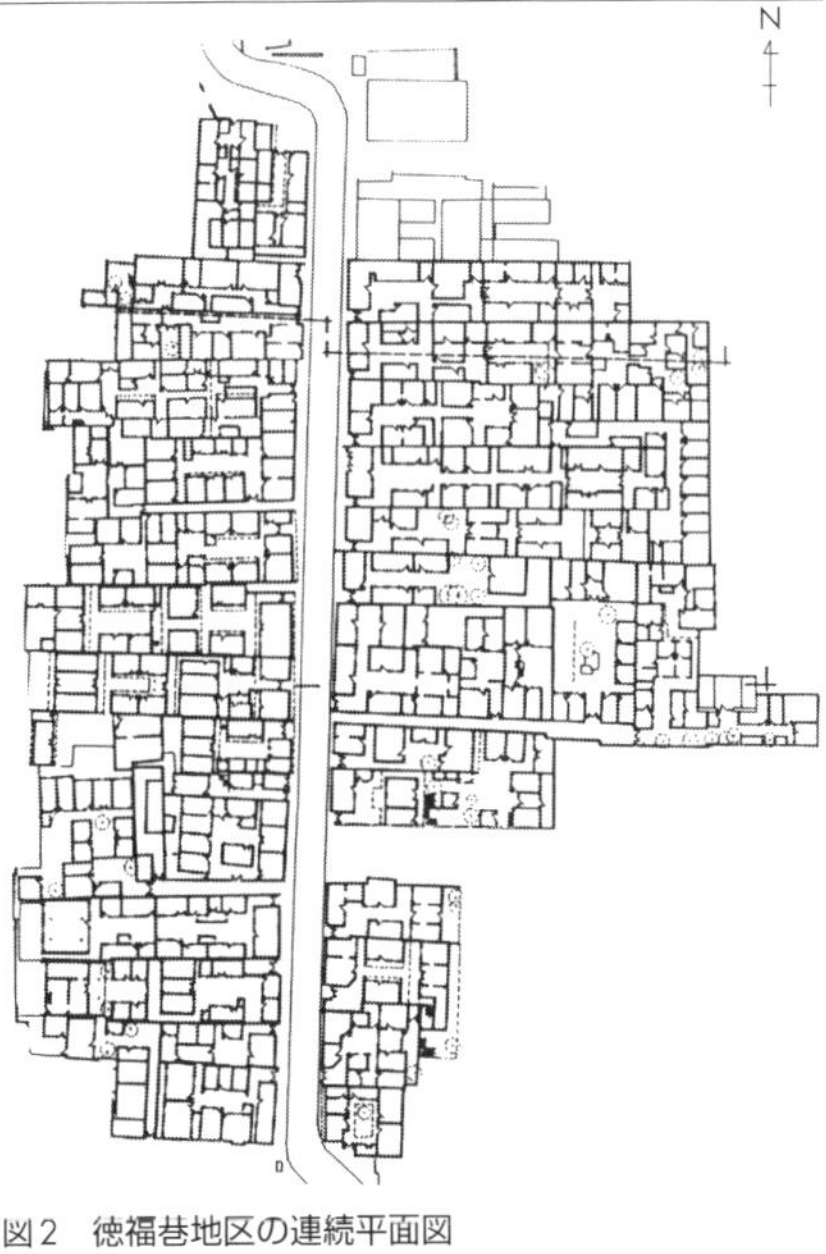

図2　徳福巷地区の連続平面図

民家の敷地と形式

徳福巷地区は、南北の街路をはさんで両側に三七院落の宅地が広がっている。そのうち二九院落は表通りに面しており、その他は通りから路地を引き込んだ裏宅地である。敷地の形状は南北方向に間口をあけ、東西方向に奥行きをとった短冊型である。北東部分では間口と奥行きの比率が一対六にも達する奥行きの深いものもある。街路に直交する三本の袋小路があり、その奥に裏宅地が取られている。

このような巷全体の形は、日本の伝統的な都市、とりわけ京都の町内の集合形態とよく似ている。すなわち、表通りをはさんで向かい合った家並みがひとつの町を構成する両側町、鰻の寝床とも称されるように奥行きの深い宅地形状、そして路地を通した裏側の宅地化などである。西安(唐の長安城)と京都(平安京)は、いずれも古代の都市計画によって造営された首都である。平安京は長安城をモデルとしたもので、いわば両者は兄弟の関係にある都市である。日本では平安京造営後、千年以上も経過する中で何度も再開発が行われ、両側町という新しいコミュニティの町が徐々に形づくられていった。西安の徳福巷は具体的な史料を欠いているが、京都の町内と同じような経過をたどって両側町が形成されたものと推定される。

さて、このような敷地の中に、中国独特の住宅形式である四合院住宅が建てられる。四合院は、院子と呼ばれる中庭を取り囲んで、正面に主屋(正房あるいは上房)、左右に二棟の脇部屋(廂房)、そして道路側に向かい部屋(倒座房あるいは門房)が配置される。各房は院子に向かって窓や出入り口が開けられている。院子は各房への日照や通風を確保するばかりでなく、院落内の主な通路ともなる。外部に対しては通り沿いに建つ門房と頑丈な門扉で閉ざされており、門房には窓などの開口部は一切設けられていない。

四合院は中国を代表する住宅形式で、院子の数を「進」で表現する。一つの院子を持つものを一進院式、二つの院子を持つものを二進院式(両進)という具合である。北京あたりの大邸宅では七進、八進になる大規模なものもあり、しかも住宅に限らず、宮殿や寺廟などにも用いられている。古くは西周の宗廟にも両進の四合院が見られるそうである。

徳福巷の住宅は一進院式四合院と二進院式四合院が中心である。前者は表の門房を入ると院子があり、正面奥に上房、左右に二棟の廂房が配置される。後者は一進院式の後方に二つめの院子を設け、それを囲んで三つの房が建てられる。この場合、前の院子を「前院」、後ろの院子を「後院」、前院と後院の間の通り抜けの房を「過庁」と呼ぶ。

敷地の規模や形状と住宅の平面形式の分布状況を見たも

のが図4である。中には建築後に大改造されて、当初の面影を失ってしまったものもあるが、この図はあくまでも現状の敷地割りを前提として、一進院式、二進院式、三進院式などの住宅の平面形式の原型を推定したものである。なお、廂房が一つしかないものは三合院として分類し、敷地が変則的で伝統様式を持たないものはその他とした。

徳福巷三七院落のうち、一進院式四合院が一二戸、一進院式三合院が九戸、二進院式四合院が一一戸、ほかに三進院式四合院が二戸、その他が三戸になる。三合院形式は敷地間口が狭いために、側房の一方が省略された形式とみれば、四合院を基本にしたものである。

西側の街区は敷地の形状が比較的揃い、奥行きは浅いが、通り沿いに一進院式や二進院式の四合院が並び、奥には専用の通路を持った、その他の形式が分布している。敷地規模がやや小さい北の方では、三合院が集まっている。一方、東側をみると、北の方に三進院式の大規模な四合院が二院落あり、真ん中では路地を通して奥の敷地を宅地として活用している。南には小規模な一進院式の四合院が集まっている。

次にこれらの平面形式と敷地の間口と奥行きの関係をみたものが図5である。一進院式では、そのほとんどが奥行き二〇メートルから三〇メートルの間に分布している。間

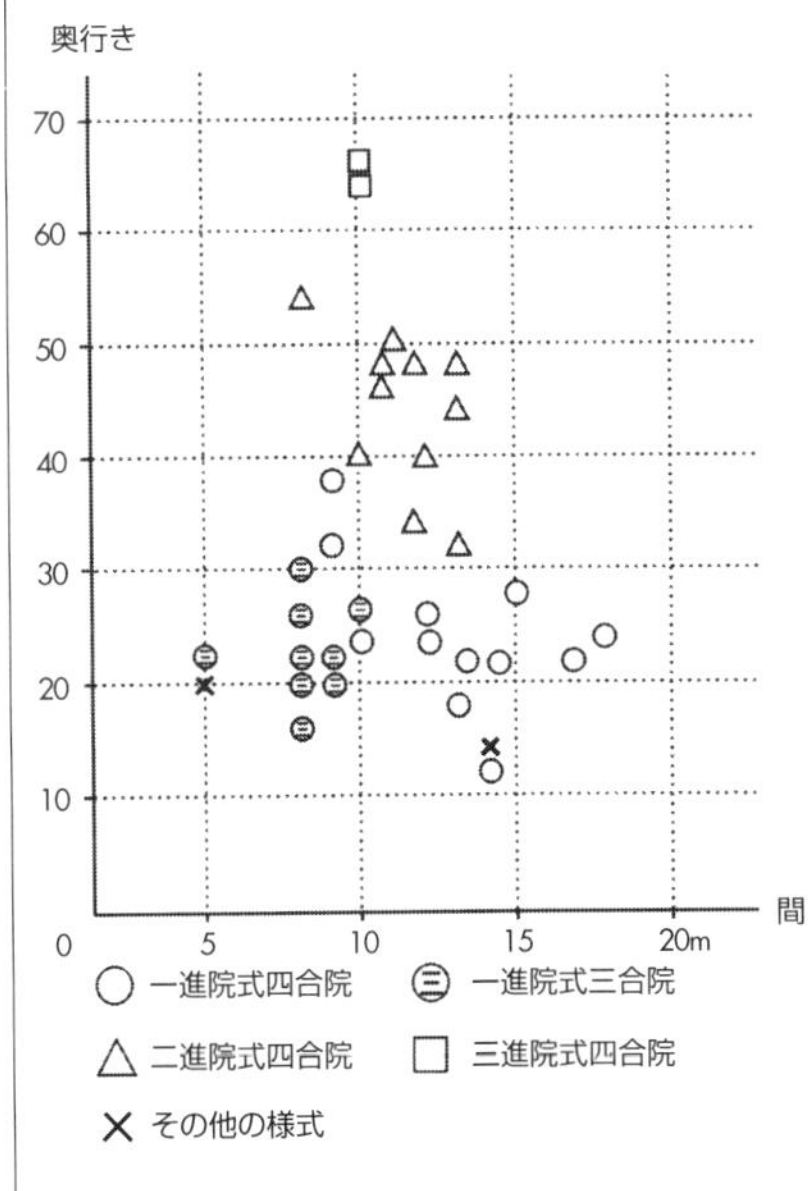

図5　敷地間口　奥行きと民家平面形式の関係

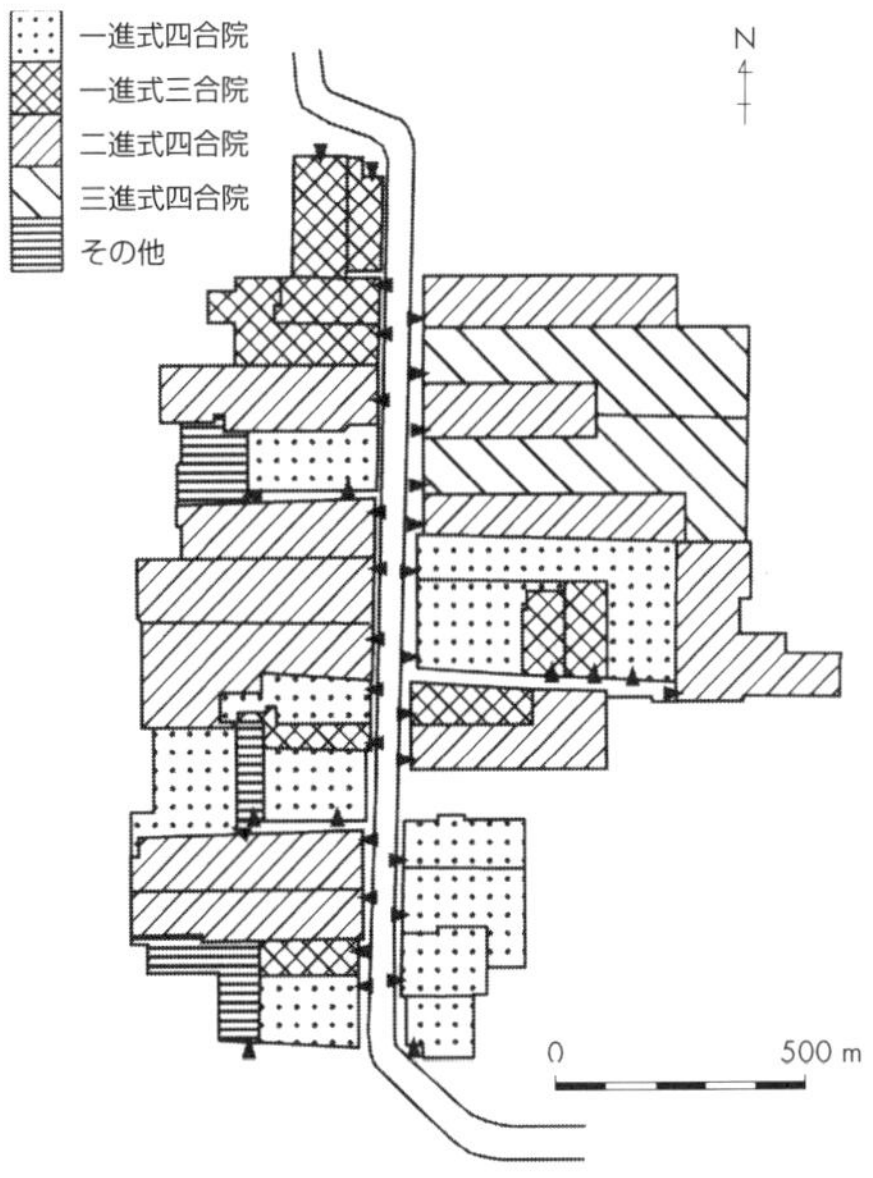

図4　敷地割りと民家平面形式の分布

口は五メートルから一八メートルと意外にばらつきがあるが、三合院の間口規模は一〇メートル以下に集中している。

　二進院式はすべて四合院で、奥行きは三〇メートルから五〇メートルの間に、間口も一〇メートルから一五メートルの間に集中している。三進院式は二院落あるが、どちらも四合院で奥行きは六〇メートルを超えている。街路に面する二九院落の表敷地のみを取り上げると、奥行きの平均は四〇メートル、間口は一一メートル近くになり、奥行きの深い短冊状であることがわかる。

　徳福巷の伝統民家の建築的特徴をみると、まず院子には磚が敷き詰められ、中央に直径一〇センチ程度の排水用の穴がある。観賞用の庭ではないので、樹木が植えられている程度である。院子を囲む房は、一段高く石が積まれた基壇の上に建てられる。木造の軸組構造で外壁は磚積みを芯にした土壁で、白漆喰塗りか磚貼りで仕上げる。切妻のような両方向に傾斜する屋根で、黒色の瓦を葺いている。とくに軒やけらばは出が少なく、「硬山式」と呼ばれている(図6・7・8)。中軸線上にある門房・上房・過庁の屋根は両流れ、脇の廂房の屋根は片流れである。房は平屋建が一般的であるが、上房は三分の一程度が二階建の立派な建物である。一九八〇年代以降は、軸組がコンクリート、壁が煉瓦造、屋根は陸屋根のものが建てられ、街路景観に違和

図7　徳福巷一進式四合院　東西断面図

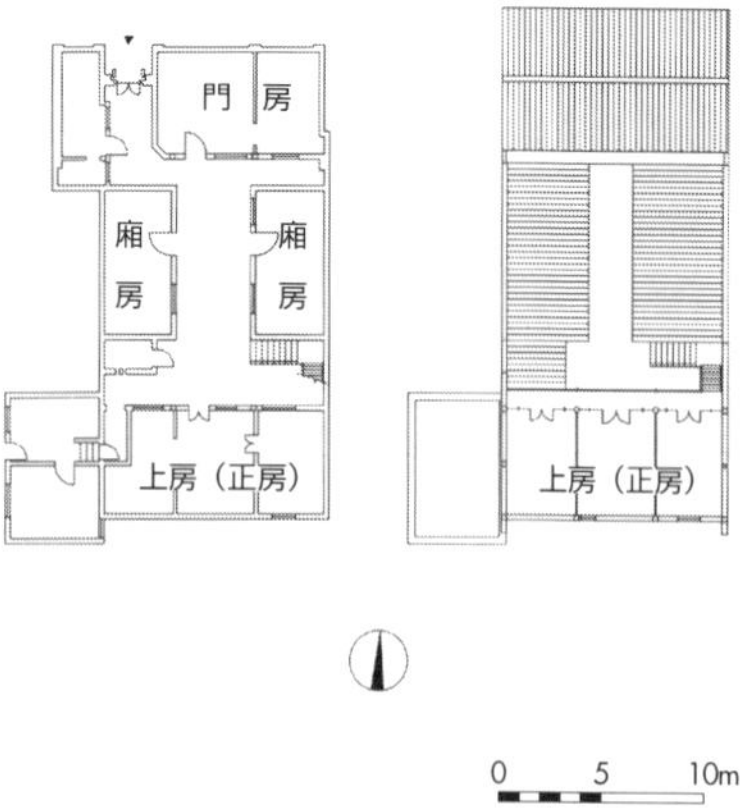

図6　徳福巷一進式四合院　平面図

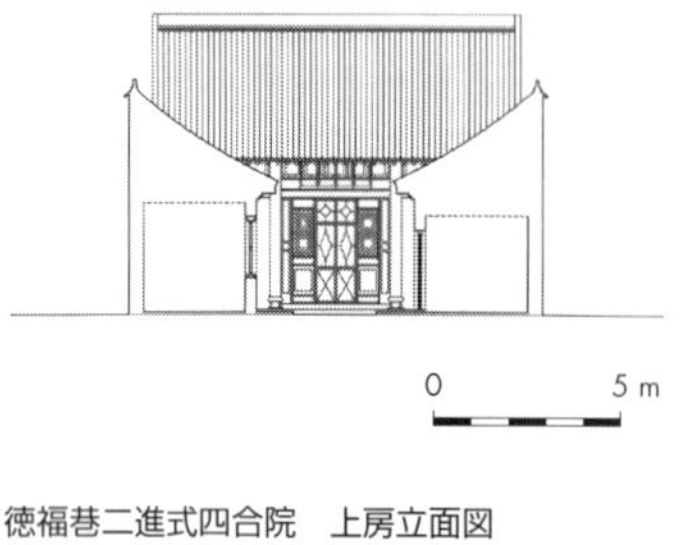

図8　徳福巷二進式四合院　上房立面図

感が生じている。

徳福巷の伝統民家の外観は比較的簡素で、特に表の街路に対しては装飾的要素が少ない。しかし、院子に面した部分には凝った装飾が施されている。すなわち、扉は日本の桟唐戸や板唐戸のようであり、窓にも組子のような桟が入っている。特に上房にはみごとな装飾が施されている。例えば、柱間には観音開きの戸が吊り込まれ、扉の鏡板には吉祥文様が薄肉彫りされ、窓や二階部分にも装飾的な組子がはめこまれている。壁の細部にも吉祥文様のレリーフが見られ、唐草文様などの植物文様も多用されている。

先ほど、徳福巷の敷地形態やコミュニティのあり方は、京都の町内と似ているといったが、住宅そのものはどうであろうか。京の町家といえば、数寄屋風の座敷や坪庭など、奥深いところに洗練された空間が用意されているが、よそ者にとっては閉鎖的なイメージが強い。徳福巷の四合院住宅も、院子に面した内側にはみごとな装飾的細部を持った房が建てられているが、表側は閉鎖的で、外からはこの豊かな空間を全く窺い知ることができない。このように、表側はよそ者に閉鎖的にして、奥には贅沢な空間を用意するという構成は、見知らぬものが集まって住んでいる都市住宅特有のコンセプトかもしれない。

（谷直樹、苅谷勇雅、植松清志）

住み分けのタイプ

四合院での多数世帯の住まい方は、まさに雑院と呼ぶべき状態にある。各世帯はどのように住み分けているのだろうか（図9）。四合院はもともとは一つの院落に家長を中心に何世代もの家族が住んでいた。解放後の住宅不足を補うため、「お客さん」と呼ばれる外来の多くの世帯が、一つの院落に住まい始める。例えば、二進院の後院（奥の院子を囲むブロック）にもとの所有者の家族が住まい、前院に複数の世帯が住まうケースがある。ここでは、これをB型と呼んでいる。この型の後院は、一進院での四合院本来の住まい方に似ている。また、官庁や企業の幹部が一進院や二進院の院落全部を専用している場合もある。この型は四合院本来の住まい方に近く、A型と呼んでいる。四合院本来の住まい方から遠のくにしたがって、順次C、D、E、F型の院落と名付けている。

C型には次の二つの型を含めている。その一つは、二つの房（棟）を専用する世帯が集まる院落である。もう一つは、この二房専用の世帯と単数房しか専用していない世帯が混合する院落である。両方を合わせて一つのタイプにした理由は、両者の院落ごとの一人当たりの床面積や、増築による建蔽率増加度を比較したところ、ほとんど両者は同じような状態にあった。このタイプの単数房世帯は面積の大きい上房や過庁を専用する世帯が多く、面積の狭い廂房二棟を専用する世帯と大差がないことからきている。

D型は単数房専用の世帯が集まる院落であり、E型は単数房専用の世帯と室専用の世帯が混合する院落である。F型は室専用の世帯が主流となる院落のタイプである。室専用世帯は一つの棟を分割して使用するため、境界壁の音響遮断などが悪く、その居住条件は最悪である。

図9はその住み分けの実態を示すため、いずれも実例をあげているが、伝統的民家の原型をあまり壊していないものを選んでいる。通例はE・F型になると増改築の度合いが大きく、伝統的民家の原型からほど遠いものが多い。図10に、これらのタイプの分布を示している。民家の平面形式と住み分けタイプの間に、何らかの関係があるのではないかと考え分析したが、両者の間には特別な傾向は見られなかった。

住み分けタイプと過密居住の関係

それでは、住み分けタイプを軸にして「過密な居住」と「住環境の悪化」との関係を探っていこう。過密居住のめやすを、院落ごとの一人当たりの床面積に置き、環境悪化のめやすを、院子（中庭）への増築による建蔽率増加度に置いてみた。建蔽率増加度の算定に当たっては、現地調査によって伝統的な四合院平面（原型）に新たに付け加えられたと推定される部分を確かめ、これを増築部分とした。徳福巷地区での原型の建蔽率は、敷地の大小に関わりなく六〇パーセント前後である。また、この地区での増築はすべて平屋増築となっていた。三七院落のうち二院落（表通り一、路地奥一）については、居住者数や床面積のデータが不備であるので、分析から除いた（図10）。

まず、各院落での一人当たりの床面積と住み分けタイプの関係を見てみよう（図11）。A型からF型へいくほど、一人当たりの床面積が少なくなっている。すなわち人口の密度が高くなっている。もう少し詳しく見ると、一世帯が一つの院落を有するA型、二進院の後院に一世帯が住み前院に多数世帯が住まうB型、複数房等を専用する世帯が集まるC型では、これらの住み分けを反映して、全院落の一人当たり平均床面積の一〇・三平方メートルを超えるものがほとんどで、一七院のうち三院が例外となっている。これに比べて単数房や室を専用するD・E・F型では、一〇・三平方メートルの平均に満たないものがほとんどで、一八院のうち二院が例外になっている。

調査・分析に入るまでは、人数が多い世帯には広い床面積が与えられ、人数の少ない世帯には狭い床面積が与えられているものと考えていた。しかし、必ずしもそうではなく、行政や共産党、企業の幹部クラスの世帯には広い床面積が与えられ、工人と呼ばれる一般労働者の世帯には、人数が多くても狭い面積しか割り当てられていない。こうしたことから、このような結果が出てきたのである。

日本では、社会的な地位があっても収入や財産が少なかったり、その逆であるなど、人々の境遇は千差万別である。ところが、中国では全くの階級社会で、行政や党、企業での地位が上がると、収入も住宅のレベルもセットになって上がっていく。一九七〇年代の後半から始まる経済の改革・開放政策で、新興の成り金層が増えてきたが、根本的には変わっていない。この住宅の専有床面積の調査で、その階級社会の厳しさを改めて知らされた。

住み分けタイプと院子での増築

それでは、住み分けタイプと建蔽率増加度との関係を見てみよう（図12）。ばらつきはあるものの、A型からF型へいくほど増加度が高くなる傾向にある。これを少し詳細に見てみよう。全院落の建蔽率の平均増加度は一二・五パーセントであるが、平均未満の院落は複数房を専用するA・B型に集中し、その増加度も五パーセント以下となっている。一人当たりの床面積が大きく、伝統的な四合院居住に近い

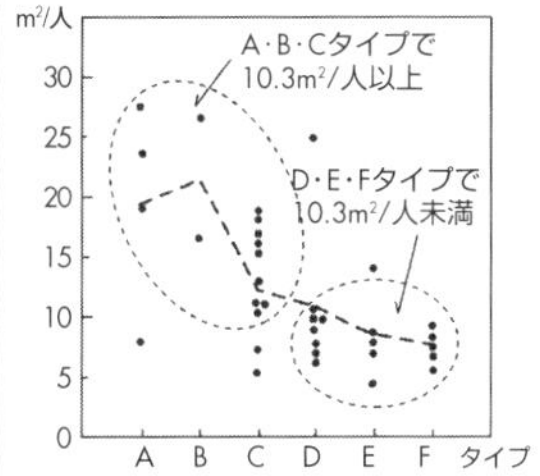

図11　院落の住み分けタイプと1人当たりの床面積の関係

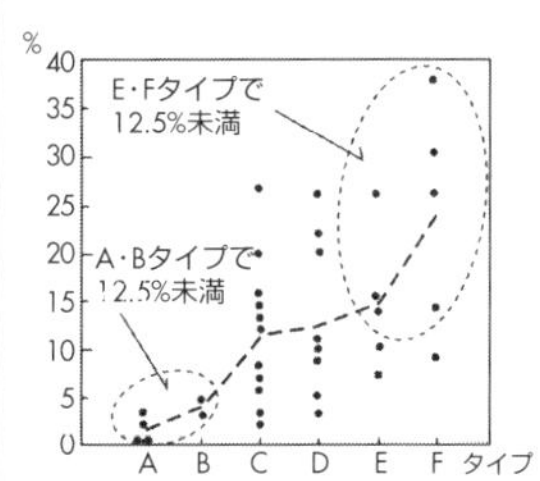

図12　院落の住み分けタイプと建蔽率増加度の関係

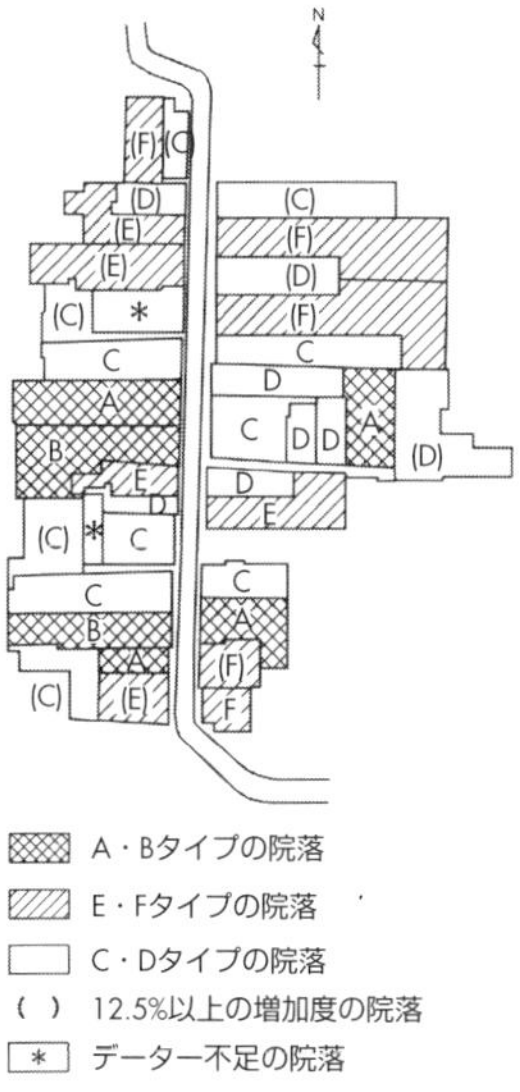

図10　院落の住み分けタイプと建蔽率増加度平均以上の院落の分布

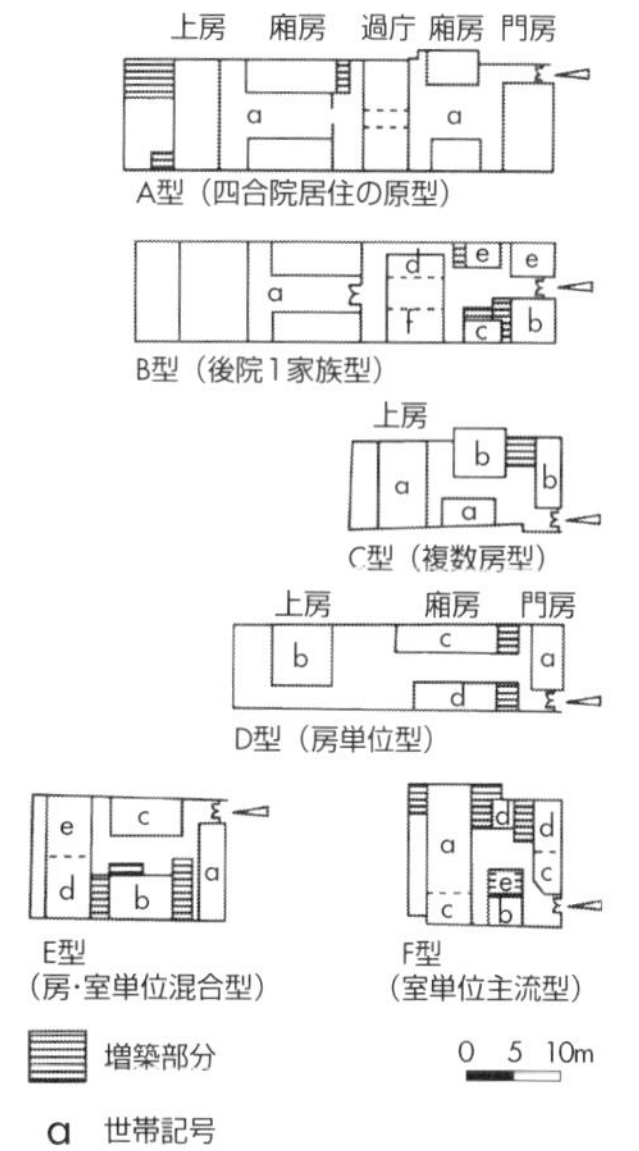

図9　院落の住み分けタイプの分類（実例）

このタイプでは、増築要求が少ないものと思われる。

一方、増加度平均以上の院落は室を主に専用するE・F型に多く、一〇院中七院までが平均以上の増加度を示している。このタイプは院落一人当たりの床面積が少なく、これを補充するための増築が建蔽率増加度を高めているものと思われる。

これに比べて、複数房等を専用するC型では、建蔽率増加度の平均以下が六院、平均以上が五院となってばらつきが大きい。単数房を専用する世帯が集まるD型でも、平均以下が五院、平均以上が三院と同じくばらつきが大きい。C・D型は、E・F型ほど増築要求が切実でなく、A・B型ほどは安定していないものと考えられる（図10・12）。

増築と住環境の悪化

徳福巷地区の院落では、伝統的な四合院の原型の建蔽率は六〇パーセント前後のものが多い。もとの建蔽率を仮に六〇パーセントとした場合、平均増加度の一二・五パーセントでも、空地の一八・八パーセントを失う。図13のケース1に見るように、この程度の増加でも一つの院子（中庭）に集中した場合、院子は狭くなって、各房は窓の一部を失い、採光・通風の不足をきたすなど、かなりの影響が出てくる。二〇パーセント、三〇パーセントの増加度では、それぞれ三〇パーセント、四五パーセントの空地を失うことになり、モデル図のケース2・3に見るようにその影響は多大なものになっていく。

院落の一人当たりの床面積が少なければ少ないほど、その不足を補うため増築がなされ、院子の面積は減少し、その形も不整形になっていく。そのため院子や房内の日照・採光・通風が不足し衛生面が悪化する。さらに院子の通路としての機能や、洗濯、物干しなどの日常生活の行為にも支障がでてくる。また、院子での増築によって院落内の景観は混乱したものになっていく。

それでは、院落単位での一人当たりの床面積と建蔽率の増加度との関係はどうなっているのだろうか（図14）。ばらつきは大きいが、一人当たりの床面積が少ないほど、建蔽率の増加度が高くなっている。一人当たりの床面積が一〇・三平方メートル（全院落の平均）以上の院落では、建蔽率の増加度一二・五パーセント（全院落の平均）未満のものが集まっており、一六院中五院が例外となっている。一人当たりの床面積二〇平方メートル以上では例外はない。一方、一人当たりの床面積が一〇・三平方メートル未満の院落では、建蔽率の増加度一二・五パーセント以上のものが一〇院、一二・五パーセント未満のものが九院となって、大きくばらついている。

町並み景観の特徴と保存状態

徳福巷の通り沿いには四合院の門房が軒を連ねて伝統的な町並み景観を作り上げている。院落内の各房は奥の上房（二階）を除いてはすべて平屋であり、院内各房は通り沿いから望めない。

　門房の平均的な規模は間口約一〇メートル、棟高約五メートルで、外壁は木柱の間に磚が積まれて土壁でおおわれ、外装は白漆喰が塗られている。入り口は正面に向かって右のものが多く、外壁より一～一・五メートル後退したところに、厚い板材でつくられた扉がある。上部の小壁や側壁には吉祥文様が施され、門柱の足元には抱鼓石が据えられていた[*1]。白い外壁が連続して明るい整然とした町並み景観を作り出している。門扉の黒と外枠の朱のラインがアクセントになって景観を引きしめ、白壁に街路樹の緑が映えて落ち着いた雰囲気を醸し出していた。

　この町並みは比較的保存度の良い四合院が軒を連ねており、貴重な町並み景観の一つとなっていた。町並みを構成する門房の保存状態を見てみよう。この地区の門房の保存度調査に先立ち、当地区を包含する旧城内・西南部地域で門房の保存状態の悉皆調査を行った（1節3項参照）。この調査では、保存度Ⅰ（外観が完全に残っているか、軽微な改変のあるもの）、

保存度Ⅱ（外観の一部が改変されているもの）、保存度Ⅲ（外観のかなりの部分が改変されているもの）、保存度Ⅳ（外観は全面的に改変されているが、構造が残っているもの）の四段階に分類したが、この徳福巷地区は保存度の良いものが多いため、保

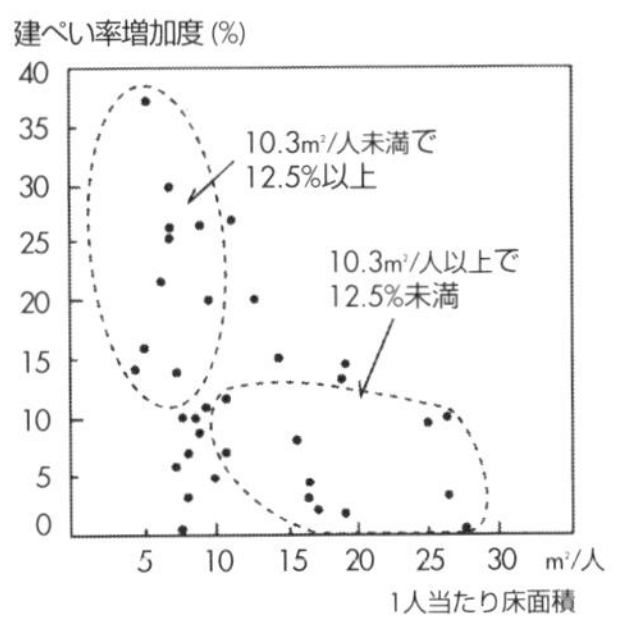

図14　院落1人当たりの床面積と建蔽率増加度の関係

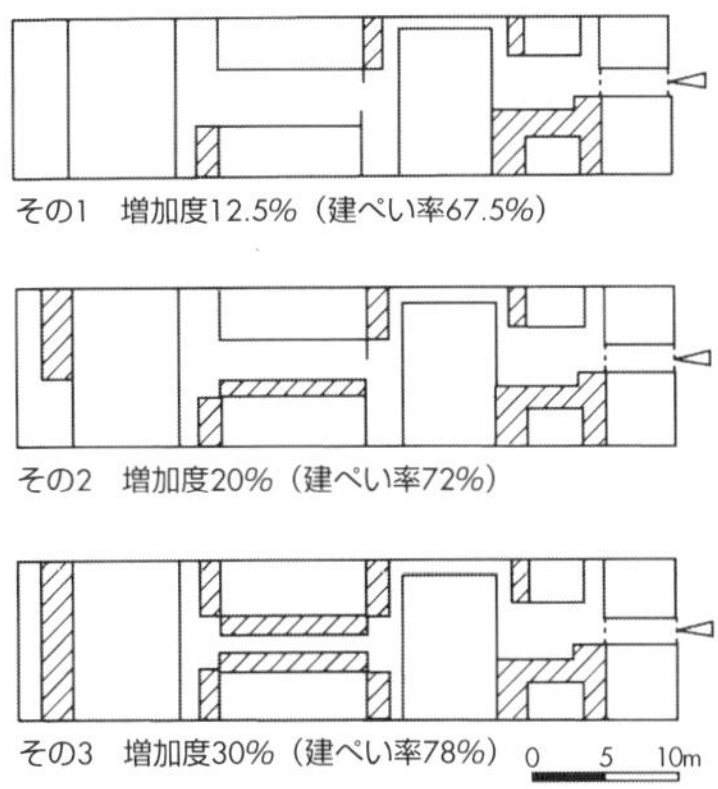

図13　院落における建蔽率増加のケース

存度Ⅰを二つに分けている。

図15と対応させながら保存度の分類を見ていこう。保存度Ⅰ-1は、外観が完全またはほぼ完全に残るもの。保存度Ⅰ-2は、外壁に小窓がついたり、一部の外壁が煉瓦積になるなど、外観に軽微な改変がなされているもの。保存度Ⅱは、外壁に出入口がついたり、屋根の一部が改変されているなど、外観の一部が改変されているもの。保存度Ⅲは、外壁の一部に出入口や窓がつき、屋根が伝統様式でない材料で葺き直されるなど、外観のほぼ半分に相当する部分が改変されているもの。保存度Ⅳは出入り口が新設されたり、逆にふさがれたり、また壁面や屋根が新材料で改変されるなど、外観の全部が改変されているが、構造が残っているものである。

通り沿いの二九院落のうち、直接通りに接しない一院を除き、二八院について調査した結果、保存度Ⅰ-1が九院、同Ⅰ-2が五院、同Ⅱが一〇院、同Ⅲが一院、同Ⅳが三院であることがわかった。保存度Ⅰ-1、同Ⅰ-2が五割を占めるという良好な保存状態にあった[*2]。

町並み景観の変化と過密居住

町並みを形成する門房の外観変化は、何によって起こるのだろうか、その原因を見てみよう。その一つは補修の際に

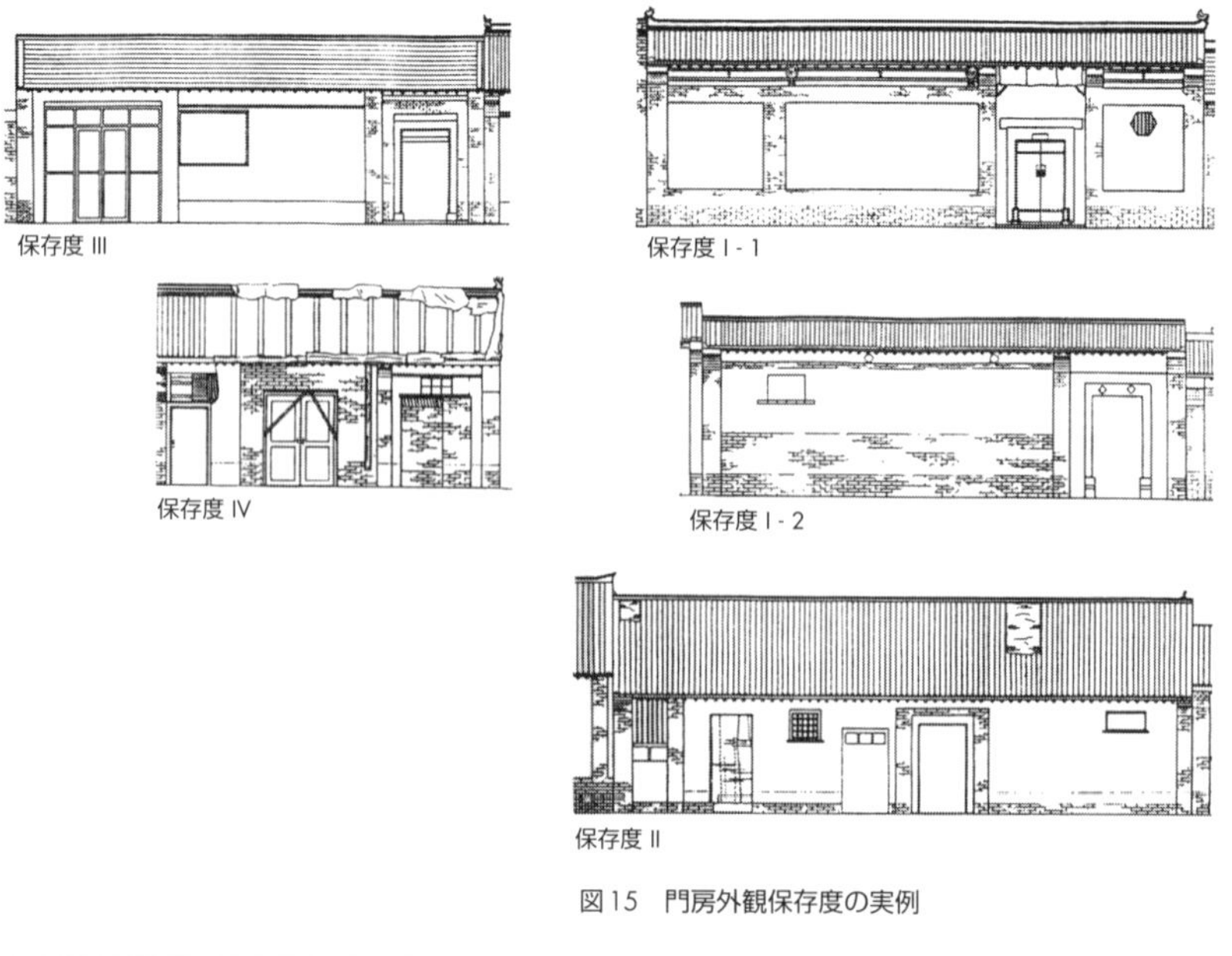

図15　門房外観保存度の実例

起こる改変であった。伝統的な漆喰壁が補修のために煉瓦積に変えられたり、屋根の補修で伝統的な瓦葺を失うなどである。二つ目は生活上の要請から門房に窓や小窓、出入口が設けられるなどの住環境の改善型であった。三つ目は例はわずかであったが、門房の一部または全部が店舗に転用され改変されるなどの用途変更型であった。

これらの変化要因によって、門房がどの程度の改変を受けているのだろうか、保存度と変化要因との関係を見てみよう。図16に見るように、保存度Ⅰ-1では補修型が多く、Ⅰ-2からⅡへ保存度が下がるほど住環境改善型が増え、ⅡからⅣに保存度が下がるほど用途変更型が増加していることがわかった。

次に院落内の過密な居住が徳福巷通り沿いの町並み景観にも影響を与えているとの推定のもとに分析を行った。分析の趣旨から、用途変更型の院落を除いている。通りに面する各院落の建蔽率増加度と、その門房外観の保存度の関係を調べたが、ばらつきが多く、なんらの関係も見出せなかった。そこで、二進院式や三進院式の院落では、通りに面する前院（道路に近い院子を囲むブロック）の建蔽率増加度に置き換えて関係を見たところ、図17に見るように、依然ばらつきはあるものの、門房外観の保存度が低下していくに従い、建ぺい率の増加度が高くなっていくという傾向が見られた[*2]。

院落内での増築が門房外観の保存度に影響を与えている実例を少しあげてみよう。その一つに、院子への増築によって、院子からの採光が不可能になり、門房の外側に窓を開けた例がある。また、院子に増築したため、院子から出入りできず、門房の外側に新たに出入口を設けた事例もある。

町並みの保存と住まいの改善

この調査研究で次のことが明らかになった。第一に伝統的な四合院住宅に多数の世帯が住まう、その住み分けのタイプが明らかになった。第二にA型からF型へいくほど、す

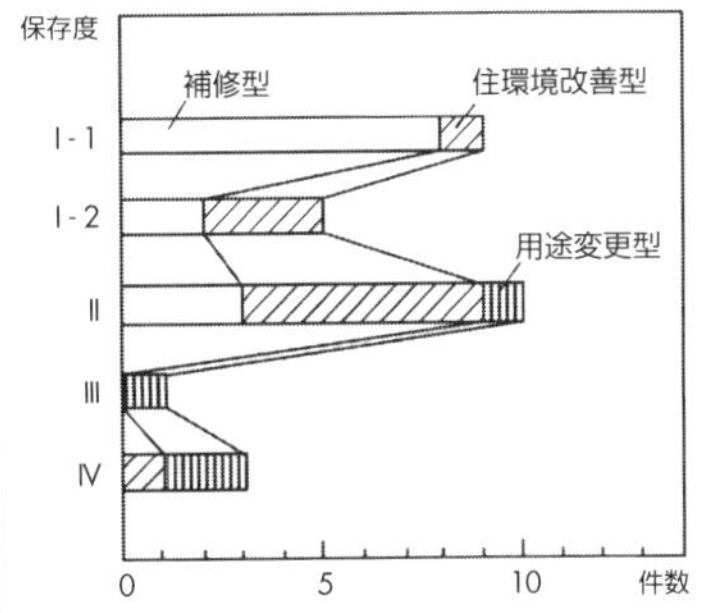

図16　外観変化要因にみる保存度

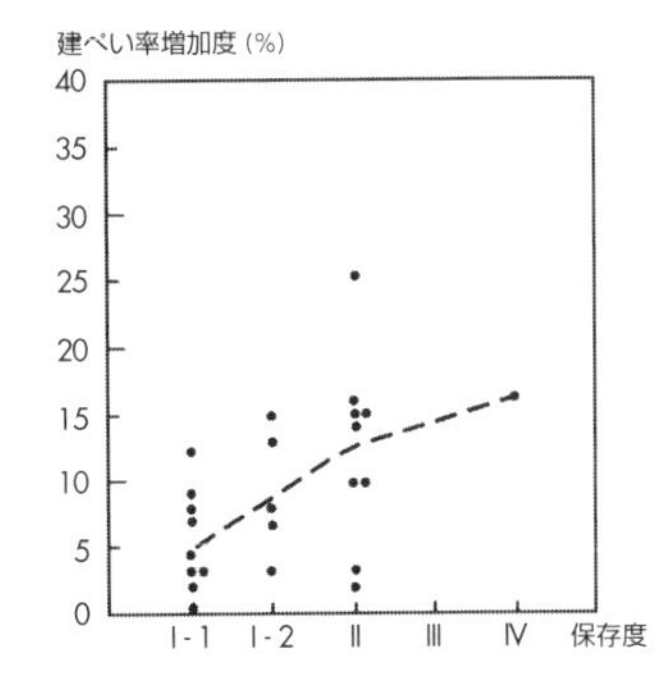

図17　門房外観の保存度と院落建蔽率増加の関係

なわち四合院居住の原型に遠い住み分けタイプの院落ほど、人口密度が高く、かつ院落の建蔽率の増加度（平屋増築）が高くなり、住まいの環境が悪化していることが判明した。第三に門房の保存状態の良いものが大変多く、良好な町並み景観を有していることが再確認できた。第四に門房外観の保存度に最も大きい影響を与えているのは、店舗等への用途変更に伴う改造であることがわかった。第五に各院落の建蔽率の増加度（二・三進院式では前院の増加度）が増えるほど、門房外観の保存度が低下していく傾向にあり、建蔽率の増加度が町並み景観にも影響を与えていることが明らかになった。

これらの調査結果を生かし、良好な保存状態にある町並みを保存し、過密な住環境を改善していく必要がある。従来の街区全体をクリアランスして建て替えていく方式に固執することなく、この地区の特性を生かした保存再生方式を編みだしていかなければならない。しかし、各院落を四合院本来の住まい方に戻すことは、中国社会の現状から見て非常に困難であるため、院落内に複数世帯が住むことを前提にして、住環境の改善策を考えてみよう。

改善の手法は大きく二つに分けて考えられる。一つは、四合院の内部を修復的に整備し、住環境の改善をはかる手法である。この場合は、まず、院子に無秩序に増築された

部分を撤去し、院子を元の状態に復元し、日照・採光・通風の確保をはかる必要がある。床面積の不足と老朽化に対応するためには、改変度の高い房について、日照条件を考慮の上、二階建に建て替えていくことも考えられる。保存度の良い房にあっては、その外観を復元し、建て替えた房については、四合院と調和するよう修景していく。

もう一つは本章1節3項で述べた、保存門房の背後に「新四合院集合住宅」を建てていく手法である。いずれの手法の場合も、通り沿いのすべての門房の外観を修復保存していく必要がある。

これらの諸検討や次節の結果を踏まえ、日中で協議を重ねて、徳福巷地区で保存再生計画を立案（本章4節）していくことになる。（大西國太郎）

3——四合院住宅の住まい方

1　院子での生活

伝統的な住まい方に関するヒアリング

本来、四合院住宅の院子は多世帯で共用するものではなく、ひとつの家族により使用されるものだった。四合院が雑院化する以前、院子ではどのような生活が営まれていたのだろうか。徳福巷地区では、保存再生事業に備えて世帯の仮移転が始まっていたので、徳福巷と類似した四合院住宅街——三学街（長安学巷、府学巷、咸寧学巷）でヒアリングを行った（本節2項参照）。

三学街では、解放以前から四合院に住んでいる人たち数人に、話を聞いてみることにした。ここでは、碑林区府学巷九号に住む六〇代の女性と、府学巷二三号の六〇代男性の話をまとめておこう。府学巷は古くから知識人たちが住むことで知られる三学街の一つで、中国各時代の著名な筆跡を集めた碑林の東側に位置している。伝統的なたたずまいの四合院も、数多く残っている町である。観光名所の碑林に近いせいか、徳福巷に比べると、通りを往来する人の数も多い。府学巷九号の女性は碑林区居民委員会の副主任を務め、地区のリーダー的役割を果たしているという。どちらも、一九九四年九月一六日にお話を伺った。

初めに、それぞれの四合院の概要についてふれておく。九号は敷地は狭いが、典型的な一進式四合院の形態を維持している。北院門周辺の官宅に見られるような華美な装飾などはないが、築後約二〇〇年を経ているにもかかわらず、とてもよく保存されている。廂房はあちこち修理が行われているが、上房は壊れた瓦の葺替えをしただけだという。

ヒアリングをした女性が幼かったころ、院子にはぶどう棚が作られ、上房の前に梧桐の木が二本植えてあった。「庁」（＝ホール、上房中央の部屋）の前の花壇には花が咲き乱れ、院子は緑豊かな空間だったという。上房の奥には裏庭があり、厨房・収納・便所に使われた建物が建っていた

（図1）。現在、この院落には三世帯、一〇人が住んでいる。

次に、府学巷二三号は、現況では一進式四合院のように見えるが、もともとは三合院だったという。上房に向かって左側の廂房は、廃材を使って新たに建てたもので、この建物がつくられる前には、ぶどう棚があったという。かつては隣の四合院とひと続きの院落だったが、一九五二年に分割し、別々の院落となった。話を伺った男性の父親が所有していたのだが、ここで穀類や醤油・酢などの卸売りを始めたため、商家の院子として特殊な使われ方がされていた。父親は解放の三年前に亡くなったが、その後、商いはこの男性が引きつぎ、一九五七年まで続いていた。

現在はこの男性と彼の息子の家族を含む、三世帯、一二人が暮らしている（図2）。

院子での暮らし

九号に住む女性の話から、院子での伝統的な生活習慣を知ることができる。

例えば、洗濯は井戸から水を汲み、院子でしていた。洗った洗濯物は、両側の廂房の軒下に干した。小鳥を飼ったり、夕涼みや気晴らしに院子に出ることはあったが、食事を院子でとることはなく、庁に家族全員が集まり、そこで揃ってとっていた。朝起きて、自分の部屋から院子に出る

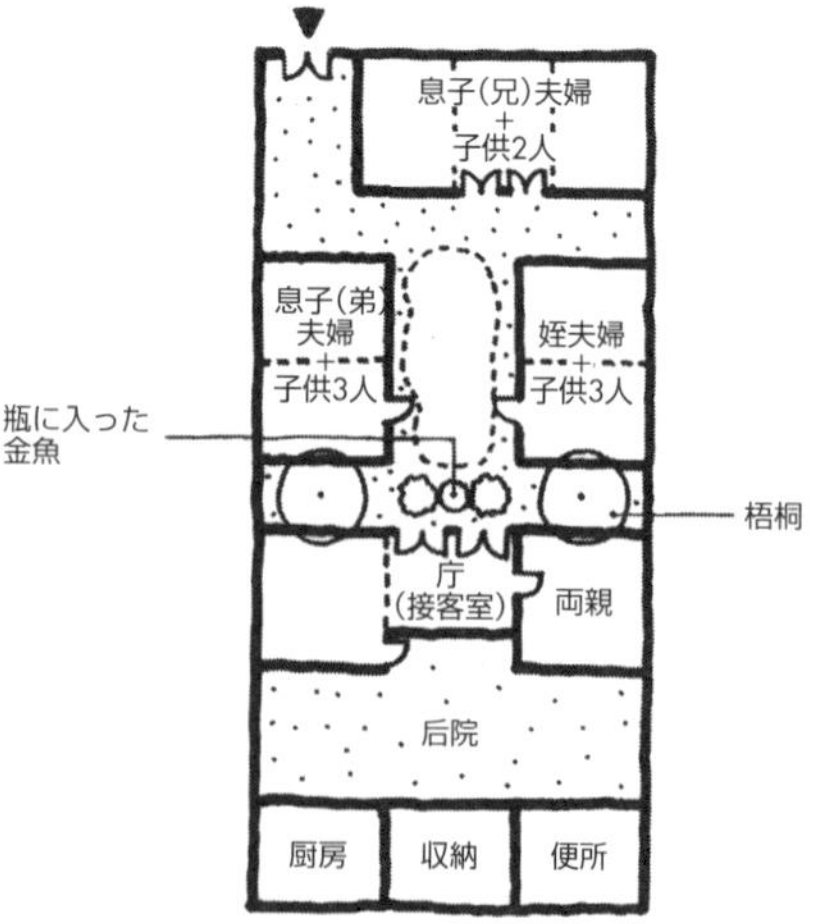

図1　解放以前の府学巷9号住宅の様子

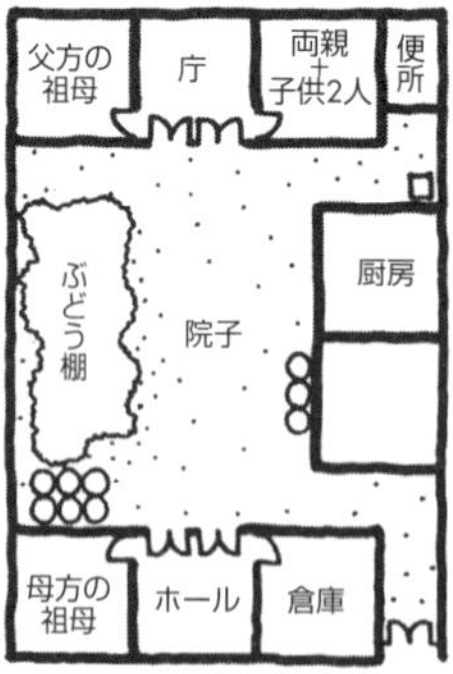

図2　解放以前の府学巷23号住宅の様子

図3　院子を利用した宴席

前には、必ず身支度をすませた。歯磨きや洗顔なども、それぞれの部屋の中でしていたという。生活排水は道路にある吸い込み式の排水井戸に捨てた。

院子には何ひとつおいてなく、ゴミを捨てたり、散らかしたりしてはいけなかった。毎朝、家族の女性がみんなで院子を掃除し、敷石は水で洗い清めた。掃除がすむと舅がチェックし、手抜きが見つかるとやり直しを命じられた。院子はいつでも、ピカピカに磨きあげられた場だった。雨の日には、外からきた人は、泥足で院子を汚さないように、大門を入ったところで靴を履きかえたりしていた。

野菜や食器を洗ったり、ニワトリを絞めたり、職人を呼んで家具を修理したりといった汚れ仕事は、すべて裏庭で行っていた。

普段の生活では、院子を積極的に利用することはあまりなかったようだ。だが、正月や、結婚式、葬式などの特別な日には、院子に仮設の板敷きの床を作り、天蓋を張り、テーブルと椅子を並べて宴会をした（図3）。その時には、上房正面の二本の柱に大きな提灯を吊ったことを覚えているという。

ここでは、院子は、生活の舞台というよりも、むしろ「家」の象徴としての神聖な空間であり、同時に晴れの舞台としてのもてなしの空間と考えたほうがよさそうである。

二三号の男性からも、同じような話を聞くことができた。院子のぶどう棚の下には鳥かごが吊られ、七、八羽の小鳥がさえずっていた。ペットの犬もいたが、院子ではなく、大門の中で飼われていた。ただ、商売用の酢や醤油を入れた大きな瓶が、広めの院子の周囲にたくさん置いてあったことが、印象に残っているという。

食事は家族揃って上房の庁でとっていたが、商売上の客たちには、門房中央のホールでとってもらった。夏場には、穀類などを運んでくる使用人たちが、涼を求めて院子のぶどう棚の木陰で食事をする姿も時折見かけた。彼らの中にはそのまま院子で眠ってしまうものもいた。商家の中庭としてたくさんの人びとが出入りし、にぎやかに使われている様子が目に浮かぶ。

お正月や結婚式、葬式などの特別な日には、九号と同じように、院子にテーブルと椅子を並べ、天蓋を張って、「流れ席」と呼ばれる宴席を設けた。ただし、板敷きの床をつくらず、地面に直接並べたところが違っている。

一九五二年に分割された隣の敷地には、当時、院子を囲むかたちで、粉ひき小屋や倉庫、馬車の車庫などが建ち並んでいたというが、いまは跡形もなくなっている。

ところで、現在の四合院では、院子はどのように利用されているのだろうか。

いくつかの院子を覗いてみたところ、軒下にコンロや調理台を据え付け、台所として使用している様子が見られる。また、使い古した家具のたぐいや、調理用の練炭、いろいろな大きさの箱や瓶などが雑然と積み重ねられ、室内に収まりきらない雑多なモノの置場にもなっているようだ。こうした状況で、院子は家族やご近所とのコミュニケーションの場として、ちゃんと機能しているのだろうか。また、ヒアリングに見られる伝統的な住まい方のいくつかも、きっと残っているにちがいない。私たちはこうした推測を確かめ、院子での生活を実感するために、スケッチブックとカメラを手に一日中院子に座りこみ、観察することにした。

院子の観察調査

調査の方法は調査員による定点観察調査で、一九九四年九月一六日に実施した。調査員は院子において行われるすべての生活行為（出入りを含む）を観察し、行為のあった時間と場所、行為者の属性及び行為の内容を記録した。さらに、特徴的な行為については写真撮影を行った。観察は午前七時から午後八時までの一三時間にわたった。

調査の対象として選んだのは、碑林区府学巷九号住宅（写真1）。ここには三世帯、一〇人が暮らしている。院子および建物の保存状態はきわめてよく、院子の東南角には共用のシャワー室と水洗付流しが増築されている。便所はなく、四合院の外にある公衆トイレを利用している。門房北西の軒下と、西側の廂房の軒下にコンロをおき、台所として使っている（図4）。先述のヒアリングをお願いした居民委員会の副主任も、この院落の上房に住んでいる。東側の廂房には住んでいる人はなく、物置となっている。

院子の一日

九月一六日、曇り。

午前七時、迷惑も顧みず、早朝から観察を開始。どこからともなく、温かな朝餉のにおいがただよってくる。院子の朝は早い。みんな、順番に水道から水を汲み、顔を洗っている。院子中央では、上房に住むおじいさんがひとり、南北に移動しながら太極拳をしている。じゃまにならないよう、片隅にポジションを確保する。西側廂房の女の子が身支度をすませて、小学校へ送ってくれる父親を待っている。食器を洗う人、洗濯をする人、雑巾をすすぐ人、一カ所しかない流しは大混雑だ。その横をすり抜けて次々と職場や学校へ出かけていく。

三〇分ほど経つと、門房の軒下にあるコンロの向かいの台で、門房に住むおばさんが麺を打ち始めた（写真2）。洗

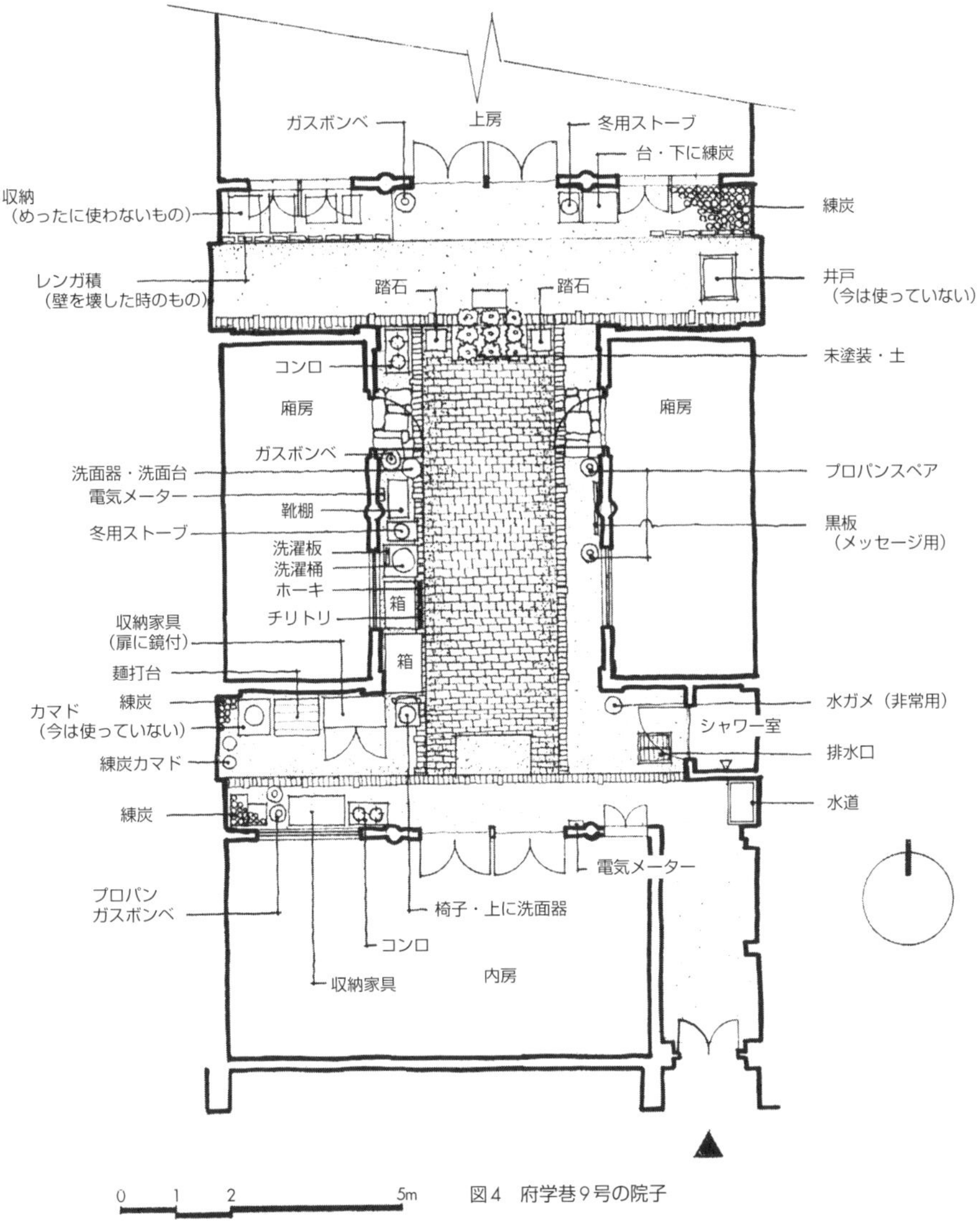

図4　府学巷9号の院子

写真2　全身を使って麺を打つ

写真1　府学巷9号の院子、正面が上房

濯をしていた上房に住むおばさんは、洗い終わった洗濯物を東側廂房の軒下に干している。それにしても、この二人は本当によく働く。野菜を洗い、魚のうろこをとり、芋の皮をむき、豆の筋をとり、食器を洗い、洗濯をし、モップをかけ、水を汲み、流しのまわりを掃除する。八時半までの間、部屋と院子を出たり入ったりしながら、くるくると動きまわっていた。

二カ所のコンロのうち、北側にあるほうはプロパンガスの二口コンロで、西の廂房に住む若い家族が使用している。南側は門房との間に庇を差しかけ、その下にプロパンガスコンロと練炭かまど、収納や調理用の台も置き、台所らしく設えてある。こちらは、残りの二家族で共用している。

あわただしさが一段落した九時、門房に住むおばさんが南側のコンロでおやつの揚げパンを作り始めた（写真3）。私たちもお相伴にあずかる。ほのかに甘く、懐かしい味に、ほっと一息。四合院に残った人たちも、それぞれの部屋でくつろいでいるようだ。

一〇時四〇分、太極拳のおじいさんが院子に小さな椅子を持ちだし、本を読み始めた。

一一時、青空が見え、気温も上がってきた。そろそろ昼食の支度が始まる。朝のうちに下ごしらえはすませてあるので、とても手際がいい。

一二時、仕事や学校へ行っていた人たちが、お昼を食べに帰ってくる。西安のお昼休みは長く、二時間から三時間もあるという。家族そろってゆっくり昼食をとり、午睡をむさぼることもできる。住民の在宅をねらって、院子に卵売りがやってきた。上房に住むおばさんが卵売りと世間話をしながら、籠盛りの卵の山から慎重に吟味したいくつかを、自分のざるに取り分ける（写真4）。

食事が終われば、院子にひっそりした雰囲気が訪れる。椅子に腰かけ、お茶を飲みながら、静かに新聞を読んだり（写真5）、立ち話をしたり、子供たちはお菓子を食べながらぼんやりしている。どこの部屋からか、かすかにいびきも聞こえてくる。四合院の外の通りにも人影はなく、朝夕の喧噪が嘘のようだ。一日のうちで、一番静かな時間帯なのかもしれない。

午後二時を過ぎたころから、昼休みに帰ってきた人たちもしばしの休息を終え、三々五々、再び職場や学校に出かけてゆく。三時、太極拳のおじいさんが部屋から扇風機を持ちだし、掃除を始めた。掃除がすむと、上手にリンゴをむきながら食べ、歯を磨き、大事そうに扇風機をかかえて部屋へ戻っていった。時折、集金人がやってきたり、ご近所のひとが訪ねてきたりもするが、院子の午後はゆっくりと過ぎる。

　五時になれば、子供たちや勤めにでていた人たちが、そろそろ帰ってくる。西の廂房に住む小学生の娘のいる母親が、夕食の準備を始めた。見ていると、昼食ほど手のこんだものはつくっていない。食べる時間も家族それぞれバラバラのようだ。その証拠に、女の子はご飯におかずをのせたホーロー引きのドンブリを抱え、部屋の戸口に立ったまま食べている。もちろん、すぐに母親に叱られていたが。例のおじいさんも軒下の小椅子に腰かけ、ひとりで食事をしている。家族そろって食べられるお昼ご飯が、メインの食事なのかもしれない。

　六時、七時と他の世帯も食事の支度を始めた。共用している流しやコンロを、時間をずらしてうまく使っている。朝のようにあわただしい混雑は見られない。食事の支度や後片づけの合間を縫って、若い母親は洗濯をし、院子に干している。どうやら彼女は、昼間働いているらしい。

　八時、すっかり日も暮れ、夜風が肌に心地いい。丸一日、この院子に腰をおろし、そこで起こったさまざまな出来事を眺めているうちに、私もすっかりこの四合院の住人になったような気がした。四合院に暮らす人たちは想像以上に院子を利用し、日常の多くの営みを行っている。院子での生活の実態を実感することができた。

　食事をすませ、雑誌を見たり、夜空を見あげたりしながら、思い思いに夕涼みしている人たちに別れを告げ、四合院の院子での長い一日が終わった。（荒川朱美）

写真３　おやつの揚げパンを作る

写真４　院子にやってきた卵売り

写真５　小さな椅子に腰かけ新聞を読む

2 院子的空間――四合院と集合住宅

アンケート調査の経緯

四合院住宅で生活している人々は、この伝統的な中国式コートハウスをどのように住みこなしているのだろうか。また四合院住宅の一番の特徴ともいえる院子（ユェンズ）――この不思議で魅力的な空間はどのように使われ、どのように評価されているのだろうか。さまざまな期待を込めて、アンケート調査が実施された。

調査の方法や対象地区の選定については、一九九四年四月に研究会代表の大西國太郎と当時留学生であった韓一兵君が訪中し、中国側と協議をすませていた（図1）。アンケート調査票の内容は、日本側が案を作成し翻訳した上で、この四月段階の打ち合わせで決定した。今回の保存再生計画の対象となった徳福巷地区では、すでに居住者の移転が始まっていたため、アンケート調査をするには無理があった。そこで同じ碑林区内で、できるだけ類似した地区として三学街が選ばれた。三学街は、長安学巷、府学巷、咸寧学巷からなり、その中心には各時代の著名な筆跡を集めた碑林があり、古くから知識人の居住地として知られていた。対象となった住宅群は、清朝の末期から中華民国の時代にかけて建てられたもので、その町並みは静かで落ちついたたたずまいを見せている（写真1）。

一方、四合院住宅の住み手が現代的な集合住宅に移り住んだときには、どのように感じるのだろうか。また、院子で行われていた行為は集合住宅ではどうなっているのだろうか。望ましい住居形式を模索するためには、これらのことも調べる必要があったが、一般的な集合住宅については、対象地区はまだ決まっていなかった。

同年の九月、西安へ行くには上海経由で名古屋から出ている便に乗らなければならない。朝、一行六名で京都を出発し、夜八時二〇分に西安咸陽空港に降り立った。気温は二〇度でやや涼しい。これからの調査の拠点になる台湾ホテルまで約一時間。車は道路の真ん中を思い切り走り、正面から向かってくる対向車にぶつかると思った瞬間、お互いにさっと横にずれ合いすれちがう。慣れるまでは相当なスリルを味わう。ほとんどの人が自分で車を運転しない中国では運転手は専門職だというが、この様子はまさに名人芸というほかない。

翌日は早速、日中の研究メンバーの打合せである。昼食はイスラム料理の羊肉泡（ヤンロウパォ）で、これは丸くて白いパンのようなものを各自の好みで細かくちぎり、スープをかけて食べる。マイルドな味で口に合う。話をしながら手を動かすが、なかなか根気のいる作業である。元々は、豚肉を禁じられている回教徒の食べ物であったらしい。西安が西域・シルクロードの起点であることを思い出す。

さて、今回の調査の段取りをしてくれた陳さんの名刺には「西安市城市企劃設計研究院」とある。「城市」とは都市のことで、ベネツィア映画祭の金獅子賞受賞作「悲情城市」を思い出す。調査の段取りは、古都文化芸術祭の準備のために遅れているらしい。われわれは対象地区の地図を手に入れるため、居民委員会のオフィスを訪ねた。居民委員会というのは政府の下部組織で、町内会的な役割も担っている。三学街の場合は「社区服務中心」(コミュニティセンター)という集会所のような施設と一体になっていて、オフィスには公衆電話があり、ちょっとした医務室の機能もある。壁には新聞や中央からのお知らせ、委員の名簿などが貼ってある。住民の戸籍が保管されていて、委員が相談ごとの受付も行っている。表彰状が飾ってあるのは日本の団地集会所と変わらないが、日本と違って優秀な居民委員会が表彰されるという説明を受ける(写真2)。

集合住宅のアンケートの対象地がまだ決まっていなかったので、同じ碑林区内で、以前に四合院住宅に住んだ経験のある世帯が多い索羅巷地区内の集合住宅団地を、いくつか見てまわった。索羅巷の周辺一帯の地域は、清時代に旧城東門の外郭城として市街地が拡大し、かつては四合院住

写真1　四合院の町並み(府学巷)

写真2　社区服務中心(コミュニティセンター)外観

① 鐘楼　② 鼓楼　③ 城楼
A 徳福巷地区(計画地区)
B 三学街地区(四合院民居)
C 索羅巷地区(集合住宅)

図1　対象地区の位置

宅が色濃く分布していたが、現在は城壁も取り払われ、中層集合住宅が建ち並ぶ一般的な居住区に変貌している。索羅巷はこの旧外城内の東寄りに位置している。対象の団地を決め、早速、配置図を入手して調査の準備に入る。アンケート調査は中国の事情を考慮してヒアリング方式としたが、ヒアリングを担当してくれたのは設計研究院に九月に入所したばかりの新入職員の人たちである。

住まいと居住者のこと

居民委員会によると、対象となった三学街全体の戸籍数は約四六〇戸だが、戸籍のみ置いていて実際には住んでいない家があるので、それを除くと約三〇〇戸になる。そのうち、無作為抽出の一〇八戸（五一院落）をアンケートの対象にした。一つの院落に一世帯が住む、本来の「独院」のかたちの院落は一三カ所にすぎず、その他は、一九四九年の解放後の住宅政策により、血縁関係にない複数の世帯が住むかたちに雑院化していて、二〜八世帯で住み分けられている。一戸当たりの床面積は、独院の規模が比較的大きいために、平均すると六七平方メートルになるが、実際のところは過半数が五〇平方メートル未満で、決して広くはない。所有関係は八割が私有で、会社または西安市房地産管理局（土地建物管理局）管理局の所有の公有が二割である。対象世帯の三分の一は解放前（一九四九年の直前数年をさす）に移り住んでおり、それより以前から住んでいた世帯を合わせると、約半数が古い中国の時代から住んでいることになる。

一方、集合住宅の方は、城建開発総公司という開発会社により一九八九年に建設された（写真3）。元々その場所に住んでいた世帯を優先的に住まわせる「安置戸」方式の建て替え事業によるため、四合院での居住経験のある世帯が七割を超えている。調査対象は三号楼から五号楼二一〇戸のうち、無作為抽出した九七戸である。建物の形は階段室型の六階建。平面タイプはいずれも玄関ホールと二〜三の居室で構成されていて、平均床面積は四四平方メートル。所有関係は九割が私有である。

まず、四合院住宅地区と集合住宅地区のそれぞれで、アンケートの対象になった世帯の特徴をみてみよう。日本の世帯主にあたるものを中国では戸主と呼ぶが、これは住宅の持ち主、または一家の代表として居民委員会に出席する人をさす。例えば、妻の勤務先の会社から住宅を与えられている場合は、妻が戸主となる。中国では女性も仕事を持つのが普通で、対象となった世帯の女性も、無職は一割程度にすぎず、ほとんどの人が何らかの職業に就いている。したがって戸主の性別が女性である割合が、三〜四割と高いのも納得できる。職業は男女ともに、四合院では技能職（工員、職人、運転手等）、事務職が多く、集合住宅では事務職、専門技術職（教師、技師等）が多い。通勤にかかる時間はいずれも平均二〇分台と職住近接である。通勤時間帯には一斉に職場に向かう自転車の波が見られ、それは雨の日でも変わらない。自転車用の雨ガッパ――日本ではあまり見かけない、つばのついたすぐれ物――があるので平気なのである。一方、学校に通う生徒の朝も早く、七時一五分頃にはもう登校風景が見られる。そのかわりお昼休みがたっぷりあって、親の職場や家で昼食をとることが多いらしい。首に赤いリボンを飾った子供が目立つが、知力、健康、道徳の点で優れているというお墨付きを与えられた少年隊の子供たちだ。一九八〇年から始まった一人っ子政策のためか、みんなこぎれいな服を着せてもらっている。

　家族構成のタイプは、夫婦と子供の核家族が四合院で約三割、集合住宅で約五割。家族の人数自体は、四合院、集合住宅ともに平均三・七人と多くはないが、三世代家族がともに四割を越え、その内容が親世代や子世代の兄弟にあたる人（叔母や甥など）が同居しているという複雑な形が多いのが特徴的である。調査をしていると、近所の人や、孫のお守中のおばさんが物珍しそうに覗きにくる。抱かれている子供は股割れパンツをはいていて、これは古くからの

習慣のようである。便利ではあろうが、寒くないのだろうか（写真4）。

設備と住み心地について

それでは住宅設備の状態や住み心地の調査結果をみてみよう。台所、浴室、便所など日常生活に不可欠な設備はどのようになっているだろうか。まず四合院住宅の炊事の状態としては、表1のように、六割は屋内に炊事コーナーまたは炊事室があるが、そのうち約半数は水栓がない。そして四割にあたる世帯は屋外で炊事を行っている。これは非常に不便な状態といえる。便所にしても、専用のものがあるのは一割に過ぎず、ほとんどが院落外の共同便所を使用し

写真3　集合住宅（索羅巷）

写真4　孫をお守中のおばさん

ている（写真5）。また、馬桶（マートン）と呼ばれる蓋付おまる（便器）も日常的に使われている。浴室についてはほとんどが共同浴場や職場の浴室を利用しており、設備は全般的に非常に不十分な状態である。

　居住性についての満足度を「非常に不満」から「非常に満足」までを一～五の点数に置き換えた、五段階評価でみると（図2）、平均値は全体的に低いが、四合院では特に「浴室・シャワー室」と「収納のスペース」についての不満が多い。「就寝のスペース」と「物干しのスペース」については比較的評価が良かった。

1.台所の状態		水栓あり	水栓なし	合計
屋内	専用炊事室	8 (7.4)	7 (6.5)	15 (13.9)
	炊事コーナー	28 (25.9)	22 (20.4)	50 (46.3)
	屋内　合計	36 (33.3)	29 (26.9)	65 (60.2)
屋外	炊事コーナー	38 (35.2)	5 (4.6)	43 (39.8)
			合計	108 (100.0)

2.便所の状態		3.浴室・シャワー室の状態	
専用便所	11 (10.2)	専用浴室	5 (4.6)
院落内共同便所	17 (15.7)	共同浴場・職場の浴室	96 (88.9)
外部の共同便所	79 (73.1)		
NA	1 (0.9)	NA	7 (6.5)
合計	108 (100.0)	合計	108 (100.0)

（　）内%

表1　四合院住宅の作業設備の状態

写真5　共同便所

写真6　屋台の様子

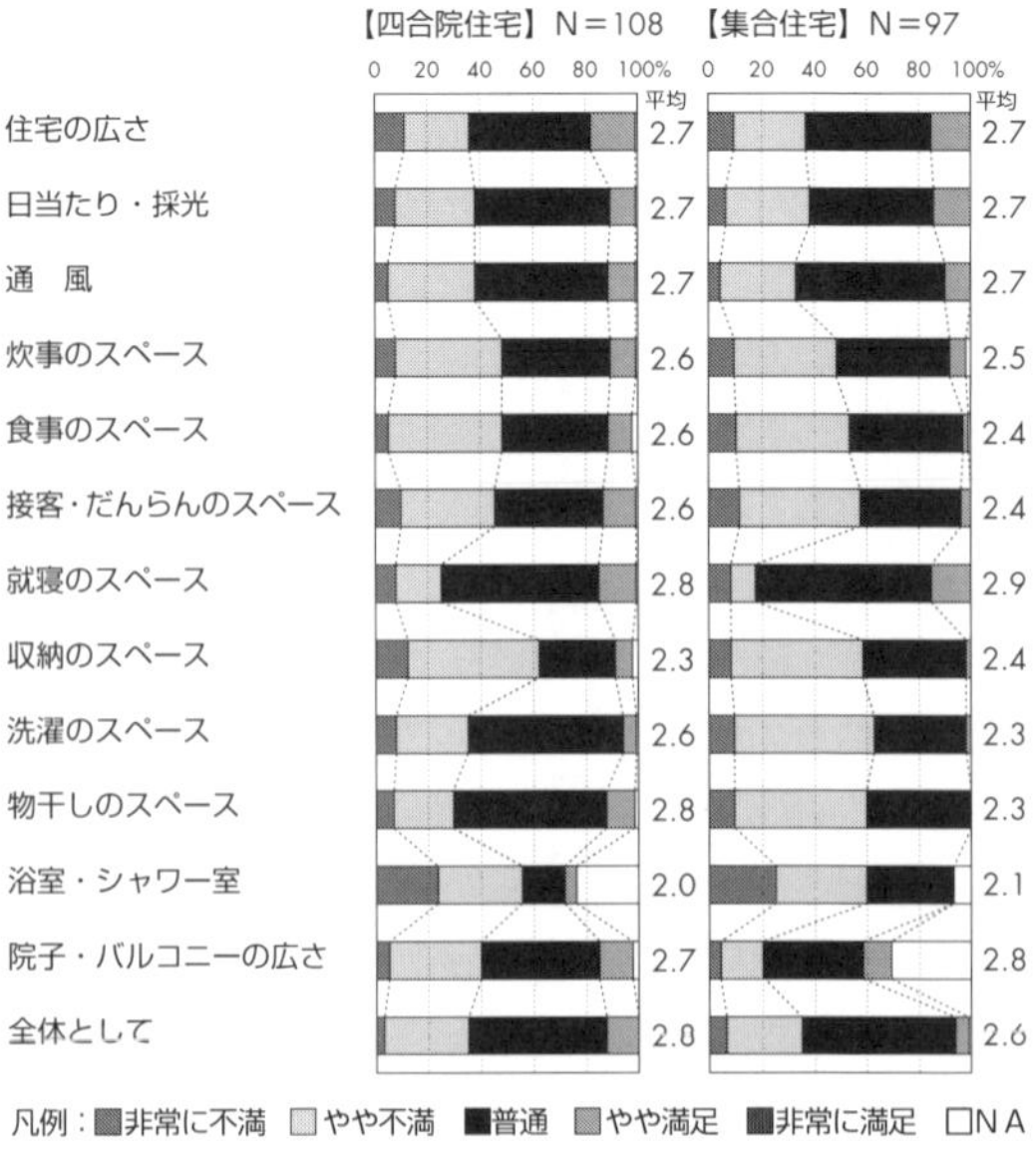

図2　住環境についての5段階評価

一方、集合住宅では炊事スペースとして、北側バルコニーに沿った部屋に一応、水栓が設けられているが、全体の住居面積が狭いために、約八割はバルコニーを囲って炊事スペースにしている。日本では勝手にバルコニーを囲うことなど通常はないが、この囲われたバルコニーにより、建物の表情が画一的でなく、生活感あふれるものになっている。また便所は設けられているが、浴室はないので、それに対する不満が目立っている。「洗濯、物干し、食事、接客・だんらんのスペース」について四合院よりさらに不満が多いのは、院子のような空間がないからであろう。そんななかで比較的評価が良いのは四合院と同じく「就寝のスペース」であった。

このように両対象ともに決して充分とはいえない環境にあるものの、この状態を「普通」と考える人も多い（「全体として」の評価結果参照）。朝から屋台が出ていて、そこで食事をする人がいたり（写真6）、物売りが多く、新鮮な牛乳まで売りにくる姿もみられたが、これらは共働き家庭が多いことによるライフスタイルであるとともに、台所設備の不備を補っているのかもしれない。「住めば都」の言葉どおり、いろいろな工夫を重ねながら、この伝統的な住宅をたくましく住みこなしているように見受けられる。

蛇口をひねれば水が出ることが当たり前の生活をしている

ると、このような居住環境もさることながら、日本とは異なる中国式のやり方に、カルチャーショックを受けることがたびたびあった。われわれの滞在したホテルでは、各階に服務員のいるカウンターがあったが、彼女たちは特に用事がないと奥の小部屋に引っ込んでいることが多い。客室には茉莉花茶（ジャスミンティー）が置いてあったが、ポットの湯は取り替えてくれるとは限らない。出掛けるときは鍵を預けるシステムになっていて、顔なじみになると、黙っていても帰ってくると鍵を渡してくれるが、これもいつもカウンターにいるとは限らない。滞在回数の多い大西教授は慣れたもので、「シャオジエ」（小姐・お姉さん）と呼ぶ声はさまになっていた。現在ではサービスも良くなったかもしれないが、ホテルに限らず商店でも、何々をくださいと言うと、澄まし顔で「メイヨウ」（没有・ないという意味）という答えが返ってくることが多かった。「メイヨウ」が「ないよ」に聞こえ、耳で覚えた最初の中国語だった。

院子——屋外空間での生活

さて、院子は四合院住宅特有の屋外空間であるが、そこではどんな生活が展開されているのだろうか（図3）。

四合院は漢民族の典型的な住宅形式で、もともとは一つの大家族のための建物であり、正面の上房には主人夫婦、左右の廂房には息子夫婦が住んでいた。伝統的な住まい方のヒアリング調査の結果によると、院子は日常的に「火おこし、洗濯や物干し、小鳥・植木の世話、家具などの修理（裏庭でできない場合）、日光浴や夕涼み、軽い運動」などの個人的行為に使われ、また「雑談・立ち話、小宴会、囲碁・マージャン」など、家族や客人との交流のための場所でもあった。

ところが現在のように複数の世帯で住むようになってからは、「炊事や食事、洗面、沐浴、私物置場」などにも使われるようになってきた。これらはもし、十分な床面積が

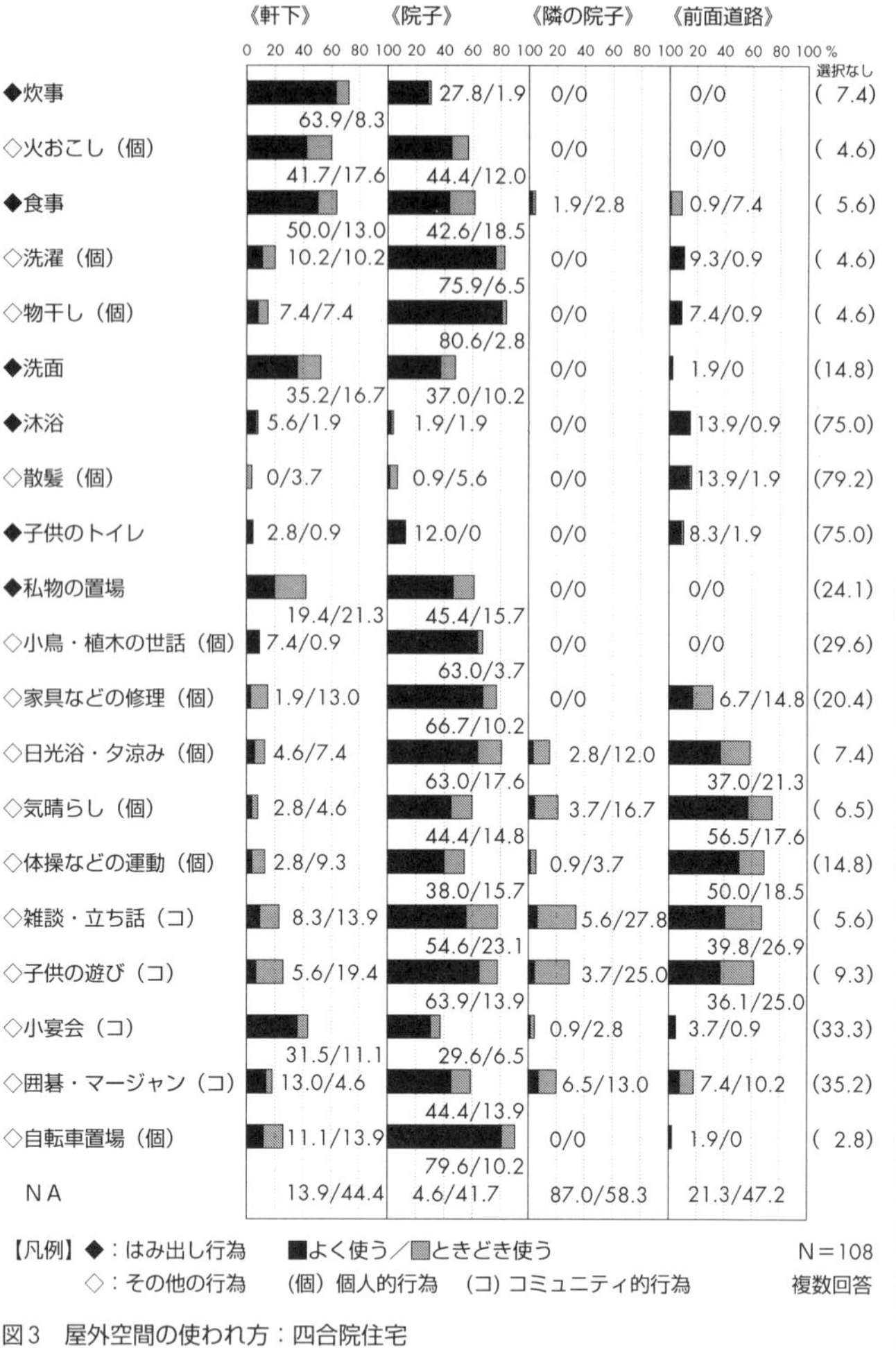

図3　屋外空間の使われ方：四合院住宅

あれば、本来は屋内で行われる行為であるので、屋外にはみ出しているという意味で、仮に「はみ出し行為」と呼ぶことにしよう。すると、**はみ出し行為以外の、古くから伝統的に院子で行われてきた行為は**、たとえ住宅の床面積がたっぷりあっても、また住宅の形が集合住宅であっても、屋外で行われる可能性が強い。もしこれらの行為が、四合院に比べて集合住宅で減少していて、住宅内に取り込まれたとは考えにくい場合、集合住宅においても、これらの行為に対応できる、屋外空間の必要性が浮かび上がってくる。このことを念頭において、四合院住宅と集合住宅の屋外空間での行為を比較したい。

では、四合院住宅の院子や軒下などが、各行為にどのくらい使われているかをみてみよう。例えば「炊事」には軒下と自分の院子が使われていて、屋外使用の選択のなかったのはわずかで（図3の右端の数値は各行為を屋外でするという回答がなかった割合を示す）、ほとんど何らかの形で屋外が使われている。このことから、台所の調査で屋内に水栓のある炊事スペースが三割以上あったにもかかわらず、その場合でも屋外も使用されていることがわかる。

軒下は、その他に「**火おこし**、食事、洗面、私物の置場、**小宴会**」などによく使用されている。自分の院子はメインの屋外空間として、いちいち列挙はしないが図のように、

あらゆる行為によく使われている。隣の院子は「**日光浴・夕涼み、気晴らし、雑談・立ち話、子供の遊び、囲碁・マージャン**」などにときどき使用されている。前面道路は、隣の院子での行為に加えて「**家具修理、体操などの運動**」のほかに、若干ではあるが「**洗濯、物干し**、沐浴、**散髪**、子供のトイレ」にも使用されている。このように四合院住宅では、はみ出し行為も含めて種々の行為が院子や前面道路で行われており、屋外での生活が活発に展開されている。

集合住宅の住戸外空間との比較

集合住宅では屋外的なスペースとして、専用で使えるバルコニー、そして階段室、住棟間空き地などの共用スペースがある。これらは屋外といいにくい部分もあるので、住戸外空間と呼ぶことにする。さて、これらの住戸外空間の使われ方（図4）を四合院と比較してみよう。

はみ出し行為をみると、「炊事」は室内または囲われて室内化されたバルコニーで行われている。「食事、洗面、沐浴、子供のトイレ」については、ほとんど屋外が使用されていない。これらは一応、四合院でみられたようなはみ出し行為の形はとらずに、屋内に取り込まれたといえる。「私物の置場」は屋内に十分なスペースがないため、あいかわらずはみ出し行為となっている。

では古くから院子で行われていた行為はどうだろうか。まず個人的な行為をみると「**洗濯**」は大幅に減少しており、家でする場合は院子が使われていた「**散髪**」は、四合院でも少なかったが、集合住宅ではほとんどみられない。「**散髪**」は散髪屋に行くのが普通になり、「**洗濯**」は、住宅の設備が整えば、はみ出し行為に加えて住戸内に取り込まれたものと考えるべきであろう。

「**火おこし**」はバルコニーがよく使われ、住棟間空き地や階段・踊場も使われているものの、全体的にみて四合院に比べて減少している。「**小鳥・植木の世話**」——特に院子で

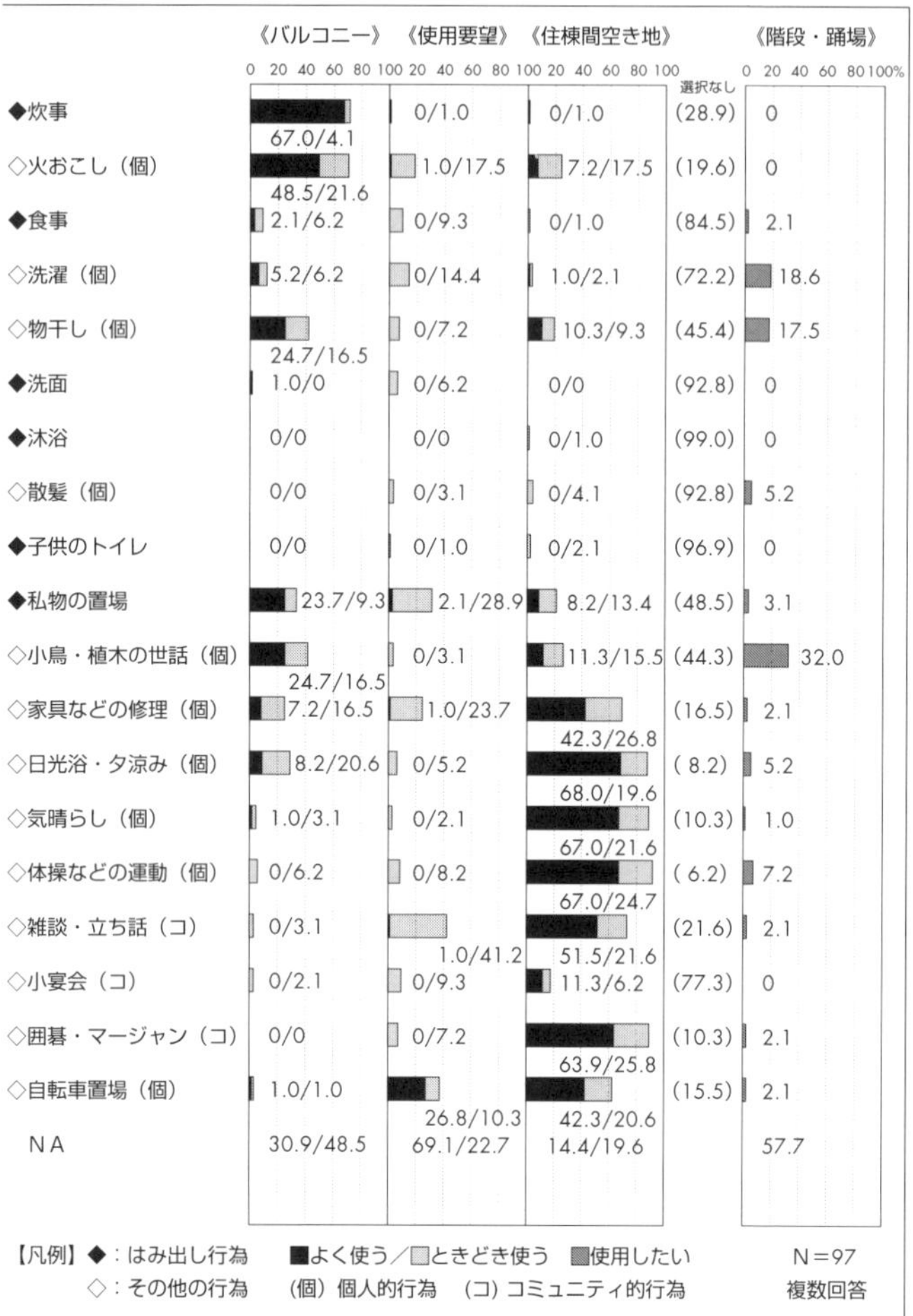

図４　屋外空間の使われ方：集合住宅

写真７　屋外でのマージャン

は愛玩用の小鳥を飼うことが伝統的に行われてきたが――これは、バルコニー、住棟間空き地でみられるものの、四合院に比べると少ない。また表右端の「使用要望欄」は、現在は使っていないが、できたら屋外で行いたい行為を示すが、「**小鳥・植木の世話**」の要望が三割みられる。「**家具などの修理**」については、住棟間空き地などに場所を変えて行われている。「**日光浴・夕涼み、気晴らし、体操などの運動**」は、住棟間空き地がよく使用されているが、四合院住宅では院子と前面道路の両方でよく行われていたのに比べると減少している。

つづいて、古くから院子で行われていた行為のうち、コミュニティ的な行為をみると、「**雑談・立ち話**」は住棟間空き地がよく使われ、階段・踊場でもときどき行われているが、全体としては減少している。「**小宴会**」は住棟間空き地がわずかに使用されているにすぎず、かなり減少している。ただ「**囲碁・マージャン**」だけは住棟間空き地などで四合院と同様に行われていて、減少しているとはいえない。調査時にも院子や道端でマージャンに興じる人々の姿がみられた。中国の人にはマージャン好きが多いようである。夏の終わりから秋にかけてという好季節であったことにもよるが、屋外を積極的に使って生活を楽しんでいる様子であった（写真7）。

1. 院子のメリット・デメリット：四合院居住者対象　N＝108	
メリット	
1. 家の中でしにくいことをする場所として便利	83（76.9）
2. 子供を外で遊ばせやすい	80（74.1）
3. 気晴らしや休息などに使いやすい	77（71.3）
4. 院子を囲む近所づきあいが楽しくできる	76（70.4）
5. つねに人の目があり防犯に役立っている	74（68.5）
6. その他	6（ 5.6）
NA	4（ 3.7）
デメリット	
1. 子供の声や泣き声・大人の騒ぐ声が気になる	76（70.4）
2. 見知らぬ人の出入りが気になる	56（51.9）
3. 家族や来客の出入りを見られるのが気になる	34（31.5）
4. つねに隣人と顔を合わせるのが嫌である	28（25.9）
5. 家の中を覗かれるのが気になる	28（25.9）
6. 食事の内容や経済状態を知られるのが嫌である	25（23.1）
7. その他	2（ 1.9）
NA	16（14.8）
2. 院子がなくなったことについて：集合住宅居住者対象（四合院に居住経験のない24世帯を除く）N=73	
困った点	
1. 楽しい近所づきあいがなくなって物足りない	33（45.2）
2. 気晴らし等に簡単に外に出にくくなって不便	31（42.5）
3. 家の中でしにくい事* をする場所がなく不便	27（37.0）
4. 子供を外で遊ばせにくくなって不便	26（35.6）
NA	7（ 9.6）
* 洗濯 3，物干し 3，子供の遊び 2，お客と座って話をする 2，小宴会 2，正月や祭りのとき食事や話をする 2，トランプ・将棋 1	
良くなった点	
1. 院子での騒音がなくなったこと	43（58.9）
2. 人目を気にせず暮らせるようになったこと	31（42.5）
3. 煩わしい近所づきあいがなくなったこと	7（ 9.6）
NA	11（15.1）

表2　院子についての評価

以上のように、古くから屋外で行われてきた行為のうちの多くのものが集合住宅においては減少傾向にあった。つまり、このような行為に対応できる屋外的空間を充実させることが、集合住宅においても必要であると考えられる。

院子のメリットとデメリット

それでは視点を変えて、院子があることは居住者にどのように捉えられているかをみることにしよう（表2）。まず、四合院住宅に住んでいる人を対象に、院子があることのメリットとデメリットについて尋ねた。その結果、院子は家の中でしにくいことをする場所として便利であり、子供の遊び、気晴らしや休息に使いやすく、近所づきあいや防犯にも役立っていると、高く評価されている。

一方、デメリットとして、院子での騒音や、見知らぬ人の出入りが気になることをあげる人は多いが、その他の家族や来客の出入りを隣人に見られたり、家の中を覗かれるといったプライバシーの問題への回答率はメリットのそれより低い。

では、以前に院子での生活を経験し、現在、集合住宅に住んでいる人たちはどのように感じているのだろうか。院子がなくなって困った点としては、近所づきあいがなくなったこと、気晴らしや休息に外に出にくくなったこと、家の中でしにくいことをする場所がなくなったことなどである。具体的には、洗濯や物干しの場所や、お客さんが来ても座って話をしたり食事をする場所がないことに不便を感じている。反対に良くなった点として、騒音がなくなったことや、人目を気にせず暮らせるようになったことをあげる人は多いが、煩わしい近所づきあいがなくなってよかったという意見は少なかった。

全体として、院子があることによる利便性が評価され、騒音やプライバシーの問題が一方であるものの、院子をめぐるコミュニケーションも総じて肯定的にとらえられている。

近所づきあい

ここでは雑院化された院子の持つ、コミュニティスペースとしての機能に着目したい。院子を囲む家々の間では、どのような近所づきあいが行われているのだろうか。アンケートの結果によると、およそ七割が「よく行き来し親しく話をする」、一割が「立ち話をする程度」、一割が「挨拶する程度」というようにかなり親密である。表3は、近所づきあいの具体例を、四合院住宅に多かったものから順に並べている。四合院では「病気のとき助け合う」「物の貸し借り」「留守の声かけ」などをはじめとする近所づきあいが盛んに行われている。

また集合住宅においても近所づきあいは行われているが、四合院住宅ほどではない。集合住宅では、一二戸ないし一八戸が階段を共用しているが、そのうち親しいつきあいをしているのは、ほとんど三戸程度までにとどまっている。

また以前、四合院に住んでいて、集合住宅に移り住んだ人を対象に、近所づきあいがどう変わったかを聞いたところ（図5）、立ち話、親しいつきあいともに減少したという答えが最も多く、特に親しいつきあいについては、六割以上が減少またはなくなったと答えている。その理由としては、住宅の形が変わったことにより、「人と会う機会が少ない」「行き来が不便」「家の中に閉じこもりがち」「コミュニケーションの場所がない」など、自然に人と接しやすい環境でなくなったことがあげられている。

一般の集合住宅は画一的な住戸が並び、ドアを閉ざしてしまうと自然に人と出会うことも少ない。四合院住宅では自然な形で行われていたコミュニケーションが、建物のかたちが変わることでなくなってしまうことが多いようである。

調査は日中双方が補完し合うような協力体制のもとで進められた。余談になるが、メンバー間の潤滑油として歓迎の宴や、その返礼の宴があった。そこでの乾杯は文字どおり杯を逆さにして飲み干したことを見せ合う。あなたと乾杯したいと指名して、そのたびにみんながつきあわされるので大変だ。円卓を囲んでの乾杯が延々と繰り返され、それはなかなか華やかではある。しかしこのやり方はどこでも誰でもというわけではないらしく、二年後に訪れた黄山市ではこのような徹底した乾杯はなかったように思う。打合せでは姿を見たことのない人がいたり、彼女連れがいたり、えらいさんは孫連れだったりして、さすがに家族や仲間を大切にするお国柄といえようか。

ところで中国の料理には原形にこだわるものが多いよう

だが、拌鴨掌（アヒルの水掻きのあえ物）にはぎょっとした。あまり美味しいというものでもない。珍しいもので思い出すのは、北京ダックの前菜のサソリの唐揚げである。これは料理用に飼育しているらしいが、恐る恐る口にしてみると苦みもなくしゃりしゃりした感じだった。もっとも、私が気に入ったのは豪華な珍味ではなくて、炸花巻（油で揚げたパンのようなもの）にコンデンスミルクをかけて食べる、どちらかというとデザートだったが。

宴会の途中、トイレの場所を女性の服務員さんにたずね

複数回答（　）内％	四合院民居 N=108	集合住宅 N=97
1. 病気のとき助け合う	83（76.9）	61（62.9）
2. 物の貸し借り	83（76.9）	49（50.5）
3. 留守にするとき声をかける	66（61.1）	34（35.1）
4. 悩み事の相談	53（49.1）	55（56.7）
5. 行き来して一緒に食事する	53（49.1）	14（14.4）
6. 子供をあずける・あずかる	52（48.1）	36（37.1）
7. 買い物を頼む・頼まれる	49（45.4）	32（33.0）
8. 買い物など誘い合っていく	44（40.7）	35（36.1）
9. 子供の送迎を頼む・頼まれる	40（37.0）	30（30.9）
10. 鍵をあずける・あずかる	39（36.1）	9（ 9.3）
11. 食べ物などのおすそ分け	37（34.3）	5（ 5.2）
12. 一緒にレジャー等に出掛ける	14（13.0）	18（18.6）
NA	7（ 7.4）	18（18.6）

表3　近所づきあい

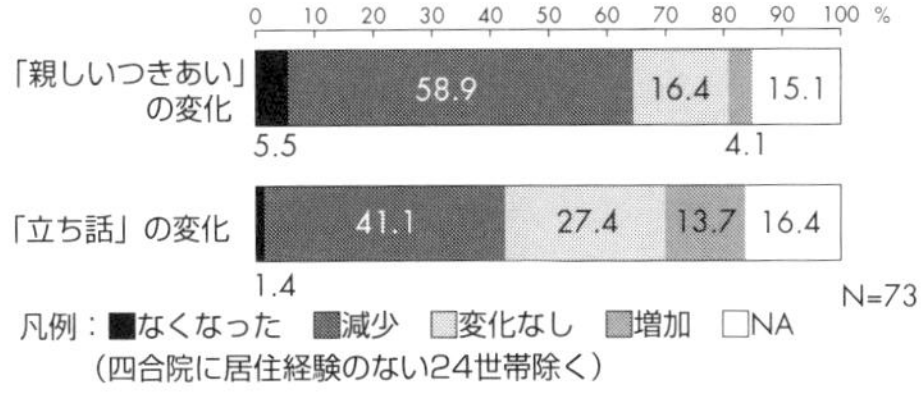

図5　近所づきあいの変化：集合住宅

て案内してもらったことがあった。どうやら店の中にはないらしく、裏口から出て暗い路地をどんどん歩くので、一人で帰れるかどうか心配になる。案内された先は、低い仕切りがあるだけの公厠（公衆便所）だった。断るわけにもゆかず先客と並ぶ。彼女はちゃんと待っていてくれた。そしてこの体験は、何か、現地の人と同化できたような不思議な感動をもたらしたのであった。

求められる院子的空間

最後に、居住者は今後も住み続けたいと思っているのかどうか、また望ましい院子的空間とはどのようなものかについて考えてみたい。今後の居住については、表4にあるように、四合院住宅では、「改良した四合院住宅（台所、便所、水道設備のある）」を希望する人が最も多く、続いて「現在のままの四合院住宅に住み続けたい」が多い。これらの結果は、七割に達する人々が四合院に対して愛着感をいだいていることからもきていると考えられる。また集合住宅を希望する場合でも、一般のものより共用中庭のあるかたちを希望する割合が多く、院子的空間への執着が見られる。

集合住宅の場合は、設備面が改善されているため、このまま住み続けたいと考える人が多い。しかし一方で、集合住宅に住んでいながら「改良した四合院住宅」に住みたいという希望が二割強みられる。また、「共用中庭のある集合住宅」の希望もあり、これは四合院の院子を意識してのことであろう。これら両者を合わせると、集合住宅の居住者でも、四割以上の人が、院子または共用中庭というような院子的空間を持つ形式の住宅を希望していることになる。これは院子のメリット、デメリットでみたように、集合住宅に移った場合、院子がなくなって不便であるという意識とも一致している。

（ ）内%

1　居住意向	四合院居住者	集合住宅居住者
1. 住み続けたい	38（ 35.2）	56（ 57.7）
2. 改良した四合院民居	51（ 47.2）	22（ 22.7）
3. 集合住宅	6（ 5.6）	
4. 共用中庭のある集合住宅	10（ 9.3）	17（ 17.5）
5. その他	1（ 0.9）	2（ 2.1）
ＮＡ	2（ 1.9）	0（ 0 ）
合計	108（100.0）	97（100.0）

2　愛着感	四合院居住者対象
1. 非常に愛着を感じている	15（ 13.9）
2. やや愛着を感じている	60（ 55.6）
3. どちらともいえない	16（ 14.8）
4. 愛着は感じない	7（ 6.5）
ＮＡ	10（ 9.3）
合計	108（100.0）

表4　今後の居住意向・愛着感

またバルコニーを囲って室内化しているケースが目立つ

が、これは住宅の面積不足を補い、より有効利用するためであろう。そしてそこでは実際、炊事や火おこしなどの行為がみられる。さらに集合住宅に住んでいる人に、希望する屋外空間について尋ねた結果、より広いバルコニーやサンルームが求められていた。

現在の、雑院化された四合院住宅の院子は、従来からの「家族の庭」と「近隣の小広場」的な機能、さらに「本来屋内で行われるべき機能」まで担っている。そして一般の院子で行われてきた行為のうちで、四合院と比べて減少しているものが多いことがわかった。これらの行為は洗濯などのように住戸内に取り込まれたものもあるが、集合住宅の各戸の面積から考えても、減少したものすべてが住戸内に取り込まれたとは考えにくい。またバルコニーや住棟間の空き地が、これらの減少した行為（火おこし、小鳥・植木の世話、日光浴・夕涼み、体操などの運動、雑談・立ち話、小宴会など）に使われているものの、さらに、屋外で行いたいという要望もある。したがって集合住宅においても、従来から屋外で行われてきた行為に対応できる、住戸外空間の充実が望まれていると考えられる。一方、院子は屋外生活の場として、また近隣コミュニケーションの場として評価されている。そして四合院住宅、集合住宅のどちらの居住者についても、四合院形式や共用中庭のある住居形式への肯定意見が一定の割合で存在する。

四合院住宅の院子で謳歌されていた屋外を使った生活が、集合住宅に移り住むことによってなくなってしまうことは寂しいことである。実際、集合住宅の居住者は、思いどおりの屋外を使った生活ができなくて不自由を感じていることがアンケートからもうかがえた。いったい本当に求められる理想的な集合住宅のかたちとはどのようなものなのだろうか。それを探りだすことは非常に難しいが、少なくともこれらのアンケートの結果は、次節で述べる二種類の屋外空間――すなわち個人的行為に対応する、各住戸に付属する家族の庭的スペース「光と風の庭」と、コミュニティ的行為に対応できる、住棟中央の小広場「新院子」――を有する保存再生プランのコンセプトの有効性を十分に示しているといえよう。（久保妙子）

4——伝統的民家群の保存再生プロジェクト

一九九一年から九四年に至る二次、三次の調査では、先述したようにさまざまな問題を集約的に抱える旧城内西南部地域（一五六ヘクタール）に焦点を当て、実態調査を行った。この広範な地域の調査研究の結果、四合院の門房（道路沿いの棟）の保存が、町並み景観の保存に有効で、しかも実現の可能性が高いことがわかってきた。また、問題を掘り下げるため、徳福巷、大有巷の二つの地区で詳細な実態調査を行った。

徳福巷地区では、住み分けの実態や四合院内の改変状態を調査し、住環境悪化のメカニズムを解明した。さらに、アンケートによって、四合院の空間構成の中核をなす「院子」と、現代の集合住宅の外部空間の使われ方などを比較した。この比較分析によって、本節で提案する「新四合院集合住宅」とも呼ぶべき新住居形式の妥当性を検証したところである。

この頃になると西安グループのメンバーも拡充されてきた。西安冶金建築学院（現西安建築科技大学）、西安交通大学の教員・学生のチームが参加し、城市規劃管理局から独立した城市規劃設計研究院のスタッフが加わった。そして、徳福巷地区のプロジェクトができてきた段階で、この地区が所在する碑林区の建設委員会とその傘下にある開発会社が参加してきた。京都グループの方も新たに大阪市立大学の教員・学生チームや京都環境計画研究所チーム、聖母女学院短期大学の教員が加わり強力な態勢になっていった。京都、西安両グループで実態調査や計画案の作成を分担し合ったが、研究的な分析は、引き続いて京都グループが分担した。（大西國太郎）

1 徳福巷地区——景観の保存と住まいの改善

町並み景観と住まいの現状

この徳福巷地区でも、一九四九年の解放以来、本来一家族が住んでいた四合院に多数の世帯が居住するようになっていた。その結果、床面積の不足を補うための増築が院子になされ、居室への通風や採光に支障をきたしていた。また、四合院のそれぞれの房（棟）が持っていた役割とヒエラルキーも同時に失われた。反面、院子が世帯間の近隣交流の場に生まれ変わるというプラスの面も出てきた。

徳福巷地区は約一・五ヘクタールの面積を持ち、三七の四合院があった。そして、調査の結果、増築部を含む四合院の延べ床面積は約六六〇〇平方メートル（面積データのない二院落は除外）あることがわかった。この中に一七四世帯、六六〇人が居住していた。

表通りの二八院落のうち、完全なかたちで保存されているもの及び軽微な改変がなされているもの（保存度Ⅰ）が一四院落もあり、全体の五割を占めていた。また、一部が改変されているもの（保存度Ⅱ）が一〇院落あり、これを加えると九割弱に達し、町並みの保存状態はきわめて良好であった。ちなみに、かなり（約半分）の部分が改変されているもの（保存度Ⅲ）が一院落、全面的に改変されているもの（保存度Ⅳ）が三院落と、景観を阻害する院落はわずかであった。

保存再生の前提条件

徳福巷地区の保存再生計画案の作成に先立ち、京都と西安、二つのグループが種々の協議を重ねた。その結果、まず京都グループで、さまざまな保存再生手法の可能性を検討す

ることになった。この手法の検討にあたり、次のような条件を定めた。

①すべての門房を保存修復することにより、伝統的な町並み景観を継承する。また、保存状態のよい四合院四院落を保存する。
②改善後も現在の居住者をこの地区に住めるようにする。
③世帯ごとの床面積は現在の占有床面積を下まわらないようにする。
④居室（寝室、居間、食堂）面積は一人当たり九平方メートルを確保する。
⑤各世帯に専用の炊事室、便所を設置する。
⑥給・排水管を整備する。

西安市の資料によれば、三一世帯・一二九人については、現在の占有部分内に炊事場と便所を設置しても、一人当たりの居室面積は九平方メートルを下まわらないため、現在の占有床面積を保証するものとし、それ以外の一四三世帯・五三一人については、4と5の条件を満足するために必要な床面積を確保することにした。

これらの前提条件を踏まえたうえで、この地区の住環境の改善にあたり、次の三つの手法を検討した。

①現状修復による住環境の改善策
②新住宅（低層集合住宅）の建設による住環境の改善策

③上記1と2の併用による住環境の改善策

現状修復による住環境の改善

これは、現状の無秩序な平屋増築を撤去して住環境を改善する手法である。本来の伝統的な姿に復元する案（イ）と、町並み景観を考慮して影響の少ない範囲で二階増築または改築を誘導する案（ロ）が考えられる。この手法の利点は、四合院の伝統的な空間構成を維持し、そこで展開される家族の生活や居住者相互の細やかな交流を損なうことなく、住環境が改善されることである。その反面、院子内の騒音やプライバシーの問題などは改善されにくい。またこの手法では現住者を収容するための床面積の増加が十分には見込めず、前提条件2を満たすことが難しい。

（イ）復元修復案

三七院落すべてについて、その増築部分を撤去し復元的修復を行う。この場合、保存四合院と保存門房も住居として利用する。しかし、地区の床面積の総計は減少することになり、現在の居住者全員が住まうために必要な面積には大きく不足する。景観保存の点では望ましいが、約四割の居住者がこの地区からの転出を余儀なくされることになる。

（ロ）二階増築（改築）案

無秩序な増築部分を撤去した上で、保存四合院を除いた三三院落については、景観上影響の少ない範囲で二階増築か改築を行う。これにより地区の床面積の総計は約四割増加し、現在の居住者全員の居住が可能となる。ただし、院落内での良好な通風・採光を確保するためには、院子南側の棟については二階増築しないなどの配慮が必要となる。この場合、全員が居住できる床面積を確保することは難しくなる。

二階増築による改善例を図1に示す。徳福巷二八号をモデルにした案であるが、約二五～六五平方メートルの住戸を七戸つくることができる。

新住宅（低層集合住宅）の建設による住環境の改善

四院落の保存四合院と徳福巷通り沿いの保存門房群を除く地区内のすべての建物を撤去し、低層で高密度の集合住宅群を新しく建てることで、住環境を改善する案である。

この地区の保存四合院二院落にはさまれた、約二五〇〇平方メートルの敷地（図2）において、新住宅配置のケーススタディを行った。ここには二八世帯九六人が居住していた。そのうち、前提条件4と5を満たし得る五世帯二六人については、専有床面積の現有値を保証し、それ以外の二三世帯七〇人については、前提条件を満足する専有床面積を確保する必要がある。計算の結果、この敷地に現在の居住者が改善後も住み続けるためには、専有床面積だけでも、現況の二倍以上の面積を有する建物を建設する必要があることがわかった。

この敷地における新住宅の住棟配置パターンを図3に示す。A、Bの三階建二棟の平行配置案では必要な床面積は確保できるが、どちらの案も門房に近い三階の東部分は、町並み景観に影響を与えることが予想される。コの字型案(C)の住棟配置では、二階建(一部三階建)で床面積の確保が可能となる。さらにロの字型案(D)では、一階部分の床面積がより広くとれるため、二階建(一部一階建も可)でも必要な延床面積は確保され、現住者全員の再入居が可能となる。保存門房に隣接する部分は、一階に抑えれば町並み景

図1　四合院の2階増築による改善例

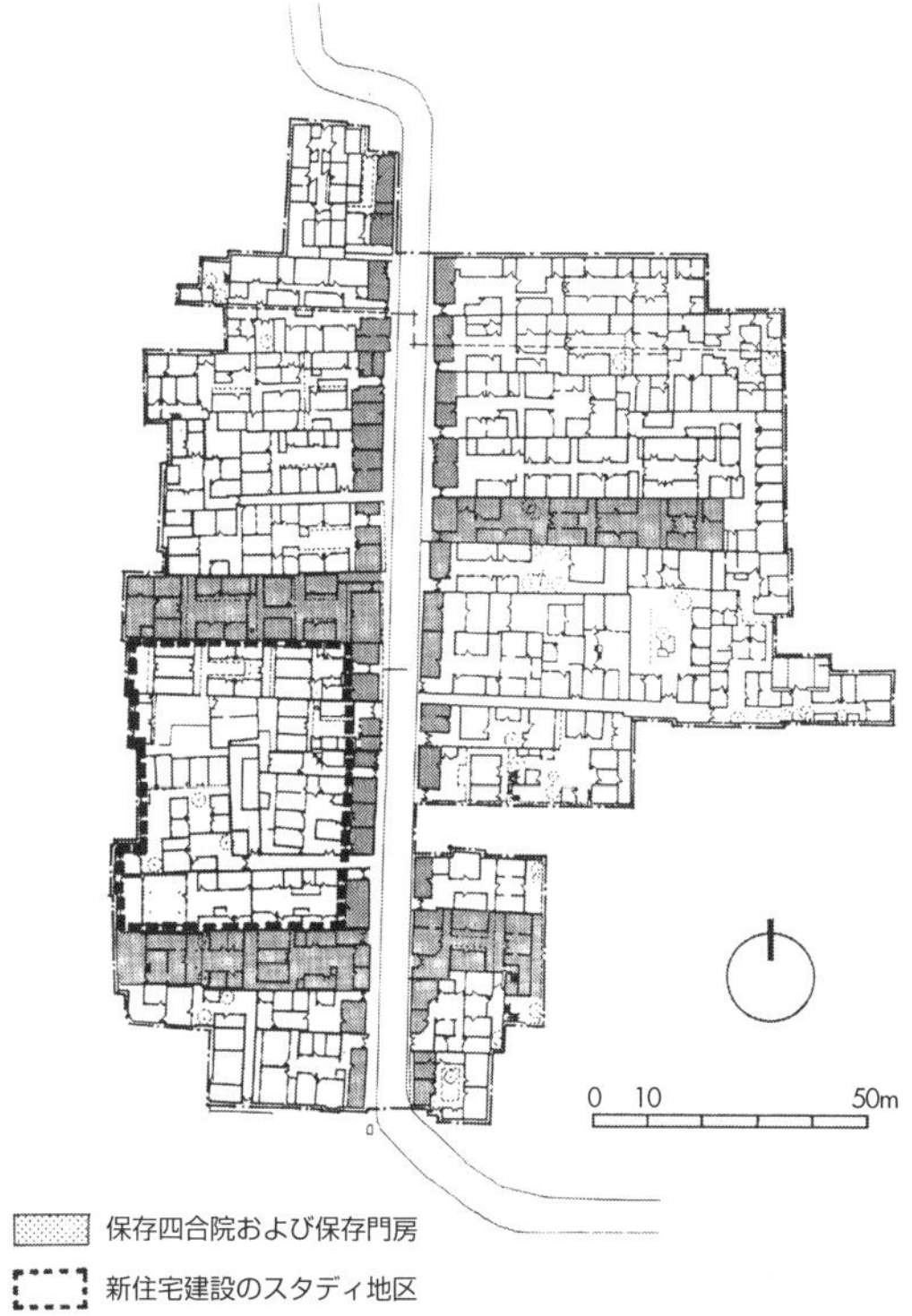

図2　保存再生手法の検討地区

観への影響はまずないといえる。

いずれの場合でも、新住宅の建設は、住環境改善の前提条件を満たす方法としては、有効で実現の可能性の高い手法であろう。しかし、町並み景観の保存を考えると、その階数（高さ）については十分に考慮する必要がある。また、この場合、四合院住宅特有の院子を囲む空間構成がなくなり、そのため居住者相互の親密な交流が失われる可能性が高い。新住宅の建設に当っては、こうした面においても何らかの方策を用意しておく必要があろう。

現状修復型と新住宅建設型の併用による住環境の改善

現状修復による住環境の改善と新住宅の建設による住環境の改善の、二つの手法を併用した第三の方法で、図4のように二つのパターンが考えられる。

Aは、通りに面した院落の前院は復元的な修復を行い、後院以後については、既存の建物を撤去して新住宅を建設する案である。徳福巷通りをはさんで四〇～六〇メートルの幅で建物が修復されるため、町並み景観の保存に対しては有効な手法である。この場合、新住宅建設地の東西方向が短くなるため、住棟は南北軸配置が基本となる。

Bは、保存四合院に隣接して修復四合院を追加する案で、保存および修復四合院が面的に連続し、景観にリズミカルな印象を与えるとともに、これらの建物の積極的な活用計画の立案が可能となる。しかし、A案とは逆に新住宅建設用地の南北方向が短くなり、東西軸配置が基本となるため、町並み景観上、通りに近い部分の高さを考慮する必要がある。ただし、A・B両案とも面積的には居住者全員の再入居は難しい。

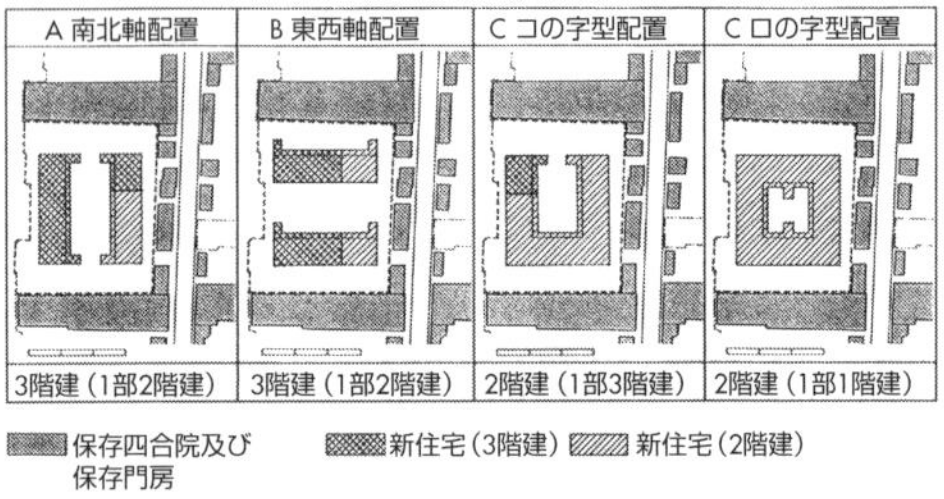

図3　新住宅（低層集合住宅）建設の住棟配置パターン

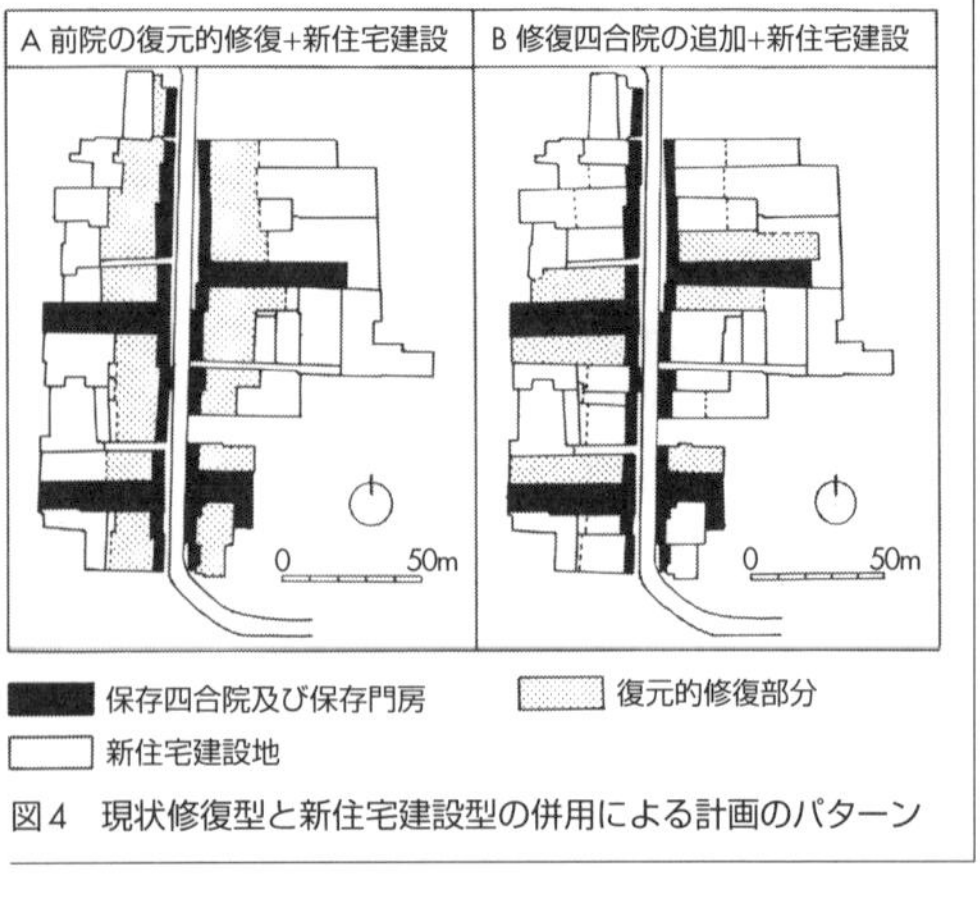

図4　現状修復型と新住宅建設型の併用による計画のパターン

「新四合院集合住宅」の提案と基本設計

これまで見てきたように、私たちは徳福巷地区の住環境の保存再生にあたって、三つの手法を検討してきたが、それぞれに長所、短所があることが明らかになった。

まず、改善後の床面積の問題については、現状修復型の手法では十分な確保が難しい。人口集中の著しい中国都市部の実情を考えれば、現在の居住者に対応するだけでなく、ある程度新規の居住者を受け入れるだけの余裕を持った、新住宅の建設による計画が望まれよう。一方、四合院住宅特有の院子を囲む空間構成と、そこで培われてきた家族の生活や居住者相互の親密な交流の継承という面からは、現状修復型が望ましく、従来のような集合住宅では対応しきれない。町並み景観の保存という面からいえば、現状修復型でも新住宅の建設によるものでも、十分な配慮をすれば可能であるが、総合的に見ると現状修復型は、実現の可能性が小さいといえよう。

そこで、日中で協議を重ねた結果、徳福巷地区において、町並み景観の保存と住環境の改善を両立させる具体的手法として、保存する門房群の後方に「新四合院集合住宅」とも呼ぶべき低層の集合住宅群を開発し、配置していく方策をとることにした。

「新四合院集合住宅」のコンセプトの中核にあるのは、伝統的な四合院住宅の院子が本来持っていた「家族の庭的なスペース」と、一九四九年の解放後に多数世帯の居住に

よって生まれた「近隣交流の場」としての院子、この二つの性格の異なった庭を集合住宅において併存させようというものである。つまり、各住戸内には家族の庭的スペースである「光と風の庭」を、また住棟中央には近隣交流の場として小広場的な空間である「新院子」をそれぞれ計画する（図5）。

「光と風の庭」は、南に向かってセットバックしながら、重なり合って構成される立体的な中庭空間である。他の住戸からの視線をカットしながら、十分な光と風を採りいれ、家族のプライベートな屋外生活行為に対応する空間である（図6）。「新院子」は、上層階にいくにしたがって広がる中

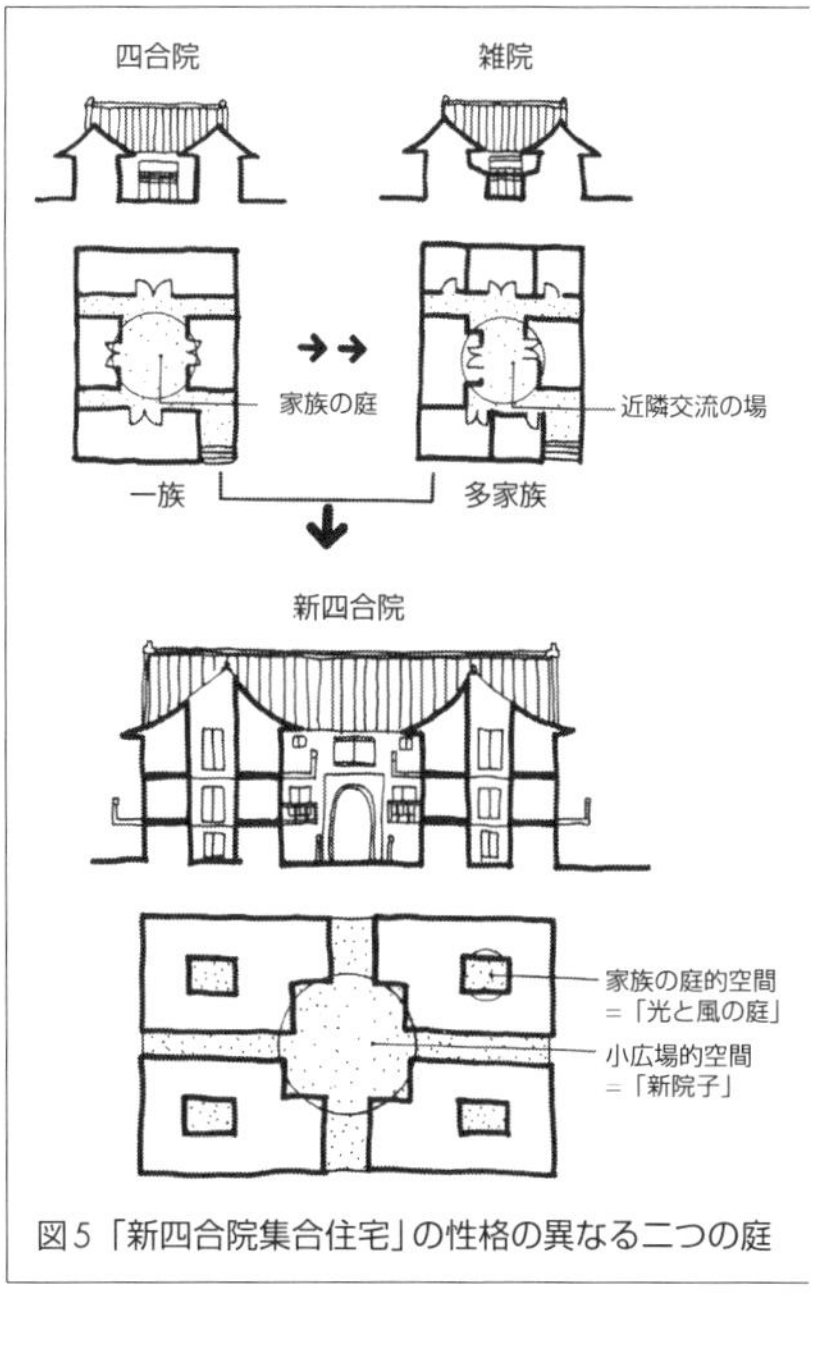

図5「新四合院集合住宅」の性格の異なる二つの庭

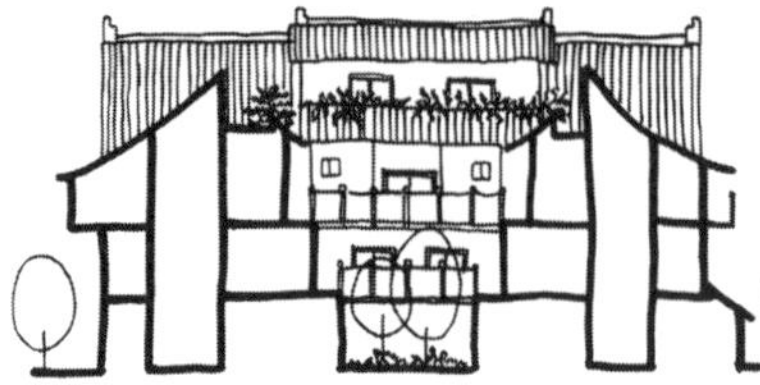

図7 「新院子」のイメージ

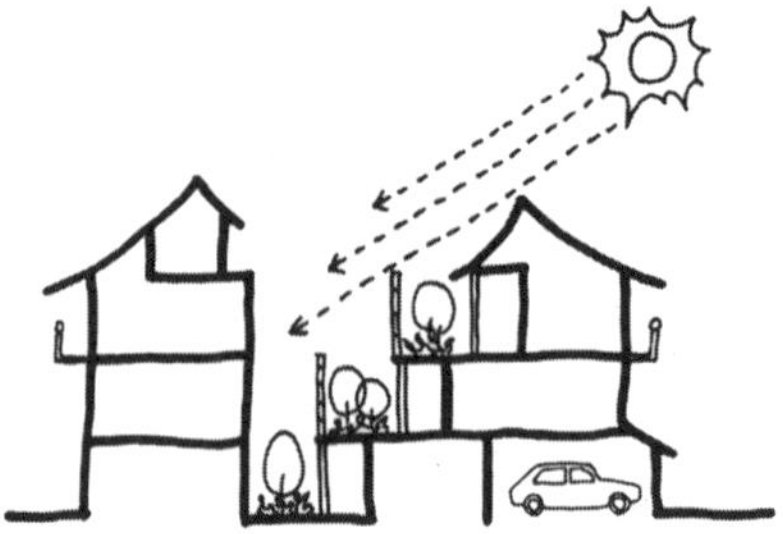

図6 「光と風の庭」のイメージ

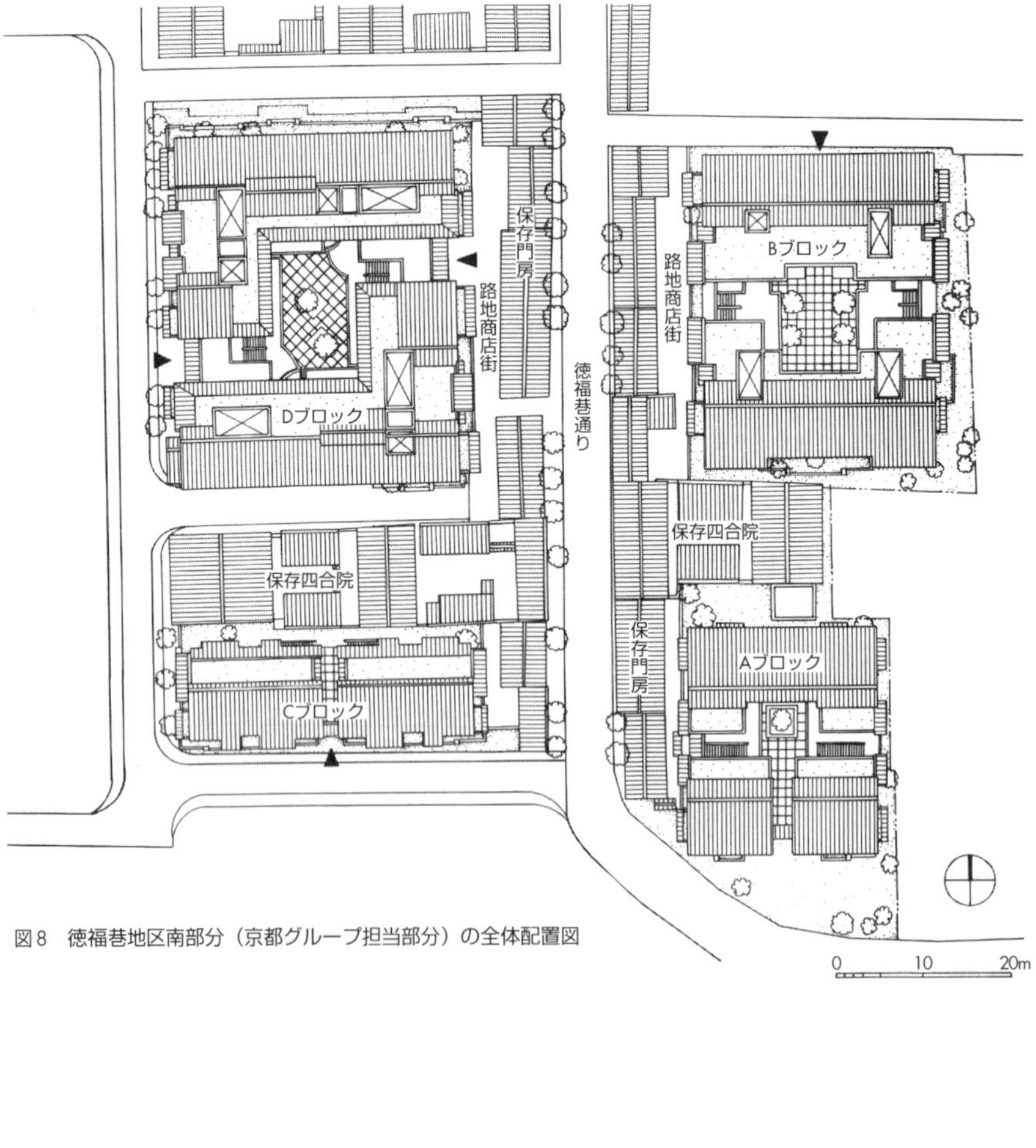

図8　徳福巷地区南部分（京都グループ担当部分）の全体配置図

庭空間で、風が通り、光に溢れた快適な小広場となっている。共用の廊下や階段、各住戸のバルコニーは、この「新院子」を囲むように配置し、近隣交流の契機となるよう計画してある(図7)。

図8は、徳福巷地区南部分(京都グループ担当)における保存再生計画の全体配置図である。先に述べたケーススタディの対象となったB及びDブロックでは、それぞれに「新四合院集合住宅」を計画している。また、A及びCブロックは敷地が狭小なため、「新院子」はあるが、「光と風の庭」は計画していない。

「新四合院集合住宅」は、歴史的景観を持つ町並みの中で、四合院住宅の空間的特性を活かしながら、新しい生活スタイルに対応する建設モデルとして位置づけられよう。

周囲になじむ新四合院集合住宅

私たちが提案する「新四合院集合住宅」が、西安の伝統的な町並みと調和し、また諸般の現地事情に適合するよう、次の五つの点で配慮していくことにした。

まず、周囲の伝統的な町並みになじむ外観とボリュームになるように、「新四合院集合住宅」の階数は三階までに抑えて、街路から門房の屋根越しに大きなボリュームが見えないように配慮をした。

次に、現地の防犯の事情を考えて、下層は閉鎖的、防御的にし、上層は開放的な平面と立面で構成されるように考えた。「新四合院集合住宅」の外周まわりは、下階ほど窓などの開口部を小さくしぼり、最上階ではバルコニーなどを設け、開放的な内部空間と外観を試みた。

さらに、構造形式は鉄筋コンクリート造、組積造と木造の混合型、いわゆる混構造を採用した。間取りはもちろんのこと、断面計画にも自由度をもたせるために鉄筋コンクリート構造を考えたが、現在の中国ではまだまだ混構造のほうがはるかに安くあがるという経済的理由によっている。

また、「新四合院集合住宅」の外観のデザインについては、四合院住宅の風情をただよわせながらも、簡明でモダンなものを心がけた(図9)。そして「新四合院集合住宅」の外観をかたちづくる建築材料は、風土に根ざした現地のものを積極的に採用することにした。西安市郊外の建材マーケットを見てまわり、施釉瓦やタイルなどの材料で、外観に風土性を表現できることを確認した。

図10はDブロックに計画した「新四合院集合住宅」の平面図である。徳福巷通りの西側にある保存四合院の北に位置し、四つのブロックの中では最も規模が大きい。中央に二七五平方メートルの広場(新院子)があり、それを囲むようにL字型の住棟二棟を配置した。各住戸へはこの新院子

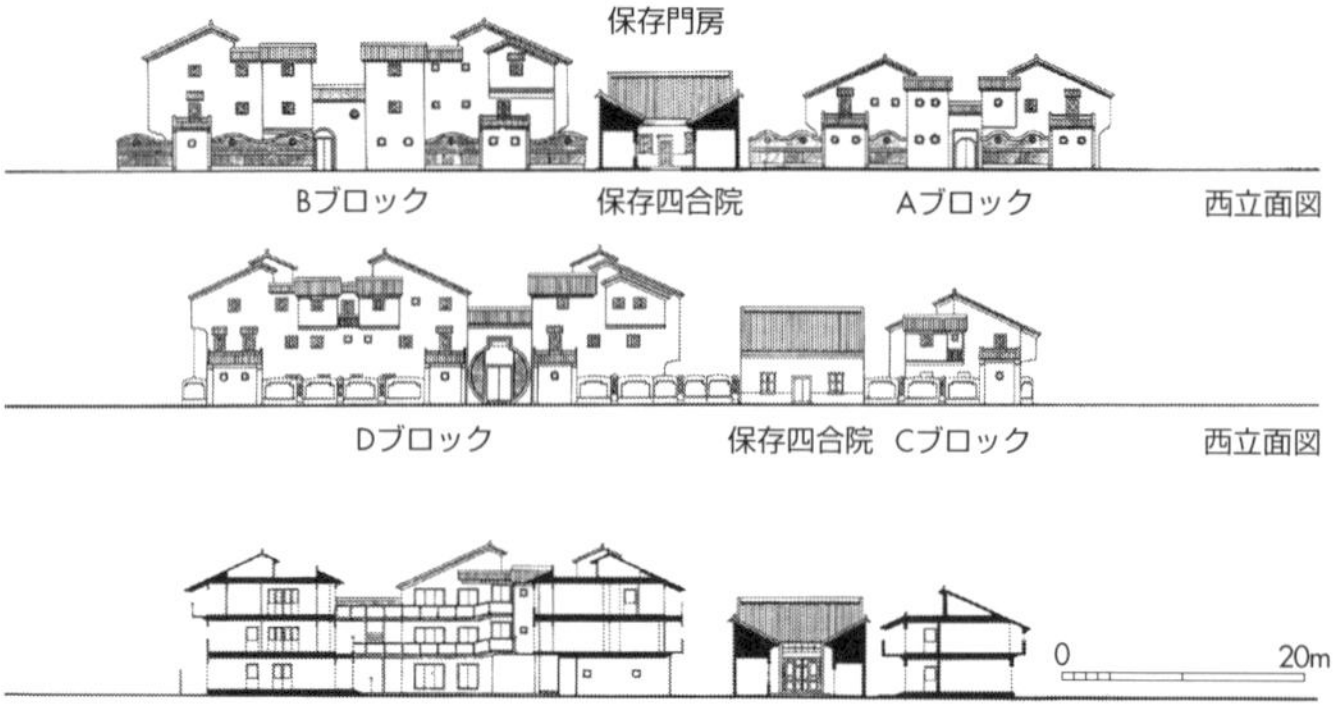

図9 「新四合院集合住宅」の外観

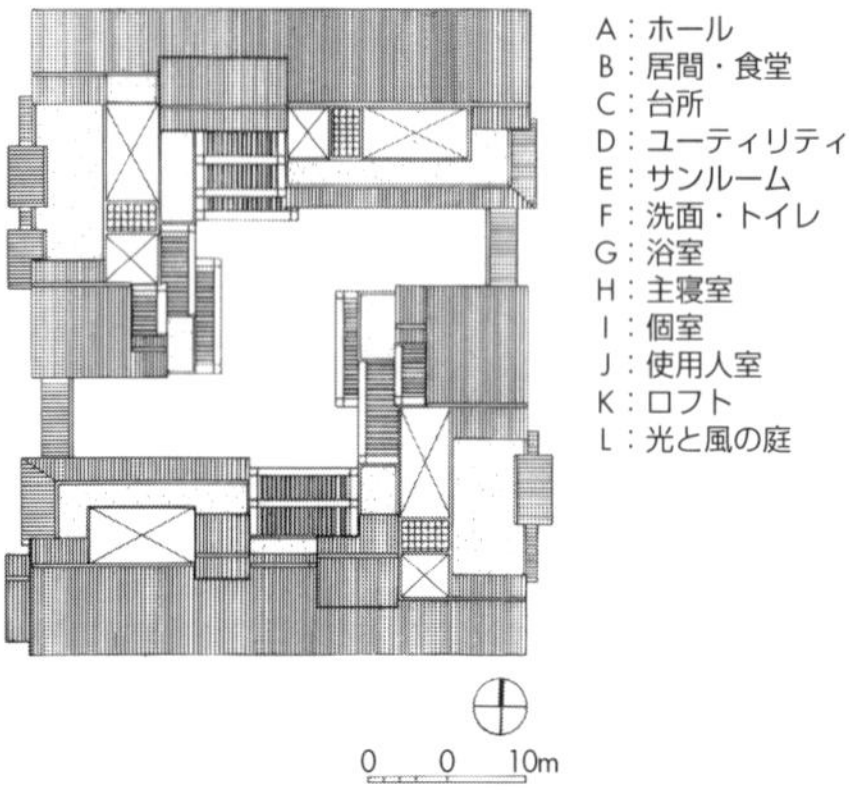

屋根伏図

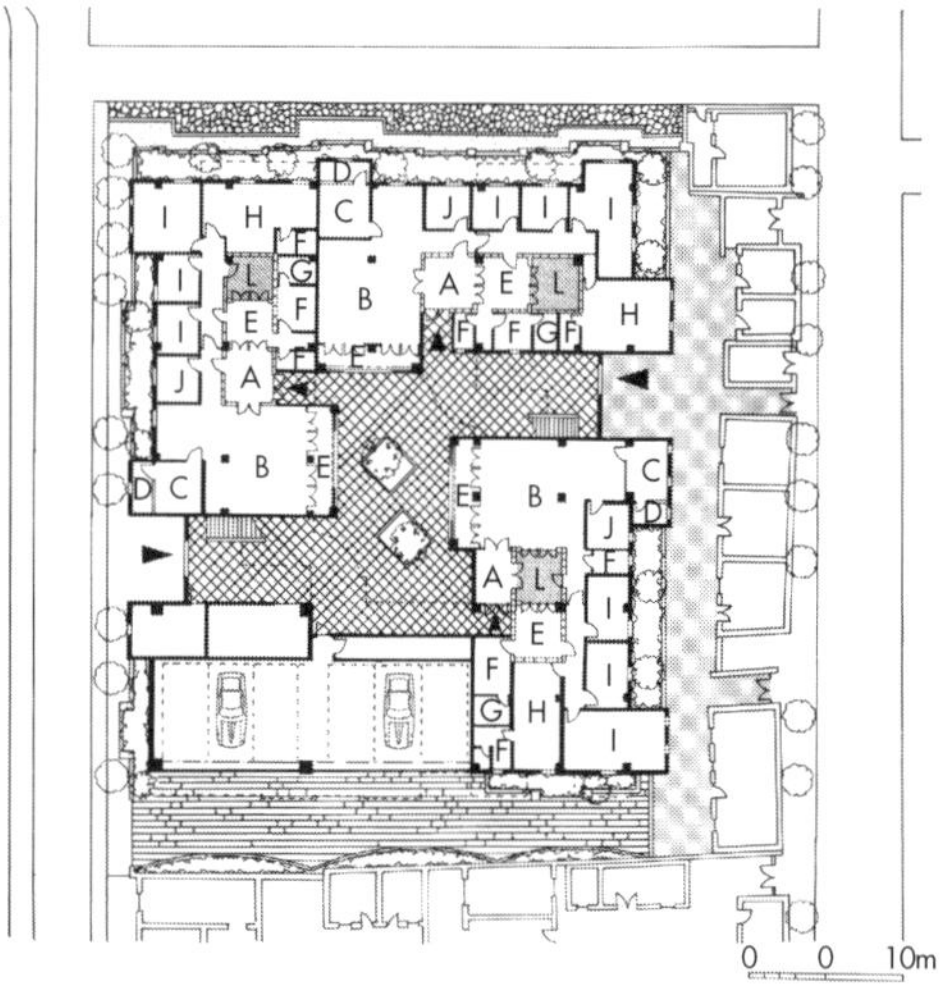

図10 「新四合院集合住宅」Dブロック1階平面図

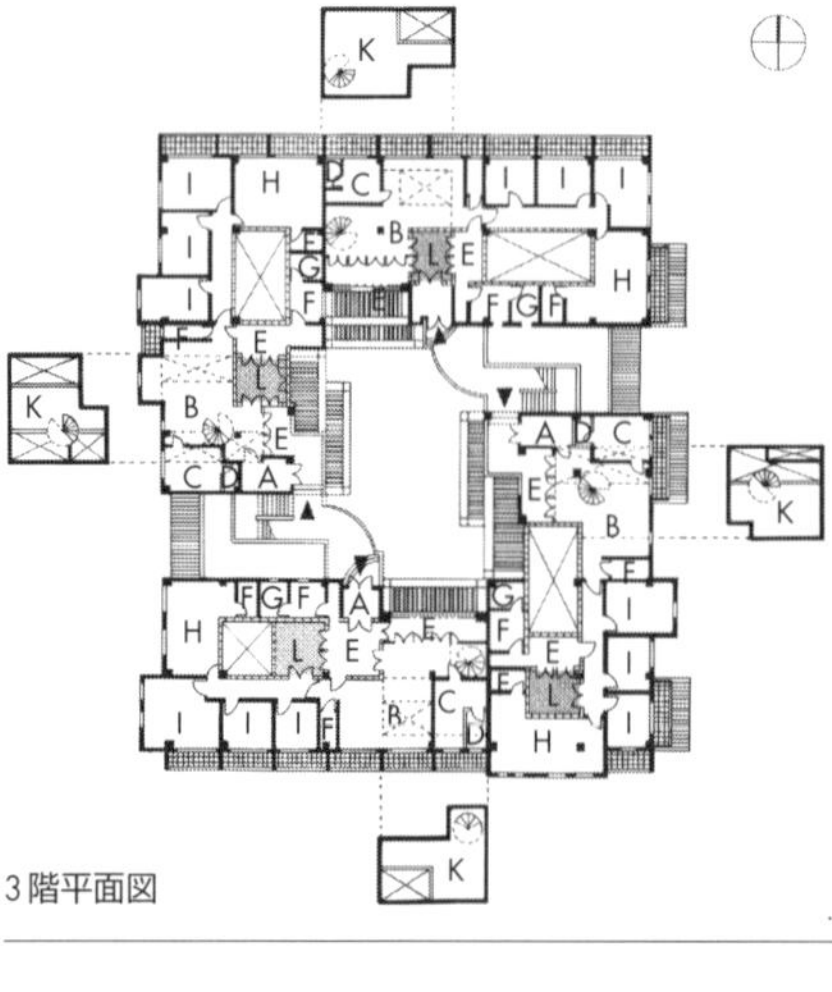

3階平面図

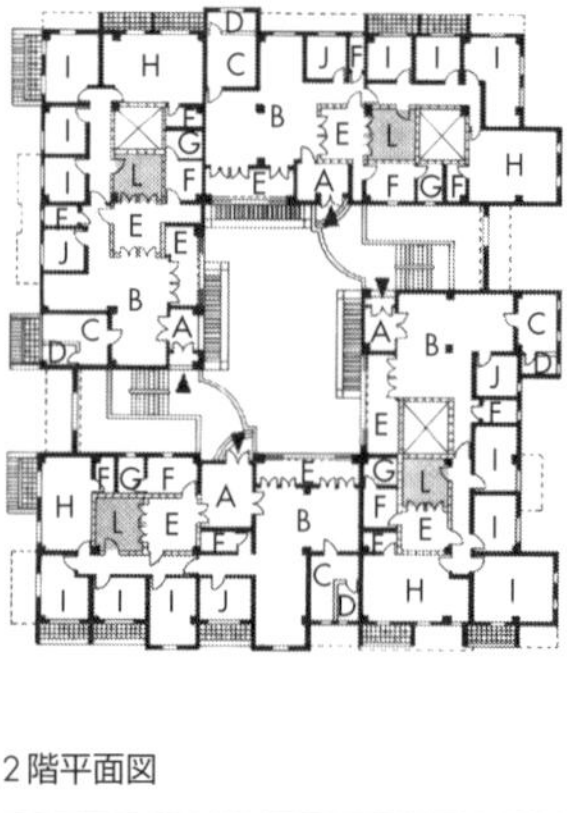

2階平面図

からアプローチする。新院子への出入りは、ブロック西側の道路と、保存門房の裏に新たにつくった路地から行う。それぞれの住戸には三~四坪の「光と風の庭」があり、それに面してサンルームを作っている。

私たちの提案は、これまでに説明をしてきた「新四合院集合住宅」の基本計画の内容だけにとどまらず、徳福巷通りと保存門房をも含む敷地全体の利用計画にまで及んだ。保存四合院は伝統工芸の工房への転用や、集会所や幼稚園などの地域施設への転用を想定した。また、保存門房群は店舗としての活用を提案した。

保存門房の外観は、復元的に修復をして通りのみち景観を整える。そして、保存門房の裏側を個性的でモダンな商店に改造して、「新四合院集合住宅」との間に通りと平行に歩行者専用の路地を新設し、魅力ある商店街にすることを提案した(図11)。中国槐の緑と門房の白い外壁の対比が美しい伝統的な町並みから、一歩路地に入ると、そこにはバラエティに富んだ店が個性を競いあって並んでいる面白さ、観光客も地元の人びとも、一緒になって買い物を楽しむことのできる新しい空間が出現する。この商店街の提案は、この地区の保存再生事業の採算性をあげることになり、碑林区開発会社は大いに歓迎した。

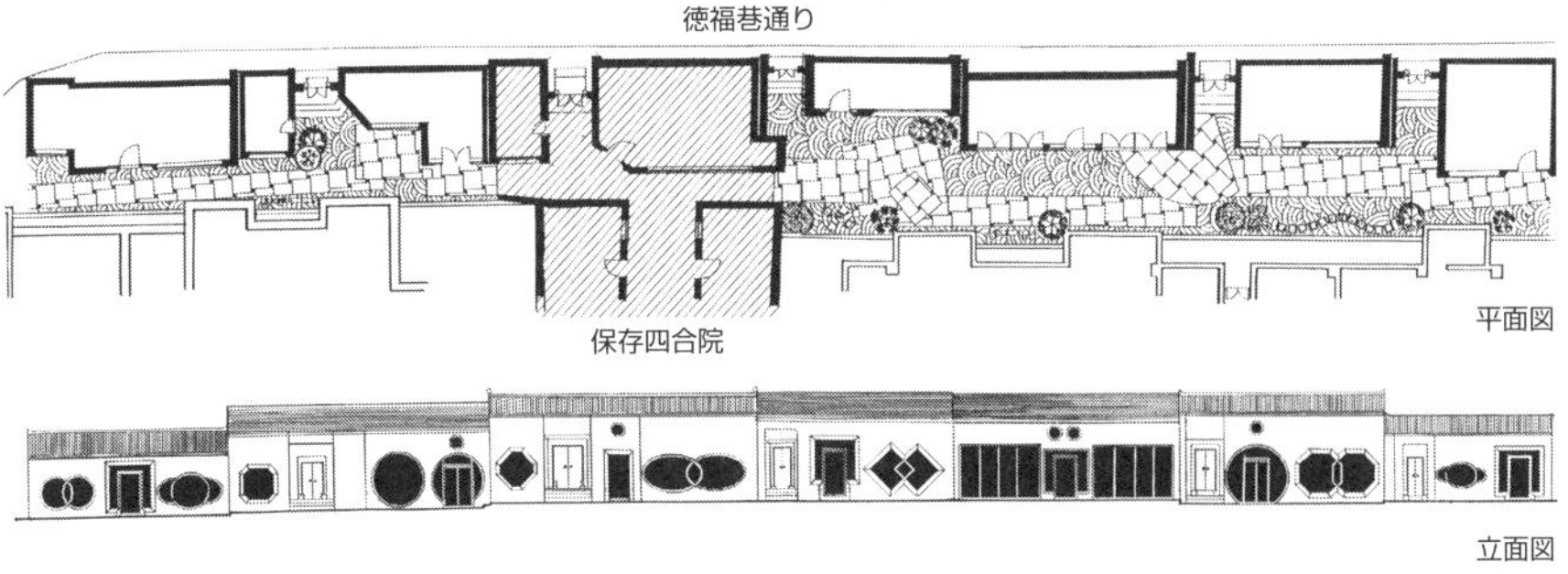

図11 門房裏通りの歩行者空間(路地商店街)

徳福巷地区のプロジェクト

この西安の調査研究に当っては、西安市当局の支援が不可欠であるため、同市城市規劃管理局の肝煎りで、調査の節目ごとに建設担当の副市長にお会いして、バックアップの約束を取りつけていた。日中による共同研究の成果を徳福巷地区のプロジェクトに活用する案が出てきた段階でも、同副市長に面談し、市の事業として行うとの確約を得ていた。碑林区区長や西安市城市規劃局長以下の幹部が列席する市当局の宴会に、京都グループも招かれ、徳福巷のプロジェクトの着手が祝われた。

その当時は、各市で商品住宅(日本の分譲住宅)の建設が企画され、着工前の基本設計の段階で売り切れてしまうという好景気の最中であった。この商品住宅の企画に、先の「新四合院集合住宅」のアイデアを活かしたいとの趣旨であった。日中共同で徳福巷地区のおおまかなサイト・プランを計画し、地区の北半分を西安側で、南半分を京都側でおのおの分担して、住宅の基本設計まで行うというものであった。私たち京都グループには、このプロジェクトに参画するにあたって、いくつかの戸惑いがあった。

第一は住宅事情に対する認識の違いである。京都側では、地元の多様な入居者を想定して、住宅の規模や間取りに変化をもたせようと試みたが、西安側の要求は、企業の幹部や外国人を対象とした、大規模な「商品住宅」を中心に開発をしたいという。実際、徳福巷地区では、居住者一人当たりの平均床面積が一〇平方メートル程度であった。こうした庶民的な地区において、二〇〇平方メートルに及ぶ住戸で構成される集合住宅を計画することに、私たち日本人スタッフはかなりの抵抗があった。しかし、現実の中国社会では貧富の差がはなはだしく、こういった商品住宅を購入できる層もあること、また、商品住宅の販売によって利益をあげ、これを庶民住宅の建設資金に回さなければならない市当局の資金不足の状況もわかってきた。具体的には、徳福巷地区の西部、北部の地域も含めた全体計画の中で、徳福巷居住者を対象にした庶民住宅を建設していくことになった。

第二はプロジェクトチームの構成の違いである。西安側は大学の研究室がワーキンググループを編成するので、院生、学生の動員ができて、限られた時間内に大量の作業をこなすことが可能であった。一方の京都側はその当時は実務に追われている設計事務所のスタッフ中心のチームであったため、このプロジェクトにどれだけの時間が確保できるかが勝負だった。

しかし、結果的には京都グループの案が出てきただけで、西安側からはまとまったものはいつまでたっても出てこなかった。計画はどんどんと遅れていった。北半分の地区でも、京都グループの案を敷衍するような計画にしてはどうかとの提案も出ていた。ところが、そうこうしているうちに、いっぽうでは中国全体で金融の引き締めが徐々に進んでいった。沿海地方では商品住宅はどんどん売れていたが、内陸部では売れ行きがかんばしくなくなってきた。

このプロジェクトは遅れに遅れて、ついに実現の機会を掴むことなく終焉を迎えた。結局、徳福巷の伝統的な住宅群は壊され、その跡に伝統様式に似せて鉄筋コンクリート造でつくられた、店舗付の集合住宅が建ち並んだという。

中国では土地は国有であるが、土地の利用権と建物は売買ができ、開発会社は銀行から融資を受けて、これらを買収し、商品住宅を建設し販売していく。市・区当局は、この開発会社の採算ベースの中で、徳福巷地区の門房群や四院落の四合院の保存をもくろんだ。徳福巷地区の西や北の開発地区を含めた大規模な地域の事業で、採算を取り得ると判断したが、金融の引き締めの中では通用しなかったようである。

また、中国では経済の改革開放後、市場経済が活発化し、民間会社だけでなく、公の機関も盛んに営利事業を営むようになってきた。こうした状況の中で、行政と民間とのあいだによい意味での緊張関係を作りあげることは、難しいように思える。徳福巷は西安市の総合計画に保存地区として位置づけられていた。行政当局は、開発会社をこの総合計画に従わせることができなかったのである。

これらの教訓は、次の黄山市屯渓老街地域の保存再生計画に活かされている。朱教授の提案により、開発会社ではなく、市の房地産管理局（土地建物管理局）の主導によって、小規模かつ段階的に事業を進めていく手法を検討中である。

（西尾信廣、荒川珠美）

2 大有巷地区——巨大四合院の保存と活用

大有巷の四合院

大有巷は西安の旧城内西南地域の西端に近いところに位置する。南北に走る甜水井通りから西に枝分かれしたわき道の一番奥に、大規模な四合院住宅が建っていた。敷地が間口約四四メートル、奥行き六〇メートルもあり、さらに西側に二〇×二一メートルの張り出し部を持つ巨大なものであった。

　この四合院住宅は、前院と後院からなる二進院式の四合院が横に三棟連なるもので、中央が正院、東と西は偏院に相当するものである。正院と東西の偏院には門房、廂房、過庁、廂房、上房の建物があり、西側の張り出し部には上房と廂房が配置されていた。

　調査時点では後世に改造や建て増しが行われていたので、痕跡調査と聞き取り調査によって建築当初の状態を復元した。その結果、正院と西院は門房、廂房、過庁、廂房、上房からなり、東院は門房、廂房、上房で、その裏は花園になり、また西側の張り出し部も花園であったことがわかった（図1・2）。

　この四合院住宅の歴史を調べるために、古くからの所有者である曹さんという当時九〇歳近い老人に会った。曹老

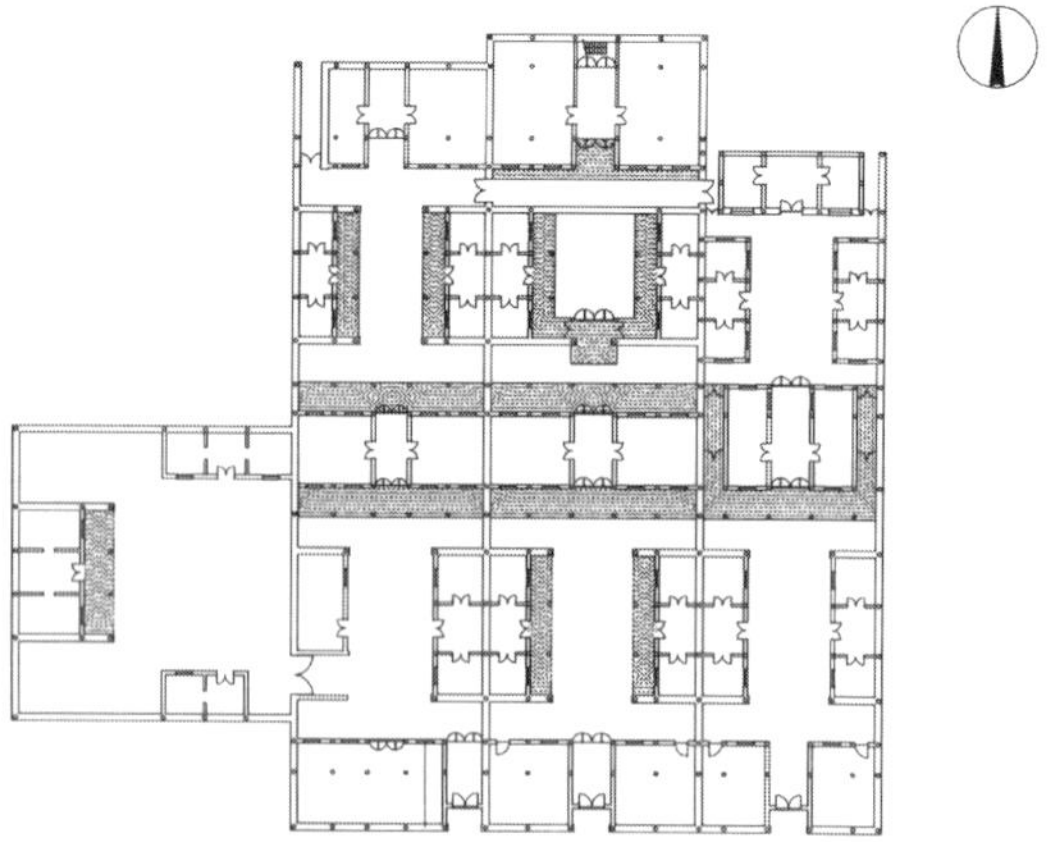

図1　大有巷四合院復元住宅平面図

図2　大有巷四合院復元住宅断面図

人によると、一九〇〇年に清朝の西太后が北京から西安に難を避けた時に、これを助けた劉少涵という将軍がこの土地を拝領し、官邸を構えたことがわかった。建設当初、劉少涵一家は正院に住み、東西の偏院は一族の住居に当てられていた。東院の奥の花園では、花をめでたり、夏期には納涼の場として使われたという。その後、一九三二年に劉氏の子息から曹老人の父親が東院を買い取った。正院および西院には胡宗南の配下の武将であった軍長の劉堪が居住したが、さらに軍閥の陳武が居住して解放に至ったという。解放後、正院は郵便局、西院および東院の前院は政府の所有となり、東院の後院だけは曹老人が所有することになった。この大有巷地区では、現状調査を西安交通大学の教員/学生チームが担当し、復元調査及び次に述べる博物館計画については京都グループが担当した。

四合院博物館構想

大有巷の四合院住宅は後世の改造や増築がみられたが、建築当初の構造材が残っており、復元的な修復が可能であることがわかった。とりわけ中央の正院は、開口部の扉・窓の装置や壁面の装飾がよく残っていた（図3）。東院の前院も保存状態は悪くないが、多数の世帯が居住しているために相当の改造が行われていた。また曹老人が所有していた後院は比較的良好な状態であったが、建物自体は創建当初のものでなく、曹老人の父親が購入したあとに花園をつぶして増築されたものであった。西院の建物は相当荒廃しており、さらに西の張り出し部の建物は後世の増築であった。

こうした現状を踏まえて四合院住宅の修復・再生計画を考えたが、その結果、復元保存、修景保存、形跡保存、新修景の四つの手法を駆使することにした。すなわち、正院

図3　大有巷四合院住宅正院門房復元図

は建築当初の姿に忠実に復元して保存し（復元保存）、東院は伝統的な手法で修景し（修景保存）、西院の前院は四合院の配置や柱位置などの形跡を新しい素材を使って象徴的に構成し（形跡保存）、西院の後院および西花園、そして表通りをはさんだ南の町並み（旧付属馬屋）は四合院住宅と調和した建物を新築する（修景）。全体として四合院住宅の構成を生かしながら、大胆に現代的な機能を付加して、新しい都市施設として再生させることを目標にした。

再生・整備された施設の機能としては、西安に関する伝統的な住まいと暮らしの博物館を構想した。復元保存された正院は典型的な二進院式の四合院住宅であるが、上房、廂房、過庁などの各房を展示場に活用する。東院は前院の四合院、後院の花園を生かした修景保存とし、前院の廂房は出版物および博物館グッズを販売するコーナーとし、上房には喫茶室を設け、後院は花園を囲んで休憩コーナーにする。一方、西院前院の東側廂房は映像機器を設置して映像関係の資料室とし、西側の旧花園には企画展示室を新築する。また張り出し部の北側に隣接する敷地を買収して管理棟とし、庶務課、学芸課、資料整理室、収蔵庫、講演会場を持った建物を新築することとした。さらに表通りの南には街房を新築して食堂や伝統工芸品の店舗とし、裏側に工房を設けた（図4）。

博物館の展示事業は常設展示、企画展示、映像展示の三つに分けて考えた。常設展示は西安とその周辺地域の民家と集落町並みに関する資料、衣食住にかかわる資料、祭礼や伝統行事、日常の道具などをヴィジュアルに展示し、展示の手法は実物資料、模型、パネルなどを駆使した斬新なものを企画した。さらに四合院住宅の空間を活用して、日常生活や年中行事、季節のしつらいなどを再現し、当時の人物に扮したアクターが解説するという動態展示を提案した。企画展示は国宝級の文化財を展示するなど、期間を限ってテーマ展示を開催することとした。さらに映像展示ではビデオ番組を多数収蔵し、自由に検索して鑑賞できるビデオテーク方式を考えた。

中国の博物館はケースの中に宝物を展示するという従来型のものしかなかった。大有巷四合院博物館構想は、博物館の最新の動向を踏まえて、誰にでも空間体験ができ、西安の新しい観光名所になるような施設として、日本側から西安市城市企劃管理局の担当者に提案された。

その後、西安市当局は旧城内西南地域で大規模な住宅改造事業を実施し、大有巷の四合院住宅はことごとく取り潰されてしまった。徳福巷地区と同様に採算を重視する開発会社の事業地に含まれていたことが、保存・活用を実現できなかった決定的な理由であった。城市企劃管理局の担当者レベルでは、この四合院を文化財として位置づけて保存しようという試みも行われたが、力がおよばなかった。当時の経済優先、開発至上主義の中で、伝統的な四合院や町並みの保存に対する世論もついに形成されることなく、残念ながら幻の構想に終わってしまったのである。ただ、この時の経験から引き出された教訓は、のちの屯渓老街地域の保存・活用案の提案に活かされることになった。それについては屯渓老街の漁池巷八号の博物館計画の項で述べたい。

（谷直樹、立入慎造、植松清志）

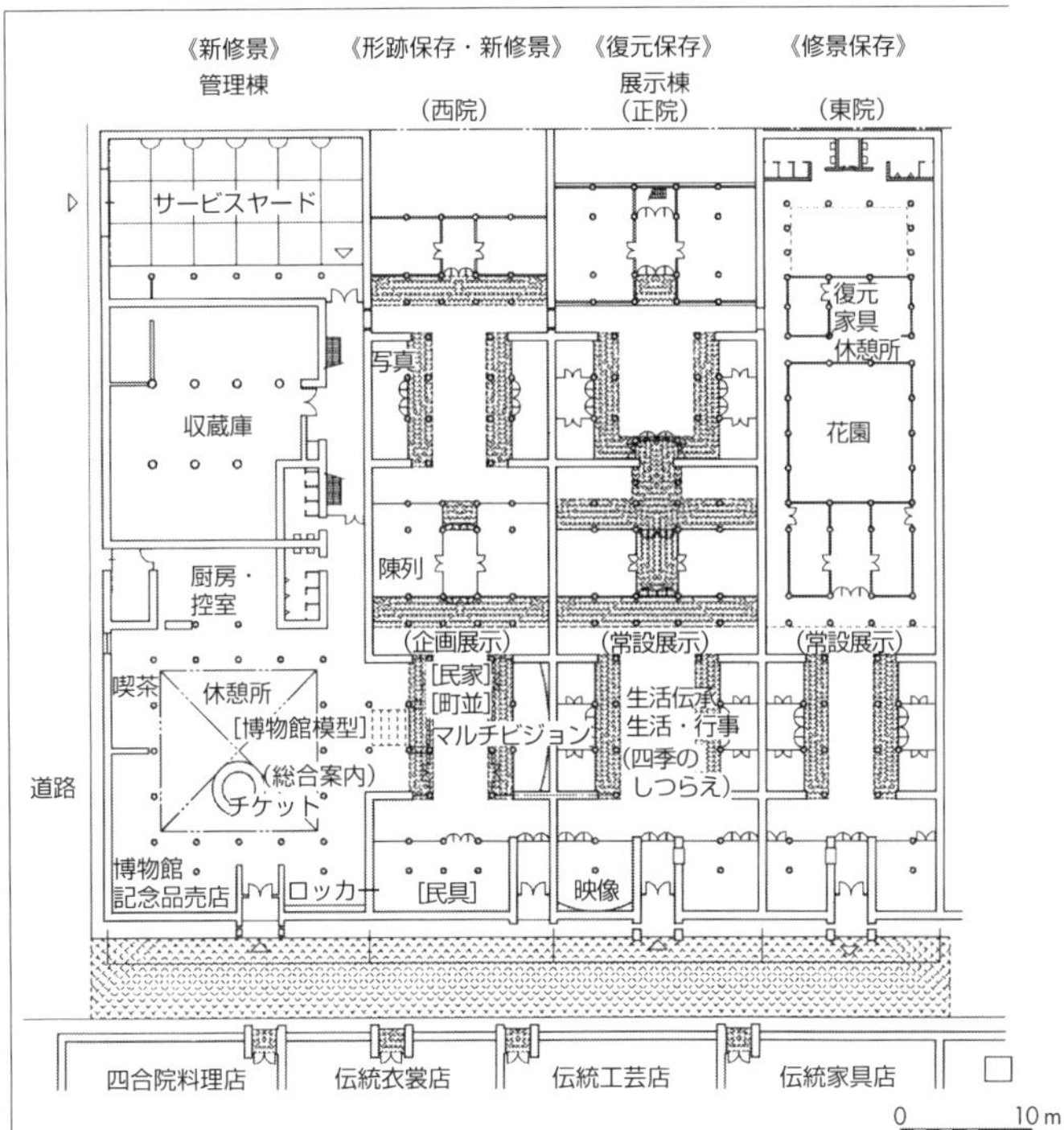

図 4-1　大有巷四合院博物館計画　1 階平面図

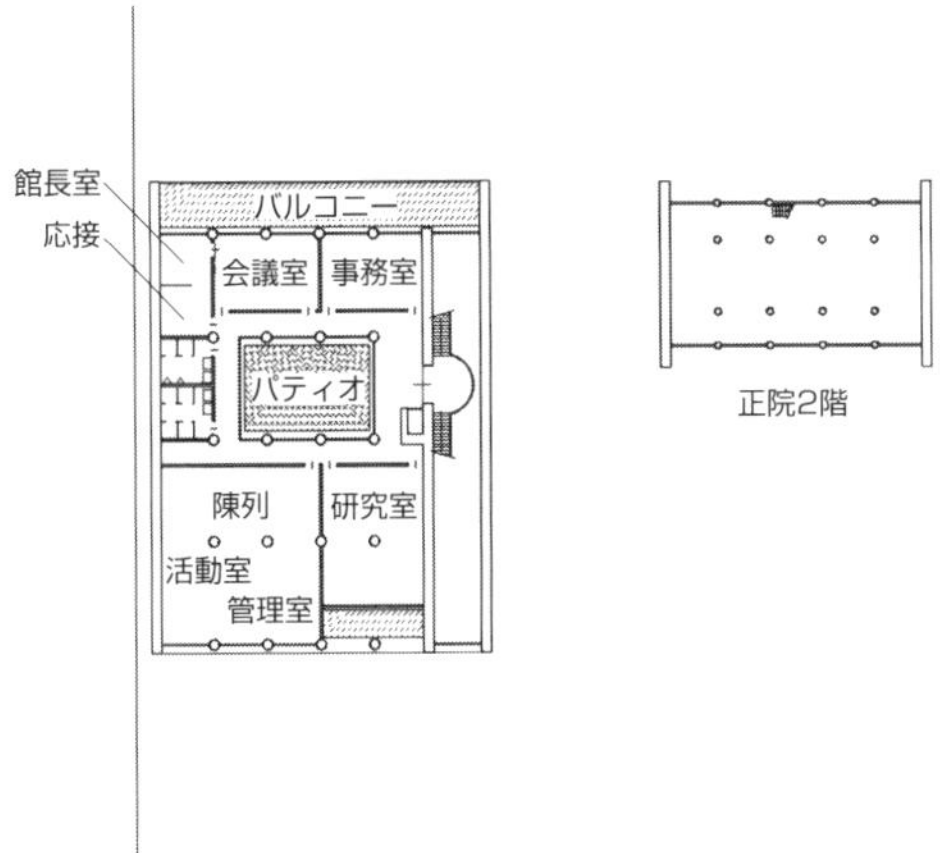

図 4-2　大有巷四合院博物館計画　2 階平面図

4章

徽州・屯渓老街地域

——その保存と再生

1——黄山のまちと屯渓老街

徽州地区と屯渓

現在の屯渓区は黄山市に属する区の一つであり、安徽省の皖南山地区の中心部に位置し、南東は浙江省と、南西は江西省と接している。屯渓は一九四九年に市に昇格し、徽州地区の行政官所在地となったが、以前から徽州地区の政治、経済、文化の中心であり、清代には徽州府が置かれ、その下には屯渓、歙、休寧、黟、祁門および婺源の六つの県があった。

この地には早くも東晋時代（三一七～四二〇）から徽州商人が出現していた。宋代になって徽州域内の商業活動は大きな発展を遂げたが、特に明清時代には徽州商人の足跡は全国に及び、北方の山西商人とともに当時最も豊かな経済力を持った勢力となっていた。このように商人を多く輩出することになったのは、徽州地区が山多く平地が少ないことと関係がある。土地が狭くて人が多く、物資の供給が不足しがちであるため、多くの者が地域の外へ行商に出ていったのである。

この地のもう一つの特徴は、文化が発達し、人々の教養が高く、多くの文化人を輩出しているということである。科挙が行われていた時代には、徽州出身の進士[*1]を多く出し、読書人と商人は徽州人のあこがれの対象となっていて、そこから「儒商[*2]」という言葉を生んだ。徽州地区は自然が美しく、文化が結集し、文化のあらゆる領域に徽州が生んだ代表的人物がいる。例えば、書画金石には新安画派の皖派[*3]、哲学には朱熹[*4]、戴震[*5]等の代表的人物がおり、数学には珠算大師といわれる程大位[*6]がいる。そのほか伝統医学、戯曲、料理、文房四宝[*7]、盆景[*8]など各分野のすべてに徽派[*9]がいた。中でも徽派の建築は、独自の一派を形成しており、今日までに多くの古建築遺産を残している。歴史文化名城や伝統的村落、商業街および祠堂、廟宇、民家などに見られる徽派の建築は、中国建築における重要な一支流をなしているのである。

屯渓の地は新安江の上流に位置し、率水と横江の二つの川が交わる、水陸両方の交通の要衝である。南東は杭州、上海に通じ、西は江西省景徳鎮に通じるという、この地の利が屯渓老街の今日の繁栄をもたらした（図1）。八年に及ぶ抗日戦争[*10]の時期は、屯渓は身近な疎開先にもなり、江南地方の多くのお金持ちや商店が内陸の屯渓に疎開してきた。そのため人口が二〇万人にまで激増し、老街は一層不自然な形で発展し、「小上海」と呼ばれたほどであった。

解放後は水運が途絶えたため、屯渓の商業は一挙に凋落したが、幹線道路と皖贛鉄道（安徽—江西線）の開通及び屯渓空港の建設にともなって、この地は再び繁栄し始めた。特に一九八〇年代には黄山を中心とする観光関連事業が急速に発達し、屯渓の社会と経済がより一層発展することとなった。

一九八七年には徽州地区という行政区が廃止され、黄山市が成立し、市政府が屯渓区に置かれるようになった。黄山市の下には三区四県、すなわち屯渓区、徽州区、黄山区、歙県、休寧県、黟県および祁門県が属している。

一九七九年、もとの屯渓市政府は清華大学建築学院城市規劃系の協力を仰ぎ、屯渓市のマスタープランを策定し、屯渓市の健全な発展の基礎を築いた。現在、都市全体の配置は基本的に計画どおりに実現している。マスタープランでは屯渓老街に対しても厳しく保護していく必要性を明確

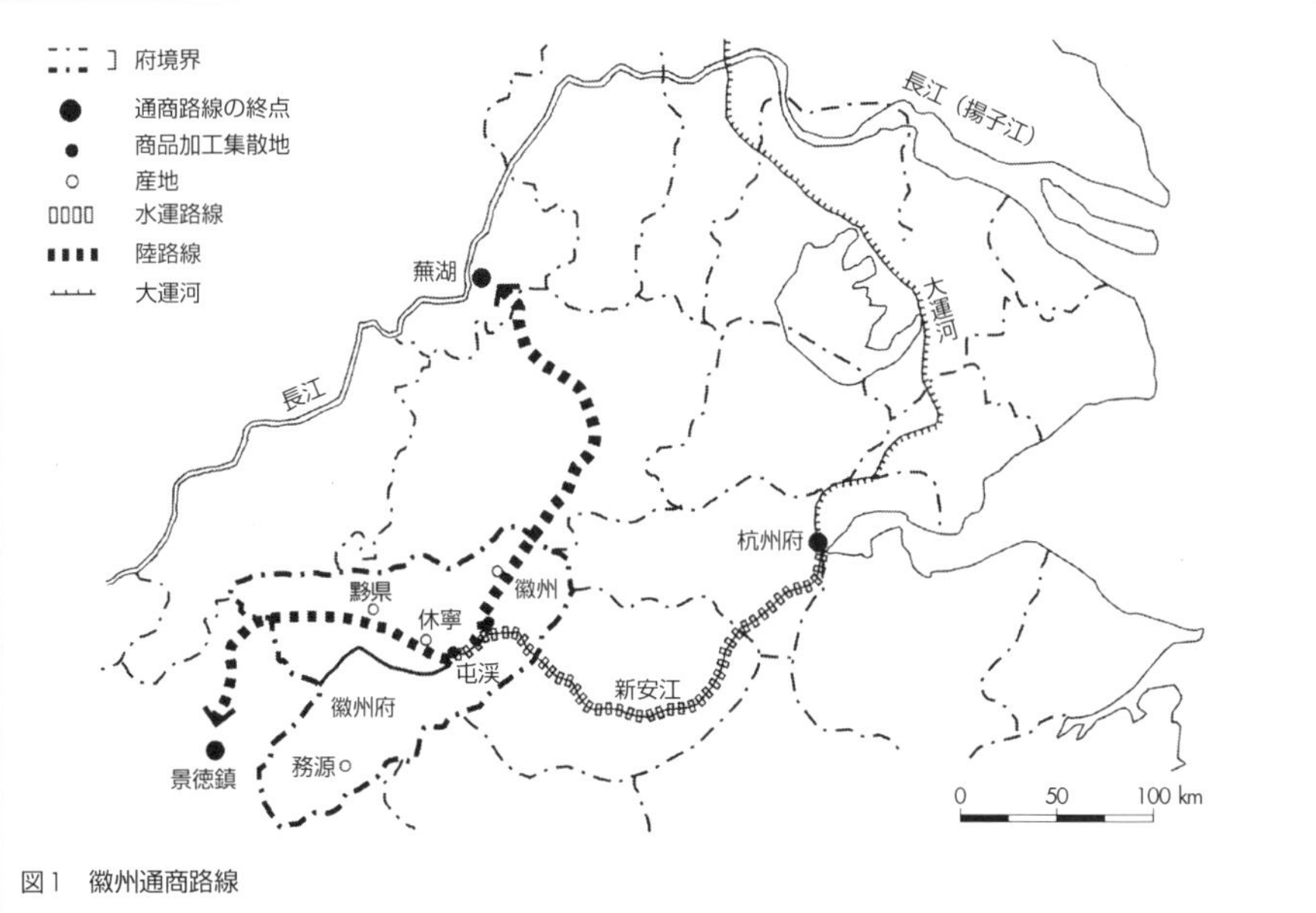

図1　徽州通商路線

にしている。

　一九八五年、清華大学は再び屯渓市に協力し、老街の保存整備と再開発計画を作成した。この計画は安徽省建設庁の認可を受け、城郷建設環境保護部[11]の奨励を受けた。一九八七年以降、屯渓市は黄山市に所属する屯渓区となったが、老街の地位は変化することなく次第に発展を遂げ、現在では黄山観光の重要スポットとなっている。

屯渓旧城と老街

かつての屯渓城は屯渓鎮、黎陽鎮および陽湖鎮の三鎮が合併してできたものである。そのうち黎陽と屯渓は共に新安江の北岸に位置し、両地の間は一本の横江によって隔てられていたが、明代に大きな石橋（老大橋）が建設されて往来ができるようになった。陽湖は新安江の南岸に位置し、江心洲大橋（新大橋）によって屯渓に通じている（図2）。

　一九七九年のマスタープランどおり、都市は新市街地の鉄道駅の東側に向かって発展しており（図3）、一九九〇年代以降、陽湖の東側がさらに計画され、五平方キロにおよぶ観光リゾート地区の建設が始まっている。屯渓区の人口は一二万人で、現在すでにかなりの規模の工業基盤があり、観光業の発達が比較的速く、全市の商業とサービス業の発展をもたらしている。今日では黄山空港が全国の各主要都市へ通じ、香港へも直行が可能である。鉄道は北京、上海、南京、福州などの都市へ通じ、主要幹線道が四方八方へ通じている。

　屯渓は典型的な自然の景勝地であり、風光明媚の地である。区内には史跡が多く、屯渓老街だけでなく、戴震旧居、程大位旧居、および明代徽州民家（程氏三邸）があり、なかでも最も著名なのが屯渓老街である。

　もともとの屯渓老街は、その長さが一二〇〇メートルあり、西から黎陽を通り抜けて明代の石橋（老大橋）を渡って屯渓にいたり、曲がりくねって屯渓の旧城内を通り抜けている。屯渓は、山と旧市街地と街道と水辺からなる都市構造を形成し、三本の道路（一馬路、二馬路、三馬路）が老街（商店街）に交差して、山と街路と水辺の空間を互いに結びつけている。しかし現在は黎陽の部分が衰退し、屯渓の部分が日増しに繁栄してきている。そのため今の屯渓老街は老大橋そばの過街楼[12]を起点とし三馬路東の牌楼[13]までで、全長八〇〇メートル余りである。

老街の店舗群

老街は街路が程良く曲折した伝統的な商店街である（写真2、3）。道の両側には二階建の伝統的な商店が面しており、その高さは八～九メートル、道の幅員は五～六メートルであり、街道の幅と建物の高さの比が一対一・五という、ヒューマンスケールにかなった空間となっている。老街の商店のほとんどは、道路に面する間口が柱間一間[*14]で、木造である。例えば同徳仁中薬店は、間口はわずかに柱間一間であるが、奥行き方向に五つの中庭をはさんで建物が建ち（五進天井）、かつては敷地後方の川に面して店専用の船着き場を持つ典型的な「前店后坊[*15]」の伝統的平面配置になっていた。程徳馨醤園も同様で、ともに一〇〇年以上の老舗の店舗である。

老街やその周辺地区では、伝統的な都市の骨格の間を埋めるようにして、多くの徽州民家が建ち並び、何十本もの路地が走っている。商店や民家は軒を並べて櫛比しており、防火のための馬頭牆[*16]が不規則に幾重にも重なり、味わい深い旋律を醸し出して老街独特の景観を見せている。その上、それぞれの店舗に共通して見られる変化に富んだ木製の装飾、例えば挑檐[*17]、梁頭[*18]、欄干、挂落[*19]などが、種類も豊富で多彩である。老街の路面はすべて整然とした石畳で、路面両側の下には排水のための暗渠が設けられている。各店舗は皆黒地に金文字の看板を掲げているが、これらは有名な書家に頼んで書いてもらったもので、古色が漂い、

写真1　屯渓老街東入口の牌楼

写真2　屯渓老街の町並み

写真3　屯渓老街中間部の牌楼と町並み

看板そのものが十分品の良さを感じさせる。加えてさまざまな提灯類、ストリートファニチャー、旗の類が、老街を芳醇な文化の薫り漂う伝統的な商店街にしているのである。

老街は三本の交差路によって四つに分けられているため、分けられた各部分はまた異なる特色を醸し出している。一馬路より西から老大橋までの部分は、道路が曲がって面白い味を出している。建物外観は割合素朴で、多くが比較的新しい店であり、もっぱら文房四宝や観光みやげを商っている。一馬路から三馬路に至る部分は老街の最も華やかな部分で、老舗の店舗の装飾が精緻であり、昔の味わいを今に伝えている。三馬路より東は老街の入口に当たる部分であり、家屋の質は劣り、景観も少々乱雑になり、いく棟かの三階建以上の大きな躯体の建物がある。これらの建物は新しい建物の外観に改造を施したもので、規模が割合大きく、様式的に見ても老街の伝統的風貌と調和するまでには及んでおらず、総じて言えば、三馬路より東側の部分は今後重点的に整備改善が必要な部分である。

老街の入口に当たるところは牌楼（写真1）と組み合わさって一つの入口広場を形成しており、ここから二本の道路が伸びている。北側の一本の道は東に向かって新市街地の幹線道路である大馬路に通じ、もう一本の道は南東に向かって川縁の緑地に通じている。

老街と新市街地の間にある中間地帯は、一九九〇年代初めに商業地区と住宅地区の総合開発が行われ、街路に沿って商業地帯、その後方に住宅がつくられた。この地帯は老街の中核保存地区の外にある建築規制地区に属しており、高さ、景観上ともに一定の条件が求められている。建物の高さ制限は一五メートル以下、建築様式は「新徽派」、すなわち壁面は薄い色、屋根はネズミ色の切妻屋根で、全体的に老街と調和させるものの、全く同じものでなくてもよい。現在すでに建設されたものは、全体的に見て比較的うまくいっており、新市街地と老街の中間の緩衝的役割を果たしている。

老街の保存計画

屯渓老街は重要な歴史的町並みであり、保存計画は保存と整備を主にし、適宜更新していくという方針をとっている。計画を指導するに当たっては、全体保存と積極的保存の二つの原則を掲げている。これは、私が一九八三年訪日の折、奈良の今井町、京都の産寧坂、祇園新橋などの重要伝統的建造物群保存地区の保存経験に啓発されて成ったものである。

全体保存には二つの意味が含まれている。一つは保存の内容について、老街の空間構成を保存するだけでなく、老街での生活に残っている豊かな歴史文化の蓄積をも保存するということである。例えば、伝統的な営業形態や風俗習慣などである。二つ目の意味は保存の範囲であるが、老街そのものを保存するだけでなく、老街の両側に広がる歴史的街区と徽州民家群、そして屯渓の山・水辺・旧市街が一体となった景観環境を保存するということである。このため、保存計画では三段階の保存範囲を定めている。

積極的保存にも二つの意味が含まれている。一つは老街は歴史的町並みではあるが、文化財ではないので、永久に変えないというわけにはいかない。それどころか社会や経済の発展に適応させ、町並み自体に活力を保持させなければならない。しかしながら伝統的な風貌は保存して破壊を受けてはならない、ということである。二つ目の意味は中国の現状を考慮すれば、政府は歴史的町並みに資金を投入して補助をすることは不可能であり、街路に沿った商店や民家の積極性を促すことに頼ることしかできない。だから保存計画を指導していく上で、保存政策を育てていきながら、自力で自分たちの経済環境を整備改善していくということである。

一一年間の経験が示すように、上述の計画方針と原則は正しいものであった。

三段階の保存措置

保存の範囲は一九八五年に計画が施行されたときには四段階あったが、一九九三年に計画の修正を行い、三段階に改定した（図2・3）。

中核保存地区

老街の道路形態と路面及び、その両側に建ち並ぶ伝統的店舗のファサード、道路から奥行き二〇メートルまでの範囲である。この範囲は基本的に老街に面する店舗建築の屋敷をほとんど含むことになる。老街の両側に延びる路地では、路地と路地に面する民家の妻壁から奥行き五メートルまでの範囲が含まれている。このほか老街に交差する三本の道路（一馬路・二馬路・三馬路）においても、道路から奥行き二〇メートルが含まれる。中核保存地区内においては、必ず元の建築の外観を保存しなければならず、高さは二階建でなければならない。建物のファサードや、屋根、馬頭牆、色、床面、室内および内部の仕上げ材などについても、厳しい条件が求められている。

建築規制地区

老街とその近隣の旧市街地で、老大橋の川の中州部分を含むすべてが建築規制地区であり、建物の高さ制限は軒高以下が一五メートルとされている。こうしておくと老街の伝統的建築景観に影響を及ぼさないだけでなく、今後の旧市街地の再開発（四階建住宅の建築が可能）にも有効である。建築規制地区内においては、徽州民家の特徴を持った建築様式にすることが条件だが、平面計画は現代生活に適応したものにしてよい。

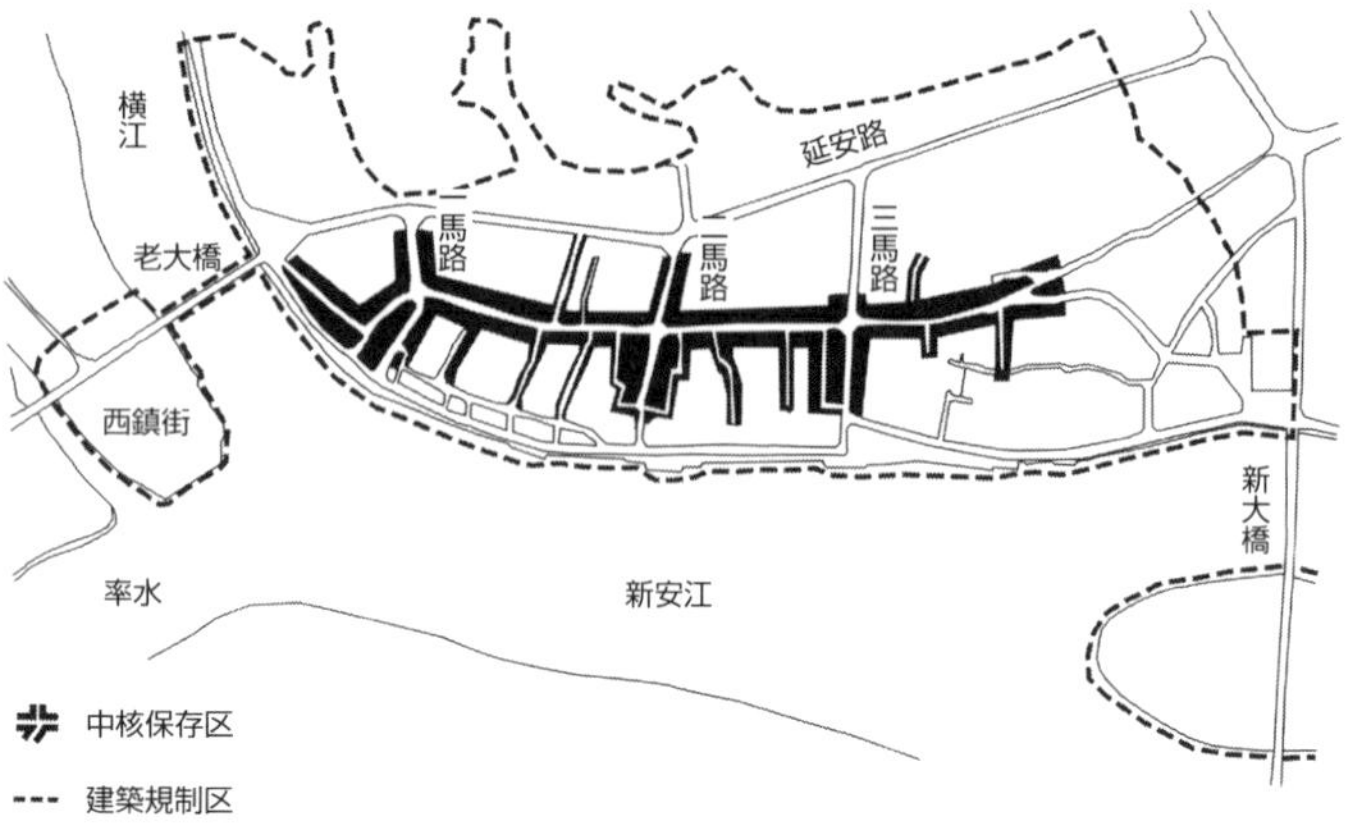

図2　屯渓老街保存計画—中核保存地区、建築規制地区の範囲

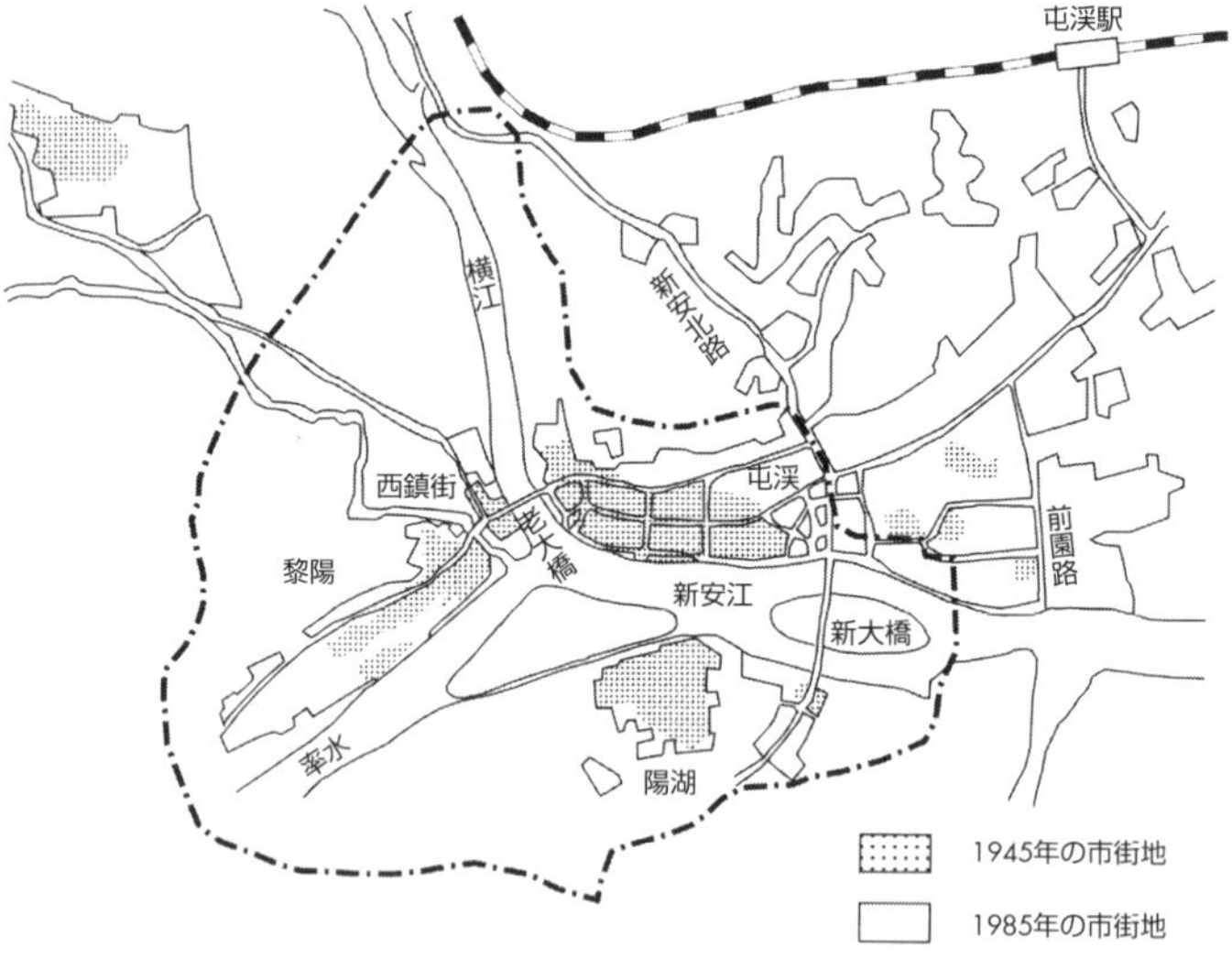

図3　屯渓老街保存計画—環境調整地区の範囲

環境調整地区

老街周辺にはすでにかなりの高層建築が建っていることを考慮しつつ、また今後のさらなる大規模開発の脅威に対処していくために、環境調整地区という範囲を適当にとっておく。その範囲は旧屯渓の一市三鎮（屯渓、黎陽、陽湖）を含み、小龍山（黎陽）、稽霊山（陽湖）および小華山（屯渓老街北）までの自然景観を境界線とし、横江と率水の合流点を含むものである。このようにすれば屯渓の自然景観都市としての特色を守ることができ、また山、水辺、旧市街地を有機的なつながりを持った一つの空間として守ることができる。この地区の建物高さ制限は三〇メートル前後であり、建物のボリューム、色、外観の形式は必ず周囲の環境と調和しなければならない。このほかにもまた、必ず山林の植栽を保護し、河床や水質を汚染してはならず、高くて大規模な構造物の建設も制限されなければならない。

清華大学と黄山市の合作

保存計画施行後に保存措置が確実に行われるように、主に以下のいくつかの仕事を行った。

建築デザインとの緊密な関係をつくる

屯渓老街の保存計画は、一九八五年に実施されたときから現地の建築設計部門と密接な関係を保ってきた。一九八五

年から一九八六年の間、我々清華大学建築学院城市規劃系と現地の建築設計および都市計画部門の専門家は、幾度も会議を重ね、互いに共通の認識を持つに至った。老街を良好に保存するために全員が力を合わせ、伝統的店舗の保存や新しい徽派の建築様式をどうするか研究したのである。

　次にモデルケースとして、黄山市建築設計院ビルの設計を行った。このビルは一馬路と濱江路の交差するところにあり、新安江の堤防に沿って建っているのだが、この設計院の張承侠総建築師[20]が徽派建築に仕上げ好評を博した。この事例を経験してからは、さらに老街において茂槐や集雅斎などの店舗建築を次々に修復整備し、みな大変良い効果を上げている。一九九二年までに老街ではすでに一一五軒の古い店舗が整備改修され、老街の景観が大幅に改善、一新された。しかしながら依然として伝統的な特色は失っておらず、老街の保存、整備および部分的更新にとって、一つの現実的に実行可能な新しい道を作りだしたといえる。

　伝統的な景観に準じて保存修理するだけでなく、われわれは一九三〇年代に建てられた、時代を代表する近代建築、例えば二馬路東側の二棟の西洋風店舗に対しても保存するという立場をとっており、「古くなったものを修理して、いにしえの姿に戻す（整旧如故）」ということを行った。歴史的事実を反映させると同時に、老街の景観上の多様化を

も示したのである。

公共施設の更新改造を漸次行い、環境のレベルを高める

洪水問題を解決するため、一九八四年、新安江に沿って七〇〇メートルの防波堤を建設し、また計画に基づいて濱江路を整備し、高低差に富む徽州民家風集合住宅を川に沿って建設した。最近はさらに東に向かって拡張し、江心洲大橋一帯に商業オフィスビルと文化施設を建設し、旧市街地の中心地区の商業機能と互いに連結させている。

また老街の景観環境を美化するために、一九八七年、老街にある四九本の電信柱を移動し、縦横に張り巡らされていた電線を町並みから一掃した。火災を誘発する可能性をなくすため、一九八七年末には電線や電話線、有線放送ケーブルのすべてを新しく交換した。長期的には、今後、老街の両側に広がる住宅地区内に別系統の電線網を引こうと準備している。さらに、石畳の街路面や排水の暗渠などを整備した。そして、商店の看板や扁額を統一し、広告やネオン灯、旗や垂れ幕を制限し、老街の文化的な雰囲気だけでなく、無形の文化の保持にも努めている。

管理機構の設立と管理条例の公布

管理条例は総則を含めて全部で八章あり、計画管理や建築管理、公共施設・インフラ施設の管理、商業管理や治安、罰則、附則などの三四条が含まれている。政府の建設部規劃司[*21]は、全国の各歴史文化名城の都市計画部門および各省、自治区の建設委員会の都市計画部門に対して、黄山市の管理条例を参考にするよう特別に通知した。この特別通知の中においては歴史文化保護地区の保存原則と保存方法について強調している。

その保存原則とは、第一に使用効果を維持し高め、活力を保持し、繁栄を促進する。第二に積極的に基盤施設を改善し、市民の生活レベルを向上する。第三に真の歴史遺産を保護し、時代風をもって保存手段の代わりとするようなことはやめる、というものである。

保存方法には二つあり、その一つは全体の景観を保存し、建築以外にも路面、建物の壁、ストリートファニチャー、河川、古木などの景観を歴史的景観に基づいて保存整備する。内部は適宜現代生活に合わせた更新改造を行ってもかまわない、というもの。二つ目は漸次整備していく方法を採用し、大規模なクリアランスや建設は絶対に避け、歴史的建築に対しては原状に基づき修理や装飾を施し、理不尽な改造を受けている場所は原状に復元し、全体の景観に合わない建築は適切に改造を施す、というものである。

これまでの成果

一九八五年から現在まで、屯渓老街の保存整備事業はすで

に十数年間続けられており、大きな成果を得ている。経済効果や社会の利益、環境への効果が調和のとれた発展を見、相互に促進しあっていることが、以下の点に見て取れる。

　その一つは老街そのものと隣接地区が比較的良好な保存を得て、環境レベルが非常に高まり、さらに豊かな景観になったことである。老街の景観は本来持っている基礎の上に少しずつ積み重ねて精緻に刻み込まれてきたため、変化に富み多彩になるのである。老街の環境はいかに古風を真似ても作り出せるものではないのである。

　二つ目は保存計画が経済と観光業の発展を促したことで

年代＼用途	オフィス	工場・倉庫	サービス・修理	商業施設	文化施設	記念的建築	その他	合計
1979	4.7	14.3	20.9	34.4	0.0	20.0	5.7	100
1985	0.8	0.8	11.0	45.7	0.8	31.5	9.4	100
1993	0.9	0.0	4.8	77.6	1.3	10.1	5.3	100

表1　老街建築用途構成比（単位%）

年代＼業種構成	書画・骨董工芸品	服飾・雑貨	雑貨	薬局・薬店	茶業	金融	合計
1979	5.5	61.1	16.7	11.1	2.8	2.8	100
1985	11.1	53.6	17.5	12.5	1.8	3.5	100
1993	48.6	37.4	6.1	3.3	2.4	2.2	100

表2　老街商店の業種構成変化

年代＼商店数	軒数	総営業面積（m²）
1979	114	5100
1985	170	8500
1993	227	14300

表3　老街店舗数の変化

ある。一九七九年、一九八五年および一九九三年という三度の経済動向調査において、老街における商業の占める割合は、一九七九年には三四・四%、一九八五年には四五・七%、一九九三年には七七・六%に達した。商店数は一九七九年には一一四店、一九八五年には一七〇店、一九九三年には二二七店（一九七九年の二倍）になった。業種別に見ると文房四宝・観光土産物商店が一九七九年に五・五%を占めていたが、一九八五年に一一・九%、一九九三年にいたって四八・六%になり、ここ三年の間にもこれらの統計数値はさらに大きく変化しており、老街の保存整備が観光と経済の発展を促進したことを物語っている。

　三つ目は老街の保存が住民たちに十分理解されているということである。一九九三年に住民意識アンケートを行い、二〇〇枚のアンケート用紙を配布し、その八〇%から回答が得られた。老街の保存に関する二一の問題に対する回答はすべて明確であり、レベルも揃っていた。つまり住民たちが老街が伝統的景観を保存していく方向に向かうことに賛成し、支持しているということである。

新たな試み——中日共同の地区計画

現在のところ老街の保存は良好なサイクルで進んでいるとはいえ、新たな矛盾が出てきても無理はない。例えば個人店主が高い容積率を追求するあまり建築基準を超えたり、財力を顕示したいがために豪華で複雑にすぎる装飾を施し、素朴で上品な現地の建築との調和を乱したりする。これらの事例はすべて管理規則にのっとって解決していかねばならないことである。

最近我々は、老街の両側に広がる町並みと徽州民家の保存整備に目を向けている。というのは、商店には営業収入があるが、一般住宅は政府の補助が必要であり、矛盾点もより一層多い。また住宅は久しく修理がなされていないため工事量が大きく、その上伝統的民家と現代生活との矛盾も突出している。

このため一九九六年から、われわれ清華大学と京都の大西國太郎教授とが共同してトヨタ財団の助成を受け、黄山市建設委員会を含めた中日の三方による共同研究を行っている。共同研究では、老街中央部分の街路北側の地区を研究対象に選んだ。研究対象地区は、面積が一ヘクタールあり、三本の路地すなわち漁池巷、李洪巷、海底巷を含み、南を老街に接し、北は延安路にいたる地区である。

当該地区に対しては計画から建設まで、住民から地域社会各方面まで均しく周到な調査と分析を実施し、この調査結果を基に保存整備と部分更新改造計画案を作成した。目下のところ、現地と一緒になって研究を実施している段階である。国家と地方政府の援助の下で、一棟の旧家を博物館に改造する準備をしており、文化的産業を中心にして、この地区の保存事業を推進しようとしている。現在、屯渓老街には黄山書画院や芸林閣茶園、三百硯斎などの伝統文化、いくつかの民営博物館や、収芷館も、老街に建ち並ぶ商店の中に溶け込んでいる。これらは、屯渓老街の活力と魅力を高めている。ひいては、黄山と徽州地区の奥の深い文化の優位性を際だたせることにもなり、都市の活力と旧城地区の土地の価値を高めることにもなるのである。目下この事業は、日中双方が共同して資金援助を求め、事業を推し進めている最中である。

民家の保存改造については、それぞれの建物の用途を変更する場合以外に、次の三つの場合も考えている。その一つは一部の質の高い民家は原状保存し、台所やトイレ等の設備を設置するというもの。二つ目は原状の様式構造を保存し、部分修理を行い、諸設備を設置するというもの。三つ目はすでに様式的構造的に破壊されてしまったものに対して、もともとの建物敷地内に改めて建築し直し、現代生活の要求に合わせたものを作るという場合である。ただし、この場合も外壁と屋根は伝統的形式を守り、変更しないものとしている。

（朱自煊／井上直美訳）

2——徽州民家
——住まいと町並み

1 日中共同研究の出発

屯渓老街を訪ねる

一九九四年の秋、朱教授の案内で大西と西尾が初めて屯渓老街の伝統的な店舗街を訪ねた。その際、黄山市の程斉鳴副市長や同市建設委員会[*1]の聶万釣主任傘下の各種機関の方々にお会いした。市当局からは老街（商店街）の景観保存については、いろいろと問題もあるが、十年余の実績を積んでここまできた。次の課題は、老街の後ろに広がる住宅街の町並み保存にある。ぜひ京都や西安での研究実績を持つ京都のグループに加わっていただき、清華大学の朱教授のチーム、市当局の三者の共同でこの課題の解決をはかりたい。こうした熱心な要請を受けた。

老街については、店舗の経営者が裕福で、しかも町並みの保存が観光客を呼び、利益にもつながるため、補助金なしの規制・指導だけでやってこられた。しかし、商店街の裏に広がる住宅街では、住民も貧しく、老朽化も進み、何らかの公的な措置を必要としていた。また、一つの徽州民家に多くの世帯が住み、トイレはなく馬桶（マートン＝おまる）で用を足し、炊事場も水栓も専用のものがないなど設備の面も貧弱である。町並み景観の保存とともに、この住まいの環境を改善していく必要があった。

トヨタ財団から四度目の研究助成を得て資金を用意し、詳細な研究計画案を持って、再び大西と谷が黄山市を訪れたのが一九九六年の春であった。商店街とその両側に広がる住宅街を含めた屯渓老街地域全体の概略調査とともに、典型的な街区を一カ所選び、ここで詳細な実態調査を行い、課題の解決を図ることを提案し討議を重ねた。

市当局側は実施計画作成に必要な調査のみを希望し、研究的な詳細にわたる調査がどうして必要性なのか、なかなか理解できなかったようである。これに加えて作業分担を話し合い、研究費用を配分する必要があった。京都側や朱教授が研究的な実態調査を実施することによって初めて課題解決の手法が見つかると説得を重ねた。同行した留学生の韓一兵君の見事な通訳と解説に助けられ、ようやく丸一日半がかりで合意に達することができた。

典型的な街区での詳細調査

一日合意した後は極めて順調に進んだ。秋の本格的な合同調査までに、黄山市建設委員会の都市測量部によって老街地域全体の測量が行われ、五百分の一の地図が完成していた。また、典型的な街区として選んだ地区（二馬路の西、商店街の北、図1、以下詳細調査区と呼ぶ）では、二百分の一のスケールで一・二階の連続平面図の骨格図ができていた。

秋の合同調査では、この骨格図のおかげでいくつもの調査を同時並行で実施できた。中国側は清華大学チームと建設委員会傘下の城市企劃設計研究院のメンバーが合同で班を組み調査を進めた。この骨格図をもとにして詳細調査区の連続平面図（一・二階）と屋根伏図を完成させ、住宅の平面・断面の特性を分析した。

また、聞き取り調査などにより一九四九年の解放前の復元連続平面図も作成した。この調査区の中央の箇所に伝統的でない木造の住宅群があったが、これは日中戦争時に日本軍の爆撃にあい、その後復旧されたものであることがわかった。これらの図によって、解放以前と現在の床面積を院落（構え）ごとに算出し、増築状態を数値的に把握した。

さらに、この連続平面図上に各世帯の住み分けの状況をプロットし、世帯ごとの専有床面積や院落ごとの共有床面積などを洗い出した。

清華大学チームの実働部隊は、鐘舸助手をチーフとする清華大学建築学院城市規劃系の大学院生たちでつくられていた。現地調査の翌朝には、持参のコンピューターでいち早く図面が作り上げられていた。留学生の韓一兵君の話によると、学生たちは夜遅くまで熱心に図面作りに励んでいたようだ。学生諸君の優秀さは黄山市郊外の宏村や西遞村を一緒に見学したときからつとに感じていたが、優秀さに加えてその熱意と勤勉さには感心した。グループの中には屯渓老街での詳細にわたる調査や分析に参加できたことを喜び、何回も握手を求めてくる学生もいた。

この地区の保存再生を図るには、まず地区に住む人々の意向を探る必要があった。そこで、京都グループは居民委員会の協力を得て世帯ごとにアンケートを行い、設備の状況や住宅の満足度、住まいに対する希望、近隣交流の特質などを調べた。

また、徽州民家には一階から二階に吹き抜ける中庭的な空間「天井」（ティエンジン）がある。さらにこの「天井」と一体化した半開放的な広間「堂前」があり、この堂前に接して各個室がある。徽州民家の修復や住環境の改善を図るために、また新たな住居形式を模索するためには、民家の中心的な空間であるこの「天井」と「堂前」の使われ方を掴んでおく必要があった。まず、アンケートと観察調査によって、この空間が多数の世帯によって共用されている実態を把握した。そして、解放以前の伝統的な住まい方については聞き取り調査を行った。

さらに、京都グループは保存状態もよく比較的大きい漁池巷八号の民家で詳細な実測調査を行い、徽州民家の特徴を掴んだ。夏の暑い日でも、狭い路地や民家に入ると、ひんやりとした空気の流れを感ずることがある。高い民家の壁で囲まれた路地や、高く吹き抜ける「天井」には、先人たちの知恵が隠されているようだ。後にこの民家は博物館計画の対象になっていく。店舗については、清華大学チームによって老街地域全域から典型的な三つの院落が選ばれ、以前に実測調査がなされていた。

詳細調査区には南端の商店街から三本の路地（漁池巷、海底巷、李洪巷）が北に向かって伸びている。狭い路地の両側に馬頭牆で飾られた高い壁が連なり、前庭や「天井」に連なる重厚な門構えが、ところどころにある。これらの路地は、どこかイタリアの古い街の裏路地を思わせる雰囲気を持っていた。漁池巷の中ほどには、家々の前庭と一体になった小さな広場がある。細長い広場に二つの院落の前庭が

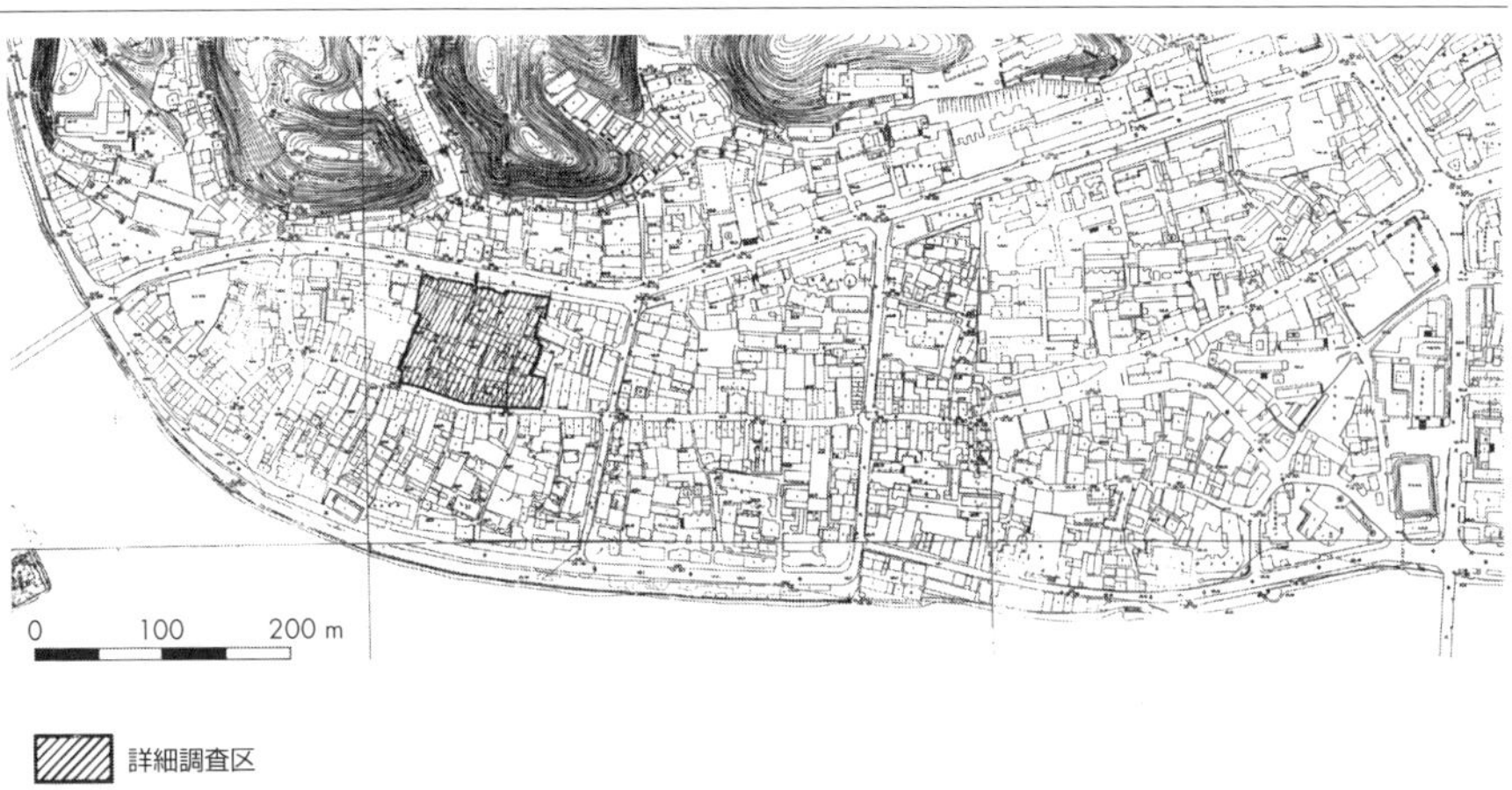

図1　屯渓老街地域と詳細調査区の位置

連なって、入り組んだ味わいのある雰囲気を醸し出していた。これらの雰囲気を残しながら、住環境の改善を図るためには、路地や小広場の現状を詳細に記録しておく必要があった。京都グループは、これらの路地の連続立面図や広場の鳥瞰図（アクソメ図法）を作成した（図2〜5）。

また、この地区の全店舗と住宅について、建設年代、建物の構造、外観の様式・保存度・改変状況を調べ、外観回復のための診断表を作成した。

京都グループは三つの大学の教員や建築設計事務所のメンバー、これに大阪市立大学生活科学部住居学科の学生たちが加わり、いくつかの班に分かれて総勢九名で現地調査を行った。現地での調査は、近隣の人々に取り囲まれ片言の中国語と筆談、手真似での交流を交えて進められた。特に学生たちと近隣の人々との交流が盛り上がり、記念撮影までしていたようだ。

清華大学チームと京都グループは建設委員会経営のホテル「建設大厦」に宿泊し、三度の食事も一緒で、和気あいあいと調査を進めた。下階には建設委員会傘下の各種機関が入っていたため、会議の招集もすばやくできた。黄山市側を含めた三者間で、たびたび協議会を持ち、調査の細部をつめ、進行のための連絡・調整を図った。それに歓迎会や答礼宴、歓送会の宴席での交流がプラスにはたらき、調査は順調に進んでいった。

京都グループは夜にチーム内の打合せを行い、現地調査の整理や作図を進めた。黄山では九月といえども京都の真夏並みの暑さである。この暑さのなかで、かなりハードな毎日が延々とつづいた。幸い現地の習慣に倣って二時間半の昼休がとれ、軽い午睡で一息入れることができた。こうして、屯渓での約二〇日間にわたる日程を終えた。

これらの実態調査の上に立って、黄山市の城市規劃設計研究院チーム、清華大学チーム、京都グループがこの詳細調査区で保存再生計画を立案していった。京都グループの計画案の作成には、京都芸術短期大学専攻科（三・四年生にあたる）建築デザインコースの学生たちも参加した。翌九七年の春・秋には、それぞれが成果を携えて集まり、建設委員会傘下の各種機関や房地産管理局（土地建物管理局）を交えて協議を重ね、三つの保存再生試案を作り上げていくことになる。

商店街についての本格的な詳細調査は将来に譲ることにして、今回は次の調査にとどめた。清華大学チームは屯渓老街のかなりの数にのぼる店舗をピックアップしてその平面タイプを図化し、その特性を掴んだ。京都グループは全店舗の外観を調査し、店舗ファサードの基本タイプの分類を行った。（大西國太郎）

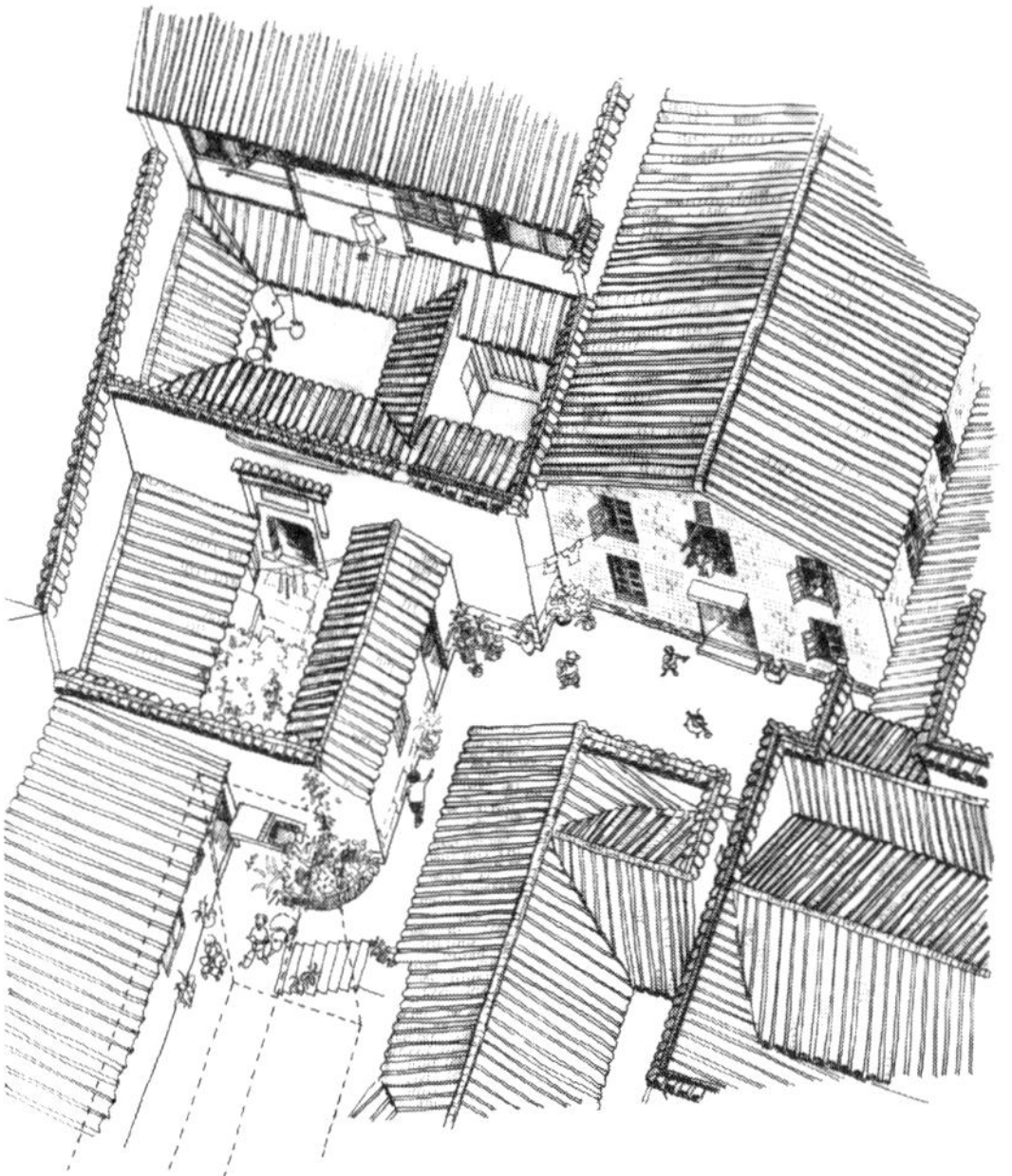

図3　漁池巷小広場　鳥瞰図

図2　漁池巷小広場平面図

図4　海底巷連続立面図（路地・門まわり）、平面図

図5-1　李洪巷連続立面図

図5-2　李洪巷北端立面図（路地・門まわり）、平面図

2 徽州民家と町並み

屯渓老街地域の景観

黄山空港に着陸する直前、眼下に屯渓の街が迫ってくる。西からゆるやかに流れてきた横江と率水の二川が合流し、太い流れとなって新安江が東に向かっている。その新安江の北側に広がる街が屯渓である。街の北には丘があり、丘と川にはさまれた街の真ん中を、美しいカーブを描いて屯渓老街の店舗街が続く。その両側には民家の瓦屋根がびっしりとつまっている。

横江には明代に作られた老大橋が架かっている。重厚な石造のアーチが重なって川面を区切っている。橋から眺める河畔の風景は美しい。なかでも朝霧や夕靄にけむる河畔の風景は墨絵のようで、のどかな中にも凛とした美しさがある（写真1・2）。昼間の老大橋はうって変わって人と自転車の洪水と化す。

この老大橋のたもとから始まる老街の通りは、見惚れるような美しいカーブから始まる。かつては真ん中に細い川（現在は暗渠）が流れ、その両側の道に店舗が建ち並んでいた。この水流が美しいカーブを生み出したのだ。道の幅は、五〜六メートルあり、広いところでは八メートルくらいある。この両側に背の高い二階建の立派な店舗が軒を連ねて

写真1　横江（新安江支流）

写真2　老大橋、手前は屯渓老街の西入口

いる。日本の「うだつ」に似た馬頭牆が、店々を区切ってアクセントとなり、のぼりや看板がひらめき、華やかな雰囲気を醸し出している（写真3）。

文房四宝や絵画・書を売る店、黄山名物の名茶、薬草、竹細工などの土産物を売る店々が道に迫り出して商品を並べている。世界遺産で著名な黄山への登山客がひしめき、客引きの呼び声や街頭の物売りで活気をおびた光景が展開する（写真3）。

裏の住宅街には、南北に走る何本もの狭い路地（巷）に沿って伝統的な徽州民家が建ち並んでいる。馬頭牆でかざられた高い壁が両側に続き、重厚な門構えが所々にある（写真4・5）。極端に狭いところでは、互いに身を斜めにし

てようやく擦れ違うことができる。直射日光は届かず、薄暗くひんやりとしたものを感ずる。ときたま、ごく小さな広場に出くわす。広場には明るい日差しがさし込んでいる。広場の水汲み場には井戸やポンプの形骸を見ることができ、これが恰好の添景となっている。路地と路地をつなぐ折れ曲がった小道を進むと、ときには民家の前庭に入り込んでしまうこともある。商店街への出入口には、路地両側の民家二階を互いにつなぐアーチ状の壁梁があったり、瓦葺きの丸く穿った門があったりする（写真6・7）。

老街の店舗群

この老街の店舗群の特徴の一つは、総じて階高が大変高く、特に一階の階高が高いことにある。一階の階高が約四メートル、二階の階高が約三メートルある。二つ目の特徴は外観の意匠に豪華なものが多いことである。黄山市の他の商店街、例えば老街の東南に隣接する商店街や少し離れた漁梁巷の商店と比べると、その差がよくわかる。他の商店街では、店舗の背が低く、質素であるのに比べ、老街の店舗は見上げるように背が高く、そのファサードが精緻な木彫や石彫・磚彫[*1]で飾られ、優美、豪華なものを多く見ることができる。

写真3　老街の店舗群

写真4　路地の民家

写真5　路地民家群の俯瞰

写真7　路地の入口

写真6　路地の入口

朱教授からその華やかさを聞かされていたが、現地で初めて目にしたときは改めて感嘆した。西安市や南京市その他の町で伝統的な店舗群を多く見てきたが、これらとはかけ離れている。まさに中国一の伝統的な店舗群と言いたくなるような誘惑にかられる。徽州商人の財力がなせるわざかと思える。そのほとんどは清代につくられたもので、一部が中華民国時代のものである。しかし、一馬路の西や三馬路の東には近年鉄筋コンクリート造で建て替え修景されたものを多く見かける。

この老街店舗群を調べたところ、伝統的な店舗の外観は、次の五つの基本タイプに分類できることがわかった。店舗の一階が開放式であるため、二階のファサードと一階の軒の部分のデザインによってタイプを分けることになる。

第一のタイプは、二階迫り出し型欄干付とも呼べるもので、二階部分が半間ほど前に迫り出し、この部分がベランダになっている形式である（写真8）。ベランダには凝った意匠の手すり（欄干）を多く見かける。ベランダ下には迫り出しのための持ち送りがあり、この部分に黒地に金文字の立派な看板がかかっていることが多い。ベランダ奥の二階の窓や出入り口の建具は簡素なものから精緻な意匠のものまでさまざまである。店舗の両側壁には、防火のための馬頭牆が壁面や屋根の輪郭に沿って張り出している。馬頭牆も素朴なものから、凝った意匠のものまでさまざまで、その意匠は千差万別である。その先端も、反りを打って尖る武式のものや、おとなしく四角にまとまる文式のものがある。

第二のタイプは二階迫り出し型腰壁付とも呼べるもので、第一のタイプが変化したものと推定され、ベランダが室内に取り込まれた形式である（写真9・10）。手すりの上に窓建具をたて込み、手すり子を取り払って腰壁にしたり、手すり子の間に板をはめ込んだりしている。このタイプは腰壁が精緻な木彫や磚彫の豪華なものが多いが、質素なものは竪目地板張りになっており、さまざまである。窓建具も腰壁に合わせて優美な意匠のものから簡素なものまで見ることができる。この第一と第二のタイプが老街店舗群の大半を占めている。

第三のタイプは一階軒出型とも呼べるもので、二階の迫り出しがなく、一階に深い軒の出がある形式である（写真11）。このタイプは数少ないが、豪華なものをよく見かける。二階の窓建具や一階軒下の欄間に、精緻な組子模様を施したものや、一、二階の軒の腕木や垂木に凝った木彫を施したものが多い。第四のタイプも一階軒出型であるが、二階の階高が極端に低い。このタイプはごく少数である（写真12）。

第五のタイプは三階建二階軒出型とも呼べるもので、二階の軒が大きく張り出し、逆に三階部分が後退して見える形式である。このタイプも数少ないが、二階軒の腕木や垂木に意匠をこらしたものをよく見かける（写真13）。

これらの店舗の構造は木造であるが、店舗ファサードの飾り彫刻には木彫、石彫、磚彫の三種類がある。特に木彫には精緻なものが多く、よく用いられている。石彫、磚彫は数少ない。最近の店舗改修では、ファサードを豪華に見せるため、木彫から石彫や磚彫に変える例が多い。このような改修が続くと、老街の特色そのものが失われることになり、憂慮されている（写真8と同14の比較）。店舗ファサードの詳細な調査を実施し、様式継承のためのきっちりとした基準づくりを行っていく必要がある。

店舗の整備・改造に当たっては、主に修復的な手法によっているが、中には鉄筋コンクリート造で建て替え、外観を伝統的な意匠で修景する事例がある。建物全体の高さや階高、柱間のスケールが伝統様式とは大きく異なり、柱や桁、窓枠や建具などの寸法も大ぶりで、意匠も大まかなものになっている。現在のところその数は少ないが、将来こ

写真8　第１タイプの店舗（写真14との比較―左手の建物）

写真9　第２タイプの店舗

写真10　第２タイプの店舗

写真11　第３タイプの店舗

写真12　第４タイプの店舗（右側）

写真13　第５タイプの店舗

写真14　ファサード改修の店舗（一番手前、木彫から磚彫への変更）

の手法が広がっていく恐れがある。「建物の外観・内部とも保存する院落」、「建物の外観保存と一定奥行きの内部も保存する院落」をできるだけ多く特定し、これらへの助成制度を検討していく必要がある。（大西國太郎）

徽州民家と店舗

屯渓老街地域には商店街と住宅街がある。商店街は表の街路に面して店舗が連続した町並みを形成しており、巷と呼ばれる幅二メートルほどの路地を入っていくと、その奥に住宅街がある。こうした表の商店街と裏の住宅街という宅地の集合形態には、一定の法則性が認められる。まず、表は平均間口が五メートル、奥行きが一三メートルほどの比較的狭い間口の宅地が並び、都市的な様相を呈している。巷は表宅地五～六筆ごとに一本通され、巷に沿った宅地は裏側で背中合わせに配置されている。老街地域の屋根伏復元図をみると、表と裏の民家が規則正しく配置されていることがわかる（図1）。

老街地域に建ち並ぶ民家は「徽州民家」の一つのタイプで、安徽省の独特の民家形式として知られている。その典型的なものは南を正面とし、四周を高い白壁で囲み、開口部は正面に入口があるだけで、窓もない閉鎖的な外観を持っている。内部は「天井」（中庭）と呼ばれる採光や通風のための吹き抜け空間を持ち、開放的な中庭形式になっている。正面の主屋は二階建で、中央に「堂前」と呼ばれる広間があり、四隅に小さな「臥室」（寝室）が配置されている。屋根はすべて天井に向かって流れるようにロの字型にかけられている（図2）。

老街地域の民家はこのような徽州民家から発展したもので、都市における集住と商業を前提にした家屋構造に独自性がみられる。まず表通りの店舗は典型的な徽州民家の前面の壁を取り除き、主屋を店舗として開放したものと考えることができる。その事例として、老街の中央にあって清の時代から連綿と続く漢方薬店の「同徳仁」を紹介したい（図3）。表の店舗は二階建で中央に大きな天井を持っていることから、ここが堂前に相当することがわかる。同徳仁の敷地は、表通りから裏の江西路に至る長大なもので、天井と堂前を持つ基本単位が奥方向に連なり五進院式の長大な平面になっているが、一般の屯渓老街の商店は同徳仁のようなものは稀で、一進院式あるいは二進院式である。

一方、住宅街の民家は一般の徽州民家と同じ構成を持っている。ただ、農村の場合は敷地に余裕があるので南を正面に取っているが、老街地域では南が正面になるとは限らない。そこで〈堂前と天井は南北軸に配置する〉という徽州民家の慣習を守るために、東西に門を取り、天井は東西方向に横長に配置したものになっている。

住宅街を走る石畳の巷は微妙に屈曲し、両側の町並みは瓦屋根よりも高い八〜九メートルの馬頭牆が巷に沿って続いている。馬頭牆は主屋の妻側を隠し、巷に沿ったさまざまなタイプの住宅に一体感をもたせる効果がある。商店街では店の装飾になっているが、巷では表の店舗と裏の住居をつなぎ、独特の雰囲気を醸し出している。(谷直樹)

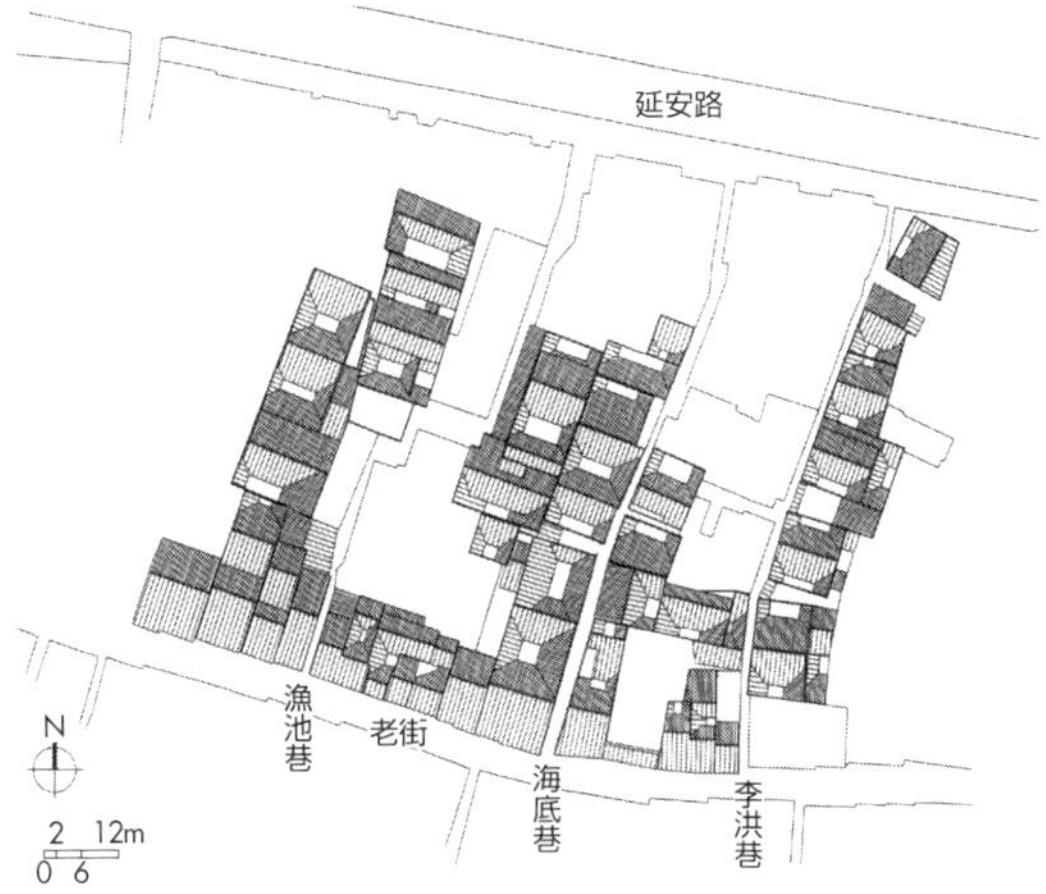

図1　老街地域の屋根伏復元図

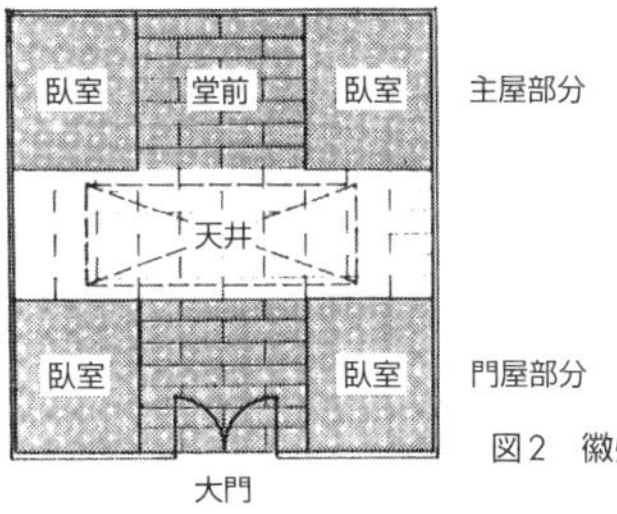

図2　徽州民家の模式図

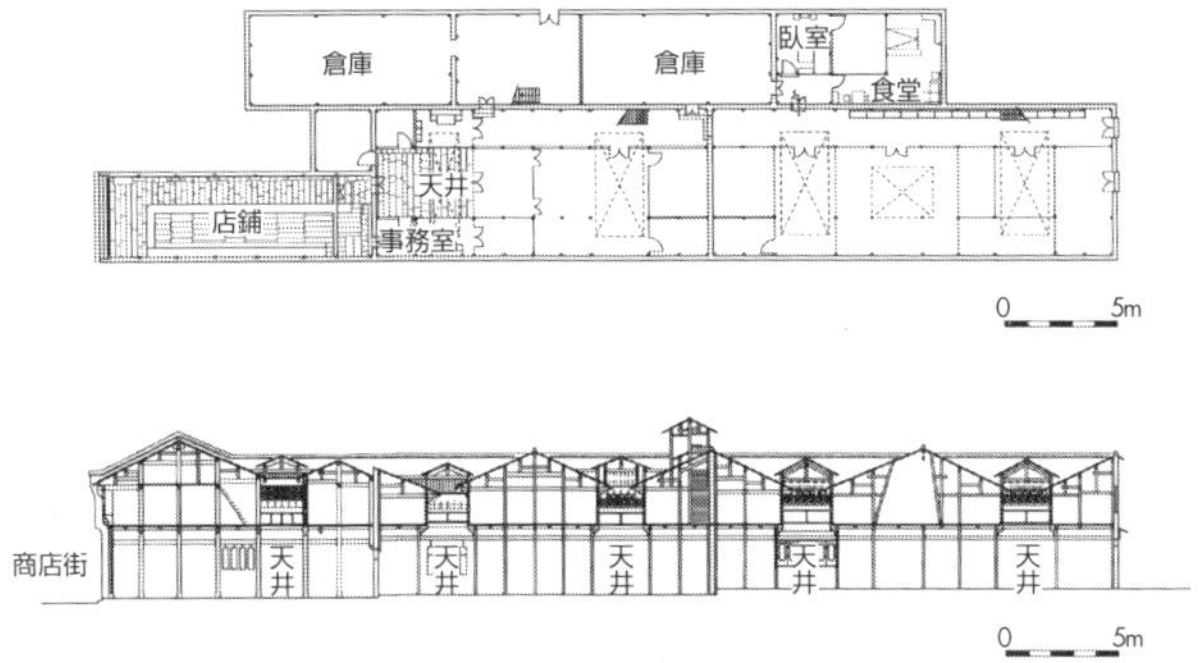

図3　同徳仁　1階平面図、断面図

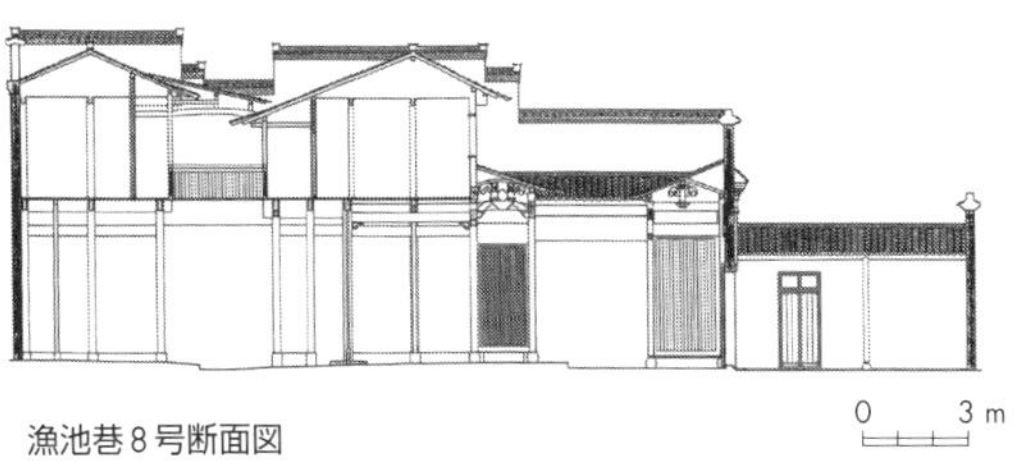

図4　漁池巷8号断面図

3 徽州民家の住まい方

伝統的な住まい方のヒアリング

徽州民家の特色は、その極めてユニークな空間の構成にある。吹き抜け（時には吹きさらし）の「天井」の奥、あるいは両翼に、屋根はかかっているものの外気にさらされたスペースである堂前が続く。いくつかの小さな個室がその天井と堂前を挟み込むようにして並んでいる。このような雨風が吹き込んできそうな半屋外的な空間は、日本ではあまり見たことがない。このユニークな徽州民家を人々はどのように住みこなしてきたのだろうか（写真1）。

西安の四合院でも行ったように、徽州民家の伝統的な住まい方について、居住者に話を伺おうと試みた。しかし、老街の詳細調査区内には何代にもわたり住み続けている世帯はないことがわかり、いったんは諦めかけたのだが、私たちを黄山市へ導いてくれた朱教授が近郊の民家地区のご出身であることを思い出し、ご本人に直接お伺いすることにした。さらに、通訳をしてくれていた韓一平君が地区中を探し回ったところ、漁池巷一号に住む一〇三歳のおばあさんが、民家地区出身者だということが判明し、ヒアリングをお願いした。

まずは、朱教授に伝統的な徽州民家についてお尋ねした。先生は現在、北京にお住まいだが、生まれは黄山市月潭村である。月潭村は屯渓区の中心から一二〜一三キロメートルに位置し、当時は徽州民家が数多く残っていた村である。

徽州民家と大家族

天井を持つ形式の徽州民家は、四合院と同様にもともとは一つの家族のための住まいだった。そのプランは礼制──内外有別長幼有序（内と外を区別する、年長者と年少者に序列をつける）──という考え方にもとづいて作られている。

大規模な徽州民家は前院・中院・後院を持つ三進院式で、一般に前院（＝一進）は接客に用いられ、庁と呼ばれていた。結婚式や葬式などの催しにはこの前院を使用する。中院（＝二進）より奥は家族が使っていた。朱教授の実家では、後院（＝三進）を祖父母が使い、中院は兄、前院を弟の部屋にしていた。通常、未婚の女性は中院より外へ出ることはなく、中院から外へ出るときは嫁入りするときとされていたそうだ。

朱教授の故郷には山があり、その山の麓に川があり、川の近くに村があった。村はいくつかの大家族により成り立っている。この大家族は小さな家族がいくつか集まったものので、一種の血族集団と考えればよいだろう。大家族全体の祖先を祀り祭祀を営むための場として、祠堂と呼ばれる廟が建てられていた。それぞれの家族の院落には庁と呼ばれるホールがあり、たいていの場合、一進の堂前と天井がこれに当てられていた。一進の堂前には祖先が祀られ、吉祥を表す飾り付けがされた。一つの院落には、祖父母、両親、子供たちの家族という具合に、数世代にわたる複数の家族が住むことが多かった。村での地位の高い人の葬式は同堂で営まれたが、普通の家族の葬式はそれぞれの庁（一進）で行われた。

祝い事や年中行事などの催しは前庭・天井・堂前で行うが、そのときは男性だけが一進の天井と堂前を使用する。日常の家族の食事では男女の別なく同じテーブルを囲むが、催し事のときの来客は男女別々のテーブルについた。就学や就職、結婚などで都市部に出ていった人たちも、正月や祖先を祀るときには故郷に帰り、同堂や各家の庁で祝った。

日常の生活

日常の食事は家族全員で一緒にとった。テーブル席をたくさん設け、長幼に分かれて着座した。院落内の家族の家には台所がなく、父母や兄弟と一緒に一つの厨房を使用した。料理のメニューは年齢によって違っていたようだ。それぞれの房（部屋）は寝室として使用されていた。便所はなく部屋ごとに馬桶（マートン＝おまる）を用意し、毎朝農地の決め

られた場所に捨てに行き、川で洗って乾かしていた。裏庭に小さな瓶を置いて、その中に溜めておき、肥料として利用することもあった。

炊事や火おこしは厨房で行っていた。お茶を飲んだり、接客やちょっとした宴会、囲碁や麻雀などの娯楽は堂前でしていた。日光浴や夕涼み、気晴らしや体操などの軽い運動、小鳥や植木の世話などには、天井・前庭・堂前を使った。近所の人との立ち話は、厨房や井戸端、川のほとりなどでしていたが、堂前もよく利用した。子供たちの遊び場は、天井や前庭、正門の周辺や路地などの屋外空間だった。洗面や沐浴はそれぞれの房でしたが、散髪は散髪屋でしていた。子供たちの弁髪は家ですることもあったようだ。読書や勉強などの個人的な楽しみも各房の中でしていた。練

写真1　雨風の吹きこむ「天井」

写真2　思い思いに「堂前」を利用して生活する人たち

炭などの置場は天井ではなく、厨房や倉庫の中に設けられていた。

朱教授の叔父さんの家では、一九二〇年から三〇年ごろにかけて天井と堂前のあいだに扉をたて、堂前の床を高くして洋風の部屋に改造したそうだが、これはヨーロッパの影響をうけて行った特殊な事例であろう。

農村での生活

次に、漁池巷一号に住む一〇三歳のおばあさんの話をしておこう。高齢にもかかわらずいたって健康ということなのだが、徽州訛りが強く、留学生の韓君にもよく聞きとれないらしい。おばあさんの面倒を見ている末の娘さんに協力してもらい、徽州弁から標準的な中国語、そして日本語へと、二人の通訳をはさんでの聞きとりになった。なかなかこちらの意図が理解してもらえず、ともすると健康維持の秘訣といった話題になってしまうのだが、貧しかった農村での苦労の一端を知ることができた（写真3）。

彼女は三〇年以上前にこの漁池巷の住まいに移ってきたのだが、それ以前は、屯渓の北に一五キロメートルほど離れた修隣という村に住んでいた。生まれたのは修隣の近くの小さな農村だが、家が貧しかったため六歳のときに修隣の家に里子に出されたという。里子に出された家は農家で

伝統的な徽州民家だった。その家には天井と堂前がひとつずつ、房が二部屋、そして厨房があり、十数人の家族が住んでいた。一四歳のときにその家の息子と結婚し、一五歳で一番上の子供が生まれた。男三人、女二人、合わせて五人の子供がいる。

その家では厨房で作った料理を堂前で食べていた。洗濯は近くの川でし、院落の外に干していた。農作業の道具や桶などを堂前に置いていたが、練炭は厨房に置いていた。洗顔や沐浴は自分の房でしたが、散髪は天井でした。結婚式や春節のお祝い、日常的な小さな宴にも堂前を使用した。葬式ももちろん堂前で行った。堂前の掃除はすべて、嫁を中心にした女性の仕事だったという。

結婚式には、赤い敷物と提灯で堂前を飾り付け、いざお嫁さんが到着すると、彼女の足が直接地面に着かないように、門から堂前まで敷物を敷き詰めたり、長椅子を交互に並べたりして、その上を歩かせたという。これはこの地方に伝わる風習の一つだそうだ。その後の披露宴では堂前に三卓のテーブルを準備したが、お祝いにやってきた客が大勢で入りきらない場合には、隣の院落からテーブルを借りてきたりもした。

家族が亡くなったときには、葬式を堂前で行ったのち、棺を三人で担いで風水によって決められた適当な場所に埋

葬した。その後、葬式を手伝ってくれた親戚や近所の人たちにご馳走をした。裕福な家では三日間堂前に棺を安置し、お悔やみに来てくれた人たちみんなに、食事を振るまったという。

話し終わった後、おばあさんは私たちに数年前に新聞に掲載された一枚の写真を見せてくれた。いかにも寒そうな冬のある日、吹きさらしの堂前のまん中にぶ厚い綿入れを着こんで微笑むおばあさんと、彼女を守るようにして並んだ家族たちの写真だった。

徽州民家の現在

朱教授と一〇三歳のおばあさんに伺ったヒアリングからは、徽州民家の伝統的な住まい方が、儒教思想にもとづいた礼制により厳格に定められ、維持されてきた様子を知ることができる。ところで解放以後、雑院化した現在の徽州民家では、住まいはどのように住み分けられ、使われているのだろうか。その現状を見るため漁池巷一一号・一二号・一三号・一四号および李洪巷七号の院落で、住まい方について居住者に話を聞きながら、家具などの生活道具の配置調査を行った（図1・2、写真2）。

全体的な印象としては、いずれの院落も家屋の老朽化が目立ち、堂前や二階の共用スペースには、不要になったものも含めて種々雑多なモノが雑然と積みあげられているところが多い。高齢者のひとり住まいが多く、家具や荷物を整理して住みやすくするといったことにまで、手がまわらないのが現状だろう。

一つの院落に三〜五世帯が住んでいるが、それぞれの世帯は一、二室の房と、堂前に置いてある正方形のテーブル（各世帯に一つずつある）の周辺をテリトリーとして生活しているようである。このテーブルは食事の支度をするときには作業台となり、料理ができあがれば食卓になる。また、来客の折りにはティーテーブルとなり、書き物をしたり本を読んだりするときには文机となる（写真4）。

調理スペースについては、水栓は共用だがコンロは各世帯に数個ずつあり、堂前もしくは厨房内に置かれている。

写真3　漁池巷の103歳のおばあさん

写真4　堂前に置かれたテーブルと椅子

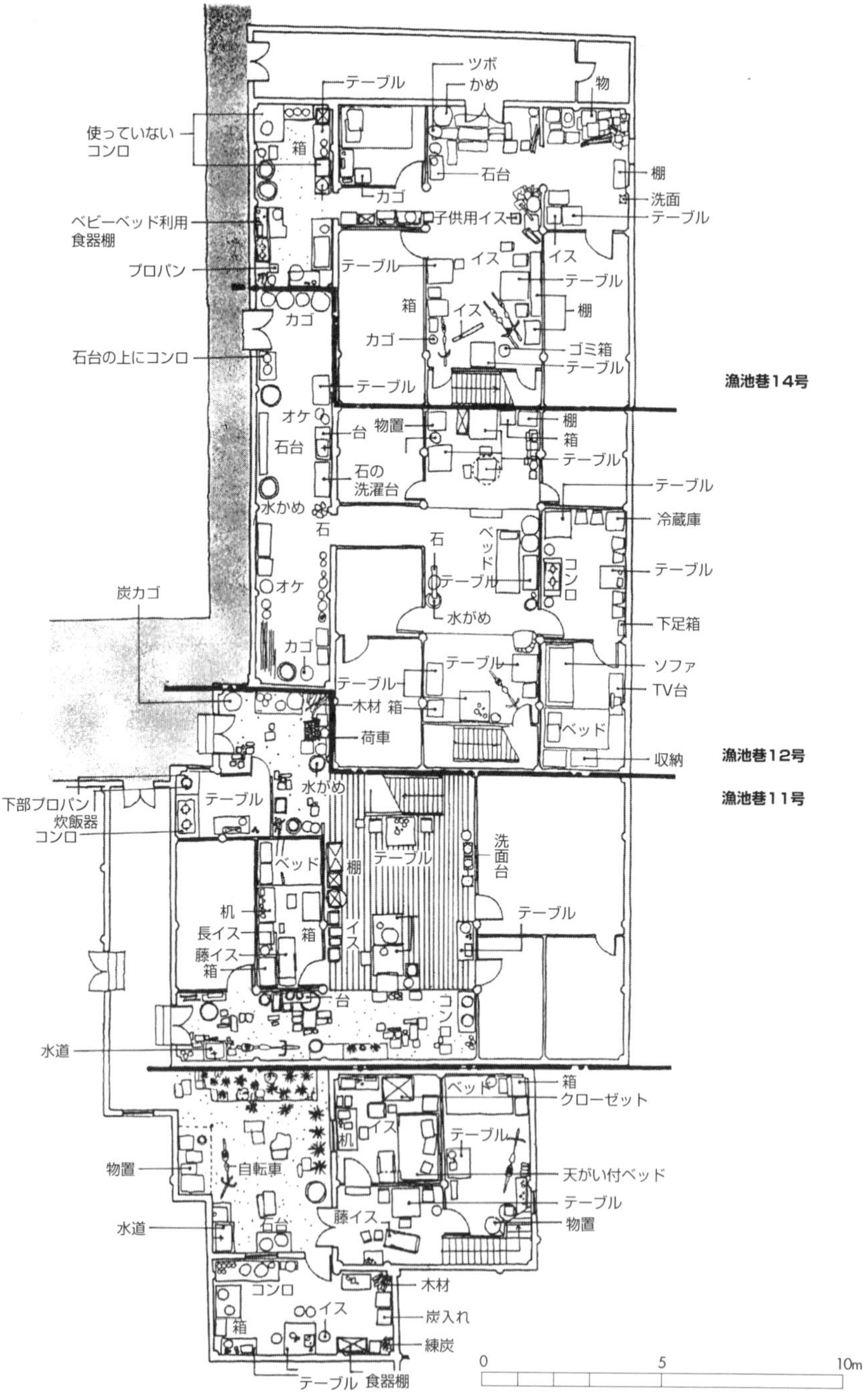

図1－1　徽州民家の住まい方―生活道具の配置＜漁地巷11、12、13、14号＞1階平面図

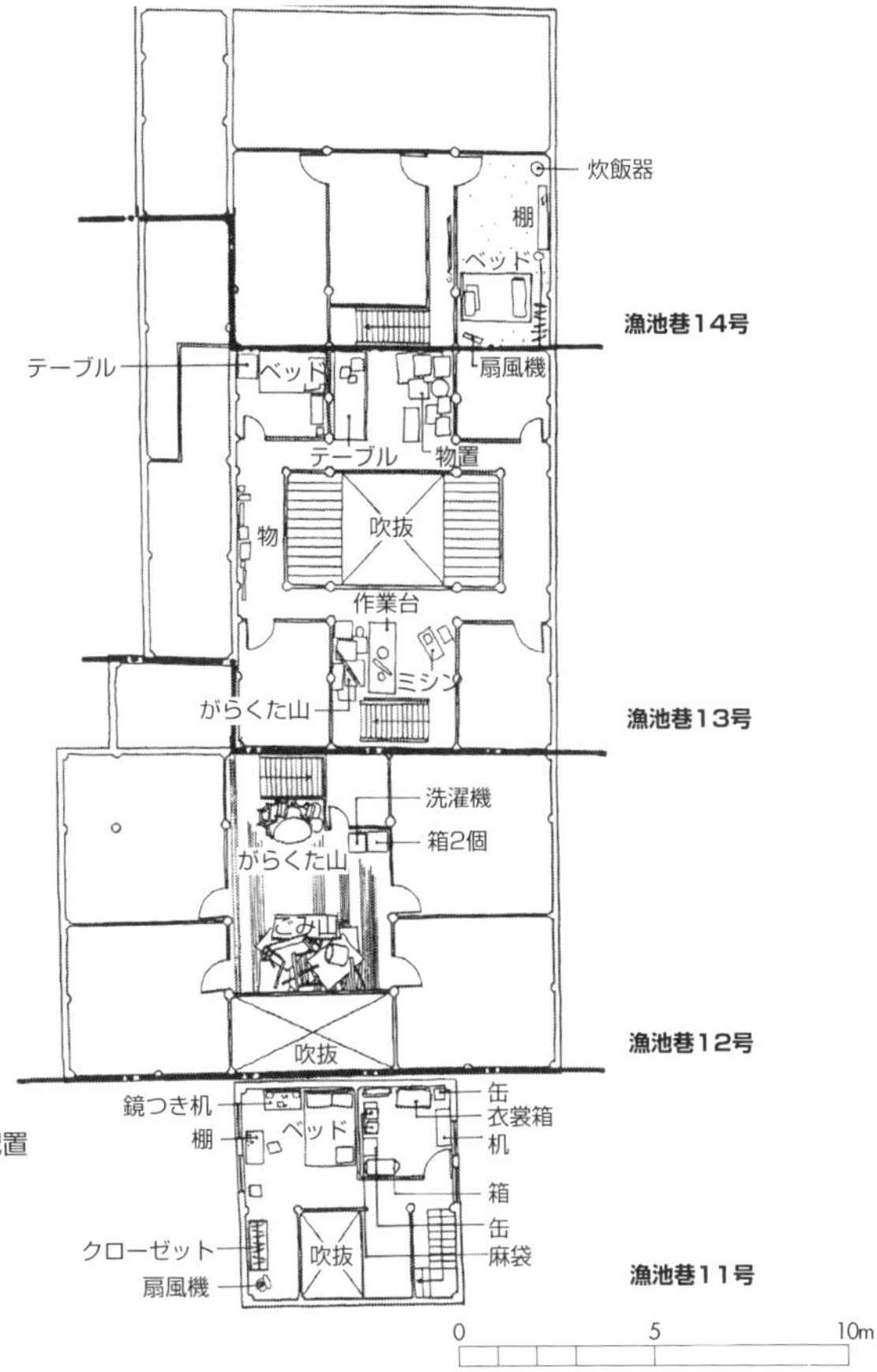

図1−2　徽州民家の住まい方—生活道具の配置
＜漁地巷11、12、13、14号＞　2階平面図

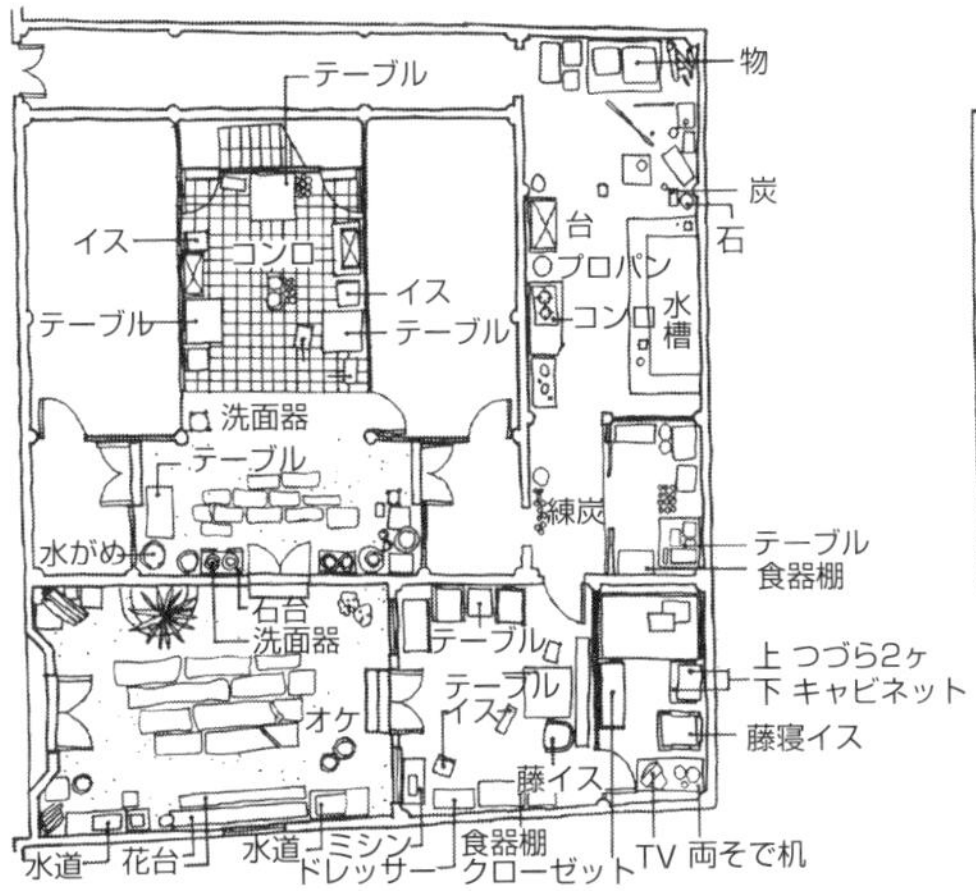

図2−1　徽州民家の住まい方—生活道具の配置
＜李洪巷7号＞1階平面図

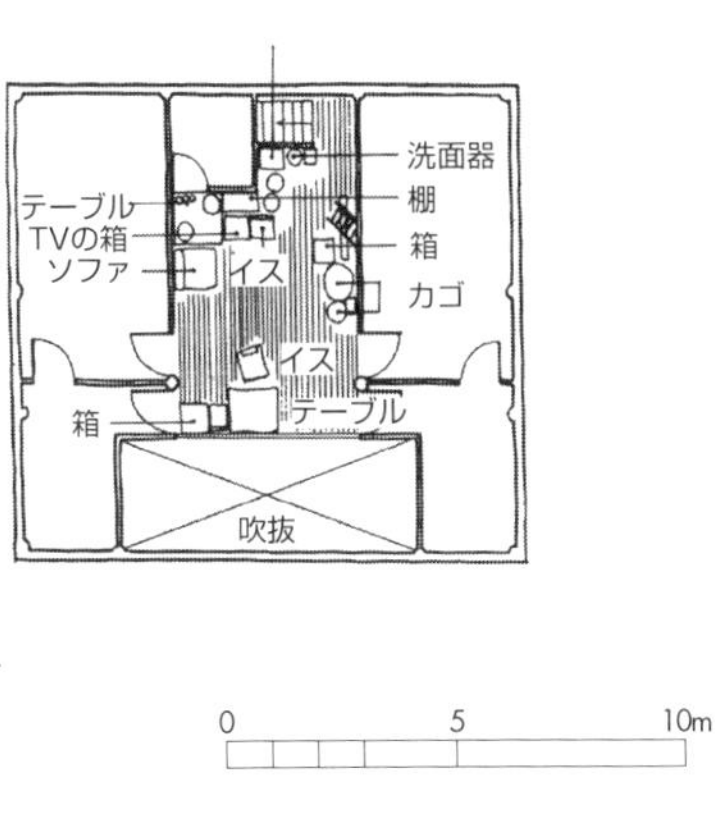

図2−2　徽州民家の住まい方—生活道具の配置
＜李洪巷7号＞2階平面図

このコンロは練炭を利用するもので、日本の「七輪」をひとまわり大きくしたようなものである（写真5）。消防局の指導により二階での煮炊きや喫煙が禁じられているため、二階に居室のある居住者も一階で炊事している。水栓のない院落では井戸を利用しているが、その井戸もないところでは近所の院落の井戸や水栓を借り、水汲みをしている。洗濯物は前庭や天井に干すのが普通だが、二階から天井の吹き抜けに竿をわたし、干しているところも多い。便所はなく、馬桶を使っている。生活にゆとりのある世帯では、厨房をリフォームし、練炭コンロではなく、プロパンガス利用のガス調理台を備えているところもあった（写真6）。

　共用空間である天井や堂前は数世帯が同時に使用しても十分な広さがある。しかし、各房は四～六畳程度の広さしかなく、ベッドとテーブル、衣装箱などを置くと、ほぼ一杯になってしまう（写真7）。眠ったり、着替えたり、テレビを見たりといったことはそれぞれの房の中で行っているが、編み物をしたり、新聞を読んだり、お茶を飲んだりといった行為は、天井や堂前でしているようだ。それにしては、院落内での居住者相互の交流が少ないと語る人が多かったのは不思議だ。この地区には以前から住み続けている人はおらず、新しく移ってきた居住者ばかりのせいかもしれない。

写真5　堂前につくられた調理スペース

写真6　プロパンガスを利用した厨房のリフォーム例

写真7　漁池巷12号のひとり暮らしの老人の部屋

　この調査を行った翌年（一九九七年）に再訪したときには、李洪巷七号は居住者が変わり、陶磁器博物館として修復されていた。傷んだ建具を取りかえ、壁紙も張りかえ、家具やショーケースを整え、個人の力で徽州民家を再生させようと努力していた。便所も水洗式のものが新しく設置されているのには驚かされた。（荒川朱美）

4 半屋外空間——天井と堂前

アンケート調査に当たって

徽州民家という伝統的なかたちの住宅で、人々はどのような住まい方をしているのだろうか。特に中心的な空間である「天井」(中庭)、堂前はどのように使われ、どのように評価されているのだろうか。日中で検討を重ねた結果、居住者の意向を知るためのアンケート調査を行うことになり、中国文のアンケート調査票を用意して訪中した。

一九九六年九月、気温は二八度。上海虹橋空港の国内線ターミナルは、ローカルな雰囲気に包まれている。飛行機が遅れているというのでペプシとクラッカーの朝ごはんが配られる。それを頬張っていると、急に飛ぶことになったというアナウンスがあり、あわてて小さい飛行機にタラップから乗り込む。一時間たらずで黄山空港に着いた。まるで南国に来たように明るい。屯渓は黄山観光の起点としてあまりにも有名だが、かつての屯渓市は行政区画の変更により黄山市屯渓区と名称が変わった。そのため空港は「黄山空港」となったが、まだ旧名の地図や看板もあるのでややこしい。

市の建設委員会のホテルに泊まる予定だったのが急に変更になり、一般のホテルの花渓飯店に落ちつく。ロビーで

は国内旅行の「黄山ツアー」の家族連れが大声でしゃべりまくっている。今回の調査を一緒にやることになっている清華大学博士課程の韋君、女子学生の劉さんが現れる。清華大学は北京大学と並ぶ名門大学で、建築系は学部だけでも五年間あるという。大学進学率の低い中国において二人は超エリートということになる。

今回の対象地域には「漁池巷」「海底巷」「李洪巷」という南北の三本の巷と、「老街」という東西の通りがある。このうちの老街は石畳の道の両側に店舗付住宅が軒を連ねる伝統的な商店街である。「文明的な老街をつくるための禁止事項十箇条」の看板が設置されていたりして、観光資源としての町並みを大切に守りたいという意気込みが感じられる(写真1、表1)。その他の巷は狭い路地に面して伝統的な形態の民家が建ち並んでいる。これらは清、および中華民国の時代に建てられたものが中心である。

アンケート調査は西安での方法と同様にヒアリング方式とし、その実施については、屯渓老街保護管理部主任の陳さんを通じて居民委員会のおばさんたちのお世話になった。居民委員会のメンバーは大半が退職した男性や年配の主婦だというが、おばさんたちはとても元気がよい。調査のやり方についてもみんな自説を曲げないためか、しばしば大声でやり合う。アンケートもなかなかこちらの意思が通じ

なくて、何度も不備な点についての交渉が必要だった。これにはいささかうんざりしたが、彼女らは地域に精通しており、いったん了解してもらえたら力強い味方ではあった。

調査対象の概要について

対象地域内に院落は全部で六〇あるが、伝統的なかたちの建物のみを調査対象とするため、鉄筋コンクリート造に建て替えられたものは対象から除く。また、空家や老街の店舗で日常的に居住していないものについても、居住者の意向を聞くという意図から外れるので除くと、残るのは四〇の院落（戸籍上九七戸）になる。このうち、一つの院落に一世帯が住んでいる本来のかたちの独院は約半数の二一院落である。残り半数は複数の世帯が住むかたちに雑院化しており、二〜一三世帯で住み分けられていて、一院落あたりの平均世帯数は二・五戸である。戸籍は置いてあるが留守がちな世帯などがあったため、アンケートの有効回収数は最終的に八三票になった。

調査対象世帯のうち約半数は建物の一階と二階にまたがって使用しているが、四割は一階のみ、一割は二階のみを使用している。一戸当たりの平均床面積は、約四四平方メートルと小規模である。部屋数はほとんどが二室ないし四室。土地・建物の所有権は、約八割が市の房地産局（土地

建物管理局）や会社の所有で、残りは家族または他の個人の所有となっている。建物自体が古いため、居住年数は五〇年以上の長いものから、五年未満の浅いものまで多様で、平均すると約二〇年になる。

対象世帯の概要をみると、家族構成のタイプは単身の世帯が約四割を占めるが、その内訳は五〇歳以上の単身者が多く、全体的に高齢化している。ヒアリングによると、単身世帯の場合、息子や娘夫婦は民家を出て建て替えられたコンクリート造のアパートに住んでいるケースがあった。

写真１　老街の「決まり」の書かれた看板

1. むやみにゴミを捨てたり、放置してはいけない
2. 痰を吐いたり、果物の皮、紙屑、吸殻を捨ててはいけない
3. 道端で馬桶（便器）を洗って干したり、汚水を捨てたり、洗濯物を干してはいけない
4. 広告や標語をむやみに貼りつけてはいけない
5. 許可なく建物を建ててはいけない
6. 偽物や品質の悪い物を売ってはいけない
7. 車や輪タクを街に乗り入れてはいけない
8. 規定の場所以外に車、自転車、輪タクを停めてはいけない
9. 露店や屋台を許可なく出してはいけない
10. 移動露店商人が街に入ってはいけない

表１　文明的な老街をつくるための禁止事項十箇条

夫婦と子供の核家族が三割強と次に多く、その他は、三世代家族、夫婦が一組もいない欠損家族などである。「老人＋孫」「老人＋甥」などの、日本ではあまり見られない特殊な家族型が若干あるのが特徴的である。単身世帯が多いため、家族の人数は平均二・二人と少ない。戸主の平均年齢は五七歳で、その性別は男女半々くらいである。職業は男女ともに技能職（工員、職人、運転手等）が最も多い。

住宅設備と住み心地

次に設備の状態をみてみよう（表2）。炊事に関して、場所が屋内か屋外か、炊事室があるかコーナーしかないか、水栓の有無、専用で使っているか共用かということを調べ、それらの項目を組み合わせて炊事の状態をみた。

全体で八三ケースのうち八割以上の世帯は屋内で炊事をしており、そのほとんどに一応、炊事室がある。屋内に炊事室を持っている六七ケースのうち、およそ三分の二は専用で使っていて、残りは共用である。屋外の炊事コーナーを使っているのが一一例あるが、これらは、社宅として一三世帯が住んでいる老街の九三号に集中していて、やや特殊なケースといってもよいだろう。また、ほとんどすべての世帯に水栓または井戸がある。炊事を行うのに最もよいのは、屋内に専用の炊事室があり、水栓または井戸があるという状態であるが、そのようなケースは約半数にすぎず、それ以外の過半数にあたる世帯では、何らかの点で不充分な状態にあることになる。

専用便所は少なくて、共同便所か馬桶（マートン＝おまる）に頼っている割合が高く、これは非常に不便な状態である。浴室についても、専用の浴室またはシャワー室があるのは一割以下で、沐浴や共同浴場の利用が圧倒的に多い。そういえば場所は違うが、上海のきれいな公衆トイレの手洗いで、昼間に堂々と身体を拭いている女性を見かけ、驚いたことがあった。

① 台所の状態			水栓・井戸	水栓なし	合　計
屋内	炊事室	専用	41(49.4)	1(1.2)	42(50.6)
	〃	共用	25(30.1)	0(0)	25(30.1)
	合　計		66(79.5)	1(1.2)	67(80.7)
	炊事コーナー	専用	3(3.6)	0(0)	3(3.6)
	〃	共用	2(2.4)	0(0)	2(2.4)
	合　計		5(6.0)	0(0)	5(6.0)
	屋内合計		71(85.5)	1(1.2)	72(86.7)
屋外	炊事コーナー	専用	11(13.3)	0(0)	11(13.3)
				合　計	83(100.0)

② 便所の状態	
専用便所	7 (8.4)
院落内共同便所	1 (1.2)
外部の共同便所	14 (16.9)
馬桶のみ	61 (73.5)
合　計	83 (100.0)

③ 浴室・シャワー室の状態	
専用浴室・シャワー室	5 (6.0)
職場の浴室	1 (1.2)
共同浴場	15 (18.1)
沐　浴	62 (74.7)
合　計	83 (100.0)

表2　住宅設備の状態

　これらの住宅設備を含めた居住性についての満足度は、住宅の広さ、日当たり・採光、通風については「普通」という評価が七〜八割と多く、不満はさほどみられない。しかし、院落の状態が一世帯で住んでいる独院と、雑院化している場合とを比べてみると、やはり雑院のほうが評価が低く、居住環境の悪化が表れている。台所については「普通」が半数で「非常に不満」が三割もみられるが、とくに炊事の場所が屋外である場合は、当然のことながらすべてが「非常に不満」となっている。また炊事の場所が屋内であっても、コーナーしかないものについては不満が多い。便所の状態と浴室・シャワー室の状態については九割が「非常に不満」としており評価は極めて低い。

　調査が始まってしばらく経過した頃、市の建設委員会のホテル「建設大厦」が使えるようになったというので引っ越しをした。とはいえ一階入口付近ではまだ造作工事をしている。建設中のホテルに泊まっているのだから、いろいろとトラブルがあるのはやむを得ないことかもしれない。われわれが初めての客なので、おのずとモニター役をするはめになる。例えば、お湯が出ないので「湯」と書いて身振り手振りで説明したところ、服務員さんは首をかしげるばかり。ホットウォーターではもちろん通じない。困り果てて部屋まで来てもらう。後で、湯（タン）ではスープのことで、正解は「熱水」だったとわかる。何のことはない、ホットウォーターを直訳すればよかったのだ。このような笑い話のような体験をしながらも調査は徐々に進んでいった。

ヒアリングによる天井と堂前の伝統的な使われ方

アンケート結果から、現在の天井や堂前の使われ方をみる前に、先述のヒアリングによる伝統的な使われ方をまとめたい（表3）。

　天井は徽州民家の象徴的な空間であり、もともとは写真2のように採光や通風のために設けられた光庭であった。ところが年月を経て越屋根風なかたちで屋根が架けられたり（写真3）、その全部または一部に天窓が設けられたりして（写真4）形態が変わってきた。ここでは本来のかたちの天井を取り上げるが、そこでは、「小鳥・植木の世話、日光浴・夕涼み、気晴らし、体操などの運動、子供の遊び」など、半屋外空間に適した行為が行われていた。

　堂前は伝統的な民家では天井に面したスペースを指し、主に「食事やお茶、接客、小宴会、囲碁・マージャン」に使用され、他に、「小鳥・植木の世話、日光浴・夕涼み、気晴らし、雑談」にも使われていた。

　厨房は「炊事、火おこし、雑談」に使われ、厨房内には

「練炭等の私物置場」のための「柴房」と呼ばれる倉庫があった。前庭・後庭は「物干し、家具などの修理、日光浴・夕涼み、気晴らし、体操などの運動、子供の遊び」に使われていた。他に川端や井戸端で「洗濯、体操などの運動、雑談」が行われていた。一方、「洗面、沐浴、馬桶を用いた排泄行為、子供の散髪、読書・勉強」などは、房内(室内)で行われ、裕福な家では書斎があって「読書・勉強」はそこで行われていた。

このようにかつては、天井は半屋外空間として使われ、堂前はリビングルーム的に、炊事の関連行為には専用の場所があり、プライベートな行為には房が使用されるなど、秩序のある使い方がなされていた。

現在の天井での生活

アンケートの結果から、天井、堂前、前庭・後庭の使われ方を行為ごとに表したものが図1である。

全対象八三世帯のうち、専用または共用で使っている天井があるという六五世帯について、その使われ方をみることにする。「よく使う」で多いほうから順に「洗濯、物干し、日光浴・夕涼み、自転車置場、炊事、火おこし、練炭等の私物置場、洗面、囲碁・マージャン、食事、お茶を飲む」となっている。伝統的な使われ方と比べてみると「日光浴・夕涼み」以外は、従来は天井で行われていなかった行為である。また「炊事」以下に並んでいる行為は、本来は厨房や私室、堂前などで行われてきたものである。これ

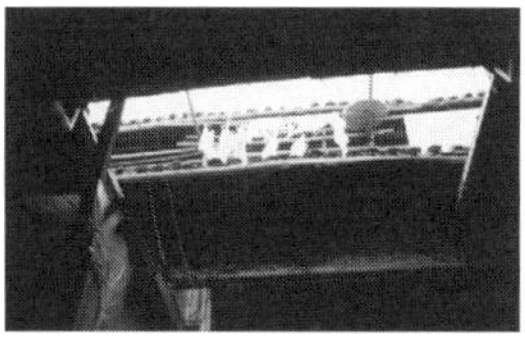
写真2　元のかたちの天井

写真3　屋根の架けられた天井

写真4　天窓のある天井

各行為	伝統的に使用された場所
1. 炊事	厨　房
2. 火おこし	厨　房
3. 食事	堂　前
4. お茶を飲む	堂　前
5. 洗濯	川、井戸端
6. 物干し	後庭、側庭
7. 洗面	房（寝室）
8. 沐浴	房（寝室）
9. 散髪	子供は房、大人はたいてい散髪屋
10. 子供のトイレ	馬　桶
11. 練炭等私物置場	厨房の柴房（倉庫）
12. 小鳥・植木の世話	天井、堂前
13. 家具などの修理	前庭、ただし田舎では庁
14. 日光浴・夕涼み	天井、前庭、堂前
15. 気晴らし	天井、前庭、堂前
16. 体操などの運動	天井、前庭、後庭、川端
17. 雑談・立ち話	厨房、堂前、井戸端、川端
18. 接客（お客と話）	堂前
19. 読書・勉強	房（寝室、書斎） ただし書斎のあるのは裕福な場合
20. 子供の遊び	天井、前庭、後庭、正門、路地等
21. 小宴会	堂前
22. 囲碁・マージャン	堂前
23. 自転車置場	当時自転車はなかった

表3　各行為に対して伝統的に使用された場所

らの天井のある世帯のうち九〇パーセントは雑院化しているが、やはり多数家族が居住することによって床面積や部屋数が不足し、本来は厨房や私室および堂前で行われる行為が、天井まではみ出してきているといえよう。

それでは、専用か共同かの違いで使われ方は変わってくるだろうか。天井を共同で使用しているケースが約八割に上り、専用は約二割である。そして共同使用している方が、専用に比べて全体的にあらゆる行為によく使われている。その理由は、専用で使っている場合は住戸の規模が比較的大きく、専用炊事室もある場合が多いので、本来の使い方ができやすいのに対して、共用の場合は住戸規模が小さく、天井まではみ出してきている行為が多いからだと考えられ

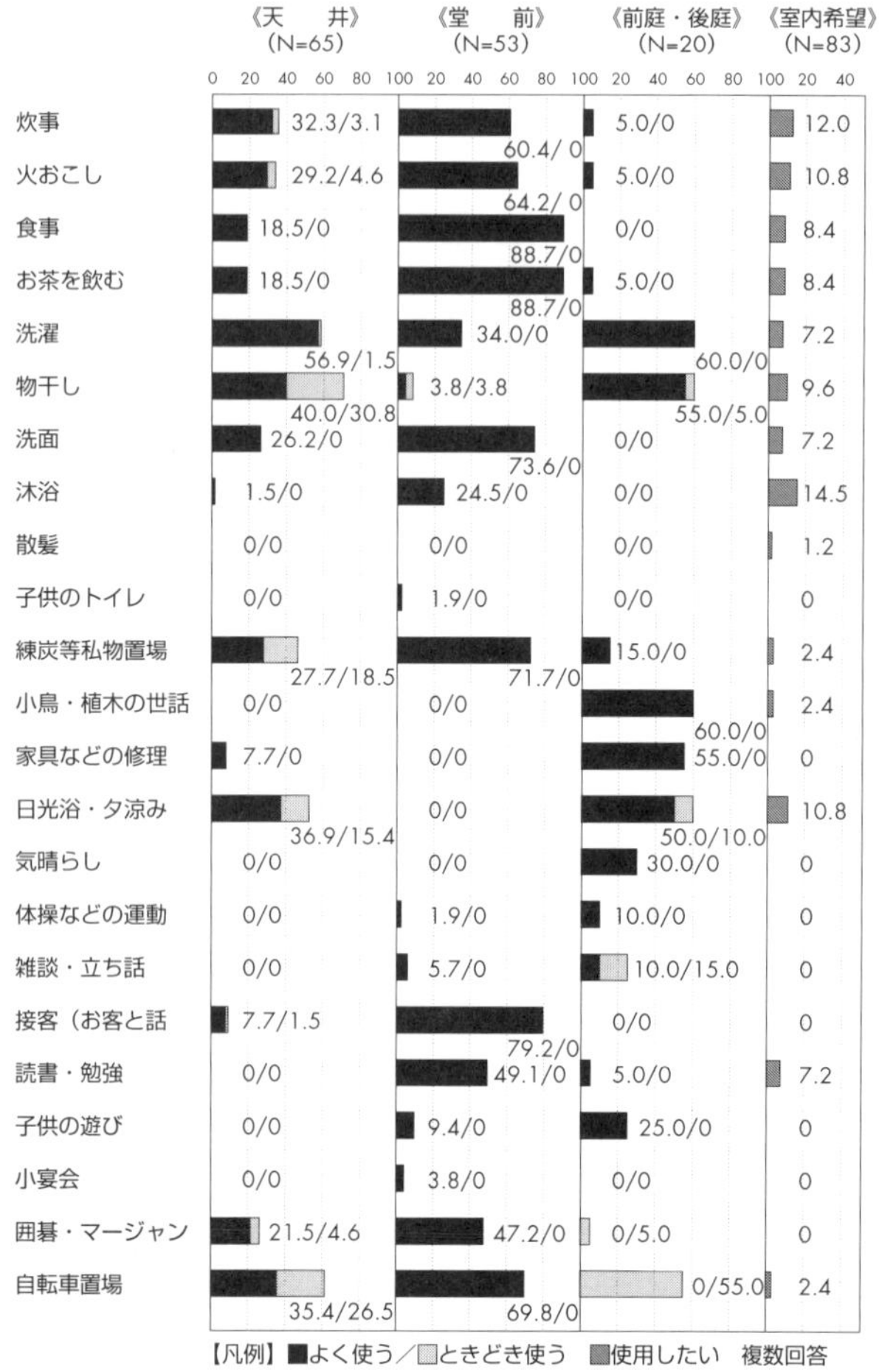

図1　天井・堂前・前庭などの使われ方

写真5　ある住宅の堂前のしつらえ

る。

　また、天井のある六五ケースのうち、約半数が吹き抜けで屋根がない本来の形で、その他は屋根が架けられているものと、天窓がつけられているものが半々で存在する。そして、屋根や天窓で覆われている方が、屋根のない本来のものに比べてあらゆる行為によく使用されている。屋根を架けることによって天井が室内化され、有効に使われているからだろう。なお専用炊事室がある場合は当然のことながら、炊事行為が天井で行われることは少ない。

現在の堂前での生活

写真5はある調査対象世帯の堂前の様子である。この住宅は一院落を一世帯で使用している独院であるため、比較的、整然と住まれている例である。正面の壁に沿って中央に正方形のテーブルが置かれ、その両側に背もたれのある椅子が二脚、正面を向いて置かれている。このテーブルは八仙卓といい、一辺に二人掛けると八人が座れる。

　堂前は、本来は写真のように天井に面したスペースをいうが、天井がない場合には家の中心になる場所という意味合いから、リビングルームに該当する場所を指している。したがって、アンケート調査では堂前の使われ方というかたちで聞いているため、すべての世帯から回答が得られた

のだが、調査の趣旨から、伝統的なかたちの堂前を使っている五三世帯だけを取り上げて図に示している。天井のある世帯数と数値が異なっているのは、天井を共同使用している場合に、当該天井に面した堂前を使用していない世帯があるためである。

　堂前は、「よく使う」で多い方から順に「食事、お茶を飲む、接客、洗面、練炭等の私物置場、自転車置場、火おこし、炊事、読書・勉強、囲碁・マージャン、洗濯、沐浴」に使われている。その他にも少数ではあるが「子供の遊び、雑談、物干し、小宴会」などに使われ、日常生活のあらゆる行為に使われているといえる。

　これを伝統的な使われ方と比べてみると、「洗面、読書・勉強、沐浴」は私室からはみ出してきたものであり、「火おこし、炊事、練炭等の私物置場」については、厨房と収納スペースの不足によってはみ出してきたものである。このように堂前にはさまざまな生活用具があふれて、雑然とした雰囲気になってしまっている。

その他の屋外空間との関わり

前庭・後庭に関して、今回の対象住宅には後庭のある例がなく、前庭のあるのは二〇ケースであった。そのうち専用使用しているのは九ケースであったが、データ数も少なく、

使用の形態による差もみられなかったので、全体として使われ方をみることにする。「よく使う」で多いものから順にあげると、「洗濯、小鳥・植木の世話、物干し、家具などの修理、日光浴・夕涼み、気晴らし、子供の遊び」である。このうち「小鳥・植木の世話」は伝統的な住まい方では天井と堂前で行われていた。

また、院落外の路地の主な使われ方は「物干し、日光浴・夕涼み」であった。調査していると、路地に洗濯物がひるがえっていたり、近所づきあいの場となっている様子をよく見かけた（写真6・7）。特に建物に囲まれた小広場的な路地はヒューマンスケールの親密な空間として有効に使われている。

表の右端の「室内希望」の欄は、もし室内が十分な広さであれば、室内で行いたい行為を聞いたものである。「沐浴、炊事、火おこし、日光浴・夕涼み、物干し、食事、お茶を飲む、洗濯、洗面、読書・勉強」などがあげられている。

以上のように本来は厨房が使われていた「炊事、火おこし、練炭等私物置場」、そして房で行われてきた「洗面、沐浴」などのプライベートな行為が、堂前や天井で行われるようになってきている。また堂前で行われてきた「食事やお茶を飲む」などの行為が、堂前だけではなく、天井で

も行われている。そして天井で行われていた「小鳥や植木の世話」が、前庭で行われるなど、より屋外へと行為が出てきている傾向がみられる。すなわち、雑院化し、床面積が不足してきたことにより、空間とそこで伝統的に行われてきた行為との対応が崩れてきているといえる。また、床面積が十分にあれば屋内で行いたいという行為があることからも、専用の炊事室および水回り関連の設備の充実、そして食事室や私室の充実が求められている。

それでは、天井や堂前は居住者にどのようにとらえられているのだろうか。天井や堂前があることについてのメリットとデメリットを尋ねた結果、メリットとしては、約八割が客の接待のスペースとして便利、約五割が近所づきあいに役立っていると回答している。また他に二割弱ではあるが家の中でやりにくいことをする場所として便利であると評価している。一方、デメリットについては、ほとんど回答がない。天井をはさんでの複数世帯での生活は、プライバシーが気になると思われるが、案外、デメリットとしては意識されていなくて、むしろコミュニティの場として、あるいは半屋外に適した行為のできる空間として積極的に評価されているようである。

さて、毎日のように調査のため老街をうろついていると、土産物店をひやかしてみたくなる。書の国、中国でも安徽

省はその宝庫だと言われるが、老街には硯、墨、筆、紙や印章などを扱う店が多い。印鑑は好みの石に一五分くらい待つと彫ってくれる。ちなみに日本語のフルネームで百二〇元（当時、一元は約一五円）くらいだった。

九月下旬のある日、午後から珍しく休みである。暑いが日本ほどの湿気はない。見学組は出掛けているし、ぽかぽか陽気のなかデパートへ行くことにした。どんな物を売っているか興味深いし、一人で出掛けるには何より安全である。中秋節が近いので、特設コーナーで月餅を売っている。シンプルなものから干果物入りなど種類が多い。ホーロー鍋の隣のコーナーでは同じようなカラフルな花柄の馬桶を売っていた。馬桶もインテリアのひとつらしい。

あるときは節電のため夕食の途中で停電になったことがあった。厨房のガスの火が勢いよく上がっているのだけが見えた。クーラーも止まってしまったが、ろうそくの下での食事も粋狂かもしれないと思えば腹も立たない。中国では仕事でも日常生活でも、たとえ事がスムーズに運ばなくても、逆にそれを楽しんでしまうくらいのゆとりがなければいけないと思った。

今後の居住について

さて、居住者は現在住んでいる住宅に対してどの程度愛着

を持ち、今後どのようにしたいと考えているのだろうか（表4）。

今後の居住に関して、転居したいという世帯は皆無で、

① 居住意向		
1. 今の形のまま改造して住み続けたい	27	(32.5)
2. 今の場所で新しく建て替えて住み続けたい	55	(66.3)
3. 転居したい	0	(0)
4. その他	0	(0)
ＮＡ	1	(1.2)
合計	83	(100.0)
② 愛着感		
1. 非常に愛着を感じている	22	(26.5)
2. やや愛着を感じている	41	(49.4)
3. どちらともいえない	19	(22.9)
4. 愛着は感じない	1	(1.2)
ＮＡ	0	(0)
合計	83	(100.0)

表4　今後の居住意向・愛着感

写真6　路地での物干し

写真7　路地でのおしゃべり

すべてが住み続けたいという意思を持っている。「今の場所で新しく建て替えて住み続けたい」が六割強と最も多く、「今の形のまま改造して住み続けたい」が次に多い。区域による違いが若干あって、海底巷だけが新しく建て替えをするより、今の形のまま改造して住み続けたいと考える人の方が多い。また、店舗付住宅の並ぶ老街では逆に、「今の場所で新しく建て替えて住み続けたい」と答えた比率が七割と他の地区より高い。老街では、建物を近代的には変えたいが、その土地に住み営業を続けてゆきたいという意向が強く表れているといえる。商店街としての魅力を維持するためにも、徽州民家の伝統的な美しい外観を生かした改善が望まれるところである。

愛着感については「非常に」と「やや」を合わせて、全体の四分の三が愛着を感じている。李洪巷で「どちらともいえない」の割合がやや多いが、区域ごとのはっきりした特徴はみられなかった。

以上のように、設備面の不備や床面積の狭小さを改善するために、すべての居住者が建て替えや改造の希望を持ってはいるが、愛着のある住まいと土地に住み続けたいという意向が強い。そして現在、複数の家族の居住によって住まい方が崩れてきてはいるが、それでも、天井や堂前といった伝統的な空間はそれなりに評価されている。したがって、これらの伝統的な空間の特徴を生かしながら、私室空間や設備を充実させることによって、少なくとも居住環境の不満点は改善され、天井や堂前の持つ、本来の機能をよみがえらせることができるであろう。これらのアンケート結果から、次項で述べる保存再生計画案作成のための基礎的知見が得られたものと考えている。

調査はようやく終盤に近づき、九月も終わりだというのに非常に暑い。最初、クーラーが効かない部屋に当たったことがきっかけで、窓を開けて眠る癖がつき、就寝前にホテルの一一階の窓から、下の道路を眺めるのが習慣になった。一二時近いというのに黄色いナトリウム灯がこうこうと照らす道路を、自転車や輪タクがすいすいと走っている。輪タクはわれわれも利用したが、一人または二人で乗る人力三輪車である。車も時々走り抜ける。等間隔に並ぶ街灯と、どこまでも続く真新しい直線道路はかなりの距離感のせいもあり、どこか幻想的でＳＦの世界を見るようだ。一体、何時までこの通行があるのだろう。日によって街灯が半分消えていることがあり、最初は曜日によるのかなと思っていた。雑談しているときにちょうどその話が出て、グループの一人によると一二時に一部を消すらしい。それにしても、中国の人たちは随分夜遅くまで走り回っている。仕事が終わった後、第二の仕事に出掛ける人もいると聞く。

自転車に二人乗りの人たちもいる。そのエネルギーは「食」にも関係しているかもしれない。民家の軒先にニンニクとトウガラシを干してあるのをよく見かけた。中国人のガイドは「日本食を食べると眠くなりますね」と言っていた。長い地道な調査を続けるなかで、彼らのバイタリティ、積極性、そういったものが、中国という国の持つ底知れないパワーとともに、非常に好ましいものに思えてきたのであった。

（久保妙子）

3——徽州民家地域の保存再生プロジェクト

1 計画のプロセス

屯渓老街の視察

古都・西安の再生を目指してさまざまな調査分析を行う一方で、私たちは他の歴史都市のいくつかを精力的に視察していた。北京・上海はいうにおよばず、洛陽・鄭州・開封・南京・杭州・蘇州・紹興……。また、党家村や霊泉村、韓城・周荘……などの、歴史的集落も見てまわった。私たちには歴史的町並みの状況をこの目で捉え、それぞれの地で抱える問題を実感し、また行政の景観対策がどのようになっているのかを知る必要があった。それとともに、中国の失われゆく歴史的町並みの保存と再生を、西安以外の地でも試みてみたいという強い願いがあったからである。

しかし、次の調査研究にふさわしい町並みはなかなか見つからず、また、これはと思うものがあっても、中国側の協力が得にくい事情があったりなどし、対象地域を決定できないまま何年かが過ぎた。

一方、代表の大西と朱自煊教授とのあいだで、西安の仕事が一段落したら一緒に共同研究をしましょうという約束が以前から交わされていた。そして、朱教授から独特のたたずまいを持つ徽州地方の町や集落について詳しくお聞きし、私たちメンバーも大変興味を持っていた。

そうしたなか西安でのプロジェクトが一段落した一九九四年九月、朱教授の案内を受け、大西・西尾の二名と留学生の韓一平君が、同教授の生まれ故郷である徽州地方を視察する機会を得た。視察の最終段階で黄山市の桯斉鳴副市長以下から強い要請を受け、屯渓老街での共同調査が始まったのである。

黄山市の中心にある屯渓老街は、老大橋から東の牌楼に至る全長八〇〇メートル余りの商店街である。西から東へゆるやかにカーブしながら、二六〇軒あまりの店舗が軒を連ねている。これらの店舗は間口が狭く奥行きが長い、伝統的な二階建の木造建築で、文房四宝や土産物を商う店が多く、立派な老舗も含まれている。国内のみならず海外からもやってくる黄山登山の観光客たちで、朝から夜まで賑わっていた。

徽州民家群との出会い

その頃、屯渓老街の表通りに面した商店街では朱教授の指導のもと、すでに保存整備事業が始められていた。ファサードの破損の目立つ建具や彫刻が修理され、老朽化の激しい建物については、伝統様式のファサードを踏襲した鉄筋コンクリートによる建て替えが行われていた。こうした修復・建て替えの実質的な設計は、黄山市建築設計研究院の張承侠氏が担当していた。

この表通りの商店街に直交するかたちで、巷と呼ばれる数十もの路地がある。何気なく覗き込んでも、こうした巷は折れ曲がっていて、先を見通すことができない。

巷の幅員は一～一・五メートルほど。最も狭いところでは自転車がやっと通り抜けられるくらいしかない。両側には高さ七～一〇メートルの外壁が連なる。表通りから北の方へ身体を斜めにするようにして入り、右に曲がったり左に折れたりしながら進むと、思いがけなくぽっかり空が広がり、小さな広場にでる。幾人かの女性たちが洗濯をしたり、編み物をしたりしながら井戸端会議にいそしんでいる。そこからまた、細い巷を右に左に行くと喧噪が近くなり、突然延安路に辿り着く。老街の表通りから南へ巷を入ると、アーチをくぐって同じように折れ曲がり、やがて新安江の大きな水面に至る。観光地にふさわしい活気あふれる商店街の裏手に、こんなにも魅力的な空間があることに驚いてしまった。土地の起伏こそ少ないものの、まるでイタリアの中世山岳都市、例えばアッシジやサンジミニアーノの裏通りを彷彿させるたたずまいだった。

民家の中を見せてもらうと、やはり、複数世帯による雑院化が進み、伝統的な住まい方はされていない。商店街のように保存修景の施策がとられていないため、建物の老朽化が進行し、早急になんらかの手を打つ必要があった。しかし、改築や建て替えは割合少なく、徽州民家の空間構成が色濃く残っていた。何よりも、「天井（ティエンジン）」高くから差しこむ柔らかな光が堂前を照らし、まるで小さな舞台を見ているような、印象的な効果を生んでいた。この魅力的な街路空間と建築空間をなんとか保存再生したい、そうした思いが胸にあふれてきた。

基礎条件と共通テーマ

一九九六年五月、大西、谷の二名が再び黄山市を訪れた。市当局、清華大学、そして私たちの三つのグループによる協議が行われた。

この協議では屯渓老街地域全域の中から代表的な一区画を選定し、そこでの詳細調査を行うことが決められた。この一区画（詳細調査区）は老街の北西に位置し、漁池巷、海底巷、李洪巷の三本の巷を含む約一ヘクタールの区域である。この段階では、主に詳細調査の分担やスケジュールが話し合われた。さらに、この詳細調査区で保存再生計画を立案していく場合の基礎条件について協議がなされた。

少なくとも保存家屋と建て替え修景建物の分類は必要ということになり、三つのグループが現地で立会いの上、この街区内の木造家屋を「外観保存修復・内部整備建物」と「建て替え修景建物」に分類した（図1）。建て替え修景建物は日中戦争時に爆撃にあい応急的に復旧された木造家屋群や、伝統的民家でも改変のはなはだしいものが該当する。これらは詳細調査区のほぼ中央、海底巷と李洪巷にはさまれたブロックに集中している。

また私たち京都グループは、漁池巷の小広場や重要な町並みの建て替え修景に当たっても、その得がたい雰囲気を継承するため景観を復元することを力説した。その結果、小広場と重要な町並み景観の実測調査を、京都グループが担当することになった。

この詳細調査区内の店舗にも、鉄筋コンクリート造の既存建物や既存修景建物が五院落ある。これらについては商店街の景観にふさわしく修景していくことになった。また、漁池巷の南東に三階建の共同住宅があるが、これについても建て替え修景していくことになった。

そしてその年の九月、暦の上では秋とはいえ連日三〇度をこえる暑さのなか、日中による本格的な現地調査が行われた。また幾度もの協議を重ね、生活環境の改善にかかわる二つの共通テーマを決定した。一つは地区の居住環境の改善であり、もう一つは居住空間（個別住居）の改良である。

居住環境の改善については現状の細街路（巷）を部分的に拡幅する、コミュニティの場としての広場空間を確保する、巷景観を保全する、消火栓・避難経路を確保する、床面積を増やす、すなわち土地の立体利用を図る、そして建物の用途を居住用だけに限らず多機能化を図ることが決められた。

また居住空間の改良に関しては、個室を確保する、そのためには専有床面積を増やす、共用が一般的な水回りを専用空間化する、上の階へ行きやすくするため階段スペースに余裕を持たせる、建物の耐火・防火性能を向上させるなど住居としての性能を向上させる内容が盛り込まれた。

また、詳細調査区内の町並み景観を維持するために、建て替え修景建物について、次の三つの共通ルールを作った。第一にすべての建物は勾配屋根にし、屋根材料は黒瓦とすること。第二に、巷沿いの建物のファサードは伝統的民家様式にしたがってデザインすること。門や窓のデザインは、できる限り伝統様式を踏襲すること。その際には、伝統的な材料や工法を採用する。第三に、巷沿いではない建物については、屋根を除き伝統的な建築材料以外のものを使用してもよい。またデザインそのものも、ある程度自由にすることができる。以上の三つである。

以前の西安・徳福巷でのプロジェクトでは、開発会社中心に計画が進められたため、こちらの意図に反した事態が起こり、実現に至らなかったという経緯があった。しかし、黄山では、房地産管理局（土地建物管理局）が中心となって開発を行う体制が組まれることになり、私たちの提案を受け入れる母体が保証されたといえよう。

調査、協議、視察、そして資料の整理と、二〇日弱の短い滞在期間はあっという間に過ぎていった。始めの数日以外は、清華大学チームと同宿することができ、朝昼晩の食事を一緒にとり、またときには黄山市の皆さんも同席した。よく食べ、よく飲み、そして楽しくなごやかな宴会のあと、この年の調査は終了した。

第一次案の検討

基礎条件と共通テーマにもとづいて、北京、黄山、そして京都で、それぞれのグループが保存再生計画を作成していくことになる。そして、一九九七年五月上旬、黄山市で第一次案を検討するための協議が行われ、大西、西尾、茹谷の三名がその席に臨んだ。

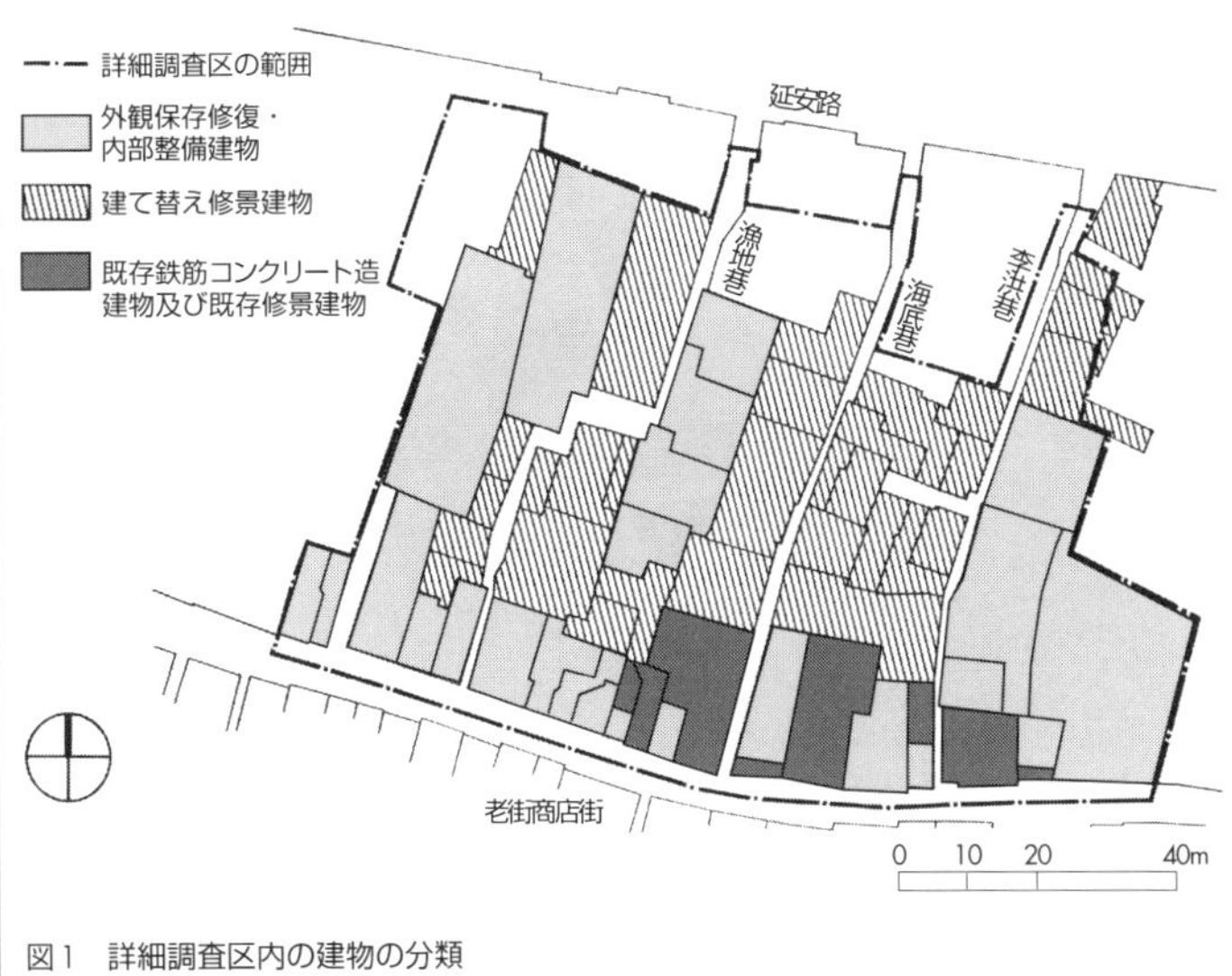

図1　詳細調査区内の建物の分類

私たち京都グループは、地区の保存再生を進めるに当たって、現状の雰囲気を壊すことなく、無理なく実現できるよう、ステップ・バイ・ステップ方式による再開発を提案した。これは全体をいくつかの小さなブロックに分け、できるところから、手のつけられるところから順次進めていくという方法である。したがって、一つ一つの建物のボリュームも小さく、バラエティに富んだものとなり、全体としては周辺の民家群のディメンジョンにマッチし、建て替えを行っても違和感を与えない。北京の清華大学チームの提案もほぼ同様の内容だった。

ところが、黄山市チームの提案は、三本の巷で囲まれたスペースを二つの大きなブロックとし、そこに東西軸の住棟を並列配置するというものだった（図2）。中国の建築基準に適応しつつ、建て替え後の戸数を増やすためには仕方のない措置かもしれないが、これではこの地区の魅力的な空間特性が失われてしまう。清華大学チームからも、私たちからも、さんざんな批判を浴びたことはいうまでもない。結果的には、この黄山市案はこれ以上進むことがなく、最終協議では清華大学と私たちの二つの案が検討されることになった。

各グループの第一次案を俎上に率直に話し合い、保存再生地区の範囲や共通テーマに若干の修正が加えられた。九

月に黄山市で開かれる最終協議のために、各グループとも、検討すべき課題を土産に、それぞれの地にもどった。

（荒川朱美、大西國太郎）

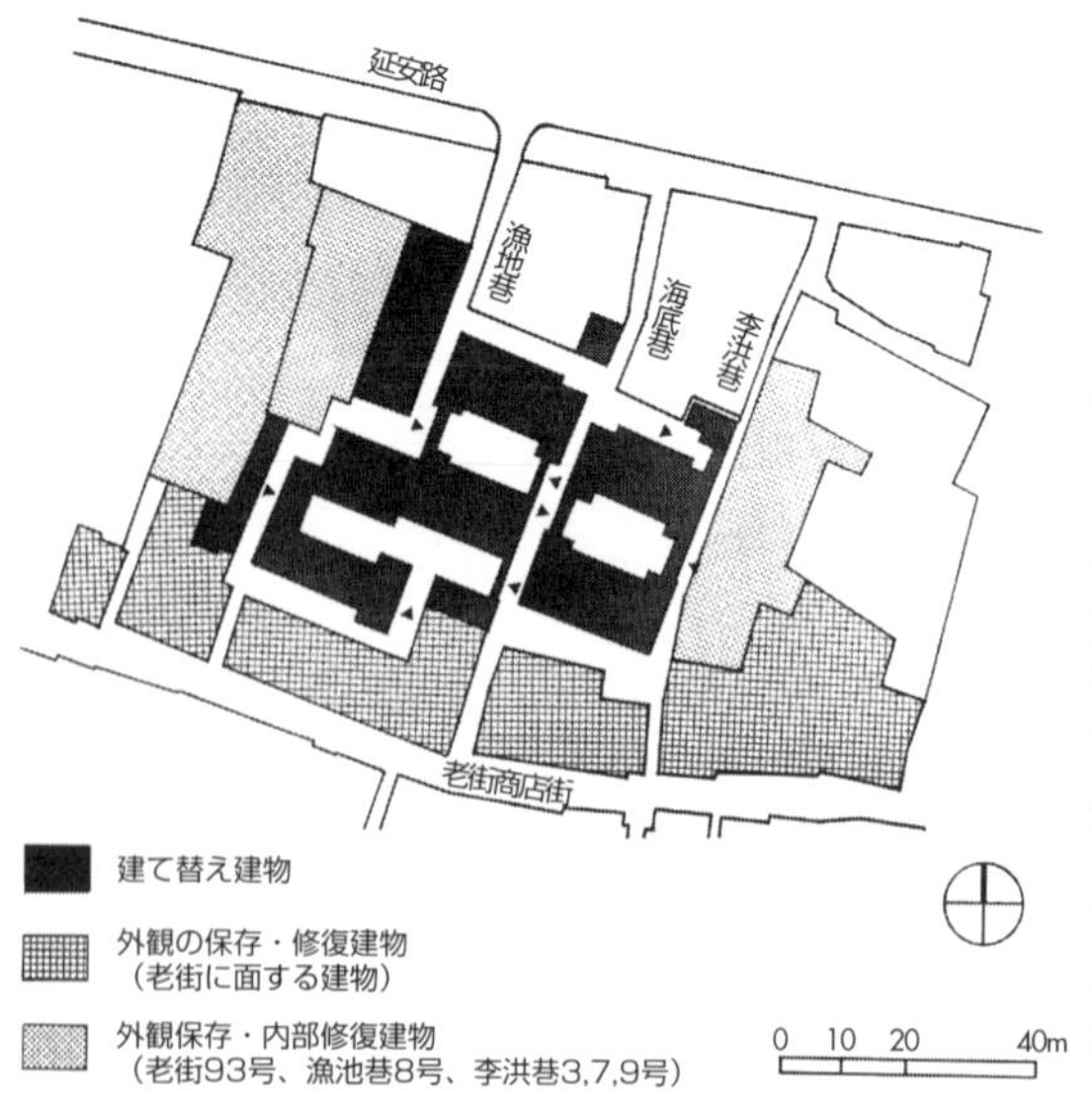

図2　黄山市チームの提案―地区の中央に大きな空地をつくり、そこに住棟を並列配置するというものだった。

2　清華大学チームの提案

保存再生計画の理念

清華大学チームによる計画の理念は、伝統風貌の保存、街の活性化、居住水準の向上、そして社会・経済・環境などへの総合的な効果の四点にまとめることができる。

まず、この地区は老街の商店街に隣接しており、1節で述べた中核保存地区に含まれるため、それにもとづいた計画をたてる必要がある。徽州の伝統的風貌の保存、すなわち伝統的町並みの空間構成や雰囲気を維持していくことが重要である。

また、市街地は社会や経済の発展にともない更新されるものであり、これは歴史地区といえども例外ではない。多くの費用と労力を費やして、一つの街区をただ伝統様式に復元するだけでは、現代生活にあわないし、活性化もされない。この地区では住居の機能を保存し、居住環境を改善するべきである。さらに、本来の町の構造を維持した上で、緑地面積、憩いの場、文化観光施設を増やし、居住者の生活を豊かにする。つまり、居住を中心にした多機能的地区として、繁栄発展の風貌地区にするべきである。

ところが、現状ではこの地区の居住水準は低く、住宅の大半は、長年にわたり修繕されないままの状態である。解

放後の雑院化によって、徽州民家が本来有していた空間の機能性が損なわれ、トイレや浴室などの衛生設備も整備されていない。こうした居住水準を向上させることが最重要課題となる。この計画では、住宅の部屋数を増やす、十分な広さの厨房スペースと衛生設備空間を設ける、クローゼットや納戸といった収納空間をつくる、などで対応している。

長い歴史を有するこの地区は、典型的徽州民家街区であり、その保存と再生は伝統風貌の保存と環境の質的向上に積極的な意義を持つ。この地区の古い民家を修繕もしくは改築し、居住者の生活水準を向上させることは、屯渓区全体に大きな利益をもたらすことになるだろう。また、そうした社会的効果や環境的効果とともに、経済的効果も考慮する必要がある。そのためには、この地区を多機能の有機体として認識し、各方面の利益に配慮した計画としなければならない。これまでの多種多様な計画案を参考にして、最良の総合的効果を追求するべきであろう。

清華大学チームの保存再生策

この計画では、現状の院落配置と建物の保存度に対する評価をもとに、改築の難易度などの要素も配慮した上で、「保存型」「立面修景型」「修復型」「新築型」の四つの保存

再生策を提案している（図1・2・3）。

「保存型」と「立面修景型」は、老街街路沿いの大部分の店舗と住宅を対象にしたものである。長年にわたる行政や専門家の指導のもと、地元居住者の積極的な協力を得て、これらの店舗や住宅は、建築本来の配置や景観を維持してきた。「保存型」では、こうした建物の全面保存を行う。改築や修繕が必要な場合には、現行の管理制度にしたがって行うことにする。「立面修景型」には、五つの建物が含まれる。これらは鉄筋コンクリート造によりすでに建て替えられた建物だが、老街の伝統的町並み景観に調和するように、立面の修景を行う。

「修復型」と「新築型」は巷の裏手に広がる民家群を対象にしている。「修復型」には、漁池巷の八号、一二号、一三号、一四号と、海底巷の一号、李洪巷の一号、三号、七号が含まれる。比較的保存度のよい院落については、構造上の補強を行った上で、徽州民家本来の形式に修復する。内部機能については生活環境設備の整備を行う。具体的には衛生設備、厨房および階段と通路を設ける。「新築型」は、質の悪い建物や配置形態の不完全なもの、もしくは居住機能に適さない院落に対して行う。歴史地区の保存と再生の原則と社会経済の発展状況に応じて、各方面の利益と需要を満足させるような、新しい住宅タイプを創造する。

図1　保存と建て替えの分類―清華大学チームによる

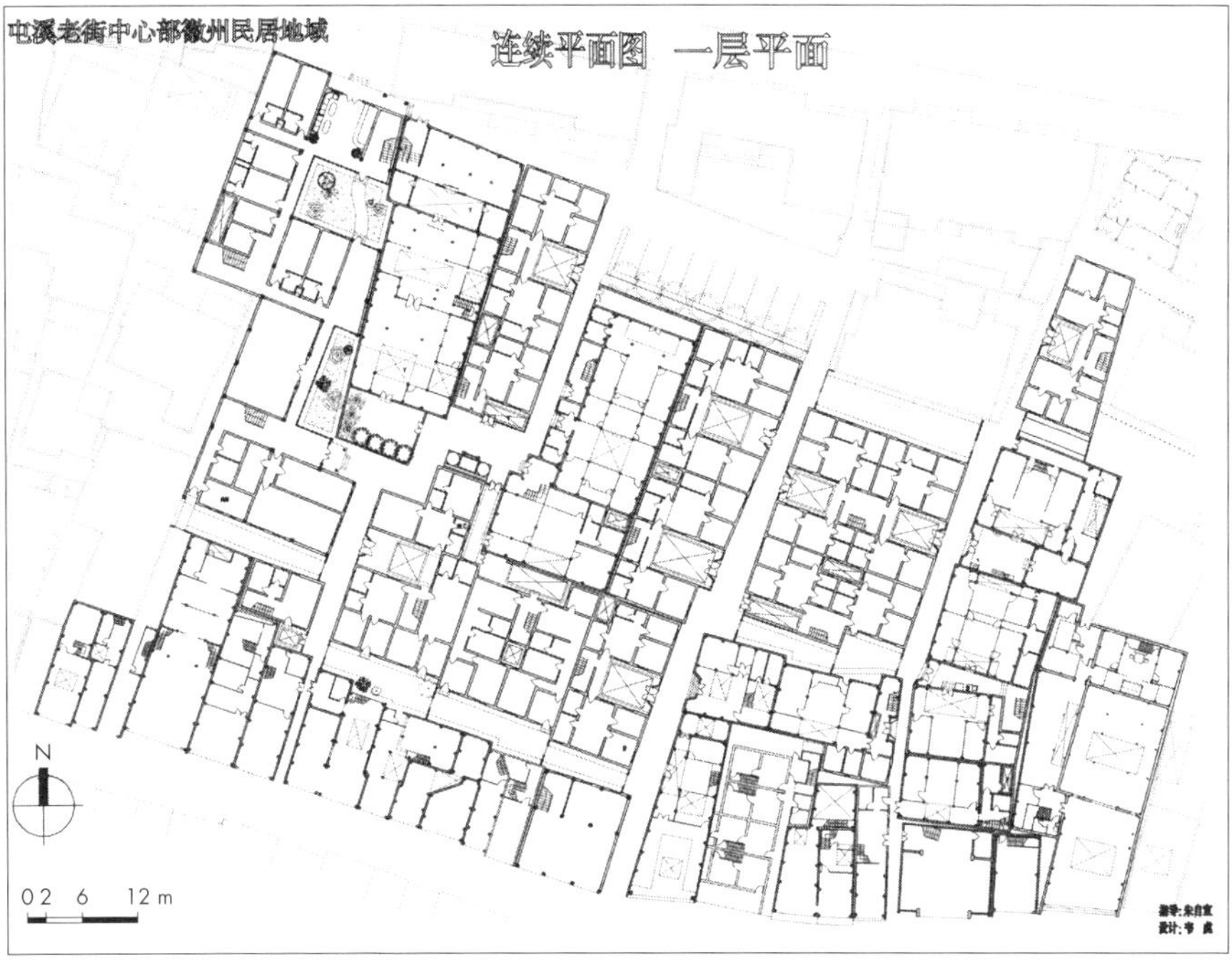

図2　清華大学チームの提案─連続平面図　1階

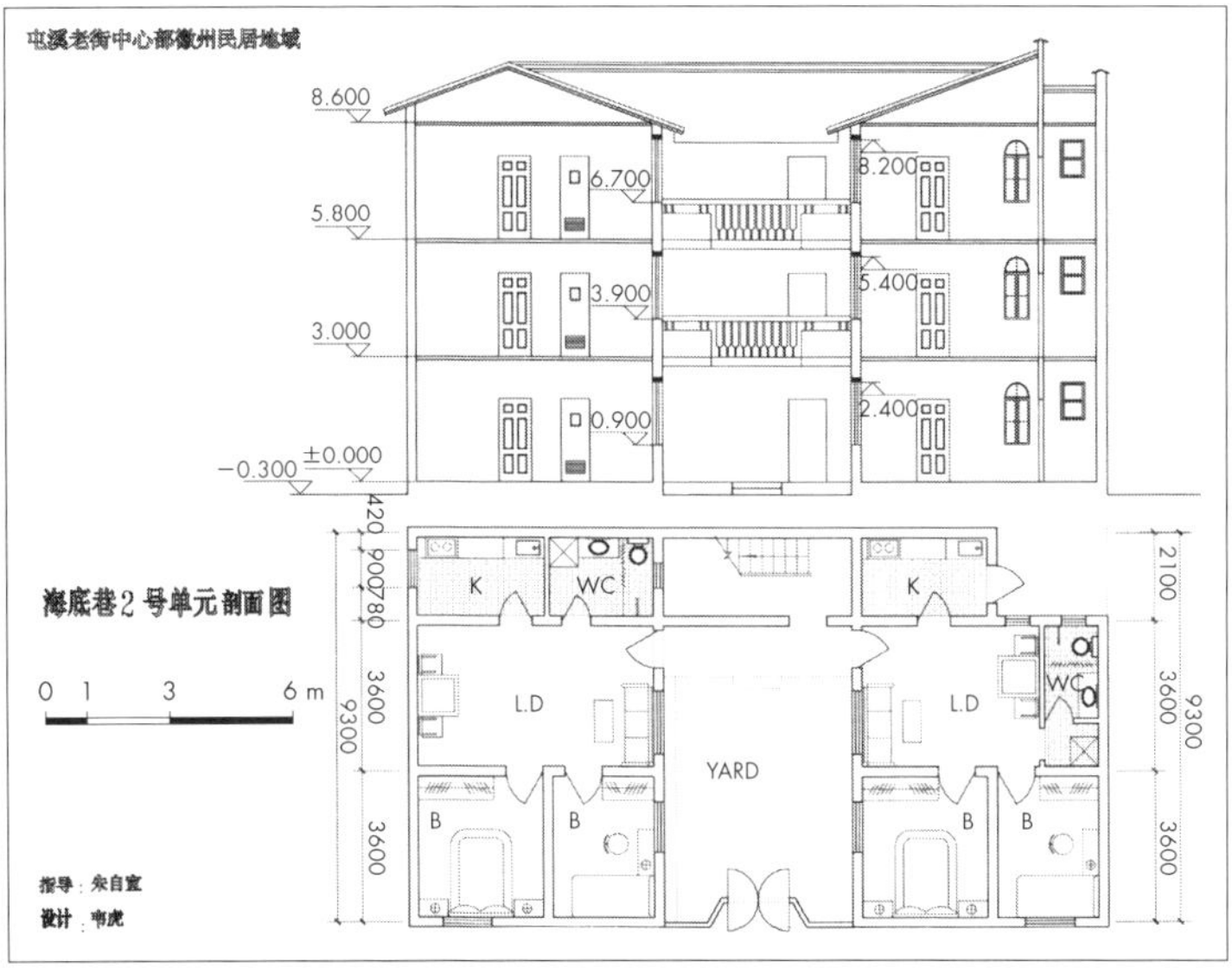

図3　清華大学チームの提案─基本住棟計画

基本となる住棟プランは、鉄筋コンクリート三階建で、各階二戸ずつ、計六戸の住戸が、共用の中庭をはさんで向かい合うかたちになっている。この住棟を配置するために、巷の幅員と敷地境界を調整し、建て替えを行いやすい矩形の敷地割りにする。この点が次節で述べる京都グループの提案とは、大きく異なっている。

そして、漁池巷八号は民俗博物館に改造する。また、老街九三号は小さな旅館とレストランに改修し、観光客へのサービスの場として提案する。ちなみに李洪巷七号は居住者の自発的保存改修の例だが、小さな茶館付きの陶磁器博物館として改築している。

町並み景観の保存と住戸ユニットの設計

清華大学チームの計画では、この地区の町並み景観を維持するための提案として、次の三点をあげている。

第一は道路境界線のコントロールである。建物の外壁が道路境界線に沿って一列にならぶ空間の構成は、この地区の景観上の大きな特徴であり、この構成は継承しなければならない。また、それぞれの院落の入口と巷との位置関係も維持する必要がある。

第二の点は、建物の高さとプロポーションを考慮することである。「保存型」と「修復型」の保存再生策を採用した院落は、この地区の大半を占めており、そのほとんどが二階建で、建物の高さは約七〜一〇メートルである。「新築型」により建設される建物は三階建が主流となるが、軒先の高さは九メートルとし、建物全体のプロポーションは、伝統的民家のスケールに合わせる。

第三に巷の両側では、「新築型」の建物は徽州民居の伝統様式にのっとって建設する。新しく建てる住宅の空間配置も伝統的民家の特色を取り入れ、既存の建物や町並み全体の景観との調和を図る。

また、住戸ユニットの設計に当っては、居住機能に対する要求に応えるよう配慮する。基本的生活基準を満たし、プライバシーを保証するよう、住戸ごとに厨房とユニットバスを設置する。共用の中庭は徽州民家の前庭もしくは天井に当るもので、居住者同士のコミュニケーションの場であるとともに、各住戸の通風、採光に役立つ。

(朱自煊/荒川朱美)

3 京都グループの提案

計画の目標

京都グループによる保存再生計画の目標は、次の五点に集約される。

①伝統的町並み景観の保存
②徽州民家の伝統的空間構成と雰囲気の継承
③コミュニティの継承
④居住環境の改善
⑤老街地域全体のモデルとなる保存再生手法

計画地は老街商店街の裏手に広がる伝統的な徽州民家の集積した街区である。三本の狭隘な巷に沿って、高さ七～一〇メートルの白壁が連なる。老街の表通りに面して開放された商店群とは対照的に、閉ざされた印象を受けるが、独特の魅力を漂わせている。計画地に隣接する中層建物の上階から見下ろせば、大小さまざまな「天井」と、天井の四周に複雑に組み合わされた瓦屋根が、リズミカルに連続する（写真1・2）。街路から、あるいは高所からのこうした景観は徽州独自のものであり、将来にわたって維持していかねばならない。

また、漁池巷、海底巷、李洪巷の三本の巷と、巷の途中に設けられた小さな広場は、この街区の空間特性を決定す

る極めて重要な要素である。計画に当り、既存の巷と広場の空間を活かしたブロックプランをつくる必要がある。さらに、これらの巷と広場は、居住者のコミュニティの場として機能しており、保存再生計画ではそうしたコミュニティを継承発展させるための、新たな路地空間と小広場をつくる。

保存する建物の場合、外観は厳格な保存修景を行うが、内部については伝統的な空間構成を維持しつつ、居住環境を改善するためのさまざまな整備を行う。建て替え建物の場合も外観は周辺の町並みに合わせた修景を行い、徽州民家の伝統的空間構成と雰囲気を継承する。例えば、巷から前庭、天井、堂前、房（個室）へとつづく空間構成を、巷から集合住宅の住戸への動線計画に活かす。あるいは住戸ユ

写真1　老街商店街の裏側に「天井」と瓦屋根が連続する

写真2　老街商店建築の馬頭牆

ニット内に屋外もしくは屋内の「新・天井」を設けることにより、徽州民家の雰囲気を伝えつつ、伝統的な生活様式やコミュニティの継承を図ることができる。

西安市の徳福巷地区の場合は、事業主体が開発会社であったため、建て替え建物に重点を置かざるを得なかった。しかし、この屯渓老街地域では、私たち京都グループは当初から徽州民家を保存し、その内部の住環境を改善していく手法の確立を、大きな目標にあげていた。そして、この手法の普及こそが、中国の町並み保存事業を進展させる梃になると考えていた。この伝統的民家の修復的改善事業をも実施できる事業主体として、後に房地産局が浮かびあがってくる。

また、この詳細調査区での計画は、当街区自体の保存再生を図るばかりでなく、他の街区でも応用できるモデルプランでなければならない。さらに、この街区での事業の成功が老街地域全体の保存再生を大きく推進させることになり、事業の進め方にまでかかわってくる。先に述べたステップ・バイ・ステップ方式——できるところから小規模かつ段階的に建て替えていく方式——の採用も、その一つである。他の街区にも通用する普遍性と妥当性を心がけて、計画づくりを進めた。

町並み景観の保存と地区の居住環境の改善

町並み景観を保存するために、私たちの計画では四つの方針をたてた。

一つは既存の三本の巷と小広場の形態や雰囲気をできるかぎり保存することである。これらは計画地の空間特性を決定する重要な要素であり、巷や広場に沿って馬頭牆が起伏する景観には、大きな魅力がある。巷の迷路のような曲折と狭い幅員、そして小広場の明るく親密な雰囲気、これらに連なる各院落の前庭。この空間構成や雰囲気をまもり継承していくための、ブロックプランを提案している。また、それぞれの院落への入口も、単調になりがちな外壁のアクセントとなっており、町並み景観に与える影響も大きい。計画では、各院落の入口の位置を維持するよう配慮している。

二番目の方針は、既存民家のディメンジョンに合わせた、ボリュームとプロポーションを採用することである。私たちは、中国における町並みの保存再生事業の現状を視察するなかで、伝統様式にしたがって修景はされているものの、明らかにスケールアウトで、周囲の景観になじまない建物を幾例も見てきた。こうした状況に陥らないために、建て替え建物の場合、建物全体のボリュームとプロポーションを徽州民家の細やかなディメンジョンに合わせることが重要である。特に、建物の高さが町並み景観に与える影響は極めて大きい。既存民家のほとんどが二階建で、外壁の高さは七~一〇メートルであることを考慮し、新しく建てる建物の巷に面した部分は、二階建にしている。漁池巷の広場に南面する建物については、広場の良好な雰囲気を継承するため、既存建物と同じように平屋にした部分もある。ただし、巷や広場から奥まり、景観に影響を与えないと判断した部分は、一部三~四階建にしている。

三番目の方針は外観デザインにおける伝統様式の採用である。保存建物の場合、すべての外観に復元的な修復を行う。新しく建てる建物についても、外観は徽州民家の伝統様式にしたがったデザインとし、景観との調和を図る。

徽州民家による町並み景観の特色は、街路からの景観に見られるだけではない。高台に登り町並みを見下ろしたとき、眼下に広がる甍の波。複雑に組み合わさった勾配屋根と馬頭牆、点在する大小の天井。こうした俯瞰による景観の美しさも、徽州民家特有のものであり、それを継承していくことを四番目の方針として提案する。そのためには、新しく建てる建物には勾配屋根を採用し、周辺の徽州民家の屋根に合わせた細やかなディメンジョンでデザインすることが重要となる。

また、地区の居住環境改善の方針として、給排水やガス・電気などのインフラの整備、火災などの緊急時に備えた避難経路や消火設備の整備を提案する。

現在、計画地には老街の表通りと延安路を結ぶ南北の巷が三本あるが、これらの巷を東西に結ぶ動線はない。この動線を新設することにより、インフラの整備や避難経路の確保に役立てる。また、漁池巷、海底巷、李洪巷の三本の巷が延安路に接する付近は、三メートル以上の幅員を確保し、消火活動に備える。さらに、老街の表通りに三カ所、延安路に二カ所、消火栓を設置する。

コミュニティの成熟度は、そこが住み易い環境かどうかを決定する重要な要因である。右に左に折れ曲がりながら、迷路のように続く路地、肩をすぼめるようにして通り抜けると、突然あらわれる小さな広場。鉢植えや洗濯物が並べられ、人びとは戸口の前に小椅子を持ちより、ひなたぼっこをしたり、編み物をしたり、うわさ話に花を咲かせたり……。生活感あふれるこの空間は極めて魅力的だ。特に、漁池巷の中心に位置する小さな広場は比較的面積も大きく、南側の建物が平屋のせいもあり、明るく、開放感に満ちている。さらに、広場に接する二つの院落の前庭がこの広場に奥行きをもたせている。巷と広場、前庭が作りあげる、変化に富んだ空間構成がすばらしい。この広場には五つの院落の入口が面していて、いつ訪れても誰かが必ず温かく迎えてくれる。

現地での観察や聞き取りを通して、巷や広場は交通空間であるばかりでなく、居住者相互のコミュニティの場でもあることがわかっている。こうした独特のコミュニティを継承し、発展させることこそ、居住環境改善の方針として重要である。

新しくつくる東西の巷は、インフラの整備や避難経路の確保に利用するだけではなく、居住者のコミュニティの場として位置づけている。幅員に変化をもたせ、居住者の溜まりとなる小広場的な空間をつくる。この路地の出入口には門扉を付け、通りすがりの観光客がむやみに入り込まないよう配慮している。

修復的な整備による住環境の改善と町並みの保存

一九九六年五月の段階で、清華大学、黄山市、そして私たちの三グループ立会いのもと、保存再生地区内の木造建物を「外観保存修復・内部整備建物」と「建て替え修景建物」の二つに分類した。

「外観保存修復・内部整備建物」には、徽州民家の空間構成や雰囲気を色濃くとどめ、かつ保存状態のよい建物が分類された。老街表通りの木造商店、漁池巷東側の四院落と広場の北にある八号院落、李洪巷東側の三院落、そしてもとは製茶工場だった老街九三号院落が含まれる。このうち老街表通りの木造商店については、朱教授の指導による保存計画が既に進められているため、今回の計画からは除外することにした。また、漁池巷八号の院落は、実測調査の結果、保存状態もよく、他の院落とは異なって格式も高いと判断した。そのため外観内部ともに厳密に修復し、文化財的な保存をはかったうえで、それにふさわしい活用を考えることになった。これについては次項で詳しく述べる。

「外観保存修復・内部整備建物」は、巷の景観を構成する建物として位置づけられるため、外観の復元的修復を行う。この修復は、道路に面した部分だけではなく、すべての外壁について行う。用途は居住用とする。そのため、内部は住まいの性能に対する現実的な要求に応えるため、基本的な空間構成や雰囲気は残しながらも、さまざまな改造をする必要がある。例えば一戸当たりの部屋数を増やす、台所や便所・シャワー室などの水回り設備の充実、通風・採光の改善、使いやすい階段の設置、プライバシーの確保などである。

例えば、漁池巷一一、一二、一三、一四号院落で外観の保存修復と居住環境の改善を行った場合、図1のようになる。一階では現在複数世帯で共用している天井と堂前を、一つの世帯が専用で利用できるよう、住戸間の境界を設定している。また、二階にある住戸のために、巷から直接アプローチできる専用階段を設けた。それぞれの住戸へは既存の開口部を利用して出入りするが、二階中央の住戸への入口には利用できないため、開口部を一カ所新設している。各住戸には二ないし三室のベッドルームと居間・食堂スペース、独立した厨房とバスタブつきの水回り空間がある。後から架けられた天井の屋根を取り払うことにより、徽州民家本来の空間構成を取り戻すとともに、通風・採光にも役立てる。

本来、天井と堂前のあいだには建具はなく、堂前も半屋外空間であったのだが、住まいとしての性能を考えるとかえって不便である。そのため、この事例では天井に当たる屋外スペースと堂前に相当する居間・食堂スペースとのあいだにガラス入りの建具を入れている。季節や用途に応じて全面開口し、外部空間と一体化した雰囲気を楽しむことができる。この四つの院落には、現在、合わせて一五世帯が住んでいるが、こうした改造を行うことにより、七世帯が居住することになる。

李洪巷一、三、七号についても同様に改造し、住まいとして利用する。老街九三号は規模も大きく、もともと住まいではなかったので、復元修理をした後以前の用途である製茶工場に戻し、観光ポイントの一つとして整備する。

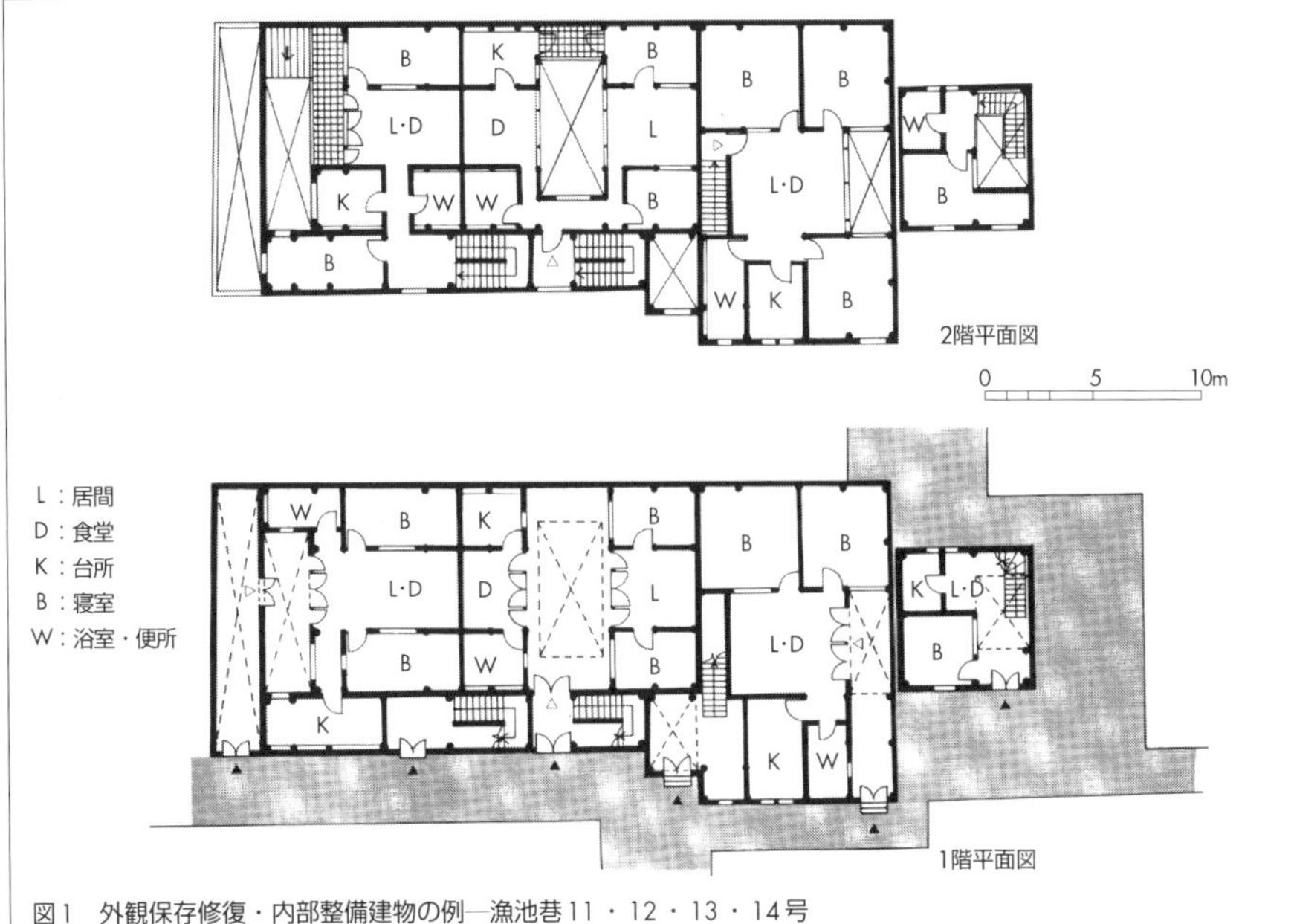

図1　外観保存修復・内部整備建物の例—漁池巷11・12・13・14号

「外観保存修復・内部整備建物」以外はすべて、「建て替え修景建物」である。老朽化の進んだ建物や、天井・堂前といった徽州民家の特徴が見られないものが指定されている。これらの建物は、漁池巷広場の南側と海底巷の両側、そして李洪巷の西側に集中している。既存および新設の巷により、敷地を八つのブロックに分け、「新徽州集合住宅」と呼ぶ建て替え修景建物を、ステップ・バイ・ステップ方式により建設していく。ほとんどの建て替え建物は居住用であるが、漁池巷六号と九号だけは例外で、六号は製茶工場の付属施設として、また九号は文化財的な保存をはかる八号と一体化して活用する計画である。

漁池巷八号民家の保存と活用――徽州民家博物館

日本で町並み保存整備事業を行う場合、すべての事業計画を一挙に実施することは、まずないであろう。何年度にもわたる長期的計画をたて、できるところから徐々に整備していくのが普通である。経済上の理由はもちろんだが、なによりも、そこに住む人びとの生活に支障をきたさないよう配慮して進められる。その場合、始めに着手されるのは地区の核となる建物の整備であり、それをモデルとして、以後の事業が展開される。つまり、最初に整備された建物がその事業のお手本となるわけである。町並み保存という

考え方が未だ根づいていない中国では、なおのこと、こうした進め方が望まれる。

そこで私たちは、文化財的な保存を図る漁池巷八号と、その東に隣接する九号（建て替え修景建物）の敷地を一体化し、屯渓老街地域の核となりうるなんらかの施設として活用することによって、保存再生事業のモデルとして位置付けることにした。

そこで生まれたのが、この徽州民家博物館の計画である。

塩の専売権を持ち、全国的に活躍していた徽州商人たちの経済力を背景にして、ここ徽州には独特の高度な文化が花開いた。それとともに彼らの出身地には優れた建築群が出現した。徽州民家は北京や西安など北方の四合院住宅とともに、中国を代表する住居形式である。天井・堂前の半屋外空間が持つ独特の空間構成、内部を彩る繊細な彫刻、町並みとしての重厚感と華麗さ、まさに徽州を代表する文化といえる。歴史文化名城に指定されている歙県や黟県の伝統的民家群、屯渓老街などがそれにあたり、中国のみならず海外の研究者たちにも「中国の生きた歴史博物館」と賞賛されている。また、ユネスコにより世界遺産に指定された黄山は、国内外から多くの観光客を集めている。

こうした徽州民家のすべてを学び、また黄山をはじめとする周辺の名所旧跡を紹介する博物館として、漁池巷八号

と九号を計画した（図2）。

漁池巷八号は、外観、内部ともに厳格な復元修理を行い、文化財的な保存を図ることになっている。徽州民家独特のこの魅力的な空間を、そのまま展示物として公開したらどうだろうか。隣接する九号は鉄筋コンクリート造で建て替え、最新の設備を持つ立体映像小劇場とし、屯渓の徽州民家や周辺の歴史的町並み、中国民家の概要を、そして黄山の四季などを、映像を通して紹介することができるようにする。八号の北側に増築された建物（木造）は、あまり質が高くないため、事務室や会議室、研究室や資料室、そし

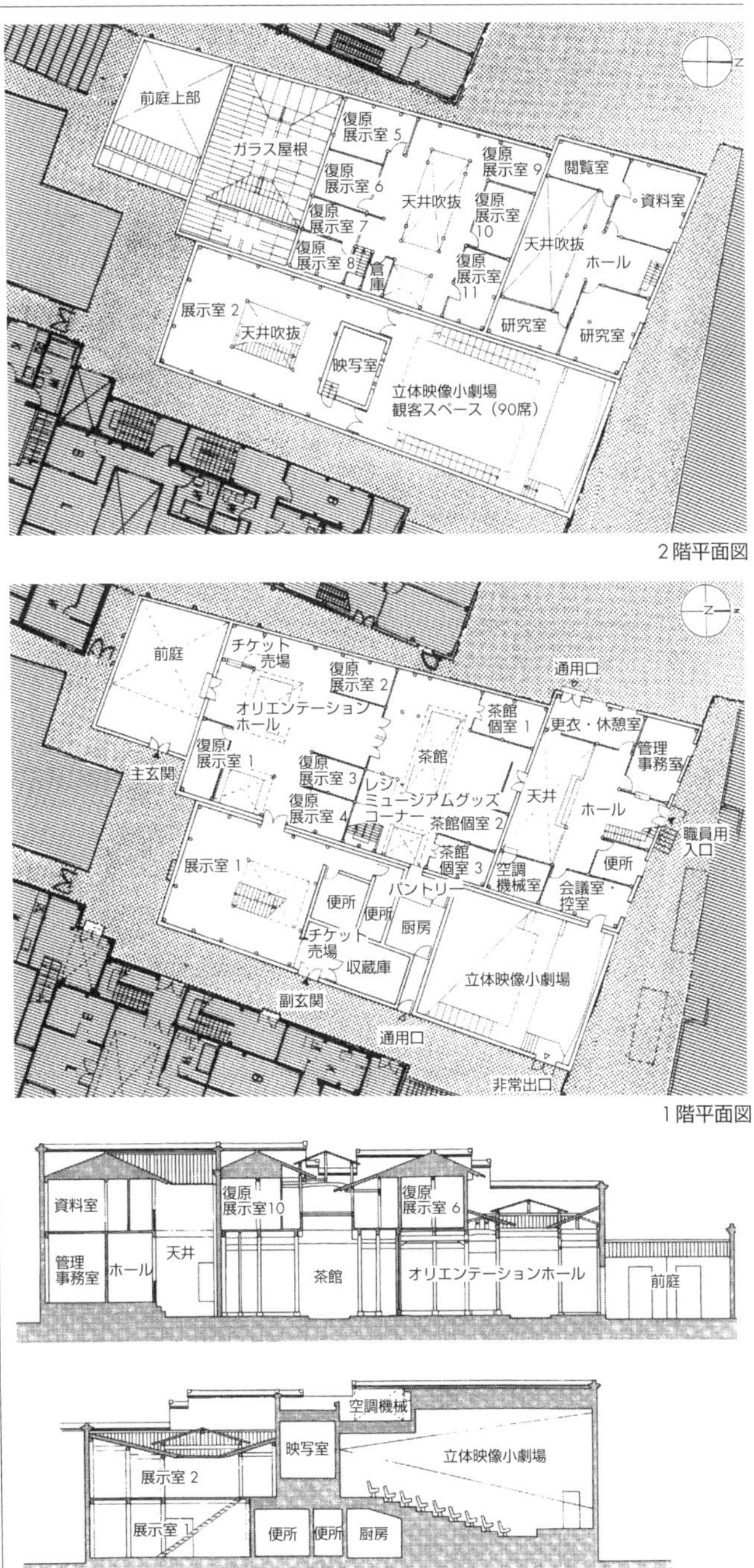

図2　徽州民家博物館計画

て従業員のためのバックスペースなどに利用する。

徽州民家博物館には漁池巷の小さな広場からアプローチする。前庭には鉢植えが並び、ぶどう棚の下にベンチが置かれている。彫刻の施された扉をくぐって入る最初の天井は、オリエンテーション展示のホールで、模型やパネル展示により、この博物館の紹介をしている。その天井を取り囲む房には家具や調度品を整え、伝統的な生活の一端を見せる展示室となっている。その奥には、ひとまわり大きい天井があり、そこでは徽州名物のお茶を飲みながら、独特の空間をゆっくりと楽しむことができる。

建て替えた九号には、立体映像小劇場の手前に二層になった企画展示室がある。ここには老街地域全体の模型や、徽州民家とは何かを学ぶための展示がされている。また、書画などの発表の場として、地域の人びとにも開放されている。立体映像小劇場は、徽州や民家に関する映像以外にも、一般の映画館にはかからない優れた映画を上映したり、音楽や演劇のためのミニシアターとしても活用できる。こうした催しに使用するときには、九号敷地の東側に設けたサブエントランスから直接入場する。

また、博物館としての入場料収入は、施設の運営費にあてるだけではなく、この地区の保存再生資金として運用することが望ましい。老街を訪れる観光客ばかりでなく、この地域に住む人びとにも役立つ、楽しい施設として計画している。

新徽州集合住宅の提案

「建て替え修景建物」には、二八の院落が指定されている。既存の三本の巷と新設する二本の巷により、これらを八つのブロックに再編し、それぞれのブロックにステップ・バイ・ステップ方式で「新徽州集合住宅」を建設する(図3)。

「新徽州集合住宅」とは町並み景観の保存と住環境の改善をテーマに創出した、新しい住居様式の集合住宅である。その計画に当たり、私たちは、次の四つのコンセプトを設定した。

(1) 伝統的町並み景観への対応
(2) 徽州民家の伝統的空間構成と雰囲気の継承
(3) 良好な居住環境の獲得
(4) コミュニティの継承と発展

通常、中国では市街地再生のために集合住宅を建設する場合、敷地を平坦に整えた上で、同じタイプの住棟を整然と配置する方法が一般的である。黄山市チームが作成した構想も、これを踏襲していた。また、土地の有効利用を図るため、四~五階建の中層住宅が建設されることが多い。

実際、屯渓老街の延安路や新安江沿いのところでは、五、六階建の集合住宅が建ち並んでいる。しかし、典型的な徽州民家地域である今回の計画地においては、こうした手法は望ましくない。周辺民家群の密度と高さに合わせた、きめ細やかな住棟の配置計画が必要である。

また、建物の高さについても十分に配慮する必要がある。私たちの計画では巷に面した部分は二階建を限度とし、路地から奥まって景観に影響を与えないと判断した場所については、部分的に三～四階建にしている。三～四階建は地区の中央付近に集中しているが、伝統的徽州民家は一、二階ともに階高が高いため、三～四階建の集合住宅を建設しても、それほど突出した感じにはならないと判断した。

巷に面した外壁にはできるかぎり開口部を設けず、白壁が連続する独特の雰囲気を継承する。通風・採光のためにはライトウェルやトップライトを積極的に取り入れている。それとともにこの地方特有の馬頭牆と呼ばれる、日本の「うだつ」に似たデザインの壁を採用した。屋根は「天井」に向かって傾斜をつけた勾配瓦屋根とし、周辺の民家群のディメンジョンに合わせている。また、住棟全体の入口などには、建て替えにより取り壊されることになる建物の部材を再利用し、記憶の継承に役立てることも提案している。

住棟を計画するに当たり、私たちは、徽州民家の伝統的

な空間の特徴をできる限り継承したいと考えた。それは「天井」と「堂前」を現代的な空間としてプランニングに盛り込むことであり、また、天井から降りそそぐ柔らかな光の階調を、空間デザインに活かしていくことだった。天井および堂前の空間的な特性は、吹き抜けの大きな空間に接続する半屋外的空間にあり、高い位置から光を採りいれ、共用の接客空間として利用していることにある。

詳細調査の結果、巷—前庭—天井—堂前—房（居室）の

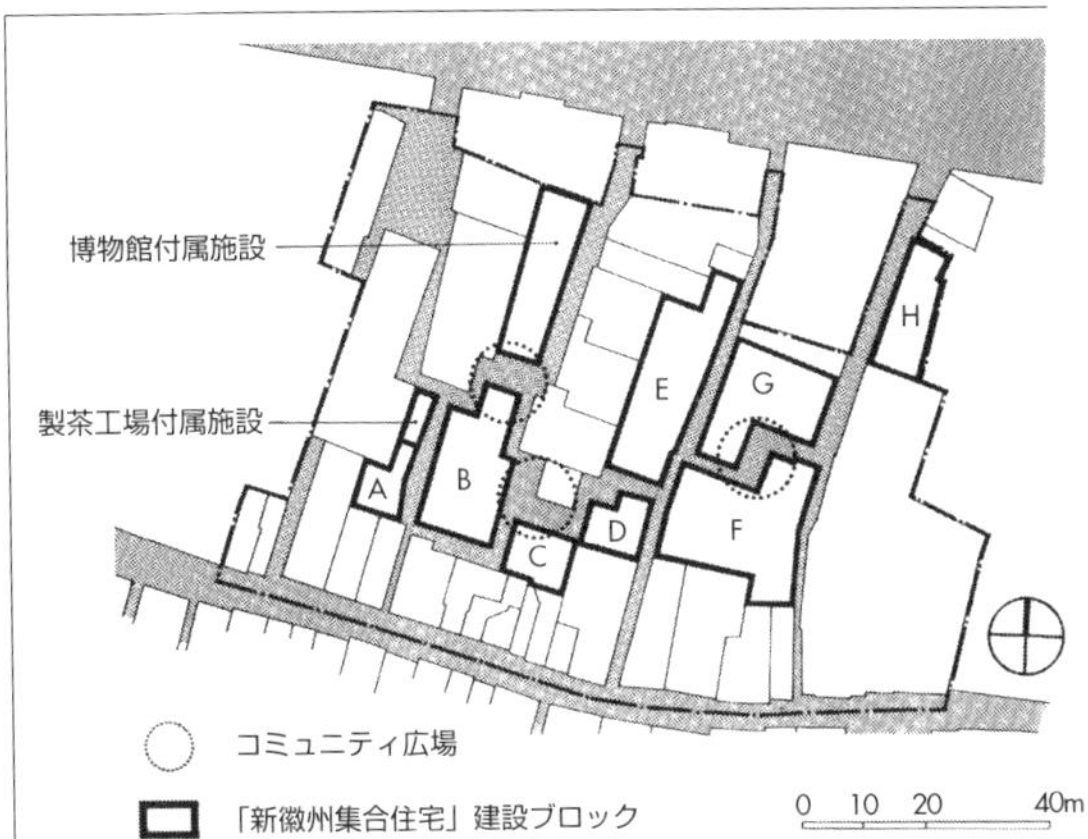

図3　「新徽州集合住宅」—巷および住棟配置計画

連続の仕方には、いくつかのパターンがあることがわかっていた。それを、各ブロックの敷地の大きさと形状に合わせて、アプローチからホール、そして住戸にいたる空間に活用した。ここでは図4のような五つのパターンを用いている。

徽州民家の天井や堂前に当たる空間は、居住者全員が利用することのできるエントランスホールである。これは大きなトップライトを持つ吹き抜けの空間で、それぞれの住戸のリビングルームはこの空間に向かって開かれている。高いトップライトからの日光は拡散し、柔らかな光となって室内に流れこむ。

また、Gブロックでは、それぞれの住戸においても、徽州民家の魅力的な雰囲気を継承するため、室内においても上方からの光を採り入れることができるようなプランニングを行っている。居間の上部に吹き抜けをつくり、トップライトを設け、光を採り込んでいる。エントランスホールが共用の天井なら、これはまさに現代版の専用天井といえよう(図5)。

居住性能に関しては、キッチンやバスルームを設けることはもちろんだが、多用なニーズに応えるため、できる限り規模や間取りにバラエティをもたせた。EブロックとGブロックでは三、四階部分をメゾネット住戸とした。景観

に配慮しつつ、大規模な住戸を可能にすることができた。また、一階住戸には専用の中庭、二階以上の住戸にはバルコニーを設け、物干しや屋外での作業などに対応できるようにした。この中庭は、一階に位置するすべての住戸にあり、居室の通風や採光に役立つと同時に、プライベートな屋外生活を楽しむ場となっている。

現在、巷や小さな広場が立ち話をしたり子どもを遊ばせたりする、つきあいの空間としての機能を果たしている。一見閉鎖的にも見えるたたずまいにもかかわらず、親密な雰囲気を感じるのは、これらの巷や小広場が生み出す、良質なコミュニティのおかげであろう。このコミュニティを継承し、さらに発展させるために、既存の巷と小広場を維持した上に、新しく二本の巷と二カ所の小広場を設けた。新設した巷と広場の入口には門扉を付ける。これは、居住者が、観光客や通り抜けの人たちに煩わされることなく、安心して利用できるようにするためである。また、各ブロックに計画した前庭やエントランスホールも居住者同士のつきあいの空間となる。

それぞれの敷地の規模や形状が大きく異なるため、ブロックごとに独自の新徽州集合住宅を計画する必要があり、設計には大変手間がかかった。しかし、結果的には、これは極めて有効なやり方だったと考えている(図6、写真3)。

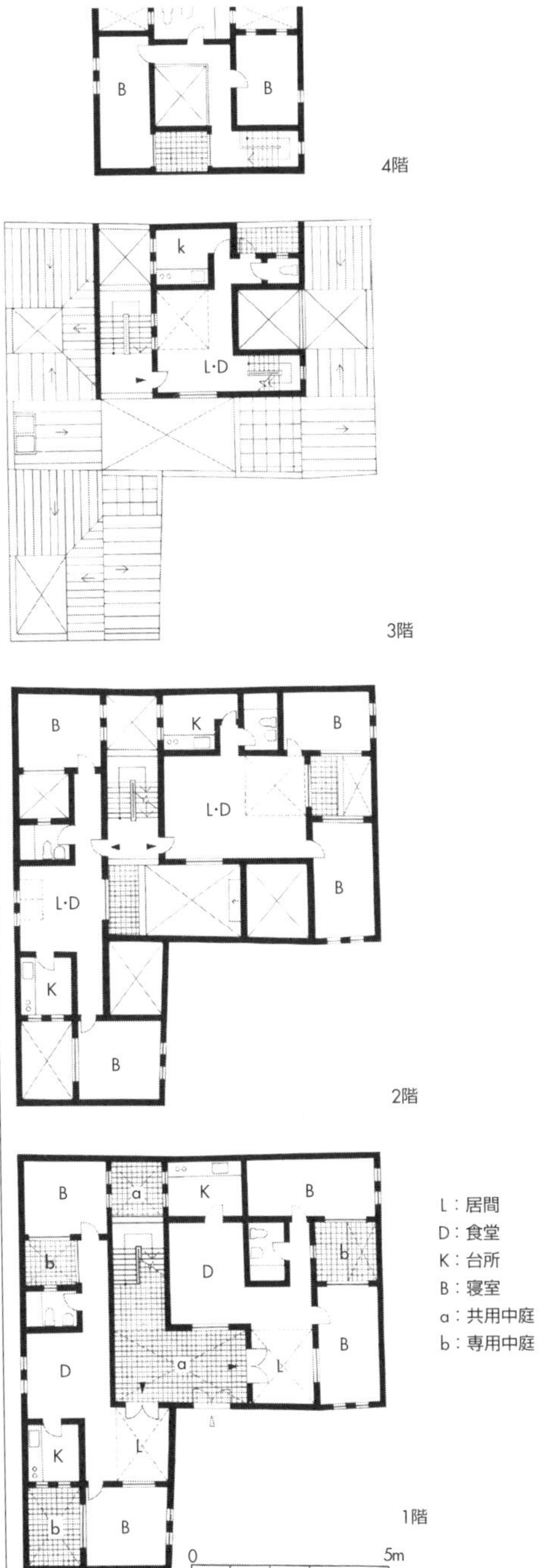

図5　Gブロック住棟平面図　1階

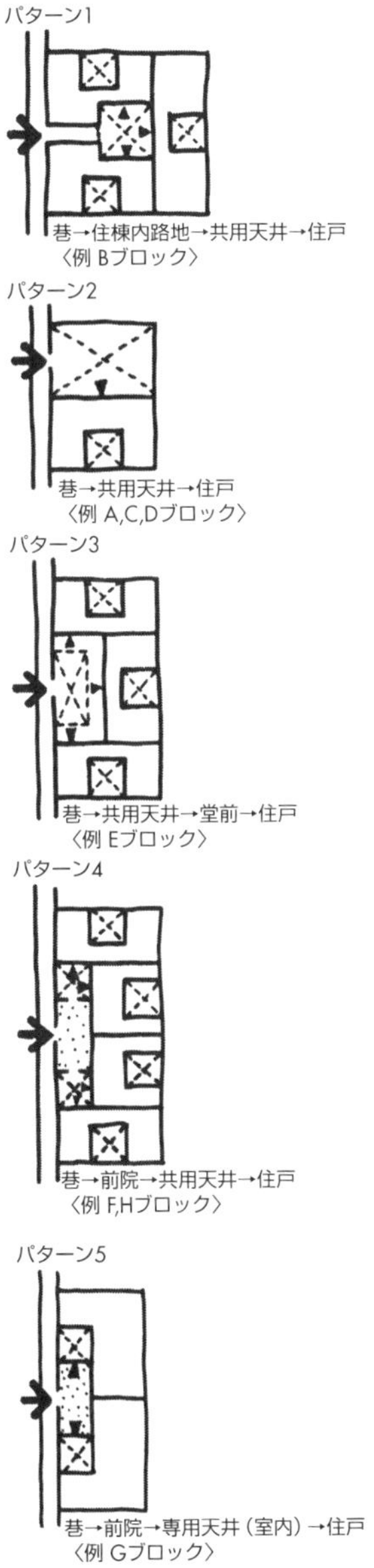

図4　巷から住戸へのパターン

計画の作成には、京都芸術短期大学専攻科（三、四年生にあたる）建築デザインコースに在籍する学生三名が参加した。彼女たちは、夏休みのほとんどをこの作業に費やした。締め切り間際には、他の学生たちも巻き込んで、徹夜で模型を制作した。九月には、私たちと一緒に老街を訪れ、徽州民家を視察し、最終協議にも参加することができた。

一九九七年夏のこの経験は、彼女たちの心に深く刻みこまれたことだろう。（荒川朱美、西尾信廣）

計画の実現に向けて

これまでに述べてきたように、一九九六、九七年の調査の目的は典型的な街区で詳細な調査を行い、ここでモデル的な保存再生計画を策定するための試案を作ることにあった。

西安市では事業主体が開発会社（西安市碑林区開発公社）で、その採算性重視の体質が、保存再生事業の推進に大きな障害になっていた。この黄山市においても、市側は当初開発会社を想定していたようだが、清華大学チームや京都グループとの三者協議を重ねる中で、開発会社では実現が難しいと考えるようになってきた。そうしたとき、朱教授から、この地区内に多くの土地と建物を持つ房地産局を事業主体とする提案がなされた。同局も居住者から修復や改造の要請を受け、なんらかの対策を打ち出す必要に迫られており、

部分的段階的に事業を進めようとする清華大学チームや京都グループの案に、大変興味を示している。今後は、この黄山市房地産局を中心にして、詳細調査区でモデル事業を実施するための計画案を策定していく必要がある。

現在は、この地区内にある保存状態もよく比較的規模の大きい漁池巷八号の民家を保存し、博物館としての活用を図るべく、検討を行っている段階である。すでに八号民家については修復事業が始まっている。近年は、老街の商店街だけではなく、裏の巷にも外国人観光客が入り、見学している光景によく出くわすようになってきた。博物館の入場料収入も、外国人を含めると比較的大きな額になることが予想され、この収入を保存事業に活かす方向で検討を進めている。

典型的な街区での詳細調査と、それにもとづく保存再生計画の試案はできあがった。しかし、屯渓老街地域全体の調査と計画は、端緒を開いたばかりである。将来、それぞれの街区で本格的な調査が行われ、保存再生計画が策定されていくものと思われる。そのための指針を、いま用意しておく必要がある。典型的な街区での詳細調査の経験を活かして、それぞれの街区で伝統的民家の分布やその保存状態を調査し、良好な町並み景観の実測図を作成する必要がある。また、巷や小広場の状況、井戸や水汲み場などの添

景的要素を記録し、街区ごとにその特性を洗い出し、各街区の保存再生の指針を作っていく必要がある。

また、商店街（老街）の町並み景観の保存については、朱教授の指導のもとに、黄山市当局の規制・指導が一〇年余りにわたって行われてきた。日本の町並み保存事業などに見られる補助金制度はなく、商店主の自己負担になっている。そのため、規制力が弱く、違反防止の対策などが十分に行われていないきらいがある。

屋根伏図

図6　保存再生計画　1階平面図

写真3　保存建物にも建て替え建物にも大小さまざまな天井がある。

店舗の改造・整備に当っては、修復的整備のほか、鉄筋コンクリート造で建て替え、その外観を伝統様式に準じて修景していく手法が見られる。現在のところその数は少ないが、将来、この手法が広がっていく恐れがある。建物の外観、内部ともに保存する院落、建物の外観保存と一定の奥行きの内部も保存する院落をできるだけ多く特定し、これらへの助成制度を発足させていく必要がある。

また、店舗の修理や改修に当って、在来の伝統的なファサード様式を継承することなく、豪華な装飾を施した様式に改変する事例も見られる。商店街についても、詳細な調査を実施し、様式継承のためのきっちりした基準づくりを行う必要がある。

以上のように、屯渓老街地域の調査と保存再生計画の策定については、多くの課題が山積している。中国全土に進展しつつある開発の波から、徽州民家地域の歴史的景観を守るため、早急に計画を策定し、実現してゆかねばならない。そのためには、これまで以上に黄山市と清華大学チーム、そして私たち京都グループの連携を密にし、協力していく体制を整える必要がある。そして、さらに重要なことは、老街地域に住む人びとがこの保存再生事業の意味を理解し、居住者の一人ひとりが地域の特性に誇りを持ち得る状態になるように、もっていくことである。

老街地域の歴史的景観がどれほど価値あるものなのか、そしてそれがいったん破壊されたら二度と元へは戻らないことを、繰り返し説明せねばならない。また、ともすれば居住者不在になりがちな従来の開発手法ではなく、居住者の意向を調べ、それを十分に反映した計画であることが必要であり、居住者が納得する内容でなければならない。

現地調査で、数多くの人びとに接することができた。生活の不便をかこちながらも、徽州民家での住まい方に深い愛着と安堵をおぼえている、多くの人びとに出会った。この土地と住まいを愛し、これからもずっと住みつづけたいと願う居住者がいるかぎり、計画は必ず実現するものと信じている。計画が実現するための最大の推進力は、こうした居住者の強い意向にあるからである。

世界中から訪れた観光客で賑わう老街商店街の裏手、高い壁にはさまれた細い路地を一歩奥にはいると、徽州の伝統的な民家様式を継承した、閑静な住宅地が広がる。修復された住宅も、建て替えられた住宅も、明るく風通しもよく、設備は十分に整えられ、以前よりずっと住みやすい。白い壁に囲まれた小さな広場には、人びとが集い、思い思いのひとときを楽しんでいる。時折、そのかたわらを、民家博物館の見学に向かう観光客たちが通り過ぎていく。立体映像に目を見はったあと、名物のお茶を飲みながら、ひと休みするのだろうか。

いつの日か美しく活き活きとよみがえったこのまちを再び歩いてみたい、それがこの計画に携わった、私たちすべての願いである。

（大西國太郎、荒川朱美）

5章 歴史的町並み・集落の保存

1 歙県斗山街——文人富商の里

斗山街は国の歴史文化名城に指定されている安徽省歙県の歴史的町並みであり、また省指定の歴史文化保護区にもなっている。場所は歙県県城内の東南部に位置し、東は斗山に臨み、南は解放路に接し、西は北大街に連なり、北は徽州師範学校に隣接する区域で、その面積は約六・五ヘクタールである。そこは徽州民家を主とした歴史的町並みで、現在およそ六〇〇戸、三〇〇〇人を有している（図1）。

斗山街の歴史的町並みは明代初期に形成された。当時は徽州商人が勃興し、東南地方、つまり江南一帯にその活動が及び「徽州商人なくして鎮はならず」と言われるほど、都市の商業に深く入り込んでいた。なかでも特に一部の塩商人は巨万の富を築き、文化水準も高かった。彼らは故郷の田畑を買い入れ、廟や牌坊を建て、学校を創設し、道路を整備した。また広大な敷地に精美な造作の邸宅を建築した。このような時代背景から、新安理学[*1]や新安画派[*2]、そして園林や彫刻、文房四宝[*3]などの「徽州文化」が生まれたのである。この繁栄はずっと清代まで続いていた。斗山はその美しい風景のため、多くの文人富商がこの山の傍に居を構えるようになり、斗山街の歴史的町並みが形成されていったのである。

斗山街のメインストリートは魚の背骨のように街区全体を縦に貫いており、南には二つの出口を持ち、一つは北大街、もう一つは解放路に通じている。その道路はくねくねと曲がって、いくつもの路地と交差している（図1・2）。路地の幅はわずか二、三メートルしかない。道の中央部は石畳で、それを栗石が縁どり、非常に精緻である。道の両側はすべて二階建の徽州民家となっているが、その馬頭牆[*4]の高さはまちまちで、それぞれの家の門と路地への入口は街道より少しセットバックしている。出入口を縁取る装飾（門罩[*5]）や軒端（檐口）には精美な石や磚の彫刻がなされており、重層的で変化に富んでいる。

斗山街の明清時代に建てられた徽州民家は、一般にはみな奥行きの深い大きな屋敷で、三合院あるいは四合院[*6]が最もよく見られる。奥行き方向には三つか四つの中庭（天井）を挟んで建物が連なる。中でも斗山街一五号の楊家の邸宅は比較的大きく、四つの中庭と非常に大きな庭がある。汪中怡の邸宅は清末に建てられたもので、間口が柱間五間[*7]、敷地の左右両側には広い廊下があり、前廊部分を木彫の間仕切りで仕切って廂房[*8]としている。許氏の旧家は清代初期に建てられたもので、間口が柱間三間の母屋があり、その内部の月梁[*9]や天井板の下には今でも当時の彩色絵が残っており、比較的珍しいものである。
斗山街は街路が入り組んでいて、伝統的な民家は屋敷の内側に窓を設け、街路に面した壁は主に防火や防犯を考えたものであって、大門のほかに開口部を設ける例はほとんどない。のぞき窓と通風をかねた小さな開口部を設けているにすぎない。水磨きした磚や黒味がかった青石[*10]を使ったさまざまな花窓[*11]は、真っ白の壁に映えて、町並みをより一層閑静で上品なものにしている。

民家や街路、石畳の路面などの景観に特色があるだけでなく、牌坊[*12]や井台[*13]など多くのストリートファニチャーがある。斗山街のメインストリートには四つの牌坊があるが、その材質、形式、配置は一つ一つ違っており、それぞれに特徴がある。最も古い牌坊は明代初期に建てられたもので、壁に埋め込まれたようになっていて、非常に珍しい形式である。また、街区内には数多くの井台があり、なかでも二つの井戸が並んでいる両眼井は、最も特色がある。これらのストリートファニチャーは斗山街の歴史的環境にとって欠くことのできない構成部分であり、斗山街の歴史の豊かさを示すものでもある。

解放以後は、当時の斗山街の歴史的文化的価値に対する認識不足に加え、経済的条件や行政上の制約もあったため、この歴史的町並みにも次のような多くの問題が発生した。

1 非合理的な土地の用途配置

街の中にはいくつかの工場が建設され、環境汚染を作り出し、

交通渋滞が起こり、景観破壊が進んだ。また昨今の観光客の増加は、街区内に必要な施設やゆとりの空間を欠乏させることとなっている。

2 道路交通渋滞

斗山街は以前は歩行者やかごかきのための道だったので、道幅は通常二～三メートルしかなく、しかも道の起伏が激しく、ところどころに長い階段があり、現代の住民と観光客にとって窮屈で不便である。自転車は押して行くしかなく、車や消防車は入ることができず、住民の引っ越しや通院、家屋の修理の際に困難をもたらしている。その他、多くの観光車両の駐車場問題もある。

3 古民家や文化財建築の軽視

伝統的民家の大部分は清代の建物で、明代のものも少しある。これらは磚や木の混合構造であり、長い間修理を怠たっていたので、雨漏りや腐朽、倒壊が起こった。

4 インフラの不備

街区内の現代的なインフラは未だ完備しておらず、なお上下水道が整備されていない地区がある。また、多くの場所が低地にあって、排水が困難であり、汚水問題に至っては未だに解決を見ていない。

これらの現状の問題点と観光産業の趨勢を考慮にいれて、歙県の都市建設局は斗山街の保護計画策定に着手した。

まず街区の保護の等級と範囲を確定し、歴史街区の価値と空

写真２　斗山街の町並み（右側の一番奥は新築住宅）

写真３　斗山街新築住宅（中央部分）

写真４　斗山街新築住宅の「天井」

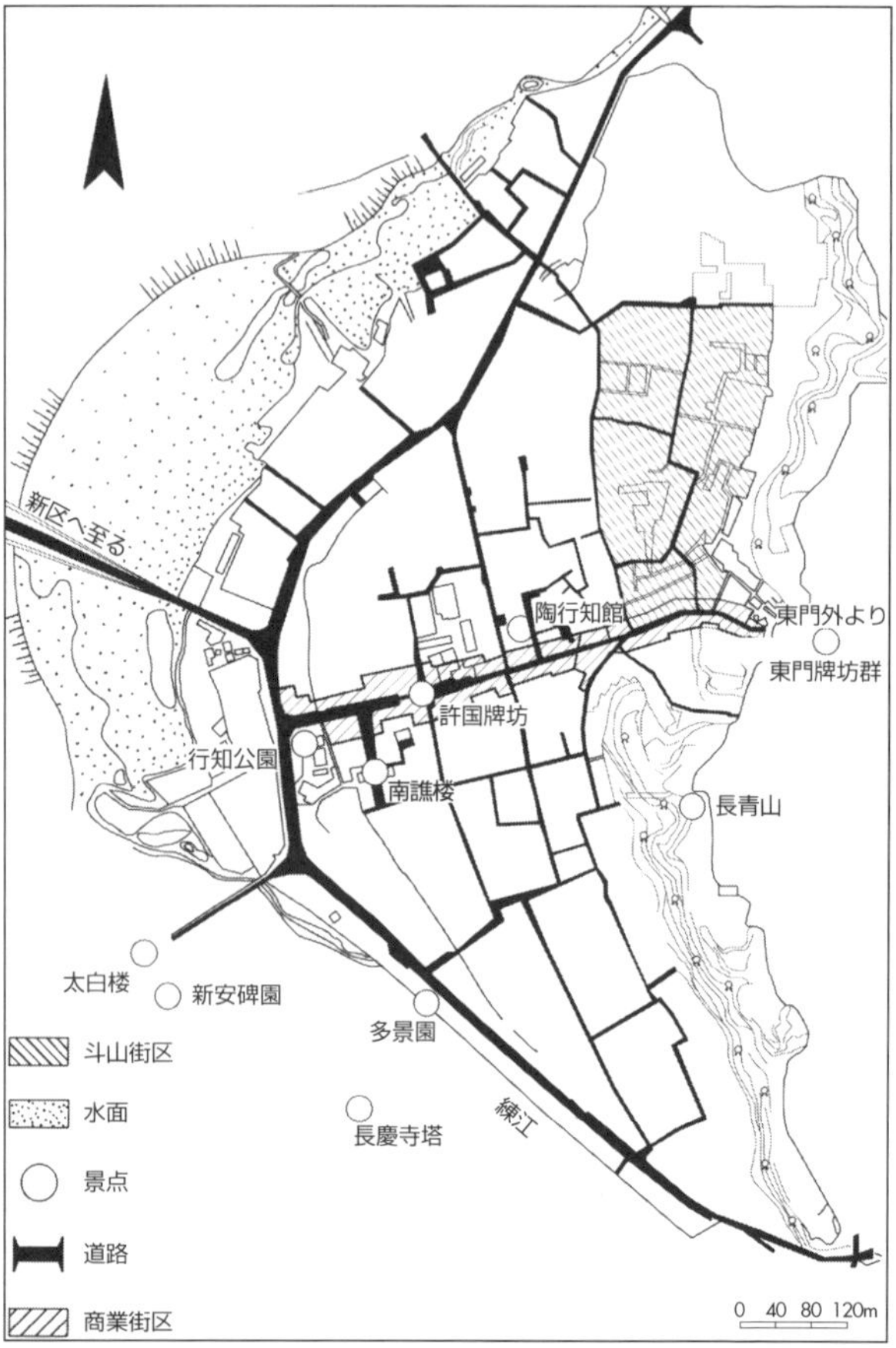

図１　斗山街　位置図

写真１　斗山街の町並み

重点保護建築
一般保護建築
青石板復旧路面
内部改善建築

図2　斗山街屋根伏せ

図3　斗山街保護計画図

間の特色、保存の程度に基づいて、次の三つの等級に分けた。

①一級保護区。絶対保護区ともいう。これは斗山街全体の景観を最もよく残しており、古建築が相対的に集中していて、建設による破壊が最も少ない地区のことである。その範囲は斗山街を中心としてそれに隣接する地区であり、そこでは空間形態や景観環境、周囲の建物の外観、路面、ストリートファニチャーなどを厳しく保護する。

②二級保護区。建築規制区ともいう。これは絶対保護区の外周の地区を指し、この範囲内では新築の建物高さ、規模、材料、色彩を厳しく規制し、伝統的な環境との調和を持たせる。

③三級保護区。大環境調整区ともいう。これは斗山街の歴史街区と城内の新開発地区の間にある緩衝地帯のことで、山も含まれている。ここでは、高層建築や規模の大きすぎる建物を禁止し、山林植生が破壊されないように注意する。

また斗山街の民家建築にも等級をつけて保護を行うが、それには全部で五つの等級がある（図3）。

①重点保護建築。前述した楊家大院や許家大院、汪家大院は、すべて斗山街の重要古建築であり、厳しく保護しなければならない。その破損した部分は文物建築の修復法によって修理を行う。現在では、このレベルの重要古建築からは住民を移転させ、新たに博物館や展示館としている。

②一般保護建築。保存状態が比較的良好な典型的な徽州民家を指す。それらは伝統的な景観を考慮して修復を行うよう努めるが、住民の居住を認め、室内を現代生活の要求に応じて更新改造することも認めている。

③内部改造建築。ある程度の破壊を受けているものの、構造や様式と外観にまだ伝統的特徴を残しているものを指す。これらの建物は、保存を前提にして室内の改造を行い、衛生設備を増設し、現代生活の要求を満たす。

④建て替え建築。古建築が完全に破壊された場所および建物の外観が伝統建築に全く調和していない建物を指す。それらは建て直したり改造してもよく、また伝統建築の様式を模倣して周囲の環境に調和した民家を新しく建ててもよい。

⑤保留建築。最近建てられた建物を指し、景観に適応していて、あまり全体への影響が大きくない場合にはそのまま保留することを許すか、もしくはファサードの部分的改造を行う。

以上の五つの建物等級による保護と整備の方針にもとづいて、斗山街の歴史的町並みでは、多くのモデルケースが実施されている（写真1～4）。全体環境との調和に注意を払っているため、新しく建てられた多くの建物では、内部が非常に現代化され、建物外観や出入口は厳格に伝統的手法によって造られており、非常によい効果を上げている。つまり、小規模、小範囲において整備と補修を行うことによって、景観全体を昔のままに保ち、新旧渾然一体となった、高度な統一性を目指しているのである。

（朱自煊／小羽田誠治訳）

2 黟県宏村——流水と池と城の集落

宏村は泓村とも呼ばれる黟県北西一〇キロ余りのところにある水郷の村である。村の北には雷崗という山林があり、南は西渓に臨んでいる。いわゆる「高山を背にし流水に臨み、一望して遮るもの無し」というところで、山河に非常にめぐまれた地形である。宏村の発展は治水と密接に関わっており、歴史的に三つの発展段階を経ている。

大昔には邑渓と羊桟河は互いに交わることのない二本の渓流であった。一二七六年に激しい雷雨があり、二本の川は流れを変えて村の西部で合流し、水量も著しく増大した。これが第一段階である。

明初の永楽年間（一四〇三〜一四二四）には、村のある一族の人で汪思斉という者が、休寧県の何可達という風水師[*1]を訪ね、村に招いて村作りの計画を立ててもらった。すると何は「山河を見廻り、地脈を詳察して」、村の天然の泉を掘り開き、半月形の池（月沼、写真3）にし、また「西渓から水を引き、溝を掘って村落を巡らせ、その流れを幾重にも曲げて湾曲部分を作り、人工池（即ち月沼）を貫かせる」よう提言した。村落は沼を囲んで作られ、繁栄を遂げた。これが発展の第二段階である。

明の万暦年間（一五八〇年前後）には、汪氏の大小の族長一六人が集まって出資し、さらに村の南部に数百畝[*2]の苗田を買い、半円形の大きな池を新たに拓き、南湖（写真2）と名づけた。その面積は一・八ヘクタールを有する。半円の弧の部分（外側）の湖岸は上下二段に分け、五丈（約一六・七メートル）ごとに紅楊と翠柳を一株ずつ植えたが、現在では大きく枝を茂らせている。弓の弦にあたる部分（内側）は平らな青石板[*3]の石畳となっており、水辺に沿って廟や書院[*4]、邸宅などが建てられた。これが発展の第三段階であり、また宏村の汪氏一族が隆盛を極めた時期でもある。南湖が開かれた後は「湖南には四方の峰がそびえ、遠近の風景が池に逆さに映り込む」という情景が、すでに四〇〇年余り続いており、現在に至っている（図1・2）。

宏村の村落構造を一頭の寝ている牛の姿に見立てる人もいる。雷崗が牛の頭で村落が胴体、月沼は心臓で、南湖は腹。四〇〇メートル余りの用水路は腸の部分にあたり、四つの橋は脚である。この「牛」の骨格をなすのは水系である。村を流れる河川は村民の洗い物や灌漑を可能にし、花を育て魚を養い、消火に利用できるなど、多くの点で役立ち、環境の美化にもなっており、村の建築的な特徴の基礎ともなっている（写真1、6）。宏村の水系は一つの科学的な水利工事プロジェクトであるともいえる。上流に堰を造り、水位を高め、渓流を西から東に流して村の中に引き込み、各街路や路地を巡らせた上、月沼に集める。水はまた南部の各路地を巡って南湖に集まり、村の外に流れ出ていくが、各戸はまたそれぞれにその清流を自分の敷地に取り込み、さまざまな水院を作り出している（図1）。例えば呉楊九家の水園がそうである。花庁[*5]が池のみぎわにあり、さらに精巧に作られた抱厦[*6]が水中深くに入っていて、その両側には白壁や花窓、小廊下が設けられている。その空間構成はいくつかの層に分けることができる。スケールが適切で、静謐な趣があり、詩情に溢れている。これらの水院の中にはまた盆栽が飾られ、花や木が植えられ、水中には数多くの睡蓮や魚があって、宏村で最も旅人を惹きつけ、その心を動かす場所となっている。

宏村の規模は西遞村ほど大きくはないが、その村落構造は求心的でまとまりがある。まず村の出入り口と川の流入口が一緒になっているという点である。そこは二つの川の合流するところでもあり、水面が開けている。橋の袂は広場になっており、二株の古木がそびえている。一つは銀杏、もう一つは紅楊である。木の高さはどちらも二〇メートルほどあり、直径は二メートル近く、枝葉が生い茂っているため、木陰が至る所にあって、自然のランドマークになっている。かつてはここに、芝居の舞台や巷門[*7]（平台古部門）、更楼[*8]などがあった。次に路地や家廟、民家のある一帯が月沼を囲んだ配置になっており、南湖も中心

に向かって弧を描くような形に配置されているという点である。そして村全体が水路に取り込まれているという、非常に特徴的な点である。建物の配置をみると、月沼の正面にある汪氏本家の家廟、楽叙堂を筆頭として、長房から六房までの各分家の家廟が、内側から外側へと序列に従い順に並び、封建時代の家父長制的な礼法の体系を表している（図2）。各住戸もまた家廟を囲んで建てられ、序列を表す空間を形成し、現在もなお保存状態の良い民家が少なからず残っている。特に清末の大塩商人であった汪定貴の邸宅（図4）・承志堂（写真4・5）は、規模も大きく、建物は厳格に配置され、造作は精美で、設備は整っており、黟県伝統民家の真骨頂と言える。承志堂は一八五五年前後に建てられ、一四〇年余りの時を経ている。敷地面積は二一〇〇平方メートル、延べ床面積は三〇〇〇平方メートルで、十数カ所の中庭と、六〇余りの正堂を有している。特にその木彫装飾は素晴らしく、種類も豊富、デザインや技術も極めて精巧で美しい。正しく木彫博物館の名に値するものである。また、前院の右側には魚塘庁と名付けられた建物があり、軽快な空間構成とヒューマンスケールを持つ、他に類を見ないすばらしいものである。その他、南湖書院も完成度の高い様式と優美な空間を持つ古建築である。

目下、宏村も西遞村の後に続き、黟県の伝統民家観光のスポットとなっており、その保護と観光開発との間の矛盾が日増しに目立ってきている。黟県城市建設局はすでに黄山市規劃院に

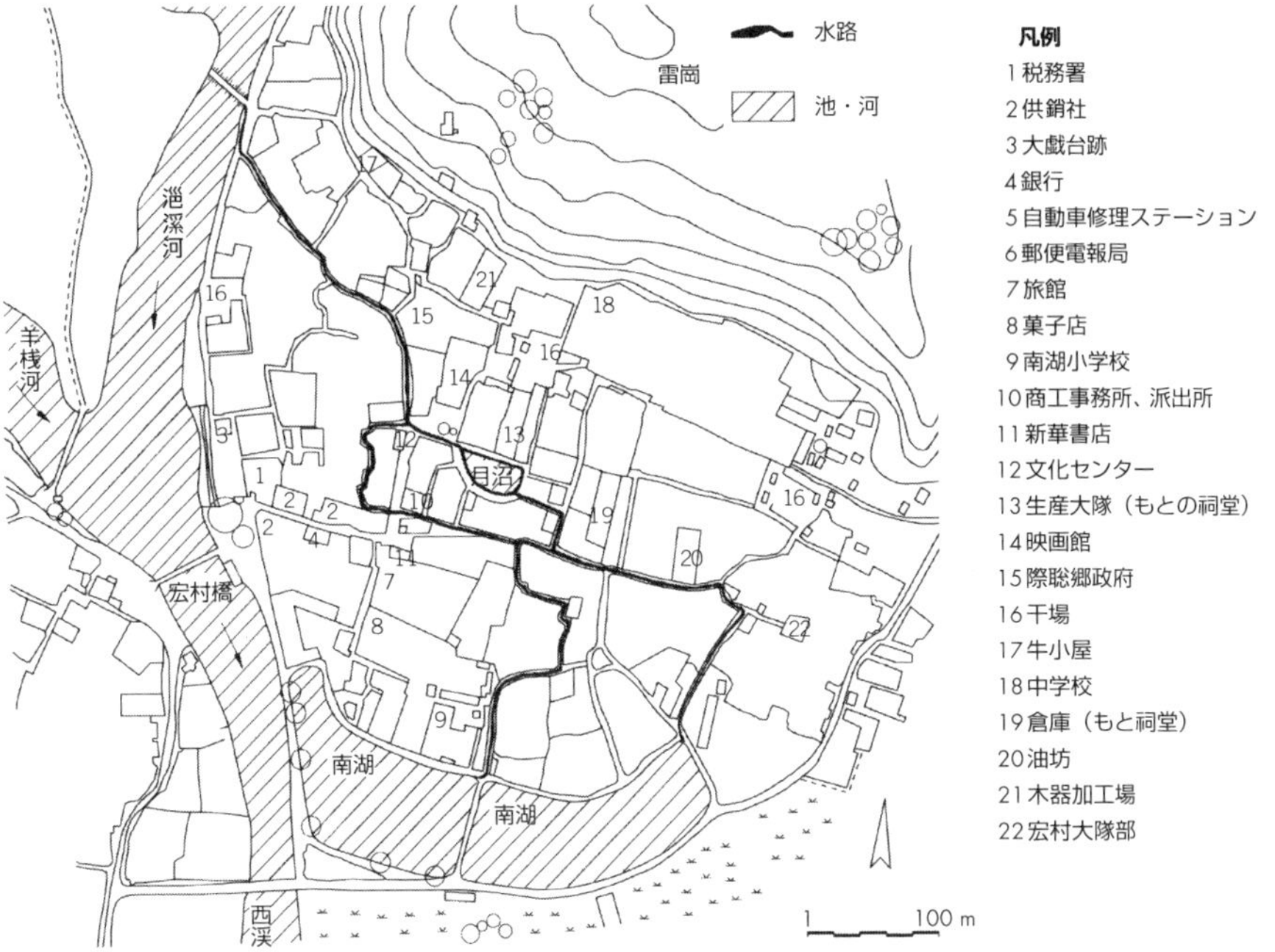

	凡例
	1 税務署
～ 水路	2 供銷社
▨ 池・河	3 大戯台跡
	4 銀行
	5 自動車修理ステーション
	6 郵便電報局
	7 旅館
	8 菓子店
	9 南湖小学校
	10 商工事務所、派出所
	11 新華書店
	12 文化センター
	13 生産大隊（もとの祠堂）
	14 映画館
	15 際聡郷政府
	16 干場
	17 牛小屋
	18 中学校
	19 倉庫（もと祠堂）
	20 油坊
	21 木器加工場
	22 宏村大隊部

図1　宏村水系および現状図

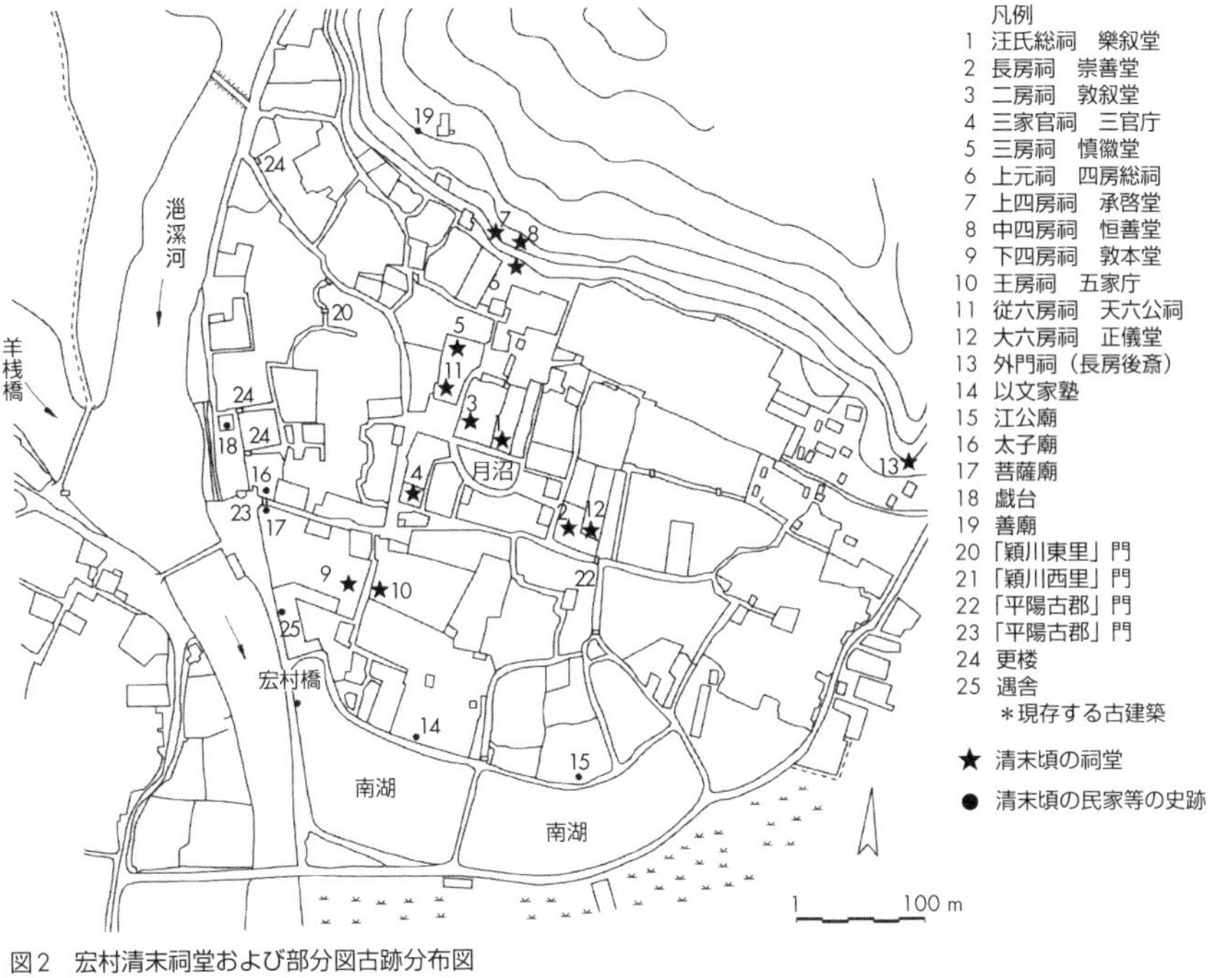

凡例
1 汪氏総祠　樂叙堂
2 長房祠　崇善堂
3 二房祠　敦叙堂
4 三家官祠　三官庁
5 三房祠　慎徽堂
6 上元祠　四房総祠
7 上四房祠　承啓堂
8 中四房祠　恒善堂
9 下四房祠　敦本堂
10 王房祠　五家庁
11 従六房祠　天六公祠
12 大六房祠　正儀堂
13 外門祠（長房後斎）
14 以文家塾
15 江公廟
16 太子廟
17 菩薩廟
18 戯台
19 善廟
20 「穎川東里」門
21 「穎川西里」門
22 「平陽古郡」門
23 「平陽古郡」門
24 更楼
25 週舎
＊現存する古建築
★ 清末頃の祠堂
● 清末頃の民家等の史跡

図2　宏村清末祠堂および部分図古跡分布図

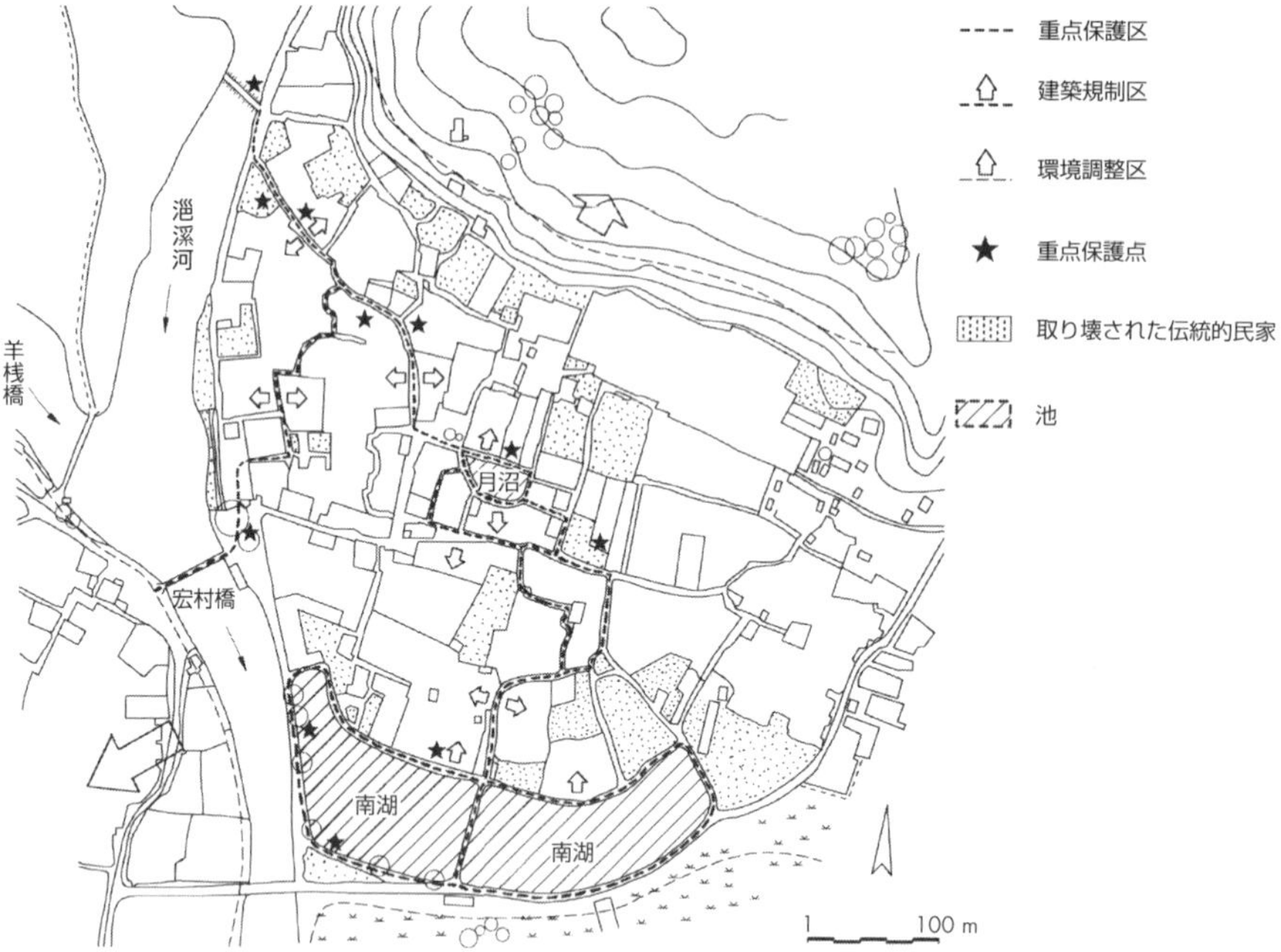

図3　宏村保護計画図

写真1　宏村巷景

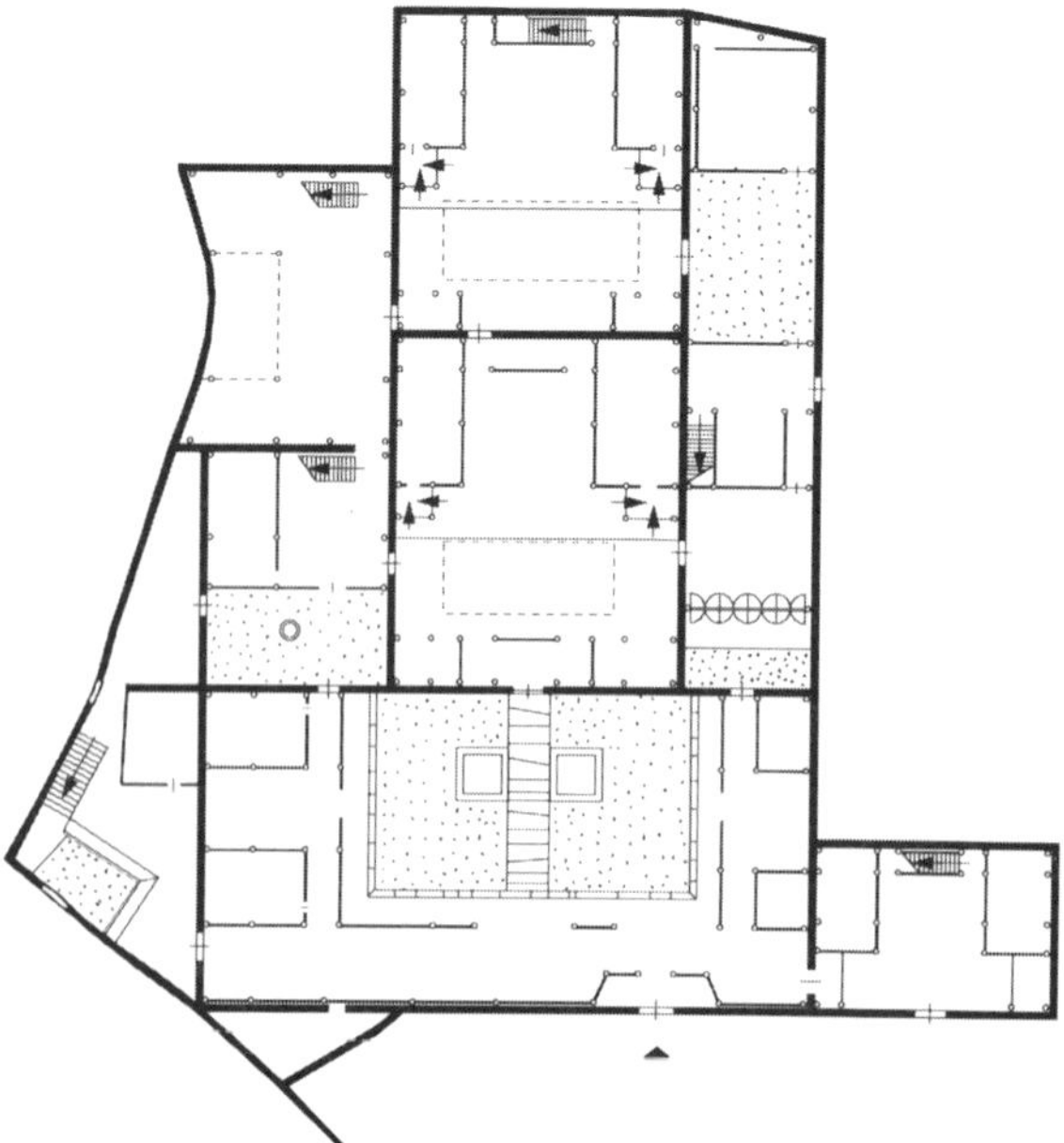

図4　汪定貴宅（承志堂）

写真2　南湖

写真3　月沼

写真4　承志堂

写真5　承志堂水院

写真6　巷内水渠

保護計画の制定を委託したが、当初から以下の問題について検討してきた。

その第一は宏村の水系の保護である。宏村の水系は村落形成の骨格であり、また村落発展の歴史を物語るものでもあり、水辺の空間も宏村の特色を最もよく語るものである。したがってその水源や用水路、月沼、南湖などの水系全体を保護するため、浚渫や整備を行い、水質を保護しなければならない。現在こういった作業を行っているところである。

次に村落の街路空間の保護である。街路空間には街路沿いの建物の外観、石畳の路面、路傍の用水路や屋敷の塀、樹木、花窓[*9]なども含まれる。また、街路沿いにある一部の倒壊家屋も整備しなければならない。

第三には建物の用途の調整である。解放後には多くの伝統的建築や民家がオフィスや学校、工場、倉庫、作業場、果ては牛小屋にされてしまった。現在、観光業の発展にともない少しずつ調整を行い、その伝統的な風景を取り戻しつつある。例えば承志堂は長年郷政府の事務所として利用されていたが、今では古建築保護単位に加えられ、観光の重要ポイントとなっている。南湖書院はそこにあった小学校を移転させ、本来の姿を取り戻した。

第四には現代的な上下水道などの基盤施設を設けたり、家畜の飼育、ごみ処理などの環境衛生問題を解決したりすることである。

第五には村の入口の昔の姿と街のランドマーク的施設、例えば路地への入口や更楼などを復元することを検討する。

第六には交通問題の改善、観光サービス施設の増設などである。

宏村の保護計画は次の三つの段階に分けられる(図3)。

一つ目は中核保護区である。これは宏村全域に元からあった村落を指すが、その街路や水系、建物、庭園、湖沼に対しては、できる限りの全体的な保護を行う。部分的にも修復を行い、中核保護区内における建て替えや改造は厳しく制限し、建て替えの際には伝統的な村落の空間スケール、ファサード形式や材料、色彩を厳格に守らせ、建物の高さは二階建に抑える。

二つ目は建築規制区である。村の北の雷崗と南湖周囲を含めて村落の両側を建築規制区と定め、原則として新しく住宅やその他の観光施設を建築してはならず、本来の村落の形態と景観環境を保護する。

三つ目は環境調整区である。宏村は渓流をはさんで際村と向かい合っているため、かつては際聯とも呼ばれた。だからこそ際村も環境調整区に含めて一緒に考慮すべきであり、両村の間に本来ある緩衝地帯を無視して、両者をつなげて一つのエリアとしてはならない。西渓上流の生態環境を厳しく保護し、宏村から県城に至る街道沿いの田園風景を保護しなければならない。環境調整区の範囲は具体的な情況に基づいて策定することが必要なのである。

中核保護区内にもともとある村落の廟と古民家については、綿密な調査を行い、保護の等級を決めていき、保護整備計画を作り出していかねばならない。建築規制区においては、観光、交通、商業、サービス施設の総合的な整備計画を作っていこうとしている。

(朱自煊/小羽田誠治訳)

3 黟県西遞村

——唐朝一族の隠れ里

西遞村は安徽省黄山市黟県の東南にあって、一〇〇年におよぶ歴史を有する村である。言い伝えによれば、この村の始祖は唐末の皇帝の末裔で、難を逃れてこの地にいたり、姓を李から胡に変えたということである。この地は四方を山に囲まれ、三本の渓流が村を貫いており、「風澄み渡り、水集う。土厚く水甘し」と言われている。明代になって官職に就くものや商売をするものが増えると、彼らは一族の名誉のために故郷に戻って村おこしを行った。特に清の康熙から道光年間（一六六二〜一八五〇）にかけては西遞村の最盛期にあたり、人口は「三〇〇〇の竈《かまど》に九〇〇〇人」、つまり一万人近くまで増えた。村全体には、六〇〇余りの邸宅と九九の街道がある。

西遞村は山のそばにあり、川が流れ、一艘の船のような形をしている。村の西方、三里（一五〇〇メートル）のところから川が流れ込み、古木が高くそびえ立ち、かつては文昌閣や水口亭、牌坊群などが建っていたが、今は中学校になっている。以前、西遞村には多くの廟や牌坊[*1]、石橋、古い民家があった。長い年月を経た今もまだ残っているのは、村の入口にある胡文光刺史の牌坊、追慕堂、敬愛堂、迪吉堂などの廟や、士大夫[*2]の邸宅である膺福堂、履福堂などの明清時代の古い民家のみである。

これらの建物は渓流に沿うように建ち並び、自由な配置をとり、西遞村独特の空間構成を形作っている（図2）。

西遞村の村落構造は水系に寄り添うように作られており、江南のような「小橋・流水・人家」を配した自然の風情を見せている。また、儒教の家父長制的礼法に基づいて、一族の家廟の周りを取り囲むように村落構造が発展し、顕彰記念に建てた牌坊などが村のシンボルとなっており、歴史的文化的な雰囲気を色濃く醸し出している。数百年を経た今でも西遞村がその村落構造をよく残しているのは非常に珍しいことである。今日もなお、二〇〇棟余りの明清時代からの徽州古民家や多くの園林[*3]が残っており、安徽省における重要な省クラスの歴史文化保護区となっている。

西遞村の歴史的文化的価値は村落の景観のみならず、伝統的民家の建築様式や美しい造作にも現れている。特に馬頭牆[*4]、彫刻の施された石造や磚造の門楼、室内の美しい木彫の造作、その他邸宅の前や中にある西園、東園、瑞玉庭、桃李園などの庭も西遞村を代表する文物なのである。

八〇年代になると、黄山をはじめとする黟県の伝統民家観光が盛んになった。特に西遞村ではその入場料収入は年間三〇〇万元にも及んでいる。しかし、西遞村の空前の繁栄は多くの問題ももたらした。例えば、通り沿いにある家が古くなった壁を取り払い開口部を広げて商売を始めたり、商店向きの店構えに新装してしまったり、経済状態が良くなった住民が新しい建物への建て替えを望んだりする。またホテルや旅館などの観光サービス施設の需要が高まり、駐車場や給排水などの都市基盤施設の更新なども必要となっている。だが、こういった需要のすべては西遞村本来の歴史的環境とは相容れないものである。現在西遞村の人口は一〇二〇人だが、観光産業が急速に発展すれば、観光客の数も必ず増える。だからこそ保護計画を打ち立て、指導を行っていくことが急務となるのである。そこで一九九七年下半期、黄山市城市規劃設計院と黟県建設局が共同で、「西遞古村保護計画」を制定し、一九九八年三月に安徽省建設庁が召集した専門審議会の審査に通過させた（図1・2）。

西遞村の保護は、次の二つの計画に分けられる。

その第一は歴史的景観地区の等級別保護計画である。その中でも重点保護地区というのは、村落の主要な街路と重要建築を含む中心地区で、面積は約二四ヘクタールある。建築規制地区は南北は山麓まで、東西はそれぞれ二〇〇メートルの範囲で、面積にして約六五万ヘクタールに及ぶ。自然の山河も含めて、この範囲に新築する建物の高さ・規模・色彩を厳しく規制する。

第二は古建築の個別、等級別保護計画である。第一類の建築は明末から清代道光年間まで（一六六一〜一七三五）に建てられた

木造建築で、合計二九棟ある。追慕堂や敬愛堂、膺福堂、牌坊などがこれに当たる。第二類は道光前後（一八二三〜一八五〇）に建てられたもので九〇棟ある。第三類は道光末年から一九一一年に建てられたもので、八三棟ある。第四類は民国時代から解放初期までに建てられたもので、四七棟ある。

第一類は原状保存し、創建当初の材を用いて創建当時の状態に復元する。住民は移転させ、博物館などとして使用する。第二類はその形態を保存し、内部の構造を改造してはならない。衛生設備を増設し、住民の居住は許可する。第三類は外観を補修・保存し、内部は適宜改造させる。衛生設備を増設し、住民の居住は許可する。第四類はそのファサードを改装し、伝統的村落の景観に調和したものとする。その他は現代生活に適応したものにする。

景観を保護する上でまずなすべきことは、物的な空間環境と農村の社会的文化的環境を含めた環境全体を保護整備することである。その次が街路や水系、民家、園林、牌坊などの、伝統的な村落構造や空間の形態を保護することである。そして三番目に西遞村の伝統的建築様式を保護する。建物の高さは二階を主とし、特定の場所でも三階を超えないようにし、全体の高さは六〜八メートルにする。そして最後に民家の内外にある園林や、古樹銘木を保護していく。

西遞村のいくつかの要所については「保護計画」ではさらに具体的な提案がなされている。例えば以下のような提案である。

（1）村への河川の出入口の部分にある水口亭や石板路、牌坊などの遺跡を修復する。（2）胡文光刺史の牌坊がランドマークとなっている村の入口には、広場と駐車場を適切な規模に拡張して、より多くの観光客が集えるようにする。また、以前は村外まで通っていた水路の入口と石畳の道を修復し、元々あった水路が村に入るところの池を復元し、景観環境を改善する。（3）追慕堂と迪吉堂は街路での活動の中心であり、街路空間の中心であるから、迪吉堂の門前の塀と建物を取り除き、追慕堂の前面の空間と連結し、歴史的な空間機能を復元する。（4）横路街はもともと西遞村の商業の中心であったから、本来あった商店を復元し、大夫第と綉楼の前に広場を設け、郷土の文化活動を振興させる。またそのそばに小さい盆栽園を設け、石造の腰掛けとテーブルを用意し、観光客の休憩に供する。（5）敬愛堂は村の後方の渓流辺りの重要な生活の場であるから、両側の建築の外観に改良を加え、伝統的な建築環境に調和させる。（6）会源橋は、昔から村民が祝祭日に舞台を設けて演劇を行ったり、市を開いたりした場所であるから、それを復元する。

この他にも「保護計画」では、村と外部とを結ぶ幹線道路、水道や電気などの基盤施設、消防、衛生などの方面にわたって多くの提案が行われており、すでに展開されている観光産業の今後の発展にも多くの提案が行われている。

西遞村の現在の人口は一〇二〇人、集落地面積は一二・九六ヘクタールである。短期の計画人口を一二二〇人程度と見込み、

図1　西遞村保護計画―保護レベル段階図

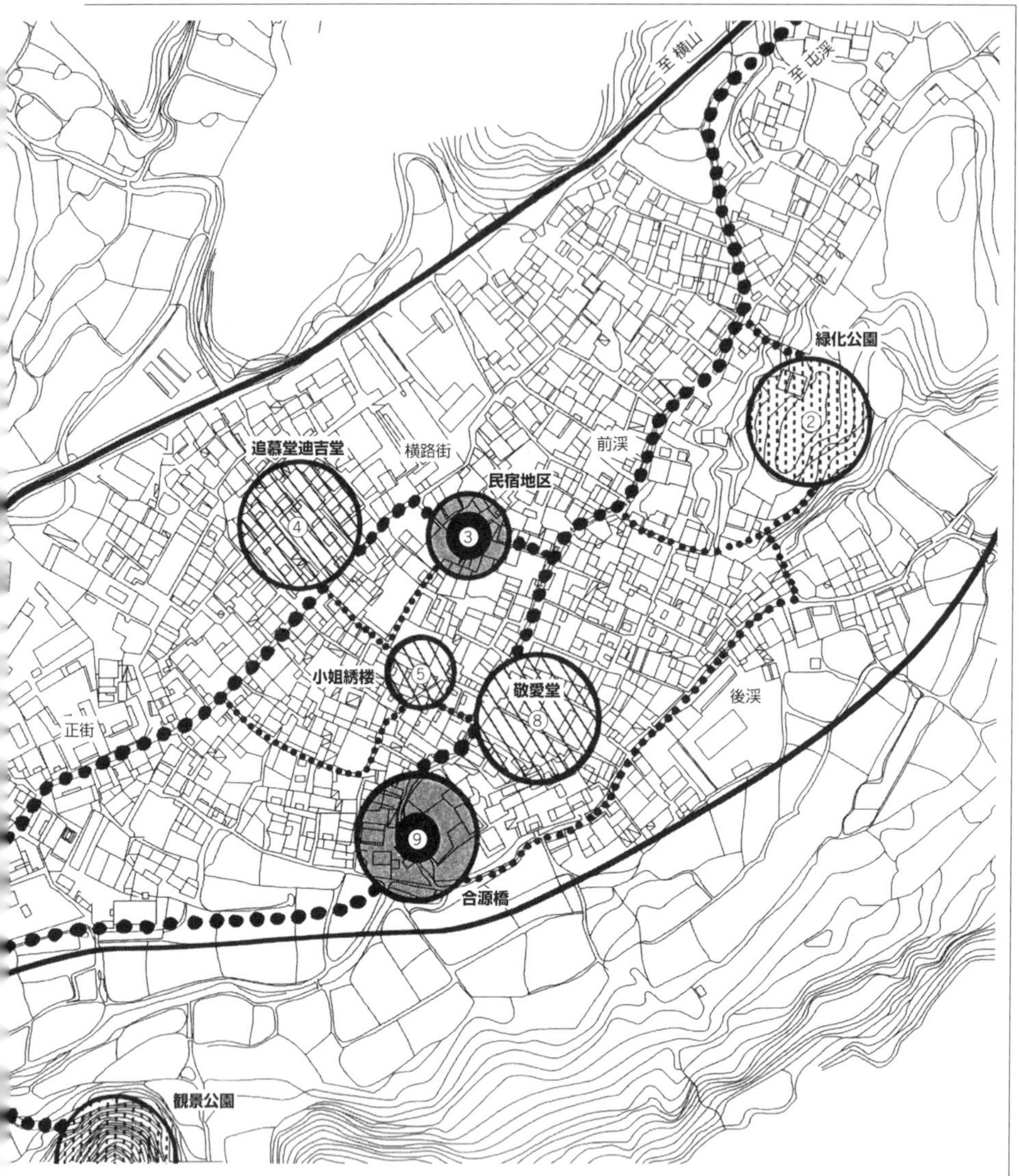

室および公衆便所を計画している。

村口の牌坊●村口は胡文光の牌坊と走馬楼を空間の主景とし、西遞村入口の中心的なランドマークを構成する西遞村の一番重要な空間ポイントである。村口の北側には、観光管理センター、売店、飲食店、休憩所などのサービス施設を設ける。

水口公園●（図欄外の左下方に位置する）西遞村の水口亭および石畳の橋を適切に修復し、樹木を植え、西遞村水口公園の空間に意味付けする。この外に碑林をつくるため、歴代文人墨客が詠んだ西遞村の詩碑や扁額などを集め、西遞村特産の青石を使って詩碑などをつくり、西遞村観光のプロローグを演出する。

敬愛堂●西遞村胡氏一族の家廟である敬愛堂を代表的な観光ポイントとする。

会源橋●観光の動線をここに集めるために、会源橋付近の商業文化市場交易所を適切に再建し、例えば闘鶏や闘蝶や地方芝居などの、民俗・文化・娯楽活動を展開する。

観景公園●山の地形を活用し、山に登って遠くを眺め、西遞村全体の配置を俯瞰できる展望休憩公園とする。

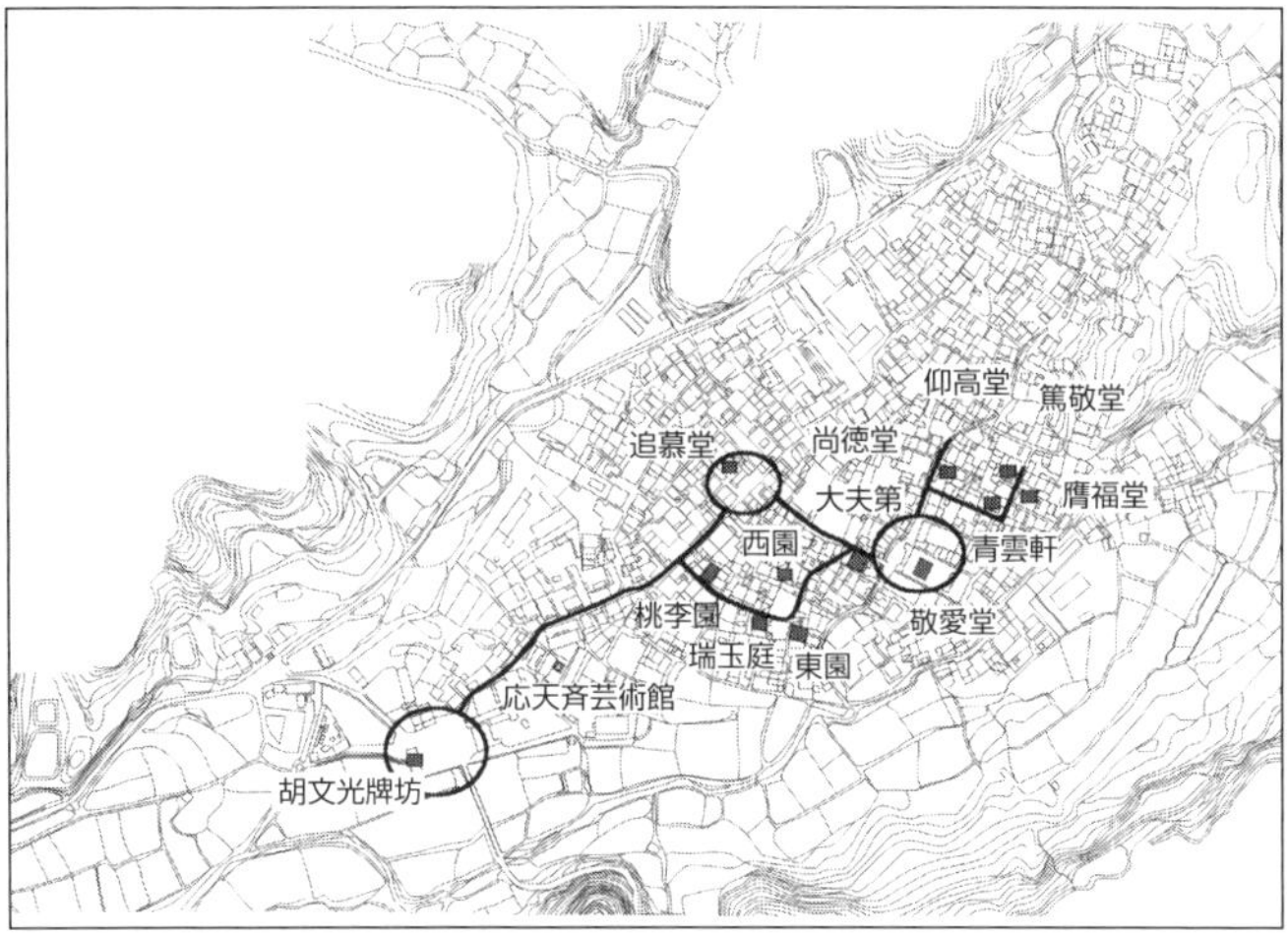

図3　西遞村保護計画─主な観光見学空間・景観の分析

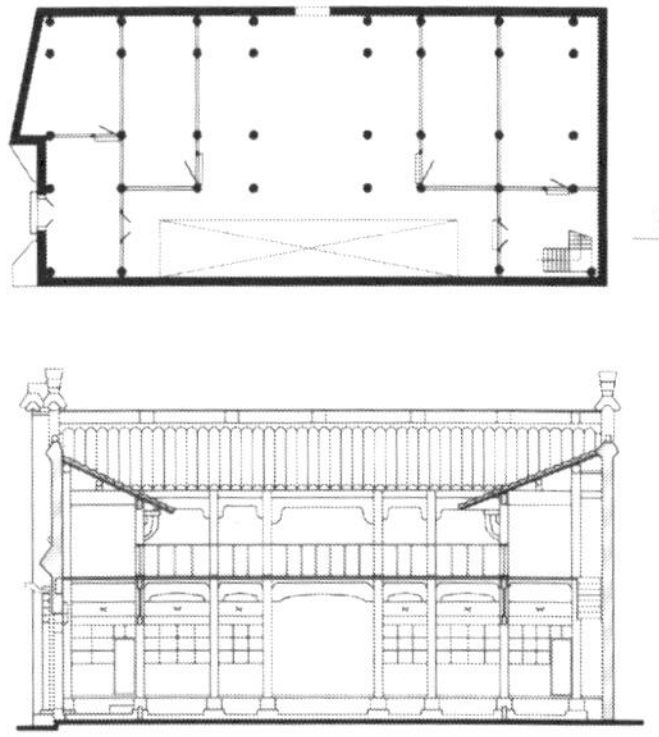

図4　尚徳堂　平面図・断面図

図2　西遞村保護計画─観光動線計画図

東大門●（図欄外の右上方に位置する）村の東に観光客用入口・券売所、駐車場および商店やサービス施設を新設し、黄山方面からの団体観光客のニーズを満たす。

公園緑化●山を緑化し、商品果樹を植え、村内の緑地休憩所とする。

民宿地区●当該地区の特徴を十分活用し、古民家を改築して、中庭式の民宿をここに集中して作り、各地から芸術家、研究者を誘致し、芸術活動や民俗文化の研究を行い、地方の特色を持つ観光工芸品や記念品を開発する。

追慕堂迪吉堂●西遞村胡氏の家廟である追慕堂と迪吉堂が、主な観光コースのポイントとなるようにする。

小姐綉楼●見学者の参加型活動のポイントおよび休憩地点とする。休憩喫茶集落地面積を一六ヘクタールに制限している。今後増える人口は集落内の倒壊老朽家屋に修復や改築を施して、集落内にある空地に収容するようにし、なるべく集落外の農地をつぶすことを避け、元からある集落の規模と形態を維持し、集落外の自然環境を守り、伝統的景観を破壊しないようにする。

現在のところ西遞村の観光産業は急速に発展し、住民の収入も増え、彼らの集落保護の意識も高まった。しかし「計画」では、保護の表示や看板を掲げるなどして、さらに保護に対する意識を高めなければならないとうたっている。つまり、村民に積極的に保護運動に参加させ、建築や開発プロジェクトを厳しく規制し、村民と観光客に文物保護の法律を徹底させなければならないということである。

（朱自煊／小羽田誠治訳）

写真１　西遞村全景

写真２　西遞村追慕堂前広場

写真３　西遞村街景

写真４　西遞村徽州民家

写真５　西遞村「大夫第」

写真６　西遞村「山市」小楼

4 蘭渓市諸葛村
——諸葛孔明ゆかりの里

諸葛村は浙江省中西部の蘭渓市域にあり、村には今も三〇〇〇人余りの諸葛孔明*1の子孫が住んでいる。三国志で知られる蜀漢の宰相諸葛孔明は中国史上で傑出した政治家であり軍人であって、一〇〇〇年以上もの間、後世の人々の崇敬を集めてきた。諸葛孔明の第二七代目の子孫である諸葛大獅が各地を転々としてこの地にいたり、風水的に最高の地だとして一族を率いてここに移り、村を建設し、それ以来代々この地に居を定めてきた。

諸葛村は蘭渓県と龍游県と寿昌県の三県の県境に位置し、これらの都市に通じる大通りの交差点にある。村の北側と西側には有峴山、天池山があり、山麓の丘陵地帯の周縁を選んで村の集落が形成されている。集落の南側には農耕に適した広々とした平野が広がっている。村の北西方向の丘陵は薪や木材が採れる森林がある。諸葛家の家譜に「可樵、可漁、可耕、可易」、つまり柴が刈れ、魚が捕れ、田が耕せ、交易ができる、と書かれているような村なのである(図1)。

古代の農耕社会においては、人々と土地は互いに密接に関わり合っていた。自然を崇め祖先を崇拝し風水や迷信を信じることが、一族や家族が団結するために一番大事なことであった。諸葛村の地形は非常に風水の理想にかなっている。集落の北西側が高く、南東側が低く、山を背にして渓水に臨んでいる。村の西には高隆市という名の大通りがあり、村の東北には石岑渓がある。前方には不漏塘が、後方には高隆崗があって、これはまさしく青龍、白虎、朱雀、玄武*2という、風水でいう天の四神の配置になっている。四方を山々に取り囲まれて独立した環境を持つ村は非常に珍しいのである。

高隆諸葛氏の家譜にある一族の居住地の図は、今から二〇〇年余り前の状況を詳細に描き出している(図2)。住居のある地区は大きく三つに分かれ、鐘塘と雍睦堂の周囲および高隆市の東側に分布していた。全村の中心になるのは大公堂と承相祠堂で、全村あげての儀礼を執り行う場所となっている。村の標高は比較的高く、村内には渓流がないので、村民は生活用水のすべてを人工池と井戸に頼っている。村には「一八塘一八井(一八の池と一八の井戸)」がある、と村民たちは言い習わしてきた。井戸水は飲用に池は洗濯に用いられ、池の縁には洗濯用に石の桟橋が設けられている。池は消火用の貯水池の役目も担っている。かつては池の岸辺に葦や蓮などの植物があり、美しい環境を作っていたし、池付近の気象の調節効果もあった。

諸葛村の民家は丘陵の山麓に分布し、地形の関係から宗祠*3

や庁屋[*4]を中心にしてかたまって建っている（図2）。この民家の一塊りは意識的に計画されたものである。宗祠の両側には整った路地があり、路地の両側には民家が建ち並ぶ。もう一つの塊りは祖屋を中心にしたものである。夫婦に男の子ができると、古い家のそばに新しく家を建てる。こうして何代にもわたって、祖屋を中心とした民家の塊りが形成されてきた。このような小さい民家群がさらに大宗祠の周りに群がるように集まり、崇信堂と雍睦堂、尚礼堂を中心とする居住区を形成し、最終的には大公堂と承相祠堂を中心とした全体の集落を作っている。このような村落の構造モデルは、封建時代の宗族社会の構造を反映したものである。一つの民家群の中には宗祠があり、家の修理や池の浚渫、道路の整備、夜の見回りなどといった公益性のある仕事を主導している。宗祠は諸葛村の血縁的村落の「建設者」であり、「管理者」であり、「計画者」なのである（図3）。

諸葛村の西にある高隆市という通りは、清代初期には商店街であった。その後戦争によって焼失し、かわって上塘周囲に商業地区が発達してきた。上塘周辺には宗祠がない。住民も多くは外から流入してきたさまざまな姓を持つ商店主や手工業者たちである。地元ではここを「街上」と呼んでおり、それに対し諸葛村を「村上」と呼んでいる。

諸葛村の民家は小さな「天井」[*5]を取り囲んで建物が建つ形式をとっている。四方を外壁で完全にふさぎ、一カ所だけ門を開け、一軒一軒が連なってブロックを形成している。このような民家の高い壁の間にはさまれて、細くて狭い路地がある。また諸葛村の民家の多くは山麓に建っているので、このような小さな路地はくねくね曲がり、上ったり下ったりしている。民家の向きも一定方向を向いてはおらず、土地が高くなったり低くなったり、池や崖があって変化に富む景色になる。全村の中心には大公堂と鐘塘がある。鐘塘は四方をすべて民家に囲まれ、閉鎖的な空間を作っている。鐘塘の周囲から四方に八条八巷の路地が伸び、それぞれの路地は異なる景観を見せている（図3・4）。地元の人々は、祖先である諸葛孔明の八卦陣[*6]の配置に基づくものだと考えている。特色豊かな集落の空間構造は、数百年もの時を経て、今日までずっと保たれているのである。村には今日もなお、大公堂や承相祠堂などの庁堂が一八カ所、廟が四カ所、石牌[*7]が三つ、庭園付き別荘が二カ所保存されており、小庭園を持つ民家にいたっては数えられないほど多くある（写真1～4）。

一般的な諸葛村の民家は二つの部分から構成されている。一つは正屋（主屋）と二室の廂房（付属屋）と天井（中庭）などの主要部分。もう一つは厨房や柴房、畜舎、后院（正屋の後方の建物）、庭園などの付随部分である。

小型住宅

最も多い形式は「三間両搭廂」で、桁行の柱間が三間の正屋の前方左右に一間の廂房がそれぞれ取り付き、中央に天井を囲む。

間口（桁行）は三・五〜四・五メートル、奥行き（梁間）は「九檁」（桁や母屋桁が九本）で、だいたい五・二〜六・五メートルになる。中央は開け放して堂屋とし、装飾は施されていない。正屋の前方には幅二歩（二〇尺）のテラスが取り付く。正屋と二棟の廂房はどちらも二階があるが、二階の階高は高くない。普通は貯蔵庫や倉庫となっている。天井は大変小さくて、四メートル×一・五〜二メートルしかない。天井には水瓶や水盤が置かれている。

三間両廂加楼上庁

これは前述の倉庫部分の階を持ち上げて高くし、広い二間の大庁（正屋）としたものである。梁材が太く、模様が彫刻され、

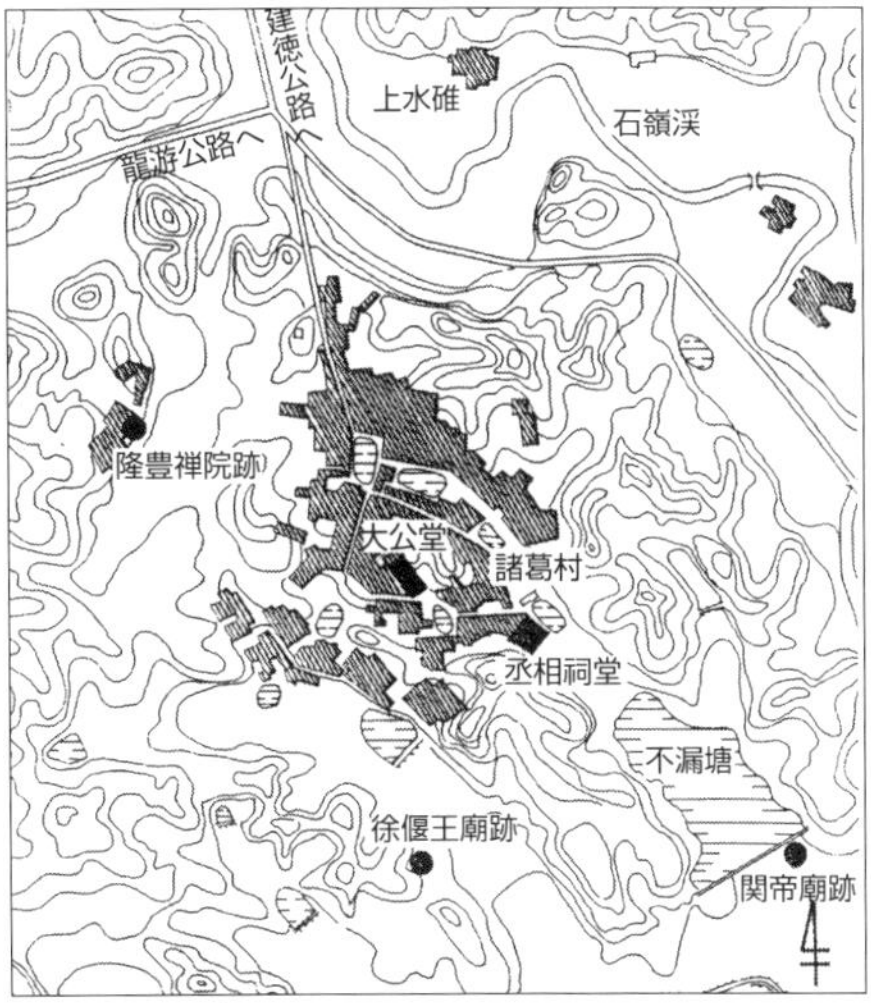

図1　諸葛村略図

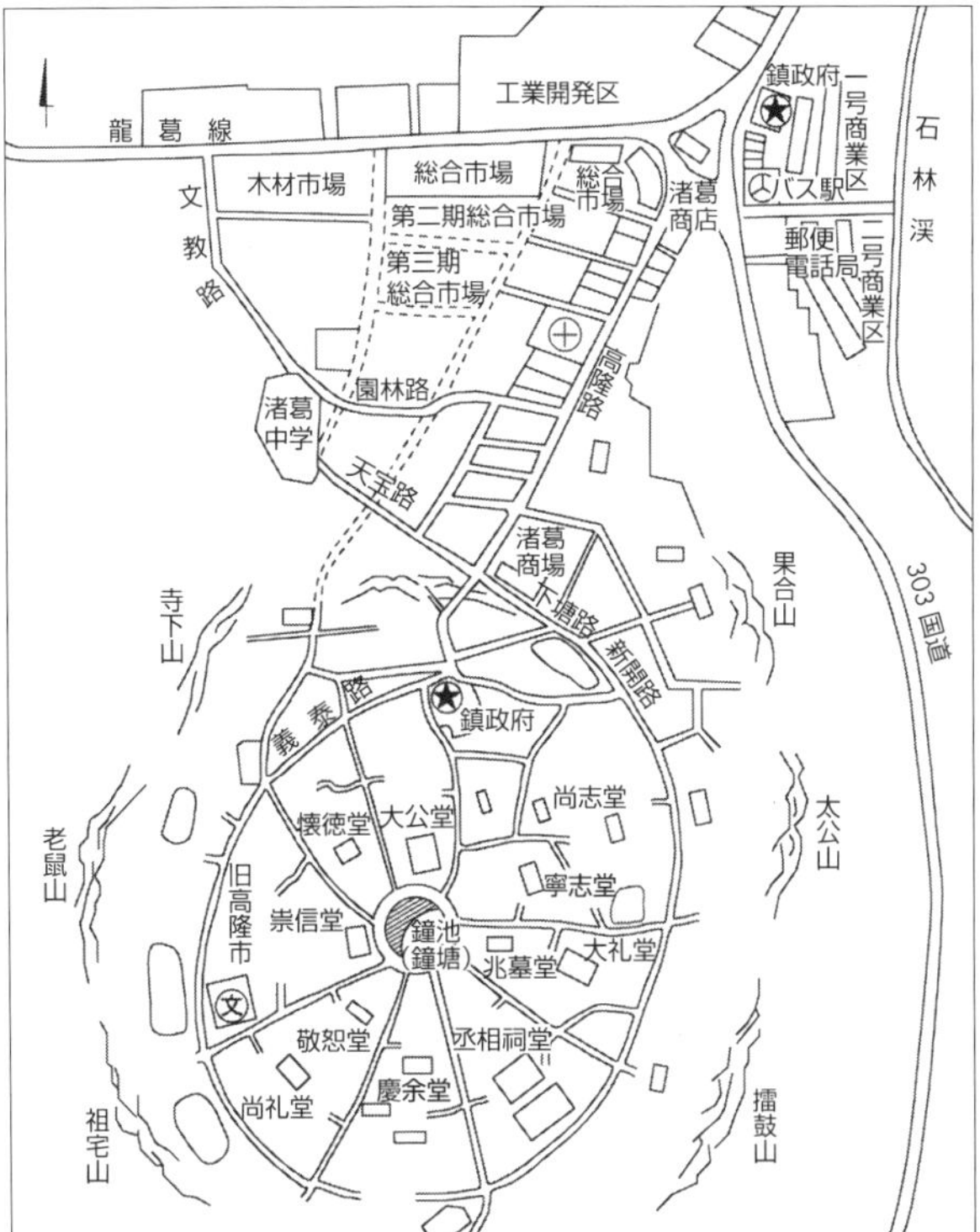

図2　現在の諸葛村平面図

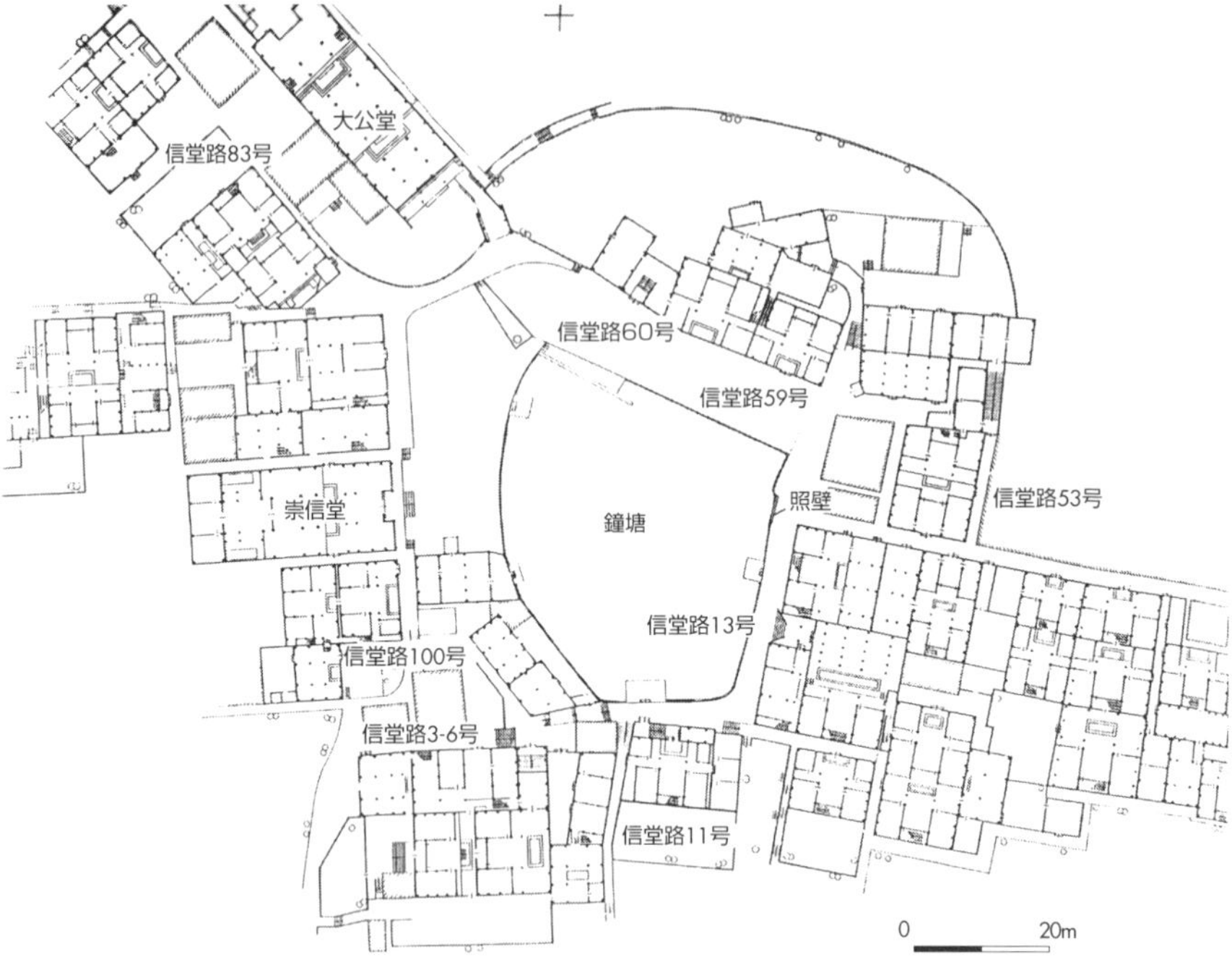

図3　鐘塘住区平面

写真2　民家群　写真：張錫昌

写真1　民家　写真：張錫昌

写真4　承相祠堂全景　写真：張錫昌

写真3　冬瓜梁　写真：張錫昌

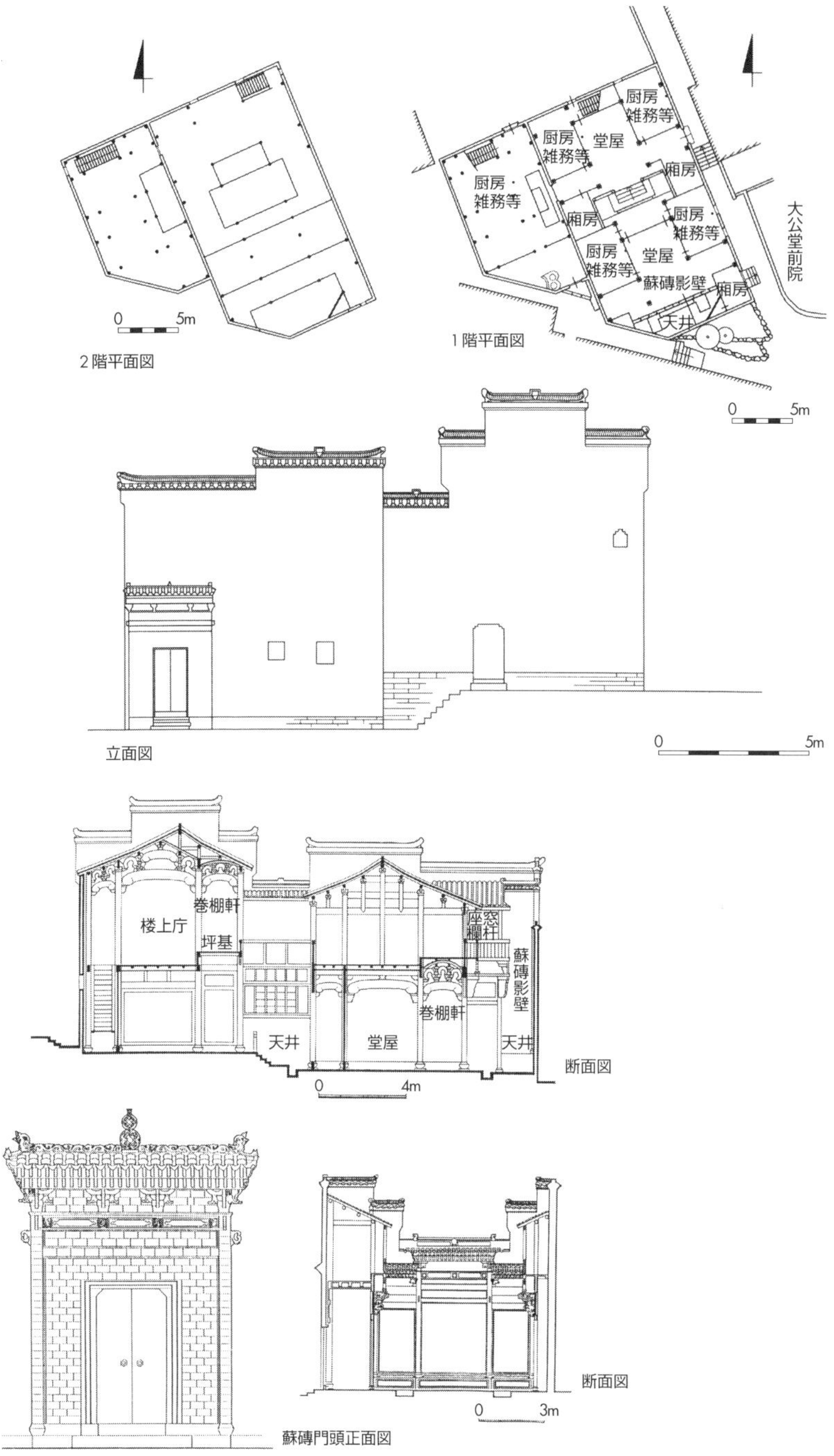

図4　信堂路83号民家2

二階には花格子の窓扉が取り付き、明るい雰囲気になっている。大庁は家全体の中心的な場所である。大庁の室内は後方の壁に接して貢几や八仙卓といった机やテーブルが、その両側には太師椅と茶几といった椅子やスツールのような家具が置かれている。部屋の中央には円形の合歓卓というテーブルがあり、宴会に用いられる。こういった家具の材料は凝っていて、精緻な彫刻が施されており、民家の美しいインテリア品でもあり、実用の家具でもある。

対合

いわゆる四合院*8のことであり、正屋を上房と呼んでいる。天井を隔てて奥に桁行三間の棟が建っており、これを下房と呼ぶ。全体は密閉した口の字型をしており、二棟の廂房が手前と奥の棟とを連結している。対合式の民家は数室多くなるので、多くは廂房には装飾がされない。全室開け放つことができ、フレキシブルな居室となっている。多くの場合、上房下房の前面および後部に付いたテラスがともに天井を取り囲み、室内外が連続し融合した空間を形成し、すがすがしく明るい。階上は貯蔵用としても使われる。

客庁・后堂楼付き大型住宅および三進両明堂

前者は前庁が一階建で、その奥に桁行三間の二階建と二棟の廂房がある。三進両明堂にはすべて二階建があり、建物の規模は

ほかに比べて非常に大きいが、こういう住宅はあまりない。

以上見たのは民家の主要部分の基本構成である。主要部分はさらに「肥えた梁太った柱に馬頭牆、青磚黛瓦に小閨房」（太い柱梁、馬頭牆といわれるうだつ様の壁、磚、眉型の瓦、小さな閨房）といわれる建築様式を持ち、大変個性的である。そのほか付随する建物は主要な建物のそばに敷地条件に応じて建てられている。だから付随する建物にはこれといった決まった形状は見られず、規模もまちまちである。つまり諸葛村の民家には四角く整った正屋と自由な形式の付随建物があるのである。このことが民家の形態に変化を与え、高低入り混じった景観を作り出しているのである。諸葛村の絶対多数の家には庭園がある。これは村上の住民の文化的素養を表すものであり詠い、良好な教育を十分に受けた人々が竹を植え花を育て、風月を歌い、民族文化の風雅な趣を日常の田園風景の中へ溶け込ませたものであり、諸葛村に見られる一つの風景でもある。

一九九六年一一月、諸葛村は全国重点文物保護単位に列せられ、全村と主な建築物への全面的な保護が行われている。

諸葛村の主要な集落は面積が一・二平方キロメートル、人口は約三二〇〇人である。

（阮儀三／井上直美訳）

5 韓城県党家村
——士大夫たちの故郷

「西安からバスに二百五十キロ揺られてようやく目的の地に到着し、党家村の崖の上から眼下を見下ろしたとき、思わず声をあげずにはいられなかった。これまでにもいくつかの集落を見てきたが、こんなに整然とした古い集落の全景を一望の下にできたのは、これが初めてであった（写真1）。これこそ「桃源郷」*1の集落と言えるのではないか？　中国の研究者も同じ意見であった」

これは九州大学の青木正夫教授がかつて党家村を初めて訪問したときの情景を回想して書いた一文である*2。

党家村は黄河河畔にある集落の一つである。陝西省韓城県の県城の北九キロメートルのところにある。党家村から北に約一〇キロメートルいくと、そこには有名な龍門峡*3がある。龍門峡の峡谷の幅はわずか三〇〇メートルであるが、その下は突如として広くなり、河幅は優に二キロメートルにもなる。韓城県の南一五キロメートルには著名な歴史家、司馬遷*4の墓がある。古来韓城は人材を輩出し、明清時代（一三六八～一九一一）には、科挙の進士一九九名、挙人五五〇名の多きを出している。秀才にいたっては数えきれないほど多い*5。地元の言葉に「司馬坂を通り過ぎれば、ロバより多くの秀才に会う」というのがある。この辺り一帯に秀才が多いことを形容したものである。

党家村には現在、三三〇戸、一三〇〇人が住んでおり、党氏と賈氏の二大宗族からなっている（表1・2・3）。党氏の始祖、党恕軒が一三三一年にこの地へ逃れてきて、まず寺の痩せた田を借りて生計を立て、寺のそばの窰洞《ヤオトン》*6の中に住んでいた。一四九五年に賈氏が韓城に行商にやってきて党家と婚姻関係を結び、この地に移ってきた。経済が豊かになるにしたがって人口も次第に増加し、清代初め頃（一六四四年～）には韓城北部の最も富裕な村落となっていた（図3）。

党家村には一二〇余りの四合院*7が現存し、そのすべてが明代から清代に建てられたものである。台地から下を望むと、黒一面の瓦屋根が縦横に織りなされ、緑陰とコントラストをなしている。その合間からは文星閣や看家楼、貞節碑などの建築がリズミカルに突き出ている。村全体の建物は谷に沿ってとぎれることなく広がり、混在しつつも秩序がある（図1）。

党家村に入っていくと、足下には青石板*8で舗装された石畳の街路があり、その両側には古い四合院住宅が建ち並んでいる（写真2・3）。その高く大きな門楼は長い間風雪に曝されたために傷みが目立つが、なお広壮とした気勢を見せており、当主のかつての隆盛を示している。大門の両側には石鼓（太鼓石）*9、石獅子が置かれ、門前の上馬石*10や栓馬柱*11もみな動物や人の顔などの彫刻で飾られ、その造形は素朴で躍動的である。大門を入ってすぐの照壁*12は精緻な磚彫刻が施されている。さらに我々の目を奪うのは、門のまぐさの上にある名筆家による扁額である。一般によく書かれるのは「耕読伝家」とか「耕読第」*13などである。家族から官僚が出るとその官位や職位を書いたり、祖先の名を掲げたりする。例えば「太史第」や「進士第」、「世進士」などや、「文魁」、「武挙」など*14の扁額は、いずれも皆その類のものである。言い伝えによると、党家村には文武官に合格した官員が五〇名余りおり、その中の一人が進士で、四人が挙人であったという。当時、党家村はせいぜい九〇戸余りしかなかった。

住宅の敷地の多くは長方形をしており、間口約一〇メートル、奥行き二〇〜三〇メートルである。街路に面して門房*15があり、敷地の一番奥に庁房*16があり、中程には左右対照に廂房*17がある。敷地中央は天井や院子*18になっている。場合によっては回廊が設けられたものもあり、庭が一層広がり生活にも便利である。

四合院といえば、多くの人が北京の四合院や他の都市にある四合院を思い浮かべるであろう。建物の配置という面では、どれもみな四つの棟が中庭を囲んでいて大差はない。しかしその構成原理と使われ方は、みなそれぞれに異なっている。党家村の四合院には明らかな農村的特徴と地方特性が見られるのである（図2、写真4・5）。

庁房を例に見よう。一般的には北京の四合院もそうだが、庁房の内部は三室に分かれていて、中央の部屋が客庁であったり祖先の位牌を祀る場所であり、両側の部屋はどちらも寝室となっている。しかし党家村の庁房は、四合院の中で最も高く大きく豪華な建物であるが、何の間仕切りもない単なる一つの大きな部屋であり、日常はほとんど使われない。ところが年越しや祭日、婚礼や葬儀の際になるとこれが大いに活用されて、たくさんの親戚友人を招くことができるのである。ほかにも庁房の真ん中に祖先の位牌を置いて、毎年清明節*19と除夜には必ず家族全員が先祖を拝む。党家村の庁房は日常生活には全く用いられず、儀礼専用に設けられた空間であると言える。このような形式は、韓城地区に限らず、渭河流域の広大な農村に普遍的に存在している。実のところ庁房は家庭内だけの儀礼空間であって、全村にはさらに党家の祖廟*20や賈家の祖廟、党氏の三分家の祠堂*21があり、祖先を祀って詣でるだけでなく、一族の集会の場所ともなっている。

党家村の四合院は相当に狭い。一〇メートル間口の敷地の両側に廂房が建っているので、その間の中庭は非常に狭くなっている。最も狭いものでは一・五メートルの幅しかなく、「狭天井」としか言いようがない。ほかの部屋もみな狭く、農村の建築が土地を節約していて、生活上の利便性を優先し、経済的には質素であることがわかる。しかし、これと対照的に庁房が大規模で豪華なのは、いったいどういうことであろうか。

西安の東郊外にある半坡遺跡は、原始時代の氏族社会（紀元前四〇〇〇～五〇〇〇年）の居住地である。すでに四六カ所の住居跡が発掘されており、中心には一つの大きな建物がある。ほかにも西安の東三〇キロメートルのところにある臨潼県姜寨集落遺跡（半坡遺跡と同時期）には一五〇余りの住居跡があり、五つのグループに分けられているが、各グループはみな一つの大きな建物を持っている。そのほかの同時期の原始集落もすべて中心に大きな建物を持っているのが発見されている。考古学者や人類学者の研究では、このような大きな建物はおそらく氏族全体で行う集会や宗教儀式の場所であると言われている。

党家村のある韓城地区と上述の原始時代の集落遺跡は、同じ黄土高原と黄河の流域にあり、しかも同じ地域内にある。その住宅内の庁房と原始集落の大きな建物にはなんらかの伝承関係があるのではないだろうか。紀元前一一〇〇年から紀元二二一年の周の時代には、宗族の制度に「同姓には宗廟、同宗には祖廟、同族には禰廟」と書かれている。これでもなお韓城の村落の発生に影響していないと言えるであろうか。党家村の庁房は建築形式とその用途において、四合院住宅の中では最も古い一形式と言えないだろうか。これは非常に興味を引かれる問題である。

韓城があるのは山西省と陝西省の省境で、しかも黄河の重要

な渡航地点の一つであり、古くから兵法家争奪の要地であった。特に明清時代には農民の一揆が多発し、韓城でも戦闘が繰り広げられたのである。ここは裕福な家が比較的多く、官僚を輩出し、北方の異民族や盗賊が頻繁に侵略してくるところでもあった。それゆえ韓城地域の村落には防御用の「寨」を設けているところがたくさんある。防御のために高い壁を築き集落全体を囲んだ例は、中国の都市や村落に普遍的にあるが、避難用のためだけに防御性の非常に強い「寨」を個別に築造した例は農村集落の中ではきわめてまれであり、これまでのところ文献にも記載はない。

党家村の「寨」である泌陽堡は、村の北西三〇メートル余りの台地上にある。三方が峡谷に面し西側だけが平地と連なっている。高さは八メートル、平均の壁厚は二メートルに及ぶ土塁である。寨の内部にはいるときは、必ず壁の下にある地下道を通らなければならない。党家村から北西を望むと泌陽堡は高くそびえる絶壁の上にそそり立っている。ボリュームは決して大きくないが、雄壮な気勢を醸し出していて、「難攻不落」の安心感を与えている。

泌陽堡は一八五〇年頃、太平天国の農民蜂起軍を防ぐために築造された。党家村の三六軒ある裕福な家が共同出資して建設したものである。城壁と地下道を完成させただけでなく、さらに武器や火器をも購入して、民兵を組織して訓練をもした。三六軒の家はさらに泌陽堡の内側に三六の四合院住宅と祠堂（家

	全国推計値				1集落当たり	
	生産隊・集落	農家戸数	農家人口	耕地面積	農家人口	耕地
中国（A）	4,820,000	＊	820,000千人	100,000km	170	20 ha
日本（B）	142,377	4,661	21,366	5,461	150	38
A/B比	33.8	42.9	39.0	18.3	1.13	0.53

＊農家世帯平均人員4人弱とすれば約2億戸となる

表1　農業集落規模の日中比較（1980年）

人口			戸数			農家			村建設隊	村外建設隊
総数	農家	非農家	総数	農家	非農家	平均人員	労働力	職工		
1310	1280	30	314	295	19	4.2	508	2	130	184

表2　党家村人口・戸数（1985年）

	集落居住地				農業用地			
	合計	住宅	公共	その他	合計	水澇池	拡灌池	畑
面積（ha）	12.36	6.54	1.07	4.75	142.4	42.7	2.7	97.1
面積（亩）	185	98	16	71	2136	640	40	1456
比率（%）	100.0	53.0	8.6	38.4	100.0	30.0	1.9	68.1

表3　党家村土地利用の状況（1985年）

図1　党家村の集落空間

写真2　村中心部と物見櫓

写真1　党家村鳥瞰

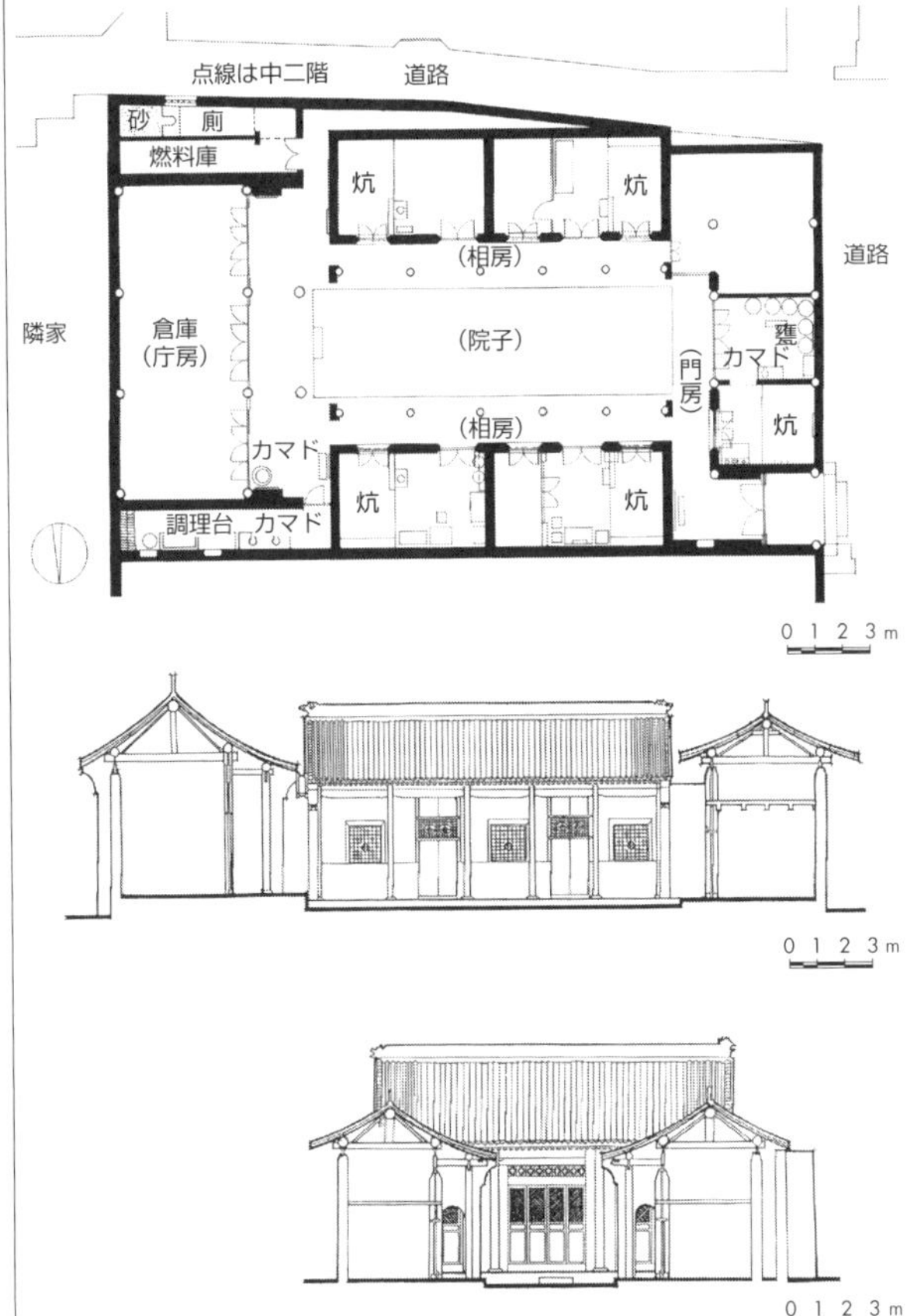

図2　党康琪・雷達夫住宅　平面図・断面図

写真3　党家村の街路景観

写真4　住宅の回廊と庭

写真5　日常風景

図3　清代の集落推定図

廟）を建設し、大量の食糧や水を備蓄していた。全村の人々を収容でき、二〜三カ月の間外部からの支援なしで籠城が可能だったという。

　党家村の南東には文星閣という磚造の塔が建っている。七層二七メートルで、塔の内部には木造の階段があり、最上部に上って黄河を眺望することができる。この塔は典型的な「風水塔」[*22]である。集落の南東の地が低いという欠点を補い、「邪気」を押し鎮めるとされている。伝説では天に「文曲星」があって、文人が首尾良く官途につき、スムーズに昇進できるように加護していると言われているので、「文星高照」（文曲星が高く照る）から取って「文星」と名付けたわけである。

　清朝末期の一八九〇年頃、党家村は戸数わずかに九九戸であったが、なんと私塾は一三カ所もあった。しかしながら時代も変わってしまい、すでにその当時の痕跡はなくなってしまった。もっと残念なことには、村には元代（一二七九〜一三六八）に建てられた戯楼[*23]が一カ所あったが、私たちの調査団が翌年に党家村を再訪したときには、すでに村人たちによって取り壊されてしまっていたのである。村人たちによると、戯楼の主な廃材と磚や瓦だけを再利用して、村の幼稚園をつくったとのことであった。つくづく、ため息がでるばかりである（図3）。

　党家村は始祖の一家から始まり、二つの大家族に発展し、清代に集落が完成されて今日に至っている、本当に幸運な一例といえる。少なくとも中国の北方では、このように完成された古い集落は、もう見つけることが困難になっている。しかしながら、村の若い世代は先祖たちが建てた古い四合院の中に住むことを厭がり、台地の上の平地に新しい住宅を建設しており、すでにニュータウンが形成されている。もとから党家村に住んでいる家族も経済的な制約があるため古い住宅を修理することができず、多くの四合院住宅があちらこちらで老朽化し、集落の保存と現実の生活の間に極めて大きな矛盾が生じている。中日合同調査団は幾度も地元政府の指導者と会見し、数多くの提案を出し、党家村のような歴史的価値の高い遺産を保護してくれるよう希望を伝えていた。韓城市市長と市建設局局長はこのことを極めて重視し、一九八九年に党家村保護計画を策定し、古民家を等級分けし、増改築時の原則と条件や重要建築に対して政府の補助を与えることなどを定めた。

　現在党家村の民家は韓城民族文化観光地点となっており、毎年多くの人々が訪れている。


（周若祁／井上直美訳）

結章

歴史都市の課題

往復書簡

1 近代の都市建設と景観

（往信）

私は東洋の著名な二つの古都、京都・西安両市の景観の保全に深くかかわってきました。そこで、近代の都市建設が景観を構造的に破壊してきた状況を、いやというほど見てきました。いまこれを振り返って、新しい世紀のまちづくりの糧にしたいと考え、お便りを差し上げた次第です。

京都・西安の両市はともに近代化の道を歩んできましたが、その過程はかなり異なります。京都の近代化は明治期（一八六八〜一九一二）に始まります。西安では中華民国時代（一九一二〜一九四九）に満城跡の整備が行われますが、本格的な近代化は一九四九年の解放後になります。京都が約一〇〇年で人口が五倍、市街地が四倍に達したのに対し、西安では、解放後の約四〇年で人口が六倍、市街地が八倍に激増しています。近代化の出発時点とその速度が大きく違っています。両市ともこの近代化で機能性や利便性が向上し、経済的な発展を遂げましたが、その過程で多くの文化遺産や歴史的景観を失いました。

両市は共に西欧の建築文化を取り入れ、電車や自動車などの機械交通手段を導入しました。日本や中国とスケールやデザインが全く異なる西欧の建築、この両者の調和が大きな課題となり現在に至っています。また、都市レベルにおいても、それまでの歩行を主にした都市から、機械交通と歩行を併用した都市へと移行し、そのスケールも大きく変貌してきました。新旧景観の調和も、歩行と自動車交通の両者の調和の課題も、解決されるどころか、ますますその歪みが顕著になってきています。

京都、西安両市ともに、歴史的な市街地に現代の都心部が重なっています。この地域に商業・業務機能が集積し、高層ビル立地のポテンシャルを高めてきました。京都では一九六〇年代後半に、従来の一点集中型の都市構造を改善すべく、市南部に軸状都心や副都心が構想されましたが、実現できませんでした。一九七〇年代以降も歴史的な市街地に商業・業務機能が集積されつづけます。後年、この都市構造の上に京都駅ビルや京都ホテルの景観問題が起こったのです。近年ようやく市南部に、将来の新しい都市機能の受け皿として、超高層ビルなどが立地する「高度集積地区」が設けられました。西安では新しい都市基本計画で、北部に都市拠点が設けられ、建設が進められています。埋蔵文化財が集積するこの地域での開発が懸念されます。

景観問題は、単なる景観対策だけで解決するものではありません。二〇世紀における過ちを深く反省し、まちづくりそのものの中で文化遺産の保存や景観の誘導を行い、人間性豊かなまちづくりを進めたいものです。中国でのさまざまな事例に通暁されている朱先生のご意見をお待ちしております。（大西國太郎）

（返信）

このテーマについての大西教授の書簡を拝見し、大変啓発され、私も少し自分の考えをお話ししようと思います。私は大西教授の立場に大いに賛同しております。景観問題は単純に景観対策からだけでは解決できるものではありません。必ず一世紀の間に経てきた道筋を深く回顧し総括した上で、都市の発展そのものが持つ規則性を見出し、そこから答えを見つけなければなりません。そこで北京の発展過程を例にとって、私の見方をお話ししていきましょう。

北京も京都や西安と同様に、二〇世紀初頭から近代都市の建設が始まりました。その過程は大まかに二つの段階に分けることができます。

第一の段階は二〇世紀前半、つまり一九四九年の新中国建設以前の五〇年間であり、北京が封建時代の一都市であり、半封建半植民地社会の古都であった時期です。北京においてもある種の近代的な都市建設が始まりました。例えば新しい都市機能といえる大使館地区や各国軍の駐屯地区[*1]等が現れ、新しい建築タイプである教会堂、学校などが出現しました。また近代的な都市基盤施設、例えば上水道、街灯、また自動車などや、前門や大柵欄や王府井のような中国・西洋混淆様式の商店建築が建ち並ぶ街などができました。しかしながら、北京の都市の構造と景観にはほとんど変化がなく、依然として昔日の帝都としての伝統的景観を保っておりました。

第二の段階は一九四九年以降の五〇年間です。北京の都市のあり方とその規模が質的な変化をきたしました。都市のあり方は封建時代の古都から新中国の首都となり、都市の規模も一〇倍に拡大しました。すなわち、人口が新中国の建国以前の百万人余りから今日の一千万人余りにまで増加したということです。都市の面積も一〇〇平方キロメートルに満たなかったのが（旧城地区の六二平方キロメートルに城門外の市街化地域を含めても）、今日は一〇〇〇平方キロメートル余りに拡大しています。

一九四九年以降の新中国建設の過程で、旧城をどのように扱うかの違いが決定的な岐路を生み出したのでした。一九五〇年、梁思成教授[*2]が古都を保護し、旧城の西の方に別途新しい行政センター[*3]を建設するという提案をされました。残念ながら、この先見性のある卓越した提案が取り上げられることはありませんでした。新しい首都計画は、依然として旧城を中心として四方へ拡張するというもので、首都の中心地区と古都とが重なりあっているというものでした。前者（首都としての北京）は発展しなければならないし、後者（古都である北京）は保護されねばならない、という新旧間の矛盾がたくさん噴出し、二一世紀に向かう現在、北京の都市の性格はさらなる変化を遂げつつあります。北京は全国の政治文化の中心であるだけでなく、さらに世界的に一流の歴史都市であり、現代的国際都市[*4]であらねばならないのです。

一九八〇年代に改革開放政策が採られて以来、北京の都市の現代化と建設は猛烈なスピードで進んでおります。都市の幹線道路や高速道路に代表される現代的な都市基盤施設の整備は日進月歩の勢いで進み、超高層ビルは雨後の筍のように増えました。こういったものはみな、この首都が現代的国際都市になるという目標の基礎を固めました。

しかしながら、世界的に一流の古都になるという目標から見れば、豊かな古都の景観が日毎に破壊に遭遇していると言わざるを得ません。破壊の最初は、一九七〇年代初めの地下鉄建設のために城壁と大部分の城楼が壊されたことでした。旧城内では長安街、平安大街そして広安門大街から広渠門大街までの道路が拡張され、城内には一〇〇棟余りの高層建築が建てられました。一方で四合院式の建物のある地区が大量に取り壊され、文化財や史跡の周辺環境も破壊を受けました。人口や交通量の急激な増加のため、都市の環境も日増しに悪化しています。

一九九〇年代からは、政府が次第に問題の深刻さに気づき始め、北京名城保護計画と環境保護計画を策定し、一連の整備事業に乗り出しました。しかしながら、開発の速度が余りにも速すぎて、いまだに保護の方が追いついておりません。ですから、都市の文化遺産保護と生態保護が都市の発展と共に協調して歩んでいくべきなのであり、これが目下北京の都市建設の一番の課題となっているわけです。こういったことをテーマとする国際会議がまさにこの一両日開催されているところです。（朱自煊）

2 社会の変貌と景観の保全対策

（往信・一伸）

二〇世紀の未曾有の都市建設の中で、日本の歴史都市が置かれてきた状況と、その節目ごとに取られてきた景観保全対策を振り返って、現在抱える課題を浮かび上がらせたいと考えました。京都を中心にして述べていきたいと思います。

日本は西欧から都市計画技術を導入しましたが、富国強兵、産業立国の名のもとに、道路や鉄道、河川の整備を優先し、住環境の改善や景観問題は後回しにしてきました。ようやく、一九一九年の都市計画法の制定に伴い、用途地域制と共に「風致地区」の制度がつくられ、全国の歴史都市に指定されていきます。京都では一九三〇年に初めて指定され、周囲の山並みの景観や山麓部の社寺景観が保護されます。この制度は土地の造成や建築行為などに一定の制約を課すものです。京都では、その後拡大を重ね、現在では都市計画区域の約四〇パーセントに達しています。私はこれを第一期の施策と位置づけています。

一九五〇年代後半から始まる経済の高度成長は、日本の歴史都市を大きく変えていきます。日本の三大古都、奈良、京都、鎌倉においても、深刻な景観問題が次々に起こります。自治体の官民挙げての運動の結果、一九六六年に「古都保存法」が制定され、歴史都市に集積する文化遺産とその周辺の自然が一体になった歴史的風土が保存されることになります。ここでは、一切の開発行為が禁止され、この補償措置として土地の買い上げが行われています。これを第二期の施策と位置づけています。

第一期、第二期は、国の制度創設により景観問題に対応したという特徴を持っています。また、日本の歴史都市は、

周辺の山地部や樹林地などに文化遺産が集積する例が多いことから、風致地区や古都保存法の制度が作られたのです。中国でも南京などは都市周辺に自然景観が多く残り、ここに文化遺産が点在し、これらが風景区として保護されています。しかし、中国の多くの歴史都市は、山が遠く平原に立地しているように思います。日本との相違点や類似点をお教えください。（大西國太郎）

（往信・二伸）

前の手紙で述べましたように、日本の風致地区や古都保存法は主として市街地周辺部の自然豊かな地域を対象にしたものです。一部の風致地区や屋外広告物規制区域を除いては、市街地を対象にした本格的な景観の制度がなかったのです。

一九六〇年代後半に入りますと、京都では市街地の文化財周辺に高層ビルが建つ恐れが出てきました。また、京都タワー問題が起こり、類似する巨大な展望塔や電波塔、さらに長大な高架の道路や鉄道をチェックする制度が必要になってきました。伝統的な町家や町並みが衰退してきました。これらの課題を解決するため、京都では一九七二年、全国に先駆けて「京都市市街地景観条例」を制定したのです。その後、全国の多くの都市でさまざまな意図のもとに

景観条例が制定され、その数は一〇〇に達しています。これを京都での第三期の施策と位置づけています。

第一・第二期は国の制度創設によるものでしたが、第三期は自治体により制度が創設されたのです。また、伝統的な町並みの保存では、都市計画決定にみるような形式的なものではなく、行政と住民相互の意思疎通が充分に図られ、町並み保存のルールが決められていきました。住民参加よりも住民自決に近い形です。これも大きな特徴です。

京都ではその後の一九九〇年前後にかけて、前に述べました京都駅ビルや京都ホテルの問題が起こります。これらの問題への反省を込めて、さまざまな対応がなされます。市南部に超高層ビルの受け皿である高度集積地区を設けて対応したことは前に述べました。また、建築物高度制限緩和措置の見直しが図られ、風致地区制度を補完する「京都市自然風景保全地区条例」が創設されます。さらに、歴史的風土特別保存地区の大幅な拡大と、市街地景観条例を充実するための改正が行われます。そして、都心部などの歴史的な地区で、自主的なまちづくりや景観保全をめざす住民のルールづくりを促進しようとしています。これを京都での第四期の施策と位置づけています。

第四期の特徴は二つあります。一つは地方自治体による総合的な対策の強化です。もう一つは、第三期の町並み保存で芽生えた住民参加が、都心部などの歴史的な地区（幹線道路の内側）で一般化されようとしていることです。ここは、多数の中高層ビルに混じって伝統的な町家や町並みが点在するところです。職と住が共存し、さまざまな性格を持ち、更新の度合いも異なる街区がモザイク状に入り組んでいます。そして、街区によりそのめざすところは千差万別です。街区ごとに住民の自主的なまちづくりを促し、その合意するところをルール化していこうとしています。自治体は、この合意形成を技術的、資金的に支援しようとしています。

中国の社会経済が変貌していく中で、歴史都市が置かれてきた状況と、その節目ごとに取られてきた歴史都市保存施策の意義をお教えいただければ幸いです。（大西國太郎）

（返信）

このテーマについて大西教授は二通のお手紙で意見を示されました。社会の変遷に伴う京都の景観保全に関する一連の対策の詳細な分析は、北京や他の歴史都市にとっても大変参考になります。ここでは、北京の状況に照らして私の考えを述べたいと思います。

社会の変遷には政治経済や文化の変貌も含まれています。

都市の景観への影響は大変大きい。北京は八〇〇年の歴史を持つ、五つの王朝の古都です。いわゆる北京の「古都景観」は、都市の表層景観から深層にある無形の文化にいたるまで、豊かな地方的特色にあふれており、人々がよく言うところの「京味」文化であります。「京味」は衣食住から人々の行動様式に至るまで各方面に表れています。しかし、昨今この「京味」が非常に大きな挑戦を受けております。それは国内からのものでもあるし、国外からのものでもあります。ここには歴史の必然性、つまり文化の包容力が関係しています。特に現代的国際都市の一つである北京は、国内外の進んだ文化を吸収して内外との交流需要に応じていかねばならないのです。しかしながら一方で、北京は自らの「京味」文化の特色を保持してもいかねばなりません。それを都市景観に反映させ、保護継承し、北京固有の古都景観の特色を発展させねばなりません。

一九九〇年代の初めに制定された北京市のマスタープランの中で、別途「北京歴史文化名城保護計画」が制定され、古都景観の保護に関する以下の一〇項目の条件が出されました。

①都市の中軸線を保全し発展させる
②明清時代の北京城の凸型平面の輪郭形態を保持する
③北京市の沿革と密接な関連を持っている河川水系を保護する
④本来の碁盤状道路網の骨格と街路や胡同等の構造を保持する
⑤都市の特徴ある伝統的色彩を注意して取り入れる
⑥旧城内の建物の高さを制限し、伝統的空間構造を保持する
⑦旧城内の重要な景観上のヴィスタを保持する
⑧伝統的な街路両側の景観を保護する
⑨都市の広場を増設する
⑩古樹名木を保護する

一九九〇年代の後半にはさらに城内二四カ所の歴史文化保護地区に関する意見書が提出されました。この歴史文化保護地区は二つの部分に分かれています。第一の部分は、旧皇城の範囲内で、紫禁城（現故宮博物院）を取り囲む周囲の歴史的町並み、例えば南長街・北長街、南池子・北池子、景山前街・景山後街・景山東街・景山西街などです。これら以外の地域が第二の部分です。それには例えば、国子監成賢街、什刹海、鑼鼓巷、西四北一条から八条街、前門大柵欄、琉璃廠などの町並みがあります。この意見書は、古都景観の保護にとって大変重要な施策の一つといえます。目下、国子監成賢街と什刹海の両地区では、それぞれより詳細な保護計画と施策が作成され、顕著な効果を上げてお

ります。こういった北京の伝統的町並みの保護と日本の伝統的建造物群保存地区は、その原則から方法に至るまで全て非常に似通っておりますが、しかし日本には厳しい保存条例があり、またある程度の保存経費があります。他にも保存事業への民間の参入の度合いも比較的大きく、これらの点で北京はまだ隔たりがあります。北京市は現在のところ多くの経費を拠出することができず、市民の保存に対する意識もあまり高くありません。什刹海のようないくつかの保護地区では観光開発を通じて資金を導入し、環境の改善とモデル地区の建設を行うなど、いろいろと模索をしているところです。とはいえ、目標は明確に定まっているので、これからは保護と整備を通じて経済効果や社会的利益、環境改善の全体がバランスよく達成されていくことを望んでおります。（朱自煊）

3　歴史都市の保存制度の実際について

（往信）

中国の歴史都市の保存制度等については別章で王景慧先生が詳しく論じられていますが、日本の制度や実践との比較の中で改めてお聞きします。

歴史都市の保存を考える場合、一番の課題はいわゆる「保存と開発の調和」であることは言うまでもありません。歴史都市としての価値や魅力を保ちつつ、市民の生活環境の向上や都市経済の発展等を同時に達成する必要があります。それは具体的には道路建設等のさまざまな都市計画事業や住宅・事務所・店舗等の建設事業が、歴史的価値のある建造物や町並み等の周辺環境を圧迫する、もしくは破壊さえするといった形で現れます。そこで、歴史都市全体を見据え、保存と開発を高次なレベルで調整する総合的なまちづくり計画が必要になります。

日本においては、社会の成熟の中で経済発展だけではなく地域の歴史や文化をも重視する方向へと、まちづくりの方向が少しずつ変わっています。これに合わせて都市計画の制度もよりきめ細かく、かつ、地方分権に則ったものへと変化しつつあります。しかし、現状では、歴史都市の保存についての制度は非常に不十分です。例えば、歴史都市の保存に直接関係する法律は古都保存法や文化財保護法などがありますが、これらは歴史都市全体を対象とするものではなく、保存・保護されるのは一部の特別の区域や、指定等がされた文化財のみです。都市計画法による美観地区制度や地区計画等は歴史都市の景観保全に効果がありますが、それを運用しているのは京都などごく一部の都市にすぎません。また、独自条例で景観保全を図る市町村が増えていますが、都市計画決定による用途地域の指定や高さ制限が歴史的環境の保全にとっては緩やか過ぎて、必ずしも効果を上げていません。

京都や高山などの歴史都市では、他都市と比べて歴史的景観や文化財の保存は重要視されてはいますが、都市の全体計画の中では多くの部門別計画の一つであって、特別の卓越した位置づけがされているわけではありません。日本において歴史的景観や文化財の保存への関心は高まっているとはいえ、これを実現するには、まだまだ制度的にも拡大、拡充する必要があるのです。私は歴史都市においては、歴史・文化の保存や活用、および景観の保全が都市全体の重要目標として、都市計画のマスタープランに位置づけられる必要があると思います。

中国では「歴史文化名城」に指定された都市はそれぞれ「歴史文化名城保護計画」を都市の全体計画の中に組み込み、国の認可を必要とするとされています。そこで、この保護計画はどのような組織で検討されどのような内容が含まれるのか、他の都市計画上の地域地区の指定や具体的開発計画等との整合性をどうとっているのか、どのような事業を行うのか、またどのような行政機構で執行、管理されているのかなどについて、具体的に教えていただき、日本の都市保存施策の参考にしたいと思います。（苅谷勇雅）

(返信)

苅谷主任調査官の書簡を拝見しました。苅谷さんは大変深く詳細に述べておられ、この中で私はたくさんのことを学びました。やはりここでも国内の状況と結びつけて、中国の当面の歴史文化名城保護制度の進展状況をお話ししましょう。

中国は一九八二年以降、三度にわたって国家歴史文化名城のリストを発表してきました。第一次は一九八二年二月に二四都市の名城を発表しました。第二次は一九八六年一二月に三八都市、第三次は一九九四年七月に三七都市を発表し、全部で九九都市の名城になります。この他にも各省や市の制定する、省レベルや市レベルの歴史文化名城都市もあります。歴史文化名城保護計画の策定作業は一九八〇年代から始まりました。一九八三年には、城郷建設環境保護部[*5]が「歴史文化名城計画の進展に関する通知」を公布しました。一九九九年九月には建設部と国家文物局が「歴史文化名城保護計画策定の要請」を発布し、保護計画の内容、到達度および成果をより一層明確にしました。計画策定と管理を規範化して推し進めるよう促したのです。

政府機関の作業以外に、学術機関や監督機関も次々に設立されました。一九八四年には中国城市規劃学会が「歴史文化名城保護規劃学術委員会」を組織しました。一九八七年には中国城市科学研究会も「歴史文化名城研究会」を組織しました（一九九四年に「歴史文化名城委員会」と改称）。前者は純粋な学術機関です。後者の方は半官の機関であり、全国の名城都市の行政機関から人を派遣し専門家を交えて構成するものです。以上の二つの機関が毎年何らかの学術活動を展開し、名城保護を推し進めているのです。

一九九四年三月、建設部と国家文物局が共同して各方面の専門家を招請し、「全国歴史文化名城保護専門家委員会」を組織し、名城保護の法律の執行と監督および技術諮問に力を入れています。

一九九八年三月には、建設部を通じて同済大学内に国家歴史文化名城研究センターを設立するよう提案され、名城保護研修ワークショップが何度も開催され、全国の名城の専門官にトレーニングが行われました。

一九八五年一一月は、中国が「世界の文化遺産および自然遺産の保護に関する条約」（いわゆる「世界遺産条約」）の締約国となり、連続して「世界遺産保護委員会」の委員国に選ばれています。一九八七年から中国は国連のユネスコに世界遺産候補地のリストを推薦し始め、一九九七年一二月

までに一九の地が世界遺産リストに登録されました。そのうち平遙と麗江はすでに一九九七年の段階で歴史名城として世界遺産に登録されています。

名城保護計画には、「歴史文化保護地区」を作るということも含まれていますが、これは一九九三年建設部と国家文物局が湖北省襄樊市において「都市計画作業部会」を開いた際、建設部副部長の主旨報告において示されたものでした。これ以前には、一九九一年一〇月に中国城市規劃学会歴史文化名城規劃学術委員会が四川省の江堰市において定例委員会を開いたときに、歴史的地区に段階を設け、名城保護計画に組み入れるよう提言しています。

一九九六年六月には建設部規劃司（計画局）と中国城市規劃学会、中国建築学会が連合して「（国際）歴史的町並み保存シンポジウム」を安徽省黄山市屯渓で開催しました。このとき「屯渓老街の保存」を事例とし、中国歴史文化保護地区の設立や保護地区の計画策定、実施、管理、資金調達などについての理論と経験について議論がなされました。屯渓老街は清華大学建築学院都市計画系と黄山市の建設委員会が一九八五年から共同し（のち、黄山市計画局との共同となる）、一〇年余りにわたって保護、整備、再開発の仕事を行い、顕著な成果を上げてきました（その間一九九六年から九八年には、日本の専門家からの有益な共同も得られました）。一九八

七年八月にはまた、建設部の方から「黄山市屯渓老街歴史文化保護地区保護管理」という暫定措置が（黄山市に代わって）出されました。それにははっきりと「歴史文化保護地区は我が国の文化遺産の重要な構成要素である。文化財単体や歴史文化保護地区そして歴史文化名城の保存は、この一つの体系の中でどの一つの段階も欠いてはならず、またわが国の歴史文化名城保護事業の重点の一つである」と書かれています。

中国は歴史文化名城保護事業において一定の仕事をしてきましたが、中国は広大で、人口が多く、経済もまだ発達しておらず、法制度も整備途上であります。保護においてはなお多くの問題を抱えており、特に保護と開発の間の矛盾が常に際だっております。現地の行政機関は往々にして都市と地区の発展に目が行ってしまい、名城保護をおざなりにして、建設による破壊が常に発生しております。だからこそ日本の経験を学ぶべきなのです。（朱自煊）

4 歴史的集落・町並みの保存について

（往信）

日本では一九六〇年年代後半から、各地で歴史的集落や町並みの保存を目指す住民や市民団体の運動が展開され、これに応えて市町村が独自の保存措置を展開し、さらに一九七五年に国が文化財保護法、都市計画法を改正し、「伝統的建造物群保存地区」制度を作りました。都市や集落のうち、伝統的な建造物が群を成している地域を周辺環境と一体的に指定し、保護しようというものです。保存地区は市町村が都市計画や保存条例によって指定し、市町村の申し出を受けて国が重要伝統的建造物群保存地区に選定し、その保存事業について国と都道府県が市町村に対して技術的支援や財政的援助を行っています。

保存地区の保存事業は、その進展と事業手法についての理解の深まり等によって、文化財の保存事業としてだけではなく、歴史的個性の強い地域における効果的な町づくり手法として広く認識されるようになり、着実に地歩を固めています。これまでに文化庁の補助による保存対策調査だけでも全国一二〇カ所で実施され、このうち重要伝統的建造物群保存地区（以下伝建地区と呼ぶ）は現在では五七地区となり、今後も年間数カ所の増加が期待されています。

そして伝建地区とその周辺では、文化財建造物の個別の指定や登録も積極的に行われ、それらの保存修理および活用が進んでいます。また多くの省庁や都道府県、市町村による関連事業がさまざまに取り組まれ、歴史的風致が高まるとともに生活環境整備も進展しています。伝建地区とその周辺地域では、保存を中心としたまちづくり事業が地域住民の参加を得て活発に展開され、さらに拡大、深化しつつあるのです。

ところで中国でも歴史的集落・町並みの保存事業が各地で行われていますが、その着手前の学術調査や保存計画策定調査はどのように行われているのでしょうか。そして、地区指定における地域住民の参加や地方行政組織の役割、現状変更にかかる規制手法、保存事業における材料の確保、技術者・技能者の養成、事業経費の補助制度等保存事業の実際についてお教えください。

また、歴史的集落・町並みは、現代に生きる生活環境そのものであることから、現代的な生活水準の確保や都市機能の充実が求められます。地域によっては過疎化に苦しむところがあり、他方では商業や観光への圧力が増大しているところもあります。日本でもそのような現代的な諸要求・事象と保存事業との調整に努めているところですが、けっして容易ではありません。中国ではどのような取組みをされているのか、特にさまざまな現代的な要請を受けながら、歴史的集落・町並みの文化財としての価値の維持をどのように図っておられるのかについてお教えください。

（苅谷勇雅）

（返信）

苅谷主任調査官のお手紙で述べられている、歴史的集落や町並みを保存する伝統的建造物群保存地区に関するご経験は、私たちにとって大変参考になるものでした。私の個人的な経験からお話ししますと、一九七〇年代の終わりに初めて日本についてのこの方面の資料を目にしました。そして一九八三年には奈良と京都を訪ね、幸いにも当時まだ京都市役所にお勤めであった大西國太郎教授にお会いしました。私は祇園新橋、産寧坂などの伝統的建造物群保存地区を見学し、また奈良郊外の橿原市今井町に行きました。これらの場所はみな大変印象深く記憶に残り、以後私が北京の什刹海地区と屯渓老街の保護計画に携わったときの保存理論と方法の根拠となりました。このときの訪日ではまた、ありがたいことに大谷幸夫教授、茂木計一郎教授、片山和俊教授、上野邦一さんらからも経験談を伺い、討論し、教えていただきました。

中国は歴史的集落や町並みなどの方面においても保存すべき豊富な遺産があり、地区や民族が異なるため、それぞれに固有の特徴を持っています。例えば伝統的民家、なかんずく徽州民家、山西民家、北京四合院および福建の土楼、四川の吊脚楼、新疆やチベット民家などがあります。こういった民家集落が組み合わさってできた村落、例えば山西王家大院、喬家大院、徽州黟県宏村、西遞、南屏等はみな、国内外に名の知れた歴史的集落であり観光地であります。小さな町では江南の水郷都市の江蘇省同里と周庄、浙江省の南潯や西塘や烏鎮、そして四川省の羅城や雲南省の麗江などはすべて観光景勝地となっています。

これらの町や村は、かつては交通が不便で、経済的に停滞しており、大きな危機に直面しておらず、伝統的景観も割合良好に残っていました。しかしながら経済発展の勢いがある地区、あるいは幹線交通に近いところは、常に都市化や現代化の過程でさまざまな破壊にあっていました。一九九〇年代以降世界的に保存の気運が高まり、国内でも歴史文化を重視するようになり、小規模な町や村落および民家の保護も重要視されるようになりました。最初は専門家や研究者たちや計画部門によって注目され、調査が行われ、保護計画が継続して進められ、観光開発も抱き合わせるようになり、次第に気運が高まり、上海近郊の周庄、雲南省の麗江、徽州の黟県古民家保存などはみな非常に高い成果を上げています。

中国の都市化の過程においては極めて大切なことが一つあります。それは小規模な町の発展を強く進めること、そして大量の余剰農業人口を収容し、大きな人口の大都市への流入を防ぐことであります。だから多くの町で会合を開き、いかにして「千鎮一面（どこの町も同じ風景）」という弊害を防ぐかということを、極めて真剣に研究する必要があります。町や村においてどのようにして伝統と結びつけていき、特色を保っていくかということです。当面は旧城地区を保存し、ニュータウンを別途開発するという方法がわりあいうまくいっています。例えば同里や周庄、南潯などはこの方法で計画を立てています。村落の人口増加が大きくなくても、どのように生活の基盤施設を改善し、村民の生活の質を高め、生態環境を保護していくかなどという問題もあります。例えば西遞は、観光収入を活用して村民にガスコンロを支給し、伐採を禁じて周囲の山林を保護するということをやっています。宏村はちょうど今、水系の整備と汚水処理の問題を検討しているところです。（朱自煊）

5 歴史都市の未来

（往信）

最初のお便りで、日中諸都市の近代化の根っこに二つの宿命的な課題が横たわっていることを指摘しました。その一つ、日本の建築とスケールやデザインが全く異なる西欧の建築、この両者の調和の問題は、不十分ながらも景観対策で対応されてきました。ところが、もう一つの自動車交通と歩行者空間の調和の問題は、いまだ本格的な取組みには至っておりません。これは、二一世紀の世界の都市に共通する課題であり、中でも歴史都市が先頭に立って取り組むべき課題だと考えています。

京都を例にとって見ていきましょう。自動車が細街路に入ってくるまでは、歩行者空間のネットワークは、辛うじて保たれていました。現在では、歩行者空間はズタズタに分断されています。そして、このネットワークに接続していた歴史的な建造物や庭園、緑豊かな山麓樹林、河川の水辺などが、互いにそのつながりを失ってしまいました。これらは、人間的な尺度と人間の歩く速度に対応してつくられています。自動車交通や高速鉄道などのスピードとスケールが都市を支配し、ヒューマンスケールの空間が衰退してしまったのです。

二一世紀は、高速の交通網がつくるメジャーな骨組みに対抗して、ヒューマンスケールによる空間を組織的につくり上げていく必要があります。そのために歩行者空間の拡充を図り、文化遺産や緑、水系、さらに現代の文化施設や街路樹・緑地も加えて連携し、ネットワークを組み上げていく必要があります。このヒューマンスケールのネットワークは、市民の日常生活や憩いの場になるばかりでなく、景観の保全と創造の軸としても有効に働いていくものと考えています。

もう一つ、まちづくりの大きな課題があります。それは、市民参加のシステムをつくり上げることです。京都では先のお便りでも述べましたように、都心部などの歴史的地区で住民参加の試みが始められつつあります。さまざまな経験と試行錯誤を重ねて、京都にふさわしい参加システムを築いていく必要があります。これからの京都は、この住民参加によって身近な文化遺産が守られ、京都にふさわしい景観が創造されていくでしょう。

そして、残り少なくなった各種の文化遺産、京都でいうと江戸期の社寺や近代の洋風建築、伝統的な町家や町並みを悉皆調査し、景観資源としても活用していく必要があります。また、町家や町並みの大々的な復元も視野に入れたまちづくりも必要ではないでしょうか。

中国に例をとっていただき、二一世紀における歴史都市がどのような方向に歩み出すべきなのか、朱教授のご意見をお寄せいただければ幸いです。(大西國太郎)

（返信）

歴史都市の未来についての大西教授の見解は、私たちが憧れるような一枚の輝かしい未来の歴史都市の青図を描いてくれています。歴史都市の中では、多くの文化遺産が周辺の緑地や水系、遊歩道そして市民の憩いの場を伴いつつ、人の尺度（human scale）に合わせて一つの完成された体系を形作っております。私の思い出の中では、京都の東山一帯、清水寺から産寧坂、高台寺、八坂神社、青蓮院、そしてずっと祇園新橋までが、この一枚の青図の真実を照らし出したものです。私は三回以上訪れており、非常によい印象を持っています。ですから私は未来の都市が、自然環境と歴史文化の高度な融合でなければならず、そして人を中心として歴史・伝統と現代生活がうまく両立し、また豊かな伝統景観があって活力に満ちた生活の場であらねばならないと、こう思っております。

こういう観点から中国のここ一〇〇年の歴史文化名城を検討してみると、まだまだ大きな隔たりがあります。一番大きいのは保存の意識の問題です。人々は常に歴史遺産を全く変化しないものとしてみており、保護と発展の両者を対立するものと捉えております。保護と活用を、継承し発展させ結合するものとしてとらえるものはおりません。

次に問題なのは、財政力や物量、人材、技術レベルを含む、経済発展の程度の限界です。そして三番目は、健全な法制度と保償制度がないことです。現在のところはとても良好なスタートを切ったというべきかもしれません。歴史文化名城保護にとって比較的整った体系をまず立ち上げ、それなりの機関が設立されました。しかしながらまだ責任は重く、道は遠い。また一方で、全国各地の名城保護には不均衡が見られます。あるところでは世界遺産への申請に邁進しています。例えば平遥、麗江はすでに批准され、西遞、宏村や都江堰、青城山ではまさに世界遺産リスト登録を申請しているところです。目下のところ全国的に見ると、今まさに西部地域の大開発政策が準備されており、西部地域の一部の歴史文化名城にとって、ちょうど良い機会でもあるし、深刻な危機に面しているとも言えます。こういった地域の、保存に対する意識や経済レベルは一層低いため、うっかりしている間に重大な損失を被る可能性があります。

二一世紀に当たって歴史都市がやるべき仕事は非常にたくさんあります。とりあえずは「保護を基本として、まず応急処置」の精神に立って、保護すべき歴史遺産を確実に保存していき、急激に変化する時代の歯車の中から緊急に救い出さねばなりません。そのあとで未来都市の発展の目標をしっかりと考えればよいのです。ちょうど大西教授が描いているような目標です。どのような歴史文化名城を築くか。この目標が定まれば、あとはうまくいきます。それぞれの条件に基づいて、一歩一歩努力して実現させていけばいいのです。

（朱自煊）

あとがき

共編者である清華大学の朱自煊教授との出会いは、確か一九八三年であったと思う。朱教授が歴史都市の保全対策調査のために来日され、京都市の計画局に筆者を訪ねてこられた。私が京都のまちづくりと景観対策について説明したことを覚えている。大変熱心でしかも的確な質問をされたので、印象に強く残っていた。

その後、八八年に西安市で日中共同研究を開始したときには、まず、北京の清華大学に朱教授を訪ねて中国全体の都市建設や保全対策の動向をお聞きし、北京市や西安市の幹部をご紹介いただいた。私の中国での人脈づくりの根源をつくっていただいたと感謝している。朱先生の清華大学チームとわれわれ京都グループとの共同研究が実現するのは、ずうっと後年の九六年になる。安徽省・黄山市・屯渓老街地域でようやく共同することができた。

朱教授の北京市・什刹海地区や黄山市・屯渓老街商店街の保存に対する熱意は、並々ならぬものがあり、頭が下がる思いがする。学者の域をはるかに超えて、地元に密着したかたちで指導に当たっておられ、地元の人々の信頼も厚い。訪中によく同行する留学生の韓一兵君が、京都でのかつての私の活動振りと重ねてよく似ていると言う。だからよく馬が合うのですよと言う。私は市の職員としての活動であったが、先生は間接的な立場であり、側で見ていても

大変な苦労である。誠に敬服する思いである。

本書では、朱教授に冒頭で一九四九年の新中国の成立時から今日の経済改革・開放に至るまでの都市建設の状況を紹介していただいている。さらに、中国の歴史都市保存のメッカである同済大学の阮儀三教授（中国政府建設部・同済大学の共同設立になる中国都市建設幹部養成センター主任）と、中国政府・建設部城市規劃司の王景慧副司長（副局長／現中国城市規劃司設計研究員総規劃師）に、執筆していただいている。両先生とは九〇年代初めに奈良シルクロード財団主催のシンポジウムでお会いして以来のお付き合いである。そのシンポジウムで、私が西安での京都グループの調査研究を紹介したところ、阮先生から的を射た鋭い質問があった。中国の歴史都市をどのように保存していくべきなのか、真摯な問いが内に込められていた。いまも、その場面が頭に残っている。王先生は「歴史文化名城」制度の実質的な創設者であり、今後これをどのように運用していくべきなのか、その自信と悩みを素直に表現されるその態度が大変印象深かった。

また、本書では西安・黄山両市以外に歴史的な都市や集落一八カ所を選び、保全の在り方を模索する姿を描いている。朱自煊教授、同済大学の阮儀三教授の研究室チームのほか、西安の名門大学である西安冶金建築学院（現西安建築

科技大学）・建築学部長の周若祁教授に加わっていただき、中国各地のさまざまな歴史都市の実態とその苦悩する姿を描いていただいている。

西安市では、同市城市規劃局技術陣の総元締めである韓驥副局長やその後任の黄源鋼副局長のバックアップで、七年にわたる共同研究を進めることができた。中国は、法治よりも人治に近いところがあり、キイ・パーソンの存在は欠かせない。両氏の陣頭指揮の下では極めてスムーズにことが運ぶが、不在のときには、たちまちスローダウンしてしまうという不思議な場面に何度も出くわした。

中国と日本では、その社会システムやものの考え方、感性が大きく異なるため、共同研究を軌道にのせるまでには、さまざまな障害を乗り越えていく必要があった。加えて言葉の問題が横たわっている。日中双方の意見の食い違いを調整し、妥協点を見つけ出していくまでには、辛抱強い交渉が欠かせない。大切な局面での交渉に参加してくれた留学生の白林、韓一兵の両君（京都芸術短期大学卒業生）抜きには語れない。

西安市で日中共同研究を開始した八八年には、招待機関である同市外事弁公室（外事局）と世話役の同市建築設計研究院との意向が食い違い、中に挟まれて大いに困惑したことがあった。ちょうど一時帰国していた白林君（現中国・北方交通大学教授）が、通訳の枠を超えて、関係機関の間を走り回ってくれた。その奔走の結果、所定の調査を無事終えることができた。

九六年春の黄山市との交渉では、実態調査の精度や作業分担、研究費の配分を巡って、同市建設委員会（聶万鈞主任）とわれわれ京都グループとの意見が大きく食い違った。私と大阪市立大学の谷直樹教授が折衝に当たり、夜を徹して準備書面を作った。この時は、京都大学の大学院生であった韓一兵君（現中国国務院三峡工程建設委員会移民開発局・規劃師）が通訳だけでなく、京都グループの意図を詳しく解説し、妥協案づくりまで関与してくれ、ようやく丸二日にわたる交渉が決着した。その後の黄山市当局の調査準備は見事なものであった。この数年前に父君である西安市城市規劃局の韓副局長から一兵君を託されたときには、か細く少年のようであったが、このように逞しく成長したのかと思うと感一入であった。

西安市では同市の城市規劃局（楊文暁局長）とその傘下の城市規劃設計研究院（黄源鋼院長）との共同を軸にして、西安冶金建築学院の周若祁教授のチーム、西安交通大学・王西京専任講師のチームの参加を得て、共同研究の輪を広げていった。八八年に始まる一次調査では、城市規劃局の側面支援を得て、京都グループが実態調査から分析までこなした。状況がわかってきた二次・三次の調査（九一年～九四年）では、城市規劃設計研究院、西安冶金建築学院、西安交通大学、京都グループがそれぞれ得意面を生かして実態調査を分担し合った。さらに地元の居民委員会の協力を得てアンケート調査やヒアリング調査、観察調査を実施した。日中メンバー間の交流も大変盛んになり、地元の人たちとの交流の輪も広がっていった。これらの交流がきっかけになって、後年京都グループの新井理恵さん（京都環境計画研究所チーム）と西安市城市規劃設計研究院の俎志峰君の二人が結ばれることになる。

われわれの京都グループも当初は京都芸術短期大学（現京都造形芸術大学）の私と横内敏人（現京都造形芸術大学教授）、荒川朱美（現京都造形芸術大学助教授）を始めとする教員・学生チームと、京都市計画局から立入慎造元景観係長（現同局営繕課課長補佐）、苅谷勇雅景観係長（現文化庁建造物課主任調査官）の参加を得て共同研究を進めた。その後、大阪市立大学の谷直樹教授と大阪府立西野田工業高校の植松清志教諭（現大阪人間科学大学助教授）に市立大学の学生を加えたチーム、京都環境計画研究所の西尾信廣所長（後に聖母女子短期大学教授）のチーム、聖母女子短期大学の久保妙子助教授、平瀬敏明京都芸術短期大学助教授（現京都造形芸術大学助教授）等の参加を得て、その輪は大きく広がっていった。黄山市の共同研究では、このメンバーが集中的に参加した。清華大学と日本側各大学の学生たちの交流も活発になり、和気あいあいのうちに調査が進んだ。地元の人たちとの交流も学生たちが加わると賑やかなものになり、草の根の日中交流の輪が広がっていった。理科系ではトップと言われるだけあって、清華大学大学院の学生たちは優秀であるばかりでなく、大変熱心であった。実地調査の結果が次の朝には完成図面になっていた。京都グループとの共同による詳細な調査が大変勉強になったと、何回も握手を求めて感激してくれる清華大学の学生も出てきた。

黄山市の共同研究では黄山市建設委員会、清華大学、京都グループが実態調査を分担し合い、三者がそれぞれ計画案を出すかたちで進め、さらに地元の居民委員会の協力を得てアンケート調査を実施した。このように、日中の大学、市政府、地域住民が協力し合って、裏通りも含めた屯渓老街地域全体の保存再生を検討する態勢が整ってきている。

西安・黄山両市での炎熱下の実態調査や真冬の踏査、激論を戦わせた日中会議の場、日中の習慣の違いに笑い興じた宴席の場、地元の人たちとの心温まる交流、こうした日々の経験の積み重ねの中から実践的な研究手法が生まれ、これが計画へとつながってきた。

この十余年を振り返ってみると、八六年頃の準備段階からようやく西安市で第一次調査にこぎ着けた八八年、その後の二次、三次調査から九六年着手の黄山市の調査にいたるまで、誠に紆余曲折を経てここまできたという思いがする。この間、決して順調に進んできたわけではない。しかし、日中のメンバーが本音を出し合い、議論を重ねて今日に至ったところに意義があると考えている。今後とも日中の研究交流に微力を尽くしたいと思う。

二〇〇〇年九月

大西國太郎

大西教授の「あとがき」の中では、われわれの交流について、西安と屯渓の二度の共同研究について、そして本書の共同編集について、すでに大変詳細に書かれています。私もそれ以上お話しすることはありません。ただ一つ強調したいのは、中国の古い言葉にある「志同道合」[*1]ということです。私は大西教授という専門家であり、友人であり、同道（同じ道を志す人）を持って、大変心強く思っています。私たちの有意義な共同研究を大変誇りに思っております。これからもチャンスがあれば是非また研究をご一緒したいと願う次第です。

二〇〇〇年九月

朱自煊

★西安・黄山両市での日中共同研究に協力・支援いただいた関係機関

（日本側）京都市都市計画局、京都市外事室、京都芸術短期大学（現京都造形芸術大学）。

（中国側）西安市外事弁公室、同市建築設計研究院、同市城市規劃管理環境保護局、同市城市規劃設計研究院、西安冶金建築学院（現西安建築科技大学）、西安交通大学、西安市碑林区建設環境保護委員会、碑林区三学街居民委員会。黄山市城郷建設環境保護委員会、同市城市規劃局、同市房地産管理局、同市城市規劃設計研究院、同市建築設計研究院、同市城市測量隊。同市屯渓老街保護管理処、同市屯渓老街居民委員会。

★西安・黄山両市での日中共同研究の主な参画者（執筆者以外、現は現職、その他は当時の職名）

（日本側）横内敏人現京都造形芸術大学教授、平瀬敏明現京都造形芸術大学助教授、新井理恵新井設計室主宰、白林現北方交通大学建築学院教授・韓一兵現中国国務院三峡工程建設委員会移民開発局規劃師（京都芸術短期大学卒業生）、京都芸術短期大学専攻科建築デザインコース学生諸君、大阪市立大学住居学科学生諸君。

（中国側）黄源鋼西安市城市規劃管理環境保護局副局長、同市城市規劃設計研究院・高暁基院長・桂志遠元顧問、高省安総体企画室主任、陳国平規劃師、李群西安市碑林区建設環境保護委員会主任。西安冶金建築学院（現西安建築科技大学）劉克誠副教授・肖威専任講師、王西京西安交通大学専任講師。譚縦波現清華大学建築学院副教授、清華大学建築学院大学院学生諸君。黄山市城郷建設環境保護委員会程遠副主任・詹平同副主任、王日東同市城市規劃局長、万国慶同市城市規劃設計研究院副院長、張承侠同市建築設計研究院総建築師、項峰華同市城市測量隊隊長、陳延年同市屯渓老街保護管理処主任。

資料

訳注及び注

序論1　新中国の都市建設

*1——第一次五カ年計画：一九五三年から五七年までの五年間に達成すべく設定された国家的目標で、「工業化の基礎を築き国防を強化し、人民の物質的文化的生活レベルを引き上げ、中国が社会主義経済の道を進んでいくことを示す」ことを目指した。この時期はソ連の経験や技術、経済援助に頼り、極端な重工業化に偏重して工業と農業のバランスを欠き、中央への権力集中と官僚主義が強まる結果となった。

*2——国務院：「中央人民政府」であり、最高の国家行政機関で、日本の内閣に相当する。外交部や国防部などの部と国家計画委員会、国家教育委員会などの委員会を設置している。首相は朱鎔基（二〇〇一年四月現在）。

*3——国家計画委員会：国務院の長期経済計画を策定する機関。現在は国家発展計画委員会と国家経済貿易委員会に発展的解消した。

*4——城市建設部：都市部の建設行政を管轄する。現在は建設部となっている。

*5——城市規劃院：都市計画院。都市計画を実際に調査計画する組織。

*6——建築設計院：実際の建築設計をする単位。各行政レベルや大学などにおかれた。

*7——市政設計院：都市基盤施設を計画・設計する組織。

*8——大躍進：一九五八年から毛沢東が呼びかけ、五月の八全大会第二回会議で、できるだけ早く現代的な工業・農業および科学・文化を持つ強大な社会主義国を建設するという決議が採択されて、全国的に巻き起こった大規模な大衆運動であり、そのスローガン。鉄鋼の増産のために伝統的な土法炉による生産まで行われたり、農村の夫人たちも生産に加えるために公共食堂をつくって家庭での食事をやめたりしたが、かえって生産を破壊する結果となった。

*9——文化大革命：正式には「無産階級（プロレタリア）文化大革命」という。一九六六年「五・一六通達」から七六年一〇月の「四人組」失脚までの約一〇年間にわたる大規模な政治運動。「四旧打破（古い文化・思想・風俗・習慣の打破）」を叫んで各地で文化財が破壊された。文革と略称される。

*10——中国共産党中央：中国共産党の組織は、中央、地方、基礎、党員から構成されている。中央には、全国代表大会、中央委員会、政治局、書記処、中央顧問委員会などの中央直属の機関がある。

*11——下放：文革期、「再教育」を受けるためという理由で、実権派幹部や知識青年たちを農村に行かせて農業労働につかせたこと。数千万人の都市の知識層が下放された。

*12——四人組：文革の急進派であった四人、すなわち党政治局員で毛沢東の妻江青、副首相で党政治局常務委員の張春橋、党副主席王洪文、党政治局員の姚文元を指す。毛沢東の死後、反革命集団であるとされ華国鋒らの党中央によって逮捕された。

*13——中共中央書記処：中国共産党中央組織の書記処。政治局および政治局常務委員会の統括のもとで、党中央の日常の業務を処理するところ。

*14——国家建設委員会：当時の建設部。

*15——市、県、鎮：中国の行政区画は「四級制」といい、第一級（省級）は省、自治区、直轄市、特別行政区で、第二級は地区級市や直轄

市の下にある区、第三級は県級の市や県、区、第四級に郷と鎮がある。

*16――価値の高い文化財を豊富に残し、伝統的な都市の配置や構造を持ち、伝統的な景観を残す町並みを有し、それらがその都市を性格づけているような都市や集落を歴史的文化名城として国が指定したもの。指定されると、その市町村が都市（または地域）計画の中に保護区を設け保護計画を策定して、保護に責任を持つことになっている。

*17――郷鎮企業：農村部に急速に発達した、人民公社時代の社隊企業を母体とする郷営や村営、複数農家の共同経営や、個人経営の企業。

*18――省、市、自治区：中国の行政区画の中で一番上部の一級行政区画。二二省、五自治区、四直轄市がある。

*19――全国人民代表大会常務委員会：閉会中の各委員会を統括する委員会。現在の委員長は李鵬（二〇〇一年四月現在）。

*20――南巡講話：一九九二年一月から二月にかけて、鄧小平が武昌、深圳、珠海、上海などの南方諸都市を視察した際、各地の指導者に語った談話のこと。南方談話とも言う。大胆な改革開放、経済発展の加速などを説き、「鄧小平文選」第三巻に収録されて、全国的に伝えられ、投資熱を引き起こし、経済の二桁成長につながった。

*21――（作者注）宋春華「房地産業発展与城市規劃調整」（『城市規劃』一九九五年二期）

*22――建設部：建設行政を掌握する機関。日本の国土建設省にあたる。

序論2「歴史文化名城」の指定と対策

*1――文物保護法：現行のものは一九八二年に制定された「中華人民共和国文物保護法」で、全八章三三条からなる。

*2――中国営造学社：一九二九年、北平（現北京）において朱啓鈐らによって設立された古建築の調査・研究をする学術組織。学術雑誌『営造学社彙刊』を発行した。

*3――梁思成（一九〇一～一九七二）：中国近代を代表する建築家、建築史家であり、建築教育者。清華大学の前身、清華学堂を出て、アメリカのペンシルバニア大学、ハーバード大学へ留学し、一九二八年東北大学に設けられた中国初の建築系主任教授に就任。その後中央研究院院士、清華大学建築系主任等を歴任し、「薊県独楽寺観音閣山門考」等の調査研究や、『中国建築史』、『清式営造則例』等の著作、「人民英雄記念碑」等の国の重要な設計活動を行った。

*4――三回の指定：第一回は一九六一年三月四日、第二回は一九八二年二月一三日、第三回は一九八八年一月一三日にそれぞれ発布された。

*5――「関於中央人民政府行政中心区位置的建議」（『梁思成文集・四』中国建築工業出版社、一九八六年、北京）、「北京――都市規劃無比傑作」（『新観察』第二巻第七、八期、一九五一年四月）等を参照。

*6――西郊外にニュータウンを建設する計画案：一九五〇年二月梁思成が陳占祥との連名で「中央人民政府行政センターの位置に関する建議」を行い、旧城外のすぐ西側の地に官庁が集中する行政区を計画し、旧城内は住宅や商業地区とするなどの計画を提案した。「関於中央人民政府行政中心区位置的建議」（『梁思成文集・四』前掲）を参照。

*7――中国の歴史上の七大首都：六大古都や九大古都などのさまざまな言い方があって、基本的な六大首都は、洛陽・西安・開封・南京・北京・杭州であるが、さらに安陽等を加える。

*8――孔府、孔廟、孔林：孔廟は代々孔子の子孫が孔子を祀り祭祀を執り行ってきた廟。その東隣に孔子の子孫が住んできた邸宅、孔府がある。孔林は孔子とその一族の墓所で、漢代の史家司馬遷も訪れたところ。

*9――主な審査内容は以下のようなものである。

・都市の歴史的文化的価値
・歴史文化名城保護の原則と保護作業のポイント
・古城機能の改善や用地の選定や調整、古城の空間形態やパースペクティブの保護などを含めた、都市政策全体からみた歴史文化名城保護の施策
・各クラスの重点文物保護単位の保護範囲や建設規制地帯、各種歴史文化保護区の範囲における保護と整備の施策条件
・重要歴史文化財に対する修理、利用および展示の計画
・重要保護・整備地区の詳細な計画案、等。

*10——一九九七年より国家計画委員会、財務部が正式に国家歴史文化名城保護基金を設立し、五年間継続して歴史文化名城内の歴史的町並みに対して保護資金の援助をすることが決まった。毎年総額三〇〇〇万元（国家計画委員会と財政部がそれぞれ一五〇〇万元ずつ）の基金を、主に歴史的町並みの伝統的建築物の修理とインフラ設備の改善の、二つの方面に拠出する。これが歴史的町並み保存事業の実現とさらなる発展を促進したことは間違いない。基金設立からすでに三年以上が経つが、今後も継続していくと思われる。

第1章　首都北京

*1——『周礼・考工記』の王城モデル：春秋戦国期の斉国人が記録したといわれる『周礼』考工記・匠人の項に、「匠人営国、方九里、旁三門、国中九経九緯、経塗九軌、左祖右社、面朝后市、市朝一夫」、つまり「王城は九里四方の正方形で、各辺に三つの城門を設ける。城内には南北方向に九条、東西方向に九条の幹線道を通し、それぞれ各城門につながっている。道幅は九軌（一軌＝八尺）にする。王宮は城内中央にあり、左手には宗廟、右手には社稷、手前には朝廷、後方には市場をおく。市場と朝廷の広さは一夫（夫＝百歩）平方である」と書かれており、古くから理想の王城とされた。

*2——宮城：都城内において、皇室が使用する宮殿区域とそれを取り囲む城壁の部分をいう。ちなみに皇城は、宮城とそのそばにある各衙門の区域とそれを取り囲む城壁の部分をいう。つまり宮城は皇城の中にある。

*3——太廟：天子の祖廟。

*4——社稷壇：皇帝が土地の神と五穀の神に対する祭祀を執り行うところ。

*5——*1参照。

*6——*1参照。

*7——*1参照。

*8——郭守敬（一二三一～一三一六）字は若思、河北邢台の人で元代の都水監（水利事業を管轄する官）。元の大都（北京）の水源を開削し、通州から大運河を引いて大都の北西端まで繋げるなど、北京の水利事業に大きく貢献した。

*9——京杭大運河：北京と杭州を結ぶ南北水運の大動脈。

*10——前朝：皇城内の政を行う部分。皇室の私的な部分を後寝という。

*11——外城：内城以外の地区をいう。

*12——皇城：*2参照。

*13——天地壇と先農壇：皇帝が天と地に祭祀を捧げる天地壇と、農業・医薬・交易の始祖とされる伝説上の皇帝を祀る先農壇。清代には個別に地壇、日壇、月壇がつくられ、天地壇は天壇と改称された。

*14——鐘楼、鼓楼：往時、時を告げるために建てられた鐘楼は、楼閣建築の内部に大きな鐘をつるしたもので、鼓楼はかつて信号伝達用に使われた太鼓をつるしたもの。

*15——九門制度：*1参照。

*16——甕城と箭楼：甕城は、城門の外側をさらに半円形や方形の城壁で囲い、門を設けた部分。入城の際、まず外側の城門から半円形の部分に入り、外側城門を閉めてから、さらに内側の門を開けて城内へ入る仕組み。箭楼は、城門上に建つ楼で壁にたくさんの狭間が穿たれているもの。例えば天安門広場の南に残る前門箭楼がそうである。

*17——慈禧太后（一八三五～一九〇八）：いわゆる西太后のこと。姓はイェホナラ氏。清の文宗咸豊の妃で、穆宗同治帝の母。

*18——国民党政府：一九一二年に中華民国を建てた政府。初代総統は孫中山（孫文）。

*19——梁思成：序論2の*3参照。

*20——序論2の*6参照。

*21——分散集団式：一九五八年に計画された北京市都市計画における配置計画の方式。北京旧城を中心として、その四方にいくつかのニュータウンを分布させ、旧城とニュータウン間およびニュータウン相互間に農地や緑地を配して隔離地帯を形成する配置方式。総合的な商業・文化・行政サービスセンターと十分な住宅数を持ち、基本的な生活が区域内で完結できるニュータウン（集団）を分散させるという意味。

*22——十大建築：建国一〇周年事業として建てられた一〇の大型公共建築。人民大会堂、中国革命博物館と中国歴史博物館の建物、中国人民革命軍事博物館、全国農業展覧館、民族文化宮、北京車站、北京工人体育場、民族飯店、華僑大厦、中国美術館。

*23——南二環路：二環路はかつての内城城壁のあったところに作られた環状道路であり、南二環路はその南の部分をいう。

*24——王府：皇族の邸宅。

*25——三中全会：第一〇期中央委員会総会第三回会議のこと。一九七七年七月に開催された。鄧小平が政治の場に再復活したり、政治路線が大きく転換された重要な意義を持つ会議であった。

*26——中共中央書記処：序論1の*13に同じ。

*27——五つ星クラスのホテル：中国ではホテルのランクを五段階に分け、星の数で表しており、五つ星が最上級。

*28——六大古都：序論2の*7参照。

*29——文物保護単位：中国では日本の文化財に相当するものを「文物」と呼び、国や省、市などが保護の対象に指定した不動の文物を「文物保護単位」と呼ぶ。

*30——坊・巷・胡同：坊は昔時、碁盤状になった道路によって区画された、碁盤の目の部分を指したが、現在では路地や巷の意味に使われる。巷は大通りから入る細い横町や路地の意味で、南方でよく使われる。北方では胡同ということが多い。胡同はもとはモンゴル語で、現在も元の大都の胡同が残っている場所がある。

*31——ヴィスタ：vista（イタリア語）「通景」「見通し景」ともいう。視点から主対象に向かって視線が導かれていくように視界の両側が隔てられたような景のこと。視点と対象を結ぶ線を見通し線といい、対象を終点もしくは焦点といい、視界の両側を隔てるものを絞りという。絞りになるのは道路の両側の並木や建築物。

*32——銭荘：中国の昔の両替商。

*33——匯通祠：什刹海の北西にある小島の上にあった。明代の永楽年間に創建され、かつては法華寺とも呼ばれ、鎮水観音庵とも別称された。清乾隆二六年（一七六一）に再建されたときに匯通祠と改称された。地下鉄の建設が行われたときに壊されたが、現在は再建されている。

*34――郭守敬記念館：*8参照。

*35――街道事務所：現中国の政権の末端組織。この上に区人民政府があり、さらに市人民政府がある。

*36――北京市都市科学研究会：北京市城市科学研究会。

*37――北京市計画学会：北京市規劃学会。

*38――国子監：昔時、都におかれた国の最高学府。北京には東城区国子監街に元・明・清三代の国子監が現存している。

*39――孔廟：孔子廟のこと。文廟ともいう。

*40――牌坊：牌楼ともいう。昔時、忠臣や孝子、節婦を賞して建てられた記念碑的建造物。道路をまたいで建てられたり、園林内や陵墓の参道、寺廟に建てられる。一般的には、二本の柱を貫でつなぎ、その上に組み物を載せて屋根をかけたような形式が多い。木造や石造、琉璃磚造などがある。

*41――雍和宮：東城区の地下鉄雍和宮駅南にあるラマ廟。清の康熙三三年（一六九四）に後の雍正帝の住まいとして建てられたのが最初。雍正帝が亡くなった後、棺を安置するために改修を行い、皇室の建物にしか認められていない黄色の琉璃瓦に葺き変えられ現在に至る。

*42――地壇：東城区安定門外にある、皇帝が夏至の日に地の神に祭祀を行う場所。明の嘉靖九年（一五三〇）につくられた。

*43――北京市文物局：北京市の文化財行政機関。

*44――東城区規劃局：東城区計画局。

*45――国子監の建築配置：北京の国子監は、東隣に孔廟があり「左廟右学」の伝統的配置をとる。また国子監内の配置も「座北朝南」すなわち南向きで、周の天子が設けた大学の名をとった建物「辟雍」を敷地の中心に置き、その周りをぐるっと池で囲む、「辟雍泮水」という配置形式で、この辟雍を通る中軸線に対称的にその他の建物が配置されている。

第2章　模索する歴史都市

1　安陽

*1――商王：中国では殷の時代、都を商邑に置いていたので「商」と呼んでいる。

*2――周易：古代の占筮用の書。『易経』ともいう。

*3――磚：粘土を固めて成形し、日干しした後高温で焼成した建築材料。焼成過程の違いで、西洋の煉瓦のように赤くならず、グレーや銀ねず黒色を呈している。積み上げて壁や柱などの構造体にするほか、磨き上げた磚を壁や床に貼って化粧材としても使われる。

*4――角楼：城壁の角の凸型に張り出した部分に建てられる建物。

*5――敵楼：城壁の上に設けられる敵情を見張る望楼。

*6――警舗：警備用の小屋。

*7――九府十八巷七十二胡同：九ヶ所の府第、十八の街道、七十二の胡同の意味。

*8――城隍廟：城隍は冥界の裁判官で都市や町を主管しているとされ、都城守護の廟。

*9――箭楼：首都北京*16参照。

*10――照壁と神道：照壁は影壁ともいう。大門などの正門からある程度の距離を離して設けられる壁。大門の内側に設けられる場合は外から来る人の視線を遮るという作用がある。他にも大門の外に置かれる場合、例えば宮殿や廟、邸宅などの正門に面して設けられたり、大通りを隔てたところに設けられたりする場合もある。神道は陵墓への参道のこと。

2 平遙

*1——版築工法：土をつき固めて壁や城壁、建物の基壇などを造る工法。型枠をこしらえその中に土を充填して棒や夯という道具で突く。つき固まったら型枠をさらに上方へずらして同様に土を入れつき固め、だんだん高くしてゆく。

*2——磚：安陽*3参照。

*3——城台：城壁の出っ張っていて高くなっているところ。後出の馬面に同じ。

*4——堞楼：敵楼に同じ。安陽*5参照。

*5——魁星楼：魁星は北斗の第一星を指し、文運を司るとされる。

*6——角楼：安陽*4参照。

*7——里外門：甕城に同じ。北京*16参照。

*8——八卦図：「易経」にある陰陽の爻（こう）の組み合わせでつくる八つの図（卦）と、さらにその八つの図の組み合わせでつくる六四の卦を円盤上に配した図のこと。

*9——城隍廟：安陽*8参照。

*10——文廟：孔子廟のこと。

*11——武廟：明清時代、文廟に対して、関羽を祀った廟を武廟といった。民国にはさらに岳飛も共に合祀したものを武廟といった。

*12——道観：道教の廟。

*13——馬面：城壁が外に向かって張り出している部分。

3 開封

*1——汴梁、夷門：古代開封は大梁と呼ばれており、北周時代に汴州と改称された。夷門は戦国時代大梁城の東門。つまり開封の地の利がよく大梁城が名城であることを言ったもの。

*2——漳浦趙家城：福建省。廈門の南西。

*3——琉璃塔：琉璃磚や琉璃瓦で造った塔。

*4——『如夢録』：清代の常茂徠の撰。明代開封の社会経済状況について記したもの。

*5——磚：安陽*3参照。

*6——「円明園式」：実際のところ、一七六〇年清の乾隆皇帝によって建てられた円明園内の西洋楼というよりも、アヘン戦争以降の西洋建築のディテールを模倣したようなデザインと思われる。当時の人々にとって円明園が西洋建築一般を象徴していた。

*7——磚彫：磚を削って装飾を施したり、役モノの磚を焼いたものを取り付けたりすること。

4 洛陽

*1——仰韶文化：黄河流域の新石器文化。河南省澠池県仰韶村で最初に発見される。彩色陶器が特色である。

*2——河図洛書：中国古代の伝説で、伏義の世に黄河からでた龍馬の背中に書いてあったという図と、夏の禹王が洪水を治めたとき洛水から出た新亀の背に書かれてあったという文字。河図は易の卦、洛書は『書経』洪範編のもとになったと言われている。

*3——夏王朝の禹：殷に先行する伝説上の王朝とされていた夏王朝の王。最新の中国の研究成果によると、夏王朝は紀元前二〇七〇年に成立、同一六〇〇年に商に滅ぼされたと確定された。

*4——西亳：殷王朝創始者の湯王が都とした西亳ではないかとする見方があるが、断定するほどの考古学的根拠には乏しい。

*5——周公：周の王の補佐を担った存在。商を滅ぼし周を建てた武王

亡き後周王朝を支えた周公旦など。
*6――版築：平遙*1参照。
*7――瓦当：屋根の丸瓦の最も軒先の部分に使う瓦で、丸瓦の先に半円もしくは円形の部分が付いているもの。半円や円形の部分には装飾文様がついたりする。
*8――郡治：郡は周代の地方行政区画で、県の下にあった。郡の行政軍事機関所在地。
*9――台、観、館、閣：台は基壇状に高く築き上げた上部の平らな見晴台のようなところ。観は古代宮門前の両側に設けられた望楼。館は暫定的に仮住まいしたりする建物で、書斎や客の宿舎として使う建物。閣は、楼閣。
*10――『洛陽伽藍記』：北魏の楊衒の撰。北魏が最も栄えた頃の洛陽城内外にあった仏寺（伽藍）の様子が書かれている。
*11――隋の煬帝（在位六〇四～六一八）：多くの土木工事を興したことで有名。六〇五年には黄河―長江間の大運河を、六〇八年には黄河から北京郊外の涿郡まで永済渠を開き、洛陽城を造営し長城を大規模に改修した。
*12――匠作大将の宇文愷（五五五～六一二）：字は安楽。隋の大興城と洛陽城の建設を行った。他にも文帝の時代に大規模な土木工事を行っている。匠作大将は隋代の建設を司る官庁の長官職。
*13――宮城と皇城：首都北京*2参照。
*14――大運河の開削工事：*11参照。
*15――唐の武則天：唐の高宗の後の皇后武照（六二四～七〇五）。高宗の死後皇太后として親政を敷き、のちに帝位につき国号を周と改めた、則天武后（在位六九〇～七〇五）のこと。
*16――明堂：天子の太廟。国家の重要な儀式はみなここで行われた。

*17――天枢和銅鼎：天枢は北斗の第一星を指すが、国家の権威にも例えられる。その名を冠して則天武后が作らせた巨大な鼎。
*18――『唐両京城坊考』：清の徐松の撰。嘉慶一五年（一八一〇）に成る。唐の西京長安と東京洛陽の宮殿・官衙・街坊・寺院・道観などについて記録したもの。
*19――『大業雑記』：唐の杜宝の撰。隋の大業元年（六〇五）から一二年までの土木行幸などを記録している。
*20――龍門石窟：洛陽城の南伊河の東西両岸の深い断崖に彫られた石窟。敦煌莫高窟と大同の雲崗石窟と共に中国の三大石窟の一つ。北魏の洛陽遷都（四九四）前後から彫られ始めた。
*21――胡商：古代、中国の北方および西方の民族のことをまとめて「胡」と呼んでいた。
*22――石敬塘（八九二～九四二）：後晋の高宗（在位九三六～九四二）。
*23――全国重点文物保護単位：首都北京*29参照。

5 南京

*1――人為的な破壊：日中戦争（一九三七～）中の日本軍による破壊など。
*2――甕城：首都北京*16参照。
*3――重檐廡殿：屋根形式の種類。大棟（正脊）から四隅へ下る棟（垂脊）が伸びる、日本式に言えば寄棟で、二重になっている。
*4――解放：一九四九年の中華人民共和国成立（建国）を中国では解放と呼び、解放前、解放後などと時代区分の契機となっている。
*5――文化大革命：序論1の*9参照。

6 上海

*1——「上海土地章程」：清の道光二五年（一八四五）南京条約に基づいて、イギリス領事George Balfourと上海道台の宮慕久との間で交わされた租界の土地に関する二三条の取り決め。イギリス人の個人に土地を永久に貸借することや、租界の行政権、司法権などについて取り決めたもの。

*2——「望厦条約」：第一次アヘン戦争（一八四〇～一八四二）の後、清朝がアメリカと結んだ不平等条約。イギリスとの「南京条約」をさらに拡大解釈した内容になっている。

*3——「コラージュ　シティ Collage City」：Colin Rowe & Fred Koetter "Collage City" 参照。

*4——里弄住宅：一九世紀の終わり頃から上海や天津などの開港都市において作られ始めた都市型の集合賃貸住宅。二階建もしくは三階建程度の長屋形式の建物がワンブロックあるいはそれ以上の敷地に最低限の路地を隔てて大量に建てられた。日射や通風、居住面積、住宅設備、構造などの面で劣悪なものが多かった。都市への人口の大量流入を背景に大規模に開発され、都市住宅の商品化が始まり、資本家の利益追求の手段となっていた。参考文献：王紹周・陳志敏編『里弄建築』（上海科学技術文献出版社発行、一九八七年一二月、上海）

*5——房地産局：不動産管理局。

*6——一一カ所の景観保存地区：原文は、（1）「外灘優秀近代風貌保護区」、（2）「思南路革命史跡保護区」、（3）「上海古城風貌保護区」、（4）「人民広場優秀近代建築風貌保護区」、（5）「茂名路優秀近代建築風貌保護区」、（6）「江湾三十年代都市計劃風貌保護区」、（7）「上海近代商業文化風貌保護区」、（8）「上海花園住宅風貌保護区」、（9）「龍華烈士陵園与寺廟風貌保護区」、（10）「虹口近代居住建築風貌保護区」、（11）「虹橋路郷村別墅風貌保護区」。

*7——実事求是：事実に基づいて真理を追究するという意味。毛沢東「われわれの学習を改革しよう」より。

*8——金山の農民画：上海の南西郊外にある金山地区に生まれ育った人々が生み出した独特の様式を持つ絵画。中国伝統の剪紙（切り絵）、刺繍、壁画等に見られる特色を巧みに取り入れ、西洋絵画の色彩と様式を併せ持つ。

*9——露香園の顧繍：露香園とは上海の人、顧名世が所有した庭園に付けられた名前。明代の官僚であった顧名世には多くの妻や妾があり、彼女らが伝える刺繍が優れていたので顧繍と言われるようになった。最初に始めたのは名世の長男顧会海の妾の繆氏で、孫の妾の韓希孟の時には芸術の域に達し、江南一帯に名を馳せるばかりでなく、その作品は現故宮博物院にも収められるほどとなった。その技術は蘇州などに広く普及し、蘇繍にも影響を与えた。

*10——滬劇：上海一帯の地方劇。滬は上海の別称。もとは江南の農村山歌から舞台劇に発展した新しい劇で、後に他の劇の影響を受けて形成された。抗日戦争後、この名で呼ばれるようになった。

*11——江南絲竹：絲竹は楽器の総称で、弦楽器と管楽器のこと。転じて音楽の意味。江南の伝統音楽。

7 蘇州

*1——奴隷制社会が封建制社会に移行する時期：社会主義中国の史観による時代区分。奴隷制社会は夏王朝から春秋時代まで。その後戦国時代から一八四〇年第一次アヘン戦争までが封建制社会。その後解放までは半植民地半封建社会という。

*2——馬桶・浴桶・吊桶と煤球炉：馬桶は木製のポータブルなおまる。浴桶はたらい。吊桶はつるべ桶や水汲み用の手桶。煤球炉は大きめの七輪で豆炭や練炭を燃やして煮炊きをする。つまり、トイレ・風呂・上水道・台所の機能が住宅になかったのである。

*3——騎楼：街路に面した町家で二階以上の部分が歩道の上に張り出して作られている建物。歩行者は雨や日射にさらされずに歩道を歩くことができる。

8 杭州

*1——洛陽*11参照。

*2——白居易（白楽天）（七七二〜八四六）：中唐の詩人。玄宗皇帝と楊貴妃の悲劇を歌った「長恨歌」があまりにも有名である。

*3——銭繆（八五二〜九三二）：五代十国の呉越を建てた人（在位九〇七〜九三二）。字は具美（巨美）、杭州臨安人。銭塘江の捍海石塘（海潮を防ぐ石堤）を築いたことで知られる。

*4——蘇軾（一〇三六〜一一〇一）：字は子瞻。号は東坡居士。北宋の詩人。

9 福州

*1——市舶司：対外貿易の管理、課税などを行う官吏で、明代には倭寇が激しすぎたため福州と寧波を廃止して、広東のみに置かれた。

*2——洋務運動：第二次アヘン戦争（一八五六〜一八六〇）以降から、曾国藩、李鴻章、左宗棠らの地方大官が中心となって西洋文明を取り入れて清朝の支配体制を維持しようとした動き。西洋の進んだ機器類のみ取り入れて、その思想を学ぼうとしない考え方は「中体西用」であると評価される。

*3——馬尾造船廠：洋務派であった閩浙総督の左宗棠が、一八六六年に設立した福州船政局。馬尾山にあったので馬尾船政局とも言われる。製鉄所・造船所・学堂があり、軍艦の製造が行われ、航海術や外国語が教えられた。

*4——陰陽五行：陰と陽と五行。陰は月、陽は日、五行は、古来天地万物を形成するものと考えられていた火・水・木・金・土。

*5——風水術：方位や地相などを見て土地や建物の吉凶を判断したり、吉相に導くための方策を授けたりする、中国古来の術。風水術を会得し専門とする人を風水師、風水先生などという。

*6——ランドマーク：ある場所や地域の象徴的でよく目立つ景観要素。例えば、大阪の通天閣、北京の天安門、鹿児島の桜島などのほか、街角の建物や特徴ある地形などで人々の目につき、その場所のイメージをつくっている目印となるもの。

*7——改革開放：一九八〇年から鄧小平によって進められた、国内の改革と対外への開放政策。現在もこの路線上にある。

*8——都市のスカイライン：建物や山などの地形と空との境界線。

*9——ヴィスタ：首都北京*31参照。

*10——三坊七巷：福州城内の伝統的面影を残す町並みで、三坊（衣錦坊・文儒坊・光禄坊）と七巷（楊橋巷・郎官巷・塔巷・黄巷・安民巷・宮巷・吉庇巷）の一〇の街路の総称。城内の八一七北路の西側、通湖路の東側に挟まれる一帯にある。

*11——門罩：ここでは門楼の意味で使われている。

*12——正庁：平入の建物の正面柱間の部屋を正庁とか正堂という。しかしここでは、正房と同じ意味の、中庭を囲んでいくつかの建物が建つような住宅における最も主となる建物を意味している。

*13——花庁：正庁以外の副次的な建物の一つ。

*14——後院：住宅の敷地の最も奥の中庭とそれを囲む建物の部分。

*15——文物保護単位：首都北京*29参照。

10 麗江

*1——東巴文化：古代よりナシ族が伝えてきた固有の言語（ナシ語）、文字（東巴文字）、習慣を持つ文化。

*2——吐蕃：唐の頃盛んになった南西チベット地方の種族。唐初の頃急に力をつけて四川を脅かし、唐軍によって破られたが、唐宗室が文成公主を王のソンツェン・ガンポに嫁がせることで和親を結んだ。

*3——元：便宜的に、モンゴルのクビライ（一二一五～一二九四）政権誕生から明朝によって皇帝が倒されるまでの、一二六〇年から一三八八年までを元代としている。

*4——クビライ：チンギス・ハーンの孫で元朝の創立者。元の世祖（在位一二六〇～一二九四）。

*5——大理国：九三七年、通海節度使の段思平によって、三五年続いた政権抗争が収められ、自ら皇帝を称して雲南の地に建てた国。途中中断するが、一二五三年まで続いた。

*6——ナシ族：雲南省麗江ナシ族自治県とその北部寧蒗県に居住する。使用する言語は、チベット・ビルマ語派イ語群ナシ語。唐の頃より今の寧蒗県に住み母系制を伝えるナシ族と、麗江に移り住んだナシ族とでは、かなりの相違が生じている。

*7——土司：元・明・清代、西北および西南地域に置かれ、少数民族の首領を任命し世襲させていた官職で、軍職および文職を与えていた。

*8——朱元璋（一三二八～一三九八）：明朝を建てた太祖洪武帝（在位一三六八～一三九八）。

*9——流官：明清時代、貴州、雲南、四川などの少数民族地区に置かれ、朝廷の任命を受けて随時移動する官職で、世襲の土官に対するもの。

*10——民国：中華民国の略。一九一二年中華民国成立から一九四九年の南京政府陥落まで。

*11——解放：南京*4参照。

*12——ナシ族自治県：雲南省の麗江を中心とするナシ族の居住地域。

*13——五胡：匈奴、羯、鮮卑、氐、羌。

*14——羌族：チベット系の種族。

*15——東巴文字：約一千年前の古代ナシ人から用いられていた象形文字で、ナシ語を表記する。

*16——東巴経典：東巴文字で書かれた経書。ナシ族の古老が伝える神話や故事、叙事詩、民謡、ことわざ、生活の情景などが記録されており、ナシ族研究の第一級史料。

*17——洞経音楽：道教の法事の際に奏でる音楽。洞経は道教の経典のこと。

*18——五花大理石：雲南省大理県に産する大理石の一種。

*19——白族（ペー族）：雲南省の少数民族の一つ。雲南省大理ペー族自治州に住む。使用言語はチベット・ビルマ語派イ語群に属するペー語。漢代に大理盆地にあった白子国（白蛮系）の子孫と考えられ、唐代になって北方から大理に遷都したチベット系（烏蛮系）の南詔国の配下におかれたが、実権はペー族が握り、やがて大理国を建てた。七、八世紀頃から漢字音によりペー語を表記する白文（ペー文字）を持つようになった。宗教は仏教で、かつては観音信仰が盛んであった。

*20——三方一照壁：一番軒高の高い正房とそれよりも低い左右の廂房、そして正房に相対する位置にある照壁が中庭を囲む形式。

*21——四合五天井：中庭（天井）の四方が建物で囲まれ、閉じた方形

平面を呈し、四隅と中央に計五カ所の天井がある形式。

*22――前後院：両重院とも言う。通り抜けできる花庁と呼ばれる建物を敷地中央に置き、中庭が手前と奥の（前後）二つに分かれた配置をとる形式。

*23――一進両院：三方一照壁を一つのユニットと考えて、それを奥行き方向に重ねたような平面形式。

*24――正房：中庭を囲むいくつかの建物で構成される住宅において、最も主となる建物であり、一般には北側にあり南面して建てられる棟。

*25――照壁：目隠しの役目をする壁。例えば、門を入ってすぐ正面に設けられて中を見渡せないような仕組みにしたり、庭園の空間を区切るパーティションのような役目もする。ここでは街路に面した壁を指す。

*26――花窓：壁や間仕切りに花などの模様部分をくり抜いて、向こうが少し見えるようにしてある部分。

*27――懸山形式：大棟（正脊）を持つ切妻型の屋根で、妻壁からけらばが出ているもの。ちなみに、けらばが出ていないものは硬山式。

*28――博風板：妻側のけらばに取り付ける破風板。「封火板」とも言っている。

*29――晨魚：妻側の棟木に取り付ける装飾板。日本の建築にも見られる懸魚（げぎょ）におなじ。

*30――腰檐：石などで立ち上げた妻面の壁の上部にかけられる軒。その上は欄干がついた格子窓を設けるような場合もある。

11 張掖

*1――河西回廊：北をトングリ砂漠やバンダンギリ砂漠、龍首山、東を黄河、南を祁連山系に囲まれた、長さ約一二〇〇キロメートル、幅

約一〇〇キロメートルの帯状地帯。

*2――回族：中国少数民族の一つで、寧夏回族自治区など西北部に多く住むイスラム教を信仰する民族。西北以外の各地にも分布している。

*3――満族：満州族。少数民族の一つで、主に遼寧・吉林・黒竜江の各省や蒙古自治区、北京などに住む。

*4――モンゴル族：少数民族の一つで、その約七割が内蒙古自治区に居住する。

*5――ユーグ族：甘粛省南ユーグ族自治区に住む少数民族。ラマ教を信仰する。

*6――西夏時代（一〇三八～一二二七）：現在の銀川を中心とし、東はオルドス、西は甘粛までをも領有したタングート族の建てた王朝。

*7――国家クラスの文物保護単位：首都北京*29参照。

*8――保護地点：県またはそれ以下の行政単位（鎮や郷）が制定する不動の文物で「文物保護単位」（首都北京*29）よりも小さく等級も低いもの。

*9――西安の鐘楼：西安の明清時代の都城内中央にある鐘楼で明の洪武一七年（一三八四）に創建されたもの。

*10――「逆に流れて」：東から西へ流れている。中国の主要河川は西から東へ流れる。

*11――胡同：首都北京*30参照。

*12――四合院：中庭を囲むように四つの平入の建物が東西南北に建ち、外側を塀で囲った住宅形式。建物が三つしかないのを三合院と呼び分ける場合もあるが、一般に中庭を建物が取り囲む形式の総称としても使われている。

*13――腰門：張掖の四合院住宅に見られる、前院と後院の間を分かつ壁に設けられた門。

*14——屏風：衝立のような構造物。

*15——巻棚：大棟（正脊）を持たない切妻形の屋根で、屋根の頂部は丸みがかかり、瓦は屋根の頂部を越えて反対側の傾斜面まで連続して葺かれている。

*16——硬山：大棟（正脊）を持つ切妻型の屋根であるが、下棟と妻壁が面いちになっていて、けらばが出ていない屋根の形式。

*17——誰もがよく知る原因：戦争や文化大革命のこと。

*18——ヴィスタ：首都北京[*31]参照。

*19——都市のスカイライン：福州[*8]参照。

*20——緑被率：ある地域の樹木などの植物で覆われた部分の全体の面積に占める割合。都市の自然環境の量的な指標。

12 興城

*1——北戴河：河北省渤海沿岸の避暑・観光地。河北省秦皇島市の市街にあり、清末から外国人や資本家などの避暑保養地となってきた。現在は政府高官の別荘がたくさんある。

*2——国家重点文物保護単位：文物とは日本の文化財に相当し、文物保護単位とは文物のうちの、革命史跡、記念建築、古代遺跡、陵墳、古建築、石窟寺、石刻等の不動のもの。国家重点文物保護単位とは、省・県レベルの文物保護単位の中で、重大な歴史的、芸術的、科学的価値を持つものを選んだもの、もしくは直接国の指定を受けたもの。

*3——垜口：射撃用に穿たれた穴。

*4——城楼：城壁の上に建てられる建物の総称。

*5——二層歇山重檐：二階建で入母屋形式の二重屋根。

*6——箭楼：首都北京[*16]参照。

*7——甕城：首都北京[*16]参照。

*8——社稷壇：首都北京[*4]参照。

*9——文廟：首都北京[*39]参照。

*10——総兵府：往時興城に駐留していた軍隊の司令部に当たる機関。

*11——城隍廟：安陽[*8]参照。

*12——内城：皇城を含んでいる部分を内城という。内城以外の、つまり皇城を中に含んでいない城郭とその内部は外城という。

*13——鼓楼：首都北京[*14]参照。

*14——ヴィスタ：首都北京[*31]参照。

*15——焦点（アイストップ）：人の視線を引きつけるような際だった事物。例えば、道路の突き当たりにある塔状の建造物など。

*16——満州族：張掖[*3]「満族」参照。

*17——正房：麗江[*24]参照。

*18——柱間五間：柱間とは建物の桁行き方向の間口の規模を簡単に表す単位。柱と柱の間の数。柱間五間は柱が六本ある。

*19——耳房：ある建物の両側に付設して建てる部屋。中心となる建物よりも棟高が低い。

*20——抱鼓石：門扉の軸を受ける重石の役目をする石であるが、装飾的な鼓の形がとりついたもの。大門の門前両脇に設置される。

*21——上馬石：大門門前の階段両脇にあり、高く水平な石の台になっており、この石から馬に乗り降りする。

*22——影壁：安陽[*11]および麗江[*25]の「照壁」参照。

*23——廂房：中庭を囲むように東西、もしくは正房の前方左右に建てられる建物。

*24——堂屋：正房の中央柱間の部屋。

*25——炕：床を高く上げ、その下に熱気を通して暖を採る造り。中国の北方の民家によく設けられる。

*26——海城地震や唐山地震：海城地震は一九六二年河北省（邢）台市周辺で起こった大地震。唐山地震は、一九七六年七月二八日未明河北省東部の工業都市唐山市一帯を襲い、約二四万二四〇〇人の死者を出した、マグニチュード七・八の大地震。天津市や北京市にまで被害が及んだ。

第3章 古都・西安

1—2 近代化のもたらしたもの

*1——「当代西安城市建設」（当代西安城市建設編輯委員会編、陝西人民出版社、一九八八年）の「西安市市政工程基建投資占西安地区基建投資比重表」の年次別の投資額を基にして、西安市域に占める西安市区の投資比率を期間ごとに図化したものである。なお、これに関連する期間ごとの拡大市街地面積は「西安市地図集」（西安市地図集編纂委員会、西安地図出版社、一九八九年）の城市拡展図を基にして原図上で測定している。

*2——旧思想、旧文化、旧風俗、旧習慣のこと。一九六六年八月一八日天安門広場で「文化大革命祝賀大会」が開かれ、毛沢東が天安門上で全国各地から来た百万人の紅衛兵を接見した際、林彪が呼びかけた「搾取階級の古い思想、古い文化、古い風俗、古い習慣を打ち破ろう」というスローガン。二日後の八月二〇日、北京の紅衛兵たちが四旧の打破を叫んで街頭に繰り出すなど、毛沢東による天安門楼上からの都合八回におよぶ紅衛兵接見に煽られて全国に紅衛兵運動が展開された。

*3——敵楼：第2章安陽*5参照。西安の敵楼は九〇メートル間隔で建っていた。これは、弓矢の有効範囲から来ている。

*4——第一次の日中共同研究の中で、西安市市区景観のケーススタディの一つとして行った城壁（南・西）近傍地の既存中高層建築物の実態調査や、城壁上からの詳細な観察調査から判断している。

*5——第一次の日中共同研究の中で、西安市市区景観のケーススタディの一つとして行った。南大街に立地する既存建築物の景観影響調査や、南大街整備事業に関する文献調査と聞き取り調査を行った。

*6——西安市城市規劃管理局での聞き取り調査による。以下色彩計画に関する趣旨説明なども同様の聞き取り調査によったものである。

*7——屋根の下り棟の先を跳ね上げること。

*8——第5章蘇州*3参照。

1—3 変わりゆく旧城内の街

*1——清朝の陝西省を管轄する地方官庁で、西安におかれていた。陝西省の行政・軍事を司り、南院と北院があった。

*2——第一次の共同研究の中で、西安市市区景観のケーススタディの一つとして北院門街およびその周辺地区の歴史的な形成や特徴を調べ、生活環境の現状を把握し、地区内の代表的な四合院や伝統的な店舗の実測調査、北門院商店街の連続立面図（両側）・連続屋根伏図の作成を行った。また、町並みを構成する一五〇余の各建物の建設年代・様式・保存度、用途等の実態調査を行い、その保全整備上の課題とあるべき方向を提示した。

*3——「西安市地図集」（前掲）の主要民族構成・少数民族構成と、西安市城市規劃管理局での聞き取り調査によっている。

*4——中華民国八年（一九一九）五月四日、北京大学の学生たちが中心になって列強の中国支配強化に反対して起こした大規模なデモと、それが契機となって全国に拡大した一連の運動。第一次世界大戦後のベルサイユ講和会議で山東省における日本の権益が認められたことに反発して、中国全土、世界中の華僑の間で巻き起こった反日・日貨排

斥・反帝国主義運動。

2 住まいと町並み

*1――第2章興城*20参照。

*2――表通りのデータ不備の一院落についても、門房外観の保存度の調査は可能であるので町並み景観に関する分析に含めている。また、建ぺい率の増加度の調査についても、図上測定であるため、同院落を図10に関する分析に含めている。

第4章　徽州・屯渓老街地域

1 黄山のまちと屯渓老街

*1――進士：科挙の殿試に合格した者。殿試は一番最終の最高の試験で、天子自らが順位を決める。科挙とは、漢に起源をもち、隋唐に始まり清末まで続いた官吏登用のための試験。

*2――儒商：「儒」は儒学者や読書人の意味で、学者出身の商人。

*3――皖派：明末清初期に安徽省徽州一帯で盛んになった金石（篆刻家）の一派。

*4――朱熹（一一三〇～一二〇〇）：南宋時代、宋学を大成した、いわゆる朱子。

*5――戴震（一七二三～一七七七）：安徽省休寧の人。天文学・数学・歴史・地理などに深く通じ音韻学と訓詁学に精通し、古音九類二五部説を打ち立てた。

*6――程大位：明代の安徽休寧の人。字を汝思、号を賓渠といい、珠算の普及に貢献した人。『算法統宗』を著した。

*7――文房四宝：紙・墨・筆・硯の四つの文房具。

*8――盆景：盆栽、盆景。

*9――徽派：徽州派。

*10――抗日戦争：一九三〇、四〇年代の日本と中国との戦争。日本では日中戦争という。一九三一年九月の柳条湖事件または一九三七年七月の盧溝橋事件を始まりとし、一九四五年八月一五日または同九月二日ポツダム宣言調印をもって終結とする。

*11――城郷建設環境保護部：建設部（省）の旧名称。序論1の*22参照。

*12――過街楼：橋のように路地を跨いで建てられた建物。その下を人や車などが行き来できるようになっている。

*13――牌楼：首都北京*40「牌坊」参照。

*14――柱間一間：興城*18「柱間五間」参照。

*15――前店后坊：街路沿いの敷地手前が店舗部分、奥が住居部分、という意味。

*16――馬頭牆：防火壁の一種で、妻側の壁が屋根面より高く立ち上がり、階段状にだんだん逓減してゆく装飾的な壁。

*17――挑檐：檐柱（側柱）上の斗拱より外側に出る屋根の端をそり上がらせること。あるいはそのための部材。

*18――梁頭：街路沿いの開口部の梁の端。

*19――挂落：柱間をつなぐ梁や桁の下端につけられた木彫装飾の部分。

*20――総建築師：設計チームの総責任者。

*21――建設部規劃司：建設部（省）計画局。

2―1 日中共同研究の出発

*1――同市建設委員会、正式には黄山市城郷建設環境保護委員会。黄山市の三つの区と四つの県の建設行政と環境保護行政を担当している。一九九七年の組織改正により、それまで傘下にあった各局等の機関が

独立した。これ以降同委員会は、建設環境行政の方針を決定する機関となっている。各都市とも規模が大きくなると傘下の各機関を独立させている。

2—2 徽州民家と町並み

*1——磚彫：磚（第2章1安陽*3参照）に模様などを彫り込んで仕上げ材料にしている。

第5章 歴史的町並み・集落の保存

1 斗山街

*1——新安理学：新安は安徽休寧県歙県で、徽州の古名。

*2——新安画派：清初の山水画家の弘仁、査士標、汪之瑞、孫逸均ら安徽省歙・休寧両県人たち。隋唐時代の両県の旧称、新安郡から付けた名称。

*3——文房四宝：屯渓*7参照。

*4——馬頭牆：屯渓*16参照。

*5——出入口を縁取る装飾（門罩）：観音開きの扉の外に取り付ける装飾的な額縁のような枠のこと。一般には木彫の透かし彫りなどを施した枠を取り付ける。また、屋敷への門に施される装飾的な縁取りのことも門罩といい、本文ではこちらの意味。

*6——三合院あるいは四合院：張掖*12「四合院」参照。

*7——柱間五間：興城*18参照。

*8——廂房：興城*23参照。

*9——月梁：梁の両端が下へ向かって曲がり、梁両端上部が弓形にむくり、下端は眉形になっている部材で、大型木造建築の化粧梁として

使われたり、清式の巻棚式（断面が眉型の）架構の最上部に用いられる梁。

*10——青石：青色を呈するさまざまな岩石の総称。石質には凝灰岩・安山岩・砂岩・粘板岩・緑泥片岩など、さまざまなものがある。

*11——花窓：麗江*26参照。

*12——牌坊：首都北京*40参照。

*13——井台：井戸の上に設けられた構造物。

2 宏村

*1——風水師：福州*5「風水術」参照。

*2——畝：地積の単位。一畝＝六・六六七ヘクタール。旧制では、一営造畝＝六・一四四ヘクタール。

*3——青石板：斗山街*10参照。

*4——書院：昔の学校、講学所。日本建築の書院造とはちがう。

*5——花庁：客の応接などに使われる比較的華やかな建物。園林の中や、大邸宅の中庭と中庭の間のような場所に設けられる。

*6——抱厦：建物正面の中心柱間が前方に張り出している部分。日本の神社の向拝のような部分。

*7——巷門：巷、つまり路地や横町のような生活道路の口に設けられた門。

*8——更楼：旧時、時を知らせるために設けたやぐら。

*9——花窓：麗江*26参照。

3 西遞村

*1——牌坊：首都北京*40参照。

*2——士大夫：旧時、官職のある人の呼称。

*3——園林：樹木を配したり山水の景色を再現した、鑑賞・回遊用の庭園。個人の住宅に併設する小規模のものから、郊外の自然の地形を利用して造られる広大な皇室用庭園までを含む。

*4——馬頭牆：屯渓*16参照。

4 蘭渓諸葛村

*1——諸葛孔明（一八一～二三四）：中国では諸葛亮と呼ばれる。字は孔明。三国時代の蜀の宰相。

*2——青龍、白虎、朱雀、玄武：中国古代の天の四方を守る霊神で、中国流の星座「二十八宿」を東西南北の四つに分け、そのうち東方七宿を総称するのが青龍（蒼龍ともいう）で地相では流水を指し、西方を白虎（地相では大道）、南方を朱雀（窪地）、北方を玄武（丘陵）という。

*3——宗祠：一族の祖先を合祀する廟のこと。家祠も同様の意味。

*4——庁屋：規模の大きな屋敷内の「庁」や「堂」を持つ一番主要な建物のこと。

*5——天井：四方を建物や壁体で囲まれた、屋根のかかっていない中庭。南方の都市住宅によく見られる。北方の民家では比較的中庭が大きく、院子と呼ぶことが多い。

*6——諸葛孔明の八卦陣：「八陣図」ともいう。諸葛孔明が考えたと伝えられる戦闘隊形。

*7——石牌：石造の牌坊。牌坊については首都北京*40参照。

*8——四合院：張掖*12参照。

5 党家村

*1——桃源郷：陶淵明（三六五～四二七、陶潜ともいう）が書いた『桃花源記』にある世俗から離れた仙境。理想郷。

*2——一九八九年に行われた日中共同民家調査団（団長：青木正夫（九州大学）・劉宝仲（西安冶金建築学院））による党家村集落の民家および生活調査の報告書、『党家村——中国北方の伝統的農村集落』（日中連合民居調査団編、世界図書出版、一九九二年、北京）より訳出のため原文とは語彙が異なる。

*3——龍門峡：禹門ともいい、陝西省韓城市の北約三〇キロメートルにある黄河の東西両岸がつくる自然の門闕。

*4——司馬遷（生没年不詳）：漢武帝（在位前一四〇～八七）の時代に生き、中国の伝説の時代から漢の初期に至るまでの歴史をつづった『史記』を著した歴史家。

*5——進士、挙人、秀才：科挙（屯渓*1参照）の試験の段階のうち、各省レベルの「院考」という試験に合格した者を「秀才」、その上の「郷試」に合格した者を「挙人」、その上の「会試」合格者を「貢士」、「貢士」たちが皇帝の膝元で受ける「殿試」に合格した者を「進士」という。

*6——窰洞：黄土層の断崖に横穴を掘って作る穴居。甘粛、陝西、山西、河南省などの降雨量の少ない黄土地帯に見られる。

*7——四合院：張掖*12参照。

*8——青石板：斗山街*10「青石」参照。

*9——石鼓（太鼓石）：興城*20「抱鼓石」参照。

*10——上馬石：興城*21参照。

*11——栓馬桩：栓馬石ともいう。一本の石から削り出されて作られ、約二メートル余りの高さがあり、裕福な農家が門前に建てている石柱。

*12——照壁：安陽*11参照。

*13——「耕読伝家」「耕読第」：順に、代々、晴耕雨読を伝えてきた家。

晴耕雨読の家。

*14――「太史第」「進士第」「世進士」「文魁」「武挙」：順に、国史の編纂を司る官を出した家。進士を出した家。代々進士を出した家。文官に仕官した者。武官に仕官した者。

*15――門房：門の脇に設けられる部屋。

*16――庁房：正房（麗江*24参照）に同じ。

*17――廂房：興城*23参照。

*18――天井や院子：建物に囲まれた中庭。

*19――清明節：二四節気の一つで、春分後一五日目を清明といい、この日に一族の墓に集まって献花したり墓前で宴会をして故人を偲ぶ。

*20――祖廟：祖先を祀った廟。

*21――祠堂：祖廟に同じ。

*22――風水塔：風水（福州*5参照）の観点から場所を選び、吉相を呼び込むために建てられる塔。

*23――戯楼：芝居の舞台を持つ建物。

結章　歴史都市の課題

*1――大使館地区や各国軍の駐屯地区：天安門広場の東側にある東交民巷一帯。

*2――梁思成教授：序論2の*3参照。

*3――新しい行政センター：序論2の*6参照。

*4――世界的に一流の歴史都市であり、現代的国際都市：原文は「世界第一流水平的歴史文化名城和現代化国際都市」。一九九三年国務院の認可を受けた「北京城市総体規劃（マスタープラン）」において設定された北京の都市像。

*5――城郷建設環境保護部：屯渓*11参照。

あとがき

*1――志同道合：『三国志・魏志・陳思王植傳』より。気が合って意気投合する。志が同じで、考えが合う。

参考文献

序論　中国の歴史都市はいま

［1］『当代中国的城市建設』（中国社会科学出版社、一九九〇年）

［2］「房地産業発展与城市規劃調控」（宋春華、『城市規劃』一九九五年二期）

［3］「做好跨世紀的城市規劃修編工作」（王景慧、『城市規劃』一九九五年一期）

［4］「総体規劃修編中値得注意的幾箇問題」（王健平、『城市規劃』一九九五年五期）

［5］「城市規劃的新形勢与新任務」（周干峙、『城市規劃』一九九四年一期）

［6］「正確認識市場経済体制下、城市規劃的地位和作用」（葉如棠、『城市規劃』一九九四年三期）

第1章　首都・北京

［1］北京建設史書編輯委員会編輯部「建国以来的北京城市建設資料」（『城市規劃』第一巻、一九八七年）

［2］『歴史地理学的理論与実践』（侯仁之、上海人民出版社、一九七九年）

［3］「旧城保護整治新探索」（朱自煊、『建築学報』一九八八年三期）

［4］「保護開発什刹海建設首都精神文明」（朱自煊、『北京規劃建設』一九八七年二期）

［5］「整治国子監街保護歴史風貌」（東城区規劃局、『北京規劃建設』一九九〇年二期）

［6］「北京国子監歴史文化保護区研究方法探討」（張傑、『建築学報』一九九六年六期）

第3章　古都・西安

［1］「中国・西安市における都市景観の形成及び誘導に関する日中共同研究報告書」（都市景観計画研究会編・代表大西國太郎、トヨタ財団研究助成、一九九一年）

［2］「中国・西安市における歴史的中心地域の保存と再生に関する日中共同研究報告書」（都市景観計画研究会編・代表大西國太郎、トヨタ財団研究助成、一九九三年）

［3］「中国・四合院民居地区における集住空間の保存再生モデル開発に関する日中共同研究報告書」（都市景観計画研究会編・代表大西國太郎、トヨタ財団研究助成、一九九四年）

［4］「中国・西安市における都市景観の形成・誘導と歴史的地域の保存再生に関する研究——日本・京都との比較分析も含めて」（大西國太郎、博士論文、一九九五年）

［5］「中国・西安市・旧城内歴史的地域における町並み景観の変化に関する研究」（大西國太郎、『都市計画論文集』NO.28、一九九三年）

［6］「中国・四合院民居地区における集住空間と町並み景観の変化に関する研究——西安市・徳福巷地区のケーススタディ」（大西國太郎・苅谷勇雅・荒川朱美・谷直樹・西尾信廣・植松清志、『都市計画』NO.191、一九九四年）

［7］「中国西安市・徳福巷伝統的民居地区における保存と再生に関する研究」（荒川朱美・大西國太郎・西尾信廣、『都市計画論文集』NO.30、一九九五年）

［8］「中国・西安市における四合院民居および集合住宅の屋外空間に関する比較研究」（久保妙子・大西國太郎・荒川朱美・西尾信廣、『都市計画』NO.208、一九九七年）

[9]『西安歴史略述』(武伯綸、陝西人民出版社、一九八一年)
[10]『中国歴史文化名城叢書―西安』(雷行・余鼎章編、中国建築工業出版社、一九八六年)
[11]『当代西安城市建設』(前掲)
[12]『西安歴史地図集』(史念海主編、西安地図出版社、一九九六年)
[13]『都市のイメージ』(ケビン・リンチ、丹下健三・富田玲子訳、岩波書店、一九六八年)
[14]『西安』(西安市外事辦公室編)

第4章 徽州・屯渓老街地域

1 黄山のまちと屯渓老街

[1]「在歴史街区保護(国際)研討会的講話」(葉如棠、『建築学報』一九九六年九月)
[2]「在歴史街区保護(国際)研討会的講話」(楊永康、『建築学報』一九九六年九月)
[3]「屯渓老街保護与整治規劃」(朱自煊、『建築学報』一九九六年九月)
[4]「屯渓老街保護整治規劃」(朱自煊、『都市規劃』一九九四年一月)
[5]「徽州屯渓老街歴史地段的保護与更新」(朱自煊、楊正茂　清華大学建築系城市規劃教研組一九九六年七月)
[6]『中国「徽州民居」における集住空間と町並み景観の変化および保存再生手法に関する日中共同研究』(都市景観計画研究会編　代表大西國太郎、トヨタ財団研究助成、一九九七年)

第5章 歴史的町並み・集落の保存

1 斗山街

歙県建設局「安徽省歙県斗山古街区控制保護規劃」

2 宏村

[1]「黟県宏村規劃探源」(単徳啓、『建築史論文集』第八輯)
[2]『中国三地区伝統村落比較研究及黟県宏村規劃保護』(湯沛、清華大学建築学院碩士論文)

3 西遞村

[1]西遞古村保護規画(黄山市規劃設計院、黟県建設局、一九九八年)

4 諸葛村

[1]「諸葛村郷土建築」(『漢声雑誌』、一九八六年)
[2]『諸葛八卦村』(上海画報社)

図版出典

序論2「歴史文化名城」の指定と対策

図1「中国歴史文化都市の保存計画に関する研究」（張松、東京大学学位論文、一九九六年）

第1章 首都・北京

図2、図3「北京国子監歴史文化保護区の保護及び整備計画に関する研究」の図をもとに作成

第2章 模索する歴史都市

6上海

図4「上海歴史文化名城保護企劃研究」の図をもとに作成

第3章 古都・西安

1―1 唐の都から現代まで

図1「陝西地図册」（西安地図出版社）の西安市図をもとに図化

図2「中国歴史文化名城叢書―西安」（前掲書）の咸陽地区文物古跡分布図をもとに図化

図3「西安歴史略述」（前掲書）の唐長安城里坊分布図をもとに図化

図7「西安歴史地図集」（前掲書）の西安城府図（光緒一九年～一八九三年）をもとに図化

1―2 近代化のもたらしたもの

図1「西安市地図集」（前掲）の城市拡展図をもとにして、年代ごとの市街地形成の状況をわかり易く簡潔に図化。

図3 西安市城市企劃管理局所有の建築物高度制限図をもとにして、簡潔に図化。

図3 京都芸術短期大学の学生であった白林氏（本文前掲）の作成。

1―3 変わりゆく旧城内の街

図1 西安市城市企劃設計研究院「西安市旧城控制（規制）性詳細企劃説明書」（一九九〇年）の付図をもとにして、改造住宅団地と低層住宅地を図化したものである。白地は住宅地以外の用途である。

図3「西安歴史地図集」（前掲）の清西安府城図（前掲）の西南部をもとに図化。

3四合院住宅の住まい方

図4 平瀬敏明氏（京都造型芸術大学助教授）の作成

4―2大有巷地区

図1、図2 西安交通大学の王西京専任講師のチームが作成した「大有巷四合院現状図」をもとにして、日本側で痕跡調査や聞き取り調査を行って作成したもの。

図3 西安交通大学の王西京専任講師のチームにより作成

第4章 徽州・屯渓老街地域

2―2徽州民家と町並み

図3 清華大学建築学院朱自煊教授チームの作成

著者紹介

【日本側】

大西國太郎　おおにし・くにたろう
一九二九年生まれ。都市計画・景観計画専攻。博士（学術）。技術士。京都造形芸術大学客員教授。京都工専（現京都工芸繊維大学）建築科卒業。京都市企画室長、京都芸術短期大学教授を経て現職。昭和五三年度日本建築学会賞受賞（チーム代表）。著書『都市美の京都―保存再生の論理』（鹿島出版会）、『新建築学大系50巻・歴史的建造物の保存』（共著・彰国社）『歴史的町並み辞典』（共著、柏書房）ほか多数。

谷直樹　たに・なおき
一九四八年生まれ。建築史・住文化史専攻。工学博士。大阪市立大学大学院教授・大阪市立住まいのミュージアム館長。京都大学工学部建築学科卒業。堺市博物館を経て現職。平成二年日本建築学会霞ヶ関ビル記念賞・平成一一年建築史学会賞受賞。著書『中井家大工支配の研究』（思文閣出版）、『まち祇園祭すまい―都市祭礼の現代』（思文閣出版）、『まちに住まう―大阪都市住宅史』（平凡社）ほか多数。

西尾信廣　にしお・のぶひろ
一九三六年生まれ。建築計画・建築デザイン・保存修景計画専攻。京都環境計画研究所主宰。聖母女子短期大学教授。京都工芸繊維大学建築工芸学科卒業。山田守建築事務所、安井建築設計事務所を経て、現職。作品「大阪市立自然史博物館」「大覚寺華蔵閣」「史跡池上曽根遺跡復元建物群」「特別史跡平城宮跡東院復元西建物」ほか。著書『歴史の町なみ―京都篇』（共著、NHKブックス）ほか。

苅谷勇雅　かりや・ゆうが
一九四八年岐阜県生まれ。都市史・保存修景計画専攻。工学博士。文化庁建造物課主任文化財調査官。京都大学工学部建築学科卒業、同大学院博士課程修了。京都市役所を経て、現職。著書『都市の歴史とまちづくり』（共著、学芸出版社）、『歴史的遺産の保存・活用とまちづくり』（共著、学芸出版社）、『新・町並み時代』（共著、学芸出版社）他

荒川朱美　あらかわ・あけみ
一九五七年生まれ。建築デザイン専攻。京都造形芸術大学環境デザイン学科助教授。荒川建築設計事務所主宰。奈良女子大学卒業。東京工業大学篠原一男研究室在籍後、八六年奈良女子大学大学院人間文化研究科（博士課程）修了。著書『住まいの解剖学』（角川書店・共著）ほか。

久保妙子　くぼ・たえこ
一九五三年生まれ。住居計画専攻。聖母女学院短期大学助教授。京都工芸繊維大学建築工芸学科卒業。奈良女子大学大学院家政学研究科住環境学専攻修士課程修了。奈良女子大学助手を経て現職。著書『高齢化時代、余暇時代における居住地の集まり生活と集まり空間システムに関する研究』（共著・科学研究費報告書）ほか。

立入慎造　たちいり・しんぞう
一九四一年生まれ。建築デザイン・保存修景計画専攻。京都市営繕課担当課長補佐（特定工事）。京都工芸繊維大学建築学科卒業、同大学院

建築計画専攻単位取得後、中退。京都市景観係長時、伝建地区（4地区）・界隈景観地区（2地区）指定。昭和五三年度「建築学会賞」受賞メンバー。著書『町並み保存のネットワーク』（共著・第一法規）ほか。作品「京都市淀城址公園休憩所」（第一回甍賞佳作）、「京都市看護短期大学」

植松清志　うえまつ・きよし
一九五二年生まれ。建築史・住居史専攻。博士（学術）。大阪人間科学大学助教授。大阪市立大学大学院博士課程修了。大阪府立高等学校教員を経て現職。論文『近世大坂における蔵屋敷の住居史的研究』、著書『建築計画』（高等学校検定教科書、共著・実教出版）、『図解建築用語辞典』（理工学社）、『集合住宅』（共著・彰国社）ほか多数。

【中国側】

朱自煊　チュー・ツーシュアン
一九二六年安徽省生まれ。五〇年北京清華大学建築系卒業。現在、清華大学建築学院教授。国家歴史文化名城保護専門委員会委員、都市計画学会名誉理事。北京什刹海歴史文化保護区、黄山市屯渓老街歴史文化保護区の保護計画において建設部銀賞を受賞。専門は都市計画。「北京什刹海歴史文化旅游風景区保護計画」（一九八四年）、「屯渓老街保護計画」（一九八五年）等。著書『中国都市と建築の歴史　都市の史記』（共著、鹿島出版会）『北京・都市空間を読む』（共編、鹿島出版会）ほか多数。

阮儀三　ルワン・イーサン
一九三四年江蘇省蘇州生まれ。同済大学国家歴史文化名城研究センター主任、同済大学教授。六一年同済大学建築系卒業。主な著書『江南古鎮』、『水郷名鎮南潯』、『江南水郷名鎮周荘』、『中国歴史文化名城保護与規劃』、『平遥：中国保存最完整的古城』、『古城留跡』、『歴史環境保護的理論与実践』等。

韓驥　ハン・チー
一九三五年北京生まれ。清華大学建築系卒業。八一年西安市計画局副局長に任命され、現在に至る。中国都市計画協会常務理事、全国歴史文化名城専門家委員会委員、清華大学兼任教授、西安市都市計画委員会チーフ建築師を兼任。長年都市計画、設計、管理に従事し、寧夏銀北地区経済計画、蘭州市マスタープラン、西安市マスタープラン、延安市マスタープラン、蘇州市マスタープラン策定に参画。八一年米国都市計画学会の要請で渡米し講演を行う。九五年ローマのユネスコの歴史文化保護研修班に参加。

王景慧　ワン・チンホイ
一九四〇年生まれ。清華大学建築系卒業後、建築設計に従事。建設部（建設省）都市計画局に勤務し、処長、副局長などを歴任。その間歴史文化名城の指定と保護政策策定に直接関わった。現在、都市計画設計研究院の総計画師。全国歴史文化名城保護専門家委員会秘書長、中国都市計画学会古城保護学術委員会主任、同済大学教授を兼任。著書『歴史文化名城保護理論与規劃』（共著）、『歴史文化名城保護的内容与方法』、『中国歴史城市的保護与発展』、『歴史街区的保護概念和方法』、

『城市歴史文化遺産的保護与弘揚』、『古都保存法』ほか。

周若祁　チョウ・ルーチー
一九四五年湖南省生まれ。西安公学卒業。西安冶金建築学院、第九冶金建設公司に勤務。西安冶金建築学院副教授、教授、建築学院院長等を経て、現在西安建築科技大学建築学院院長、教授。他に中国建築学会理事、国家自然科学基金審査委員会委員、第九回全国人民代表大会代表等を兼任。国家プロジェクト黄帝陵計画設計で『国家優秀設計一等賞』を受賞。現在は『緑化建築システムに関する研究』等を主宰。近著に『韓城村寨与党家村民居』、『緑化建築』、『黄帝陵―歴史・現在・未来』、日中共同執筆の『中国北方伝統集落―党家村』。

張松　チャン・ソン
一九六一年生まれ。同済大学建築与城市規劃学院副教授。八三年武漢工業大学建築学科卒業、東京大学大学院博士学位取得。主な著書『名城美的創造』(共著)、『城市規劃原理』(共著)等。

趙志栄　チャオ・チロン
一九七二年生まれ。同済大学建築与城市規劃学院博士課程(アメリカ留学中)。九三年同済大学建築与城市規劃学院修士課程修了。

張蘭　チャン・ラン
一九七七年生まれ。同済大学国家歴史文化名城研究センター修士課程。九八年同済大学建築与城市規劃学院卒業。

訳者紹介

井上直美　いのうえ・なおみ
一九六一年大阪生まれ。八八年福井大学卒業。八五-八七年、九三ー九五年北京清華大学建築学院に留学。九八年東京大学大学院工学系博士課程単位取得退学。現在、国立科学博物館技術補佐員（非常勤）。専門は中国建築史。著書『全調査東アジア近代の都市と建築』（共著、藤森照信・汪坦監修、大成建設）、『中国の環境問題』（共著、中研叢書1、社団法人中国研究所編、新評論）。

包慕萍　パオ・ムーピン
一九六八年中国内モンゴル生まれ。東京大学大学院工学系建築学専攻博士課程。上海同済大学建築系建築歴史及理論修士修了。

相原佳之　あいはら・よしゆき
一九七四年生まれ。東京大学大学院人文社会系研究科博士課程。中国明清史専攻。

小羽田誠治　こはだ・せいじ
一九七五年生まれ。東京大学大学院人文社会系研究科修士課程。四川大学歴史系卒業。

翻訳協力者

徐蘇斌（国際日本文化センター助教授）、李江（東京大学生産技術研究所博士研究員）、陳正哲（東京大学大学院工学系建築学専攻博士課程）

執筆分担

大西國太郎　まえがき、3章1、2、4—1、4章2—1、2、3—1、3—3、結章、あとがき
朱自煊　序論1、1章、4章1、3—2、5章1、2、3、結章、あとがき
王景慧　序論2
阮儀三　2章1、2、4、8、11、5章4、
張松　2章2、6、7、11、12
張蘭　2章3、
趙志栄　2章5、9、10
韓驥　3章1—1
立入慎造　3章1—3、4—2
谷直樹　3章2、4—2、4章2—2
苅谷勇雅　3章2、結章
植松清志　3章2、4—2
荒川朱美　3章3—1、4—1、4章2—3、4章3
久保妙子　3章3—2、4章2—4
西尾信廣　3章4—1、4章3—3
周若祁　5章5
井上直美　訳注

翻訳分担

井上直美　序論2、4章1、5章4、5、結章、あとがき
小羽田誠治　2章1、5、7、9、10、5章1、2、3
相原佳之　序論1、1章、2章2、4、6、8、12
包慕萍　結章（往復書簡の日本側書簡の中国語訳）

中国の歴史都市
これからの景観保存と町並みの再生へ

発行　二〇〇一年七月一五日　第一刷©
　　　二〇〇三年三月　五　日　第二刷

編者　大西國太郎＋朱自煊

監訳者　井上直美

発行者　新井欣弥

印刷　壮光舎印刷

製本所　富士製本

発行所　鹿島出版会
107-8345　東京都港区赤坂六丁目5番13号
電話〇三（五五六一）二五五〇　振替〇〇一六〇―二―一八〇八八三

ISBN4-306-07231-2 C3052　Printed in Japan

本書の内容に関するご意見・ご感想は下記までお寄せください。
URL: http://www.kajima-publishing.co.jp
E-mail: info@kajima-publishing.co.jp